ELECTRON THEORY OF SPIN-ORBIT-COUPLED PHYSICS

スピンと軌道の電子論

Hiroaki Kusunose
楠瀬博明［著］

講談社

はじめに

本書は，固体結晶中における電子の集団が，そのスピンと軌道を絡み合わせて織りなす，彩り豊かな物性現象を取り扱うための基礎事項をまとめたものである．固体物理学の分野には，もちろん，伝統的な教科書，基礎事項を網羅した名著など様々なスタイルの教科書が数多く存在するが，その全貌はあまりにも広大で，初学者は迷子になりがちであるように思う．固体物理の基礎の基礎，第 2 量子化，線形応答，Green 関数法などの理論的道具立て，磁性に関する様々な項目や多体論のテクニック，超伝導に関する話題などの伝統的な項目に加えて，近年進展が著しい軌道や多極子の物性，トポロジカル絶縁体・・・というように，様々な内容を取り扱うスタイルの異なった多くの書物や文献を紐解くうちに，多くの事柄の間の関係や考え方の筋道がよく分からなくなってしまうということが起こりがちである．学ぶ側も教える側も苦労しているのが現状ではないだろうか．

そこで，本書では最近の凝縮電子物性分野の進展を踏まえて必須事項をピックアップし，記法や計算方法などの道具立ては全体を通じて出来る限り統一し，基本的な事柄を説明するように努めた．とはいえ著者の力量では，1 冊の本という限られた紙面において，最先端の話題まで含めて網羅的に簡潔かつ分かりやすく取り扱うことは到底不可能であるので，多体問題の技法を駆使するような話題は避けてなるべく平均場近似の範囲で扱うようにし，超伝導については取り扱わない，という制限を設けることにした．一方で，よく知られた近似法も，より一般化した定式化を提示し，少し込み入った状況をも扱えるように配慮した．そのため添字が煩雑になり，初学者の気力減退を誘うことになってしまったかも知れない．しかしながら，最も簡単な場合だけを扱った教科書を頼りに少し込み入った問題に取り組んで行き詰まる初学者に多く遭遇した，という経験から，このような方針を採ることにした．一般的な定式化は，計算機による処理にも馴染みやすいという利点もある．

本書のメインテーマは固体中の電子が織りなす電磁気的な物性であるので，第 1 章では，物質中の電磁気学の簡単な復習と第 2 量子化，線形応答などの理論的手法の導入を行う．第 2 章では，孤立原子に局在した電子自由度の取り扱いや電子相関の起源となる電子間の Coulomb 相互作用について議論する．第 3 章では，結晶の周期ポテンシャル中を運動するいわゆる Bloch 電子に関する話題と電子状態を扱う際に便利な道具である (相互作用のない) Green 関数や感受率の導入を行う．また，軌道運動に対する磁場効果についても議論する．第 4 章では，様々な秩序を生み出す相互作用の起源について整理し，局在系と遍歴系の平均場近似による取り扱いと秩序下での励起について取り扱う．平均場近似は，多体効果を本格的に議論する際の出発点となるので，あまり軽視してはいけない．第 5 章では，局在と遍歴の相互関係，両者のはざまで生じる物性について概観する．この章では多体問題に踏み込まざるを得ないが，あまり深入りはせず考え方の筋道を述べるようにした．第 6 章では，電子のもつ自由度を統一的かつ包括的に取り扱う際に有用な概念である微視的多極子について議論する．特に，近年の重要な話題である反転対称性のない系におけるスピン軌道相互作用に関連する物性を取り扱う際に威力を発揮する拡張多極子の考え方についても紹介する．第 7 章では，空間反転対称性の破れに関する話題を取り扱う．本編では触れられなかった補足事項については，付録でまとめて取り扱った．

本書の内容については，長年にわたり幅広い年齢層の多くの方々にご指導いただいた．この場を借りて感謝申し上げたい．ここでは，本書の作成にあたり近々直接的にお世話になった方々のお名前を挙げるに留める (敬称略)：柳有起，速水賢，求幸年，松本正茂，古賀幹人，網塚浩，播磨尚朝，柳瀬陽一，柳澤達也，椎名亮輔，有馬孝尚，鈴木通人，小形正男，松浦弘泰，野本拓也，瀧本哲也，三宅和正，服部一匡，大槻純也，倉本義夫，井澤公一，鬼丸孝博，加藤雄介，福井毅勇，八城愛美，大岩陸人．特に，福井毅勇，柳有起，速水賢の諸氏には，原稿を読んで有益なコメントをいただいたことに感謝したい．当初は，講義ノートやメモを整理すれば直ぐに書けるだろうとの甘い考えをもっていたが，なかなか筆が進まず脱稿が遅れた．その間，寛容な心持ちでサポートいただいた講談社サイエンティフィク編集部の大塚記央氏に謝意を表したい．最後に，日頃の自由気ままな研究生活を支えてくれている妻と 3 人の息子達に感謝する．

2019 年 5 月

楠瀬 博明

目　次

基礎編

応用編

第1章 基礎事項

本書では，固体中の多数の電子が生み出す電磁気現象を取り扱う．全体を通じて，電子の電荷は $-e$，角運動量演算子 $\boldsymbol{l}$, $\boldsymbol{\sigma}/2$ は $\hbar$ を除いた無次元の量とする．まずは，物質中の電磁気学，第 2 量子化，線形応答といった基礎事項をおさらいしておこう．

1.1 電磁気学の基本方程式と単位系

1.1.1 基本方程式と単位系

物質中の電磁気現象を取り扱う上で最も基本となる方程式は，**Maxwell 方程式**である．

$$\nabla \cdot \boldsymbol{E} = \frac{k}{\epsilon_0}\rho \tag{1.1}$$

$$\nabla \times \boldsymbol{E} = -\frac{1}{\gamma}\frac{\partial \boldsymbol{B}}{\partial t} \tag{1.2}$$

$$\nabla \cdot \boldsymbol{B} = 0 \tag{1.3}$$

$$\nabla \times \boldsymbol{B} = \frac{\mu_0}{\gamma}\left(k\boldsymbol{j} + \epsilon_0\frac{\partial \boldsymbol{E}}{\partial t}\right) \tag{1.4}$$

ここで，$\boldsymbol{E}(\boldsymbol{r},t)$ および $\boldsymbol{B}(\boldsymbol{r},t)$ は電場と磁束密度であり，$\rho(\boldsymbol{r},t)$ および $\boldsymbol{j}(\boldsymbol{r},t)$ は電荷密度と電流密度を表す．最も広く用いられる単位系は **SI 単位系** [*1] であり，上記の方程式において $k=1$ (有理系), $\gamma=1$ と選んだものである．ϵ_0 と μ_0 は真空の誘電率と透磁率を表し，真空中の光速度は $c=\gamma/\sqrt{\epsilon_0\mu_0}$ で与えられる．一方，微視的な物性物理学や理論物理学の分野では，**cgs-**

[*1] 7 つの基本単位 (m:長さ，kg:質量，s:時間，A:電流，K:熱力学温度，mol:物質量，cd:光度) によって表される単位系．その他のよく用いられる単位は基本単位を組み合わせた組立単位である．

表 1.1　SI 単位系 [E-B 対応] および cgs-Gauss 単位系における物理量と単位．$\bar{c} = 2.99792458 \times 10^{10}$ を cgs 単位の光速度の値から定義した無次元値として，$1\mathrm{C} = 10^{-1}\bar{c}\,\mathrm{Fr}$, $1\mathrm{V} = 10^{8}/\bar{c}\,\mathrm{statV}$, $1\mathrm{T} = 10^{4}\mathrm{G}$, $1\mathrm{A/m} = 4\pi \times 10^{-3}\mathrm{Oe}$. 単位 emu は少なくとも 3 種類の異なる定義 ($\mathrm{cm^3}$, $\mathrm{cm^2\,Oe}$, $\mathrm{cm^3\,Oe}$) が使用されており混乱の元なので用いない．

物理量	記号	SI 単位系 [E-B]	cgs-Gauss 単位系
電荷	q	C (=A s)	Fr (esu, statC)
誘電率	ϵ	F/m (=C/V·m)	無次元
電場	$\boldsymbol{E}$	V/m	statV/cm
電束密度	$\boldsymbol{D}$	$\mathrm{C/m^2}$	$\mathrm{Fr/cm^2}$ (=statV/cm)
電気分極	$\boldsymbol{P}$	$\mathrm{C/m^2}$	$\mathrm{Fr/cm^2}$
電気双極子モーメント	$\boldsymbol{\mu}_\mathrm{e}$	m C	cm Fr
(体積) 磁化率	χ	無次元	無次元
(モル) 磁化率	χ_mol	$\mathrm{m^3/mol}$	$\mathrm{cm^3/mol}$
透磁率	μ	H/m (=T m/A)	無次元
磁束密度	$\boldsymbol{B}$	T (=$\mathrm{Wb/m^2}$)	G
磁場	$\boldsymbol{H}$	A/m	Oe (=G)
(体積) 磁化	$\boldsymbol{M}$	A/m	Oe
磁気双極子モーメント	$\boldsymbol{\mu}_\mathrm{m}$	$\mathrm{m^2}$ A (=J/T)	$\mathrm{cm^3}$ Oe (=erg/G)
電流	$\boldsymbol{I}$	A	Fr/s
電流密度	$\boldsymbol{j}$	$\mathrm{A/m^2}$	$\mathrm{Fr/s{\cdot}cm^2}$
コンダクタンス	G	S (=A/V)	cm/s
電気伝導度	σ	S/m	$\mathrm{s^{-1}}$
電気抵抗	R	Ω (=V/A)	s/cm
電気抵抗率	ρ	Ω m	s

Gauss 単位系 *2 が用いられる場合も多い．この単位系は $k = 4\pi$ (非有理系), $\epsilon_0 = \mu_0 = 1$ と選ぶことによって得られる．このとき，$\gamma = c$ である．SI 単位系 [E-B 対応] と cgs-Gauss 単位系における単位を表 1.1 に，物理定数を表 1.2 にまとめておく．

(1.4) に $\nabla\cdot$ を作用させ，恒等式 $\nabla \cdot (\nabla \times \boldsymbol{B}) = 0$ と (1.1) を用いると，電荷の保存を表す**連続の方程式**を得る．

$$\nabla \cdot \boldsymbol{j} + \frac{\partial \rho}{\partial t} = 0 \tag{1.5}$$

*2 cgs-Gauss 単位系では，力学や電磁気学に現れる物理量はすべて (cm, g, s) の単位の組み合わせで表される．多くの一見異なる単位は同じ次元をもつ．例えば，$\boldsymbol{E}$, $\boldsymbol{D}$, $\boldsymbol{P}$, $\boldsymbol{B}$, $\boldsymbol{H}$, $\boldsymbol{M}$ はすべて同じ次元 (エネルギー密度の平方根) である．

表 1.2 SI 単位系および cgs-Gauss 単位系における物理定数．NIST (National Institute of Standard and Technology) より．*は定義された物理定数．

物理量	記号	SI 単位系 [E-B]	cgs-Gauss 単位系
真空中の光速度*	c	2.99792458×10^{8} m/s	$\bar{c} = 10^{2}c$ cm/s
Planck(Dirac) 定数*	$\hbar$	$1.054571817 \times 10^{-34}$ J s	$\times\ 10^{7}$ erg s
素電荷*	e	$1.602176634 \times 10^{-19}$ C	$\times\ \bar{c}/10$ Fr
Boltzmann 定数*	k_{B}	1.380649×10^{-23} J/K	$\times\ 10^{7}$ erg/K
真空の誘電率	ϵ_0	$8.8541878128 \times 10^{-12}$ F/m	1
真空の透磁率	μ_0	$4\pi \times 10^{-7}$ $\times 1.00000000055$ H/m	1
電子の質量	m	$9.1093837015 \times 10^{-31}$ kg	$\times\ 10^{3}$ g
Bohr 磁子	μ_{B}	$9.2740100783 \times 10^{-24}$ m^2 A	$\times\ 10^{3}$ cm^3 Oe

エネルギー密度 E/V および Poynting ベクトル $\boldsymbol{S}$ の表式は

$$\frac{E}{V} = \frac{1}{2k}\left(\epsilon_0 \boldsymbol{E}^2 + \frac{1}{\mu_0}\boldsymbol{B}^2\right), \quad \boldsymbol{S} = \frac{\gamma}{\mu_0 k}(\boldsymbol{E} \times \boldsymbol{B}) \tag{1.6}$$

であり，$\boldsymbol{S}$ は電磁場のもつ運動量密度を表し，エネルギー保存則

$$\frac{\partial E/V}{\partial t} + \boldsymbol{\nabla} \cdot \boldsymbol{S} + \boldsymbol{j} \cdot \boldsymbol{E} = 0 \tag{1.7}$$

を満たす．また，電荷 q，速度 $\boldsymbol{v} = d\boldsymbol{r}/dt$ で運動する粒子に働く Lorentz 力は

$$\boldsymbol{F} = q\left(\boldsymbol{E} + \frac{1}{\gamma}(\boldsymbol{v} \times \boldsymbol{B})\right) \tag{1.8}$$

ここで，$\boldsymbol{E}$ や $\boldsymbol{B}$ は粒子の位置 $\boldsymbol{r}$ における電場と磁束密度である．

1.1.2 物質中の電磁場

物質内部の正味の電場 $\boldsymbol{E}$ や磁束密度 $\boldsymbol{B}$ は，外部から印加した電磁場に加えて，その外場に応答した物質内部の電荷や電流密度が作り出す寄与も合わせて得られたものである．そこで，物質内部に生じた**電気分極**を $\boldsymbol{P}$，**磁化**を $\boldsymbol{M}$ とし

$$\boldsymbol{D} = \epsilon_0 \boldsymbol{E} + k\boldsymbol{P} \tag{1.9}$$

$$\boldsymbol{B} = \mu_0(\boldsymbol{H} + k\boldsymbol{M}) \quad \text{[E-B 対応]} \tag{1.10}$$

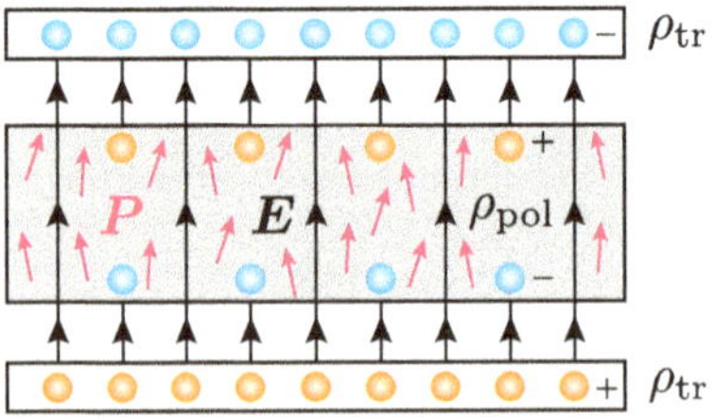

図 1.1　誘電体における電場．ρ_{tr} によって生じた電場により，物質内部には分極電荷 ρ_{pol} と電気分極 $\boldsymbol{P}$ が発生する．ρ_{pol} によって生じる電場によって外部電場は弱められ，物質内部の電場は $\boldsymbol{E}$ となる．赤矢印は電気双極子モーメントを表す．

の関係により，電束密度 $\boldsymbol{D}$ および磁場 [*3](の強さ)$\boldsymbol{H}$ を導入する．$\boldsymbol{P}$ と $\boldsymbol{M}$ はそれぞれ，単位体積に含まれる電気双極子モーメント $\boldsymbol{\mu}_e$ と磁気双極子モーメント $\boldsymbol{\mu}_m$ の合計値という意味をもつ．磁化の定義には，上式のような **E-B 対応**と呼ばれる定義の他に，**E-H 対応**と呼ばれる次の定義も用いられる．

$$\boldsymbol{B} = \mu_0 \boldsymbol{H} + k\boldsymbol{M} \quad \text{[E-H 対応]} \tag{1.11}$$

SI 単位系の場合，これら 2 つの流儀で磁化の単位が異なるので注意する．一方，cgs-Gauss 単位系では $\boldsymbol{B}$ と $\boldsymbol{H}$ の単位は同じであり，E-B 対応と E-H 対応の区別はない．以下では，特に断りのない限り E-B 対応のみ取り扱う．

電荷密度を $\rho = \rho_{pol} + \rho_{tr}$ のように分極電荷 $\rho_{pol} = -\boldsymbol{\nabla} \cdot \boldsymbol{P}$ と真電荷 ρ_{tr} に分解すれば，(1.1) は

$$\boldsymbol{\nabla} \cdot \boldsymbol{D} = k\rho_{tr} \tag{1.12}$$

となり，電気分極の効果を $\boldsymbol{D}$ に押し込めることができる (図 1.1)．分極電荷は原子や分子の内部において電荷分布のわずかなずれによって生じたもので物質から取り出すことはできず，物質全体についての和は必ずゼロになる．

同様に，電流密度を $\boldsymbol{j} = \boldsymbol{j}_{pol} + \boldsymbol{j}_{mag} + \boldsymbol{j}_{cond}$ のように，電気分極の時間変化から生じる分極電流 $\boldsymbol{j}_{pol} = \partial \boldsymbol{P}/\partial t$, 磁化の空間変化から生み出される渦 (磁化) 電流 $\boldsymbol{j}_{mag} = \gamma(\boldsymbol{\nabla} \times \boldsymbol{M})$ と，それ以外の伝導電流 $\boldsymbol{j}_{cond}$ に分解すると，(1.4) は

$$\boldsymbol{\nabla} \times \boldsymbol{H} = \frac{1}{\gamma}\left(k\boldsymbol{j}_{cond} + \frac{\partial \boldsymbol{D}}{\partial t}\right) \tag{1.13}$$

[*3] $\boldsymbol{B}$, $\boldsymbol{H}$ とも単に磁場と呼ぶことが多い．

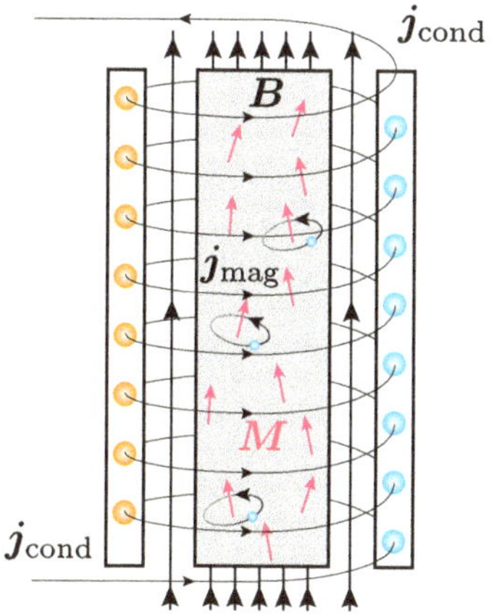

図 1.2　磁性体における磁場．$\boldsymbol{j}_{\rm cond}$ によって生じた磁場により，物質内部には磁化電流 $\boldsymbol{j}_{\rm mag}$ と磁化 $\boldsymbol{M}$ が発生する．$\boldsymbol{j}_{\rm mag}$ によって生じる磁場によって外部磁場は強められ，物質内部の磁場は $\boldsymbol{B}$ となる．赤矢印は磁気双極子モーメントを表す．

となり，磁化の効果は $\boldsymbol{H}$ に吸収されて，露わには現れない (図 1.2)．磁化電流や分極電流は物質内部で循環しており，物質から取り出すことはできない．

新しい変数 $\boldsymbol{D}$ と $\boldsymbol{H}$ を導入したので，このままでは方程式は閉じない．通常，単位体積あたりの電気双極子モーメントの個数を n として，$\boldsymbol{P} = n\alpha\boldsymbol{E}$ のような比例関係が成り立つと仮定する．1 つの電気双極子モーメントの応答係数 α を**分極率**という．同様に，磁化率 χ を用いて，$\boldsymbol{M} = \chi\boldsymbol{H}$ の線形関係を仮定すると

$$\boldsymbol{D} = (\epsilon_0 + kn\alpha)\,\boldsymbol{E} \equiv \epsilon\boldsymbol{E} \tag{1.14}$$

$$\boldsymbol{B} = \mu_0\,(1 + k\chi)\,\boldsymbol{H} \equiv \mu\boldsymbol{H} \tag{1.15}$$

のように，$\boldsymbol{D}$ と $\boldsymbol{B}$ は $\boldsymbol{E}$ と $\boldsymbol{H}$ に比例する形となり [*4]，比例係数 ϵ を誘電率，μ を透磁率と呼ぶ．ϵ と μ を物質固有の定数と見なせば，(現象論的な) 閉じた方程式となる．これらは，物質内部の電磁場に対する応答の詳細を知ることなく，外場に対する電磁応答を議論する上で便利な形式である．一方，ϵ や μ の微視的な起源にさかのぼるには，物質内部の応答を微視的な模型によって解析する必要がある．一般に，低対称な結晶中では α や χ は異方的なテンソル量であり，ϵ や μ も同様にテンソル量となる．すなわち，一般的には

[*4] $\boldsymbol{D}$ と $\boldsymbol{E}$ の関係と同じように，$\boldsymbol{H}$ が $\boldsymbol{B}$ に比例し，その係数を μ とするのが自然なように思えるが，逆数 $1/\mu$ が用いられているのは，磁気現象が発見された歴史的経緯による．

$$D_i = \sum_j^{x,y,z} \epsilon_{ij} E_j \quad B_i = \sum_j^{x,y,z} \mu_{ij} H_j \quad (i = x, y, z) \tag{1.16}$$

のように表され，等方的な物質の場合は $\epsilon_{ij} = \epsilon\, \delta_{i,j}$，$\mu_{ij} = \mu\, \delta_{i,j}$ の関係が成り立つ．

1.1.3 電磁ポテンシャルとゲージ変換

任意のスカラー場 ϕ およびベクトル場 $\boldsymbol{A}$ に対する恒等式 $\boldsymbol{\nabla} \times (\boldsymbol{\nabla}\phi) \equiv 0$, $\boldsymbol{\nabla} \cdot (\boldsymbol{\nabla} \times \boldsymbol{A}) \equiv 0$ を用いると，(1.2) と (1.3) より電場と磁束密度は

$$\boldsymbol{E} = -\boldsymbol{\nabla}\phi - \frac{1}{\gamma}\frac{\partial \boldsymbol{A}}{\partial t} \tag{1.17}$$

$$\boldsymbol{B} = \boldsymbol{\nabla} \times \boldsymbol{A} \tag{1.18}$$

のようにスカラーポテンシャル $\phi(\boldsymbol{r}, t)$ とベクトルポテンシャル $\boldsymbol{A}(\boldsymbol{r}, t)$ を用いて表すことができる．後述するように，**電磁ポテンシャル** ϕ，$\boldsymbol{A}$ は量子力学における波動関数の位相と密接に関係する本質的に重要な量である．

$\boldsymbol{E}$ と $\boldsymbol{B}$ を与える ϕ と $\boldsymbol{A}$ は一意には定まらない．すなわち，$f(\boldsymbol{r}, t)$ を実数のスカラー場として，**ゲージ変換**

$$\phi' = \phi - \frac{1}{\gamma}\frac{\partial f}{\partial t} \tag{1.19}$$

$$\boldsymbol{A}' = \boldsymbol{A} + \boldsymbol{\nabla} f \tag{1.20}$$

によって関係づけられる任意のゲージを用いても同じ $\boldsymbol{E}$ と $\boldsymbol{B}$ が得られ，物理的な結果が異なることはない．この事実を逆に用いて，用途に適したゲージを選ぶことができる．代表的な**ゲージ固定条件**を挙げておく [*5]．

$$\boldsymbol{\nabla} \cdot \boldsymbol{A} = 0 \quad [\text{Coulomb/London ゲージ}] \tag{1.21}$$

$$\boldsymbol{\nabla} \cdot \boldsymbol{A} + \frac{\gamma}{c^2}\frac{\partial \phi}{\partial t} = 0 \quad [\text{Lorenz ゲージ}] \tag{1.22}$$

空間的に一様な静電場 $\boldsymbol{E}$ や静磁場 $\boldsymbol{B}$ に対しては

$$\phi = -\boldsymbol{r} \cdot \boldsymbol{E} \tag{1.23}$$

$$\boldsymbol{A} = \frac{1}{2}(\boldsymbol{B} \times \boldsymbol{r}) \quad [\text{対称ゲージ}] \tag{1.24}$$

[*5] Coulomb ゲージでは ϕ, $\boldsymbol{A}$ は一意に決まるが, Lorenz ゲージでは $[\boldsymbol{\nabla}^2 - \partial^2/c^2\partial t^2]f = 0$ を満たす範囲で任意性が残る．Lorenz は誤植ではなく Lorentz とは別人.

$$\boldsymbol{A} = (0, xB, 0) \quad \text{[Landau ゲージ]} \tag{1.25}$$

を用いることが多い．対称および Landau ゲージは $\boldsymbol{\nabla} \cdot \boldsymbol{A} = 0$ を満たす．

これ以降は，特に断りのない限り cgs-Gauss 単位系 ($k = 4\pi$, $\epsilon_0 = \mu_0 = 1$, $\gamma = c$) のみを用いる．

1.1.4 多極子展開と双極子モーメント

静電場や静磁場では ϕ や $\boldsymbol{A}$ も時間に依存しないと考えて，(1.17) は $\boldsymbol{E} = -\boldsymbol{\nabla}\phi$ となる．この式を，(1.1) に代入すれば，次の Poisson 方程式を得る．

$$\boldsymbol{\nabla}^2 \phi = -4\pi\rho \tag{1.26}$$

同様に，(1.18) を (1.4) に代入し，$\boldsymbol{\nabla} \times (\boldsymbol{\nabla} \times \boldsymbol{A}) = \boldsymbol{\nabla}(\boldsymbol{\nabla} \cdot \boldsymbol{A}) - \boldsymbol{\nabla}^2 \boldsymbol{A}$ と Coulomb ゲージ $\boldsymbol{\nabla} \cdot \boldsymbol{A} = 0$ を用いれば

$$\boldsymbol{\nabla}^2 \boldsymbol{A} = -\frac{4\pi}{c}\boldsymbol{j} \tag{1.27}$$

これらの方程式の解は

$$\phi(\boldsymbol{r}) = \int d\boldsymbol{r}' \, \frac{\rho(\boldsymbol{r}')}{|\boldsymbol{r} - \boldsymbol{r}'|} \tag{1.28}$$

$$\boldsymbol{A}(\boldsymbol{r}) = \frac{1}{c} \int d\boldsymbol{r}' \, \frac{\boldsymbol{j}(\boldsymbol{r}')}{|\boldsymbol{r} - \boldsymbol{r}'|} \tag{1.29}$$

である．ここで $d\boldsymbol{r}' \equiv dx'dy'dz'$．このことは，$\boldsymbol{\nabla}^2|\boldsymbol{r} - \boldsymbol{r}'|^{-1} = -4\pi\delta(\boldsymbol{r} - \boldsymbol{r}')$ を用いて容易に確かめられる．また，$\boldsymbol{\nabla}|\boldsymbol{r} - \boldsymbol{r}'|^{-1} = -(\boldsymbol{r} - \boldsymbol{r}')/|\boldsymbol{r} - \boldsymbol{r}'|^3$ の関係を用いれば，Coulomb の法則が得られる．

$$\boldsymbol{E}(\boldsymbol{r}) = -\boldsymbol{\nabla}\phi = \int d\boldsymbol{r}' \, \frac{\rho(\boldsymbol{r}')(\boldsymbol{r} - \boldsymbol{r}')}{|\boldsymbol{r} - \boldsymbol{r}'|^3} \tag{1.30}$$

同様に，定ベクトル $\boldsymbol{a}$ に対する $\boldsymbol{\nabla} \times [\boldsymbol{a}/|\boldsymbol{r} - \boldsymbol{r}'|] = [\boldsymbol{a} \times (\boldsymbol{r} - \boldsymbol{r}')]/|\boldsymbol{r} - \boldsymbol{r}'|^3$ の関係より，Biot-Savart の法則が得られる．

$$\boldsymbol{B}(\boldsymbol{r}) = \boldsymbol{\nabla} \times \boldsymbol{A} = \frac{1}{c} \int d\boldsymbol{r}' \, \frac{\boldsymbol{j}(\boldsymbol{r}') \times (\boldsymbol{r} - \boldsymbol{r}')}{|\boldsymbol{r} - \boldsymbol{r}'|^3} \tag{1.31}$$

電磁ポテンシャルを作り出す電荷密度や電流密度の存在領域に比べて十分離れた点 $\boldsymbol{r}$ における表式は，$r \gg r'$ ($r = |\boldsymbol{r}|$, $r' = |\boldsymbol{r}'|$) に対する展開から

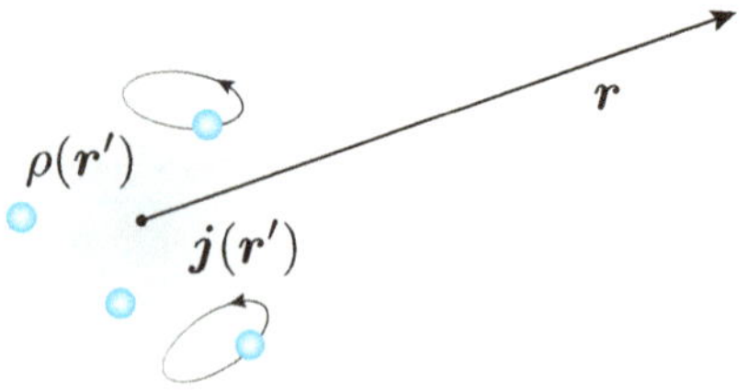

図 1.3　多極子展開．電磁場の源 $\rho(\boldsymbol{r}')$ や $\boldsymbol{j}(\boldsymbol{r}')$ の分布する領域に比べて十分に遠方の点 $\boldsymbol{r}$ における電磁場は $1/r$ に関して展開でき，多極子モーメントによって表すことができる．

$$\phi(\boldsymbol{r}) = \frac{Q}{r} + \frac{\boldsymbol{\mu}_{\mathrm{e}} \cdot \boldsymbol{r}}{r^3} + \cdots \tag{1.32}$$

$$\boldsymbol{A}(\boldsymbol{r}) = \frac{\boldsymbol{\mu}_l \times \boldsymbol{r}}{r^3} + \cdots \tag{1.33}$$

この展開を**多極子 (多重極) 展開**という (図 1.3)．展開係数 Q, $\boldsymbol{\mu}_{\mathrm{e}}$, $\boldsymbol{\mu}_l$ は次のように定義され

$$Q = \int d\boldsymbol{r}'\, \rho(\boldsymbol{r}') \tag{1.34}$$

$$\boldsymbol{\mu}_{\mathrm{e}} = \int d\boldsymbol{r}'\, \rho(\boldsymbol{r}')\boldsymbol{r}' \tag{1.35}$$

$$\boldsymbol{\mu}_l = \frac{1}{2c} \int d\boldsymbol{r}'\, (\boldsymbol{r}' \times \boldsymbol{j}(\boldsymbol{r}')) \tag{1.36}$$

それぞれ全電荷 (電気単極子モーメント)，**電気双極子**モーメント，軌道**磁気双極子**モーメントの意味をもつ．(1.34) と (1.35) は，展開式 $|\boldsymbol{r} - \boldsymbol{r}'|^{-1} = 1/r + (\boldsymbol{r} \cdot \boldsymbol{r}')/r^3 + \cdots$ を (1.28) に代入すれば直ちに示すことができる．一方，(1.29) については，電荷保存 $\boldsymbol{\nabla} \cdot \boldsymbol{j} = 0$ に注意して，恒等式

$$j_i = \sum_j \frac{\partial}{\partial r'_j}(r'_i j_j) - r'_i(\boldsymbol{\nabla} \cdot \boldsymbol{j}) = \sum_j \frac{\partial}{\partial r'_j}(r'_i j_j)$$

を積分し，最右辺の表面積分が $\boldsymbol{j} = 0$ より消えることを用いると，$\int d\boldsymbol{r}'\, \boldsymbol{j}(\boldsymbol{r}') = 0$ が示される．よって，(1.29) の r^{-1} 項は消える．次に，r^{-3} 項については，まず被積分関数に現れる $(\boldsymbol{r} \cdot \boldsymbol{r}') j_i(\boldsymbol{r}') = \sum_k r_k r'_k j_i$ を (k, i) について対称部分と反対称部分に分けて変形する．Levi-Civita の**完全反対称テンソル** ϵ_{ijk} を用いると [*6]，反対称部分は，恒等式 $\sum_j \epsilon_{kij}\epsilon_{lmj} = \delta_{k,l}\delta_{i,m} - \delta_{k,m}\delta_{i,l}$ と

[*6] 同じ添字が 2 度現れたとき和を取るという計算が現れていることが見て取れるだろう．「同じ添字が 2 度現れたときはその添字について和を取ることとし，和の記号を省略する」という Einstein の縮約記法は，表記が簡略化され，慣れると非常に便利である．

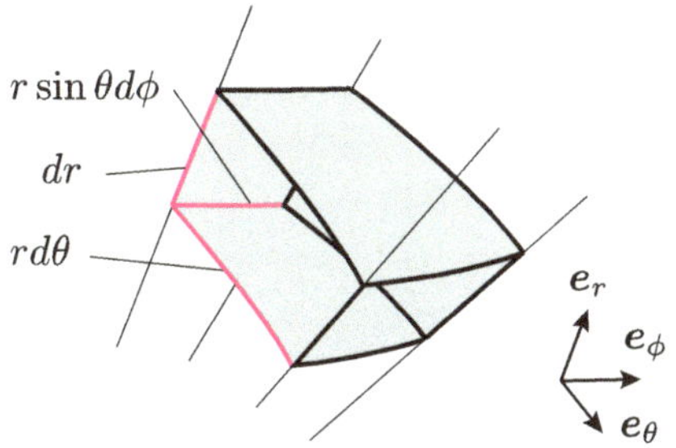

図 1.4　極座標 (r, θ, ϕ) の微小体積素片．大きさは $d\boldsymbol{r} = r^2 \sin\theta dr d\theta d\phi$．$\phi$ が一定の面積素片は $d\boldsymbol{S} = r dr d\theta \boldsymbol{e}_\phi$．

$\sum_{lm} \epsilon_{lmj} r'_l j_m = (\boldsymbol{r}' \times \boldsymbol{j})_j$ より

$$\frac{1}{2}(r'_k j_i - r'_i j_k) = \frac{1}{2}\sum_{lm}\left(\sum_j \epsilon_{kij}\epsilon_{lmj}\right) r'_l j_m = \frac{1}{2}\sum_j \epsilon_{kij}(\boldsymbol{r}' \times \boldsymbol{j})_j$$

この関係を用いると，電荷保存 $\boldsymbol{\nabla}\cdot\boldsymbol{j} = 0$ に注意して

$$\begin{aligned} r'_k j_i &= \frac{1}{2}(r'_k j_i + r'_i j_k) + \frac{1}{2}\sum_j \epsilon_{kij}(\boldsymbol{r}' \times \boldsymbol{j})_j \\ &= \frac{1}{2}\left(\sum_j \frac{\partial}{\partial r'_j}(r'_k r'_i j_j) - r'_k r'_i (\boldsymbol{\nabla}\cdot\boldsymbol{j})\right) + \frac{1}{2}\sum_j \epsilon_{kij}(\boldsymbol{r}' \times \boldsymbol{j})_j \\ &= \frac{1}{2}\sum_j \frac{\partial}{\partial r'_j}(r'_k r'_i j_j) + \frac{1}{2}\sum_j \epsilon_{ijk}(\boldsymbol{r}' \times \boldsymbol{j})_j \end{aligned}$$

の関係を得る．最右辺の積分を実行すると，第 1 項の表面積分は $\boldsymbol{j} = 0$ より消え，第 2 項の積分に $\sum_k r_k$ を乗じると (1.36) の表式が得られる．

例えば，z 軸上の位置 $\boldsymbol{r}'_\pm \equiv (0, 0, \pm d/2)$ に $\pm q$ の点電荷をおいた場合

$$\rho(\boldsymbol{r}) = q[\delta(\boldsymbol{r} - \boldsymbol{r}'_+) - \delta(\boldsymbol{r} - \boldsymbol{r}'_-)]$$

とすれば，(1.34) と (1.35) より，$\boldsymbol{e}_z$ を z 軸方向の単位ベクトルとして

$$Q = 0 \tag{1.37}$$

$$\boldsymbol{\mu}_\mathrm{e} = q(\boldsymbol{r}_+ - \boldsymbol{r}_-) = qd\boldsymbol{e}_z \tag{1.38}$$

となり，よく知られた電気双極子モーメントの表式が得られる．同様に，xy

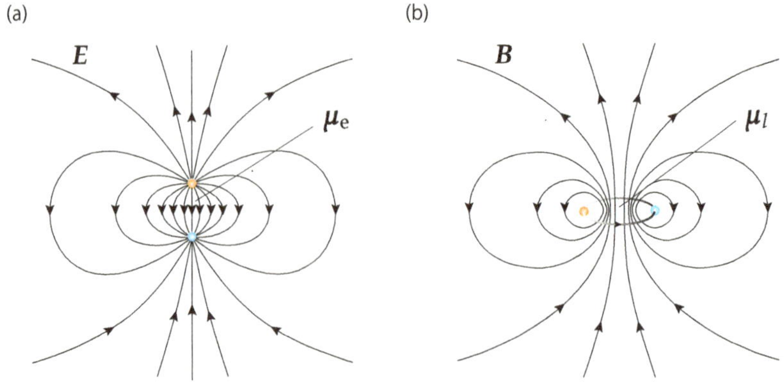

図 1.5　双極子モーメントが作り出す場．(a) 電場 $\boldsymbol{E}$．(b) 磁場 $\boldsymbol{B}$．

面内の半径 a の円周上を正方向 (z 軸上方から見て反時計回り) に電流 I が流れている場合，極座標 $\boldsymbol{r} = (r\sin\theta\cos\phi, r\sin\theta\sin\phi, r\cos\theta)$ における電流密度の表式 *7

$$\boldsymbol{j}(\boldsymbol{r}) = \frac{I}{a}\delta(\theta - \pi/2)\delta(r-a)\boldsymbol{e}_\phi$$

を (1.36) に用いると，$\boldsymbol{r} \times \boldsymbol{e}_\phi = r\boldsymbol{e}_z$ より

$$\begin{aligned}\boldsymbol{\mu}_l &= \frac{1}{2c}\int_0^\infty dr \int_0^\pi d\theta \int_0^{2\pi} d\phi\, r^2 \sin\theta\, \frac{Ir}{a}\delta(\theta - \pi/2)\delta(r-a)\boldsymbol{e}_z \\ &= \frac{\pi a^2 I}{c}\boldsymbol{e}_z \end{aligned} \tag{1.39}$$

となり，円電流 (面積 πa^2) による磁気双極子モーメントの表式を得る．

電磁ポテンシャルを偏微分して，電場と磁束密度はそれぞれ

$$\boldsymbol{E}(\boldsymbol{r}) = -\boldsymbol{\nabla}\psi - \frac{Q\boldsymbol{r}}{r^3} + \frac{3(\boldsymbol{r}\cdot\boldsymbol{\mu}_\mathrm{e})\boldsymbol{r} - (\boldsymbol{r}\cdot\boldsymbol{r})\boldsymbol{\mu}_\mathrm{e}}{r^5} + \cdots \tag{1.40}$$

$$\boldsymbol{B}(\boldsymbol{r}) = \boldsymbol{\nabla}\times\boldsymbol{A} = \frac{3(\boldsymbol{r}\cdot\boldsymbol{\mu}_l)\boldsymbol{r} - (\boldsymbol{r}\cdot\boldsymbol{r})\boldsymbol{\mu}_l}{r^5} + \cdots \tag{1.41}$$

電気と磁気の双極子モーメントが作り出す電場と磁場 (図 1.5) は，それらの源から遠く離れた場所で見る限り，形式的に全く同型である．

1.1.5　双極子モーメントと電磁場との相互作用

電場 $\boldsymbol{E}$ 中におかれた電気双極子モーメント $\boldsymbol{\mu}_\mathrm{e}$ と磁束密度 $\boldsymbol{B}$ 中におかれ

*7 $\phi =$ 一定 の断面にわたって電流密度を積分したものが電流 I である．(r,θ) における微小断面積は $d\boldsymbol{S} = r dr d\theta \boldsymbol{e}_\phi$ であるから (図 1.4)，$\int \boldsymbol{j}\cdot d\boldsymbol{S} = \int_0^\infty dr \int_0^\pi d\theta\, r(I/a)\delta(\theta - \pi/2)\delta(r-a) = I$ であり，確かに成り立っている．

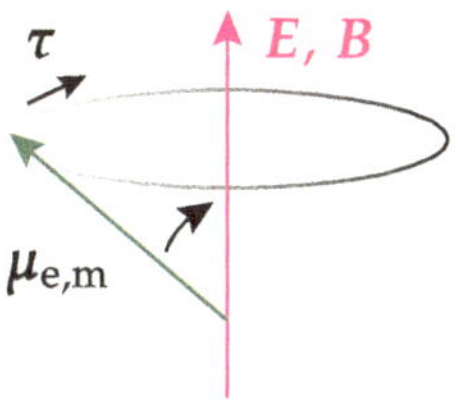

図 1.6　双極子モーメントと電磁場との相互作用.

た磁気双極子モーメント [*8] $\boldsymbol{\mu}_{\mathrm{m}}$ がもつエネルギーはそれぞれ

$$H = -\boldsymbol{\mu}_{\mathrm{e}} \cdot \boldsymbol{E} \tag{1.42}$$

$$H = -\boldsymbol{\mu}_{\mathrm{m}} \cdot \boldsymbol{B} \tag{1.43}$$

で与えられる (図 1.6). この相互作用によって, 双極子モーメントが電場や磁場の方向を向くほどエネルギーが低下する. すなわち, 電磁場と双極子モーメントの相対角が変化する場合はエネルギーの出入りを伴う. さらに, 双極子モーメントには

$$\boldsymbol{\tau} = \boldsymbol{\mu}_{\mathrm{e}} \times \boldsymbol{E} \tag{1.44}$$

$$\boldsymbol{\tau} = \boldsymbol{\mu}_{\mathrm{m}} \times \boldsymbol{B} \tag{1.45}$$

のトルクが働く.

磁気双極子モーメントは角運動量に比例するため, トルクによって磁気双極子モーメントは**歳差運動**を行う. この場合, トルクの起源は Lorentz 力であり, 運動方向と常に垂直であるため仕事をせず, 歳差運動はエネルギーの出入りを伴わない.

磁気双極子モーメント $\boldsymbol{\mu}_{\mathrm{m}}$ と角運動量 $\hbar\boldsymbol{l}$ の比例関係を $\boldsymbol{\mu}_{\mathrm{m}} = \gamma\hbar\boldsymbol{l}$ と表す [*9]. γ を**磁気回転比**とよぶ. 電子の場合は, 負電荷を反映して γ は負である. このとき, 運動方程式は

$$\hbar\frac{d\boldsymbol{l}}{dt} = \boldsymbol{\tau} \quad \Rightarrow \quad \frac{d\boldsymbol{\mu}_{\mathrm{m}}}{dt} = \gamma(\boldsymbol{\mu}_{\mathrm{m}} \times \boldsymbol{B}) \tag{1.46}$$

$\boldsymbol{B} = B\boldsymbol{e}_z$, 初期値を $\boldsymbol{\mu}_{\mathrm{m}}(0) = (\mu_\perp, 0, \mu_z)$ とすると, この方程式の解は

---

*8 スピンからの寄与も含めた磁気双極子モーメントや原子核のもつ磁気双極子モーメントなど一般的な磁気双極子モーメントを表す意味で, $\boldsymbol{\mu}_l$ ではなく $\boldsymbol{\mu}_{\mathrm{m}}$ とした.

*9 電子や原子核のスピン角運動量に対しても γ をそれぞれの値に置き換えれば, この関係は成り立つ.

$$\boldsymbol{\mu}_{\rm m}(t) = [\mu_\perp \cos(\omega_{\rm L} t),\ -{\rm sgn}(\gamma)\mu_\perp \sin(\omega_{\rm L} t),\ \mu_z] \tag{1.47}$$

となり，$\boldsymbol{B}$ との角度を一定に保ったまま $\boldsymbol{B}$ 軸まわりを振動数 $\omega_{\rm L}$ で回転する歳差運動を表す．$\omega_{\rm L} = |\gamma|B$ を **Larmor 振動数**という．$\boldsymbol{\mu}_{\rm m}(t)$ を磁気双極子演算子の量子力学的な期待値と見なせば，量子系でもこの結果はそのまま成り立つ．

1.1.6 1 電子の双極子モーメント

物質中の電気分極と磁化を生み出す源の 1 つは，物質中に含まれる電子である．そこで，1 つの電子から生じる双極子モーメントについて考えてみよう．

位置 $\boldsymbol{r}_n$ にある電荷 $-e$ の電子による電荷密度は

$$\rho(\boldsymbol{r}) = -e\delta(\boldsymbol{r} - \boldsymbol{r}_n) \tag{1.48}$$

と表されるので，(1.35) に代入して，電気双極子モーメントは次のようになる [*10]．

$$\boldsymbol{\mu}_{\rm e} = -e\boldsymbol{r}_n \tag{1.49}$$

一方，軌道磁気双極子モーメント $\boldsymbol{\mu}_l$ は渦電流から生じるため，軌道角運動量と関係づけられる．電子の質量を m，運動量を $\boldsymbol{p}$ とすると，電流密度は，$\boldsymbol{j}(\boldsymbol{r}) = -(e\boldsymbol{p}/m)\delta(\boldsymbol{r} - \boldsymbol{r}_n)$ と表される．$\hbar\boldsymbol{l} \equiv \boldsymbol{r}_n \times \boldsymbol{p}$ によって無次元の**軌道角運動量** $\boldsymbol{l}$ を導入すると，(1.36) より軌道磁気双極子モーメントは

$$\boldsymbol{\mu}_l = -\mu_{\rm B}\boldsymbol{l}, \quad \mu_{\rm B} \equiv \frac{e\hbar}{2mc} \tag{1.50}$$

となる．ここで，$\mu_{\rm B}$ は **Bohr 磁子**と呼ばれる．この場合の磁気回転比は $\gamma = -\mu_{\rm B}/\hbar$ である．

電子は軌道角運動量だけでなく，固有の**スピン角運動量** $\hbar\boldsymbol{s}$ $(\boldsymbol{s} = \boldsymbol{\sigma}/2)$ をもっている．ここで，$\boldsymbol{\sigma} = (\sigma_x, \sigma_y, \sigma_z)$ は **Pauli 行列**である．

$$\sigma_x = \begin{pmatrix} 0 & 1 \\ 1 & 0 \end{pmatrix} \quad \sigma_y = \begin{pmatrix} 0 & -i \\ i & 0 \end{pmatrix} \quad \sigma_z = \begin{pmatrix} 1 & 0 \\ 0 & -1 \end{pmatrix} \tag{1.51}$$

[*10] もちろん，これらの電子を束縛する正イオン電荷が背景にあるが，ここでは電子の寄与だけを議論する．

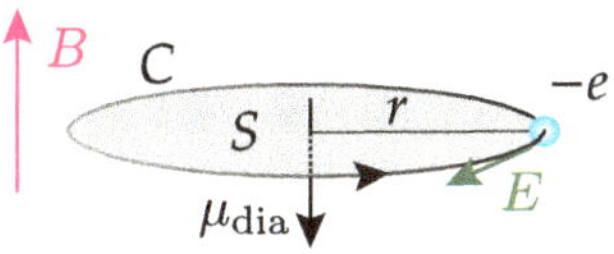

図 1.7　反磁性磁気双極子モーメント．

このスピン角運動量に伴ってスピン磁気双極子モーメント

$$\boldsymbol{\mu}_s = -g\mu_{\mathrm{B}}\boldsymbol{s}, \quad g = 2.002319304361 \tag{1.52}$$

が生じる．g を **g 因子**とよぶ [*11]．このようなスピン角運動量とスピン磁気双極子モーメントの存在は，相対論的な電子が従う Dirac 方程式に非相対論的近似を行うと自然に導かれる．

以上より，電子のもつ (常磁性) 磁気双極子モーメントは

$$\boldsymbol{\mu}_{\mathrm{para}} \equiv \boldsymbol{\mu}_l + \boldsymbol{\mu}_s = -\mu_{\mathrm{B}}\left(\boldsymbol{l} + 2\boldsymbol{s}\right) \tag{1.53}$$

負符号は電子の電荷が負であることに由来する．電子のもつ**全角運動量**は $\hbar\boldsymbol{j} = \hbar(\boldsymbol{l}+\boldsymbol{s})$ であり [*12]，g 因子の存在のために $\boldsymbol{\mu}_{\mathrm{para}}$ とは平行でないことに注意しよう．ここでの磁気双極子モーメントは演算子であり，磁気回転比は $\langle\boldsymbol{\mu}_{\mathrm{para}}\rangle = \gamma\hbar\langle\boldsymbol{j}\rangle$ のように期待値を用いて定義される．

これらの常磁性磁気双極子モーメントに加えて，磁場を印加するとその磁場を打ち消すような誘導起電力が発生して渦電流が生じるために，磁場の大きさに比例した磁気双極子モーメントが印加磁場と反対向きに生じる．このような効果を反磁性という (図 1.7)．反磁性を生み出す電子が，磁場に垂直な面内で半径 r の円運動をするとしよう．半径 r の円周上の経路を C，経路 C で囲まれる領域を S として，Maxwell 方程式 (1.2) の積分形を用いると

$$\oint_C d\boldsymbol{\ell}\cdot\boldsymbol{E} = -\frac{1}{c}\frac{\partial}{\partial t}\int_S d\boldsymbol{S}\cdot\boldsymbol{B} \quad \Rightarrow \quad 2\pi r\boldsymbol{E} = -\frac{\pi r^2}{c}\frac{dB}{dt}\boldsymbol{e}_\phi$$

この誘導電場 $\boldsymbol{E}$ によって生じるトルクは

$$\boldsymbol{\tau} = \boldsymbol{r}\times(-e\boldsymbol{E}) = \frac{er^2}{2c}\frac{dB}{dt}\boldsymbol{e}_z$$

---

*11 電磁場との相互作用による補正効果 (真空偏極) によって，Dirac 方程式の帰結である $g=2$ からわずかにずれる．以下では，$g=2$ として取り扱う．

*12 電流密度と混同しないように注意されたい．

であり，軌道角運動量の時間変化は $\hbar d\boldsymbol{l}/dt = \boldsymbol{\tau}$ より求められる．磁場によって誘起される反磁性磁気双極子モーメントとその軌道角運動量の関係 $\mu_{\rm dia} = -\mu_{\rm B}|\boldsymbol{l}|$ を考慮すると

$$\frac{d\mu_{\rm dia}}{dt} = -\frac{\mu_{\rm B}}{\hbar} \cdot \frac{er^2}{2c}\frac{dB}{dt} = -\frac{e^2r^2}{4mc^2}\frac{dB}{dt}$$

よって，磁場によって誘起される反磁性磁気双極子モーメントは

$$\mu_{\rm dia} = -\frac{e^2r^2}{4mc^2}B \tag{1.54}$$

この表式を一般的に表すと次のようになる．

$$\boldsymbol{\mu}_{\rm dia} = -\frac{e^2}{4mc^2}\left(\boldsymbol{r} \times (\boldsymbol{B} \times \boldsymbol{r})\right) \tag{1.55}$$

このような機構で生じる反磁性を **Langevin** または **Larmor 反磁性**という．後で見るように，$(\boldsymbol{r} \times (\boldsymbol{B} \times \boldsymbol{r}))$ を量子力学的な期待値に置き換えれば，この表式は量子力学的に取り扱った場合にも成り立つ．

1.1.7 磁性の古典論と量子論

Hamilton 形式において電磁場と電子 (電荷 $-e$，質量 m) との相互作用を扱うには，ハミルトニアンを $H = \boldsymbol{p}^2/2m$ として $H = E$ の関係において

$$E \to E + e\phi \tag{1.56}$$

$$\boldsymbol{p} \to \boldsymbol{p} + \frac{e}{c}\boldsymbol{A} \tag{1.57}$$

の置き換えを行えばよい．得られた関係式を改めて $H = E$ と見たときの

$$H = \frac{1}{2m}\left(\boldsymbol{p} + \frac{e}{c}\boldsymbol{A}\right)^2 - e\phi \tag{1.58}$$

を **minimal 電磁相互作用**を導入したハミルトニアンという．このハミルトニアンに対して正準方程式を求めると，電磁場による力 (1.8) の働く運動方程式

$$m\frac{d\boldsymbol{v}}{dt} = -e\left(\boldsymbol{E} + \frac{1}{c}(\boldsymbol{v} \times \boldsymbol{B})\right) \tag{1.59}$$

が得られる．ここで，$\boldsymbol{v} = d\boldsymbol{r}/dt$ は電子の速度である．$\boldsymbol{r}$ と $\boldsymbol{p}$ は互いに共役な**正準座標**と**正準運動量**であり，量子化の際は $\boldsymbol{p} \to -i\hbar\boldsymbol{\nabla}$ とすることで正

準共役な変数の間に交換関係 $[r_i, p_j] = i\hbar\delta_{i,j}$ を課す．このような量子化の手続きから分かるように，交換関係は正準変換によって不変である．

動的運動量 $m\boldsymbol{v}$ は，正準運動量 $\boldsymbol{p}$ と次のような関係にある．

$$m\boldsymbol{v} = \boldsymbol{p} + \frac{e}{c}\boldsymbol{A} \tag{1.60}$$

動的運動量 $m\boldsymbol{v}$ は観測量であるため，ゲージの選び方に依存してはならない．したがって，正準運動量 $\boldsymbol{p}$ はゲージ不変ではなく，(1.20) のゲージ変換 $\boldsymbol{A} \to \boldsymbol{A} + \boldsymbol{\nabla} f$ に対して，$\boldsymbol{p} \to \boldsymbol{p} - (e/c)\boldsymbol{\nabla} f$ のように変換する．量子力学ではこの変換性は，波動関数の位相を

$$\psi(\boldsymbol{r}, t) \to \psi(\boldsymbol{r}, t)\exp\left(-i\frac{ef(\boldsymbol{r}, t)}{c\hbar}\right) \tag{1.61}$$

のように変化させることに対応する．実際，$\boldsymbol{p} = -i\hbar\boldsymbol{\nabla}$ を (1.61) の右辺に作用させれば，$\boldsymbol{p}(\psi e^{-ief/c\hbar}) = e^{-ief/c\hbar}(\boldsymbol{p} - (e/c)\boldsymbol{\nabla} f)\psi$ となることが容易に確かめられる．ϕ に対するゲージ変換 (1.19) に対しても，同じ位相変化が生じる．量子力学においては，電磁ポテンシャルのゲージ変換 (1.19), (1.20) と波動関数の位相変化 (1.61) を合わせて系がゲージ不変となることに注意しよう．この事実は，現代の物理学において極めて重要な役割を果たしている．

(1.58) において $\phi = -\boldsymbol{r}\cdot\boldsymbol{E}$ とすると，(1.42) すなわち $\boldsymbol{\mu}_{\mathrm{e}} = -(\partial H/\partial \boldsymbol{E})$ の関係から，電気双極子モーメント $\boldsymbol{\mu}_{\mathrm{e}} = -e\boldsymbol{r}$ が得られる．

同様にして，(1.58) より磁気双極子モーメント $\boldsymbol{\mu}_{\mathrm{m}}$ を求めてみよう．対称ゲージ $\boldsymbol{A} = (\boldsymbol{B} \times \boldsymbol{r})/2$ を用いると，(1.58) は

$$H = \frac{\boldsymbol{p}^2}{2m} + \mu_{\mathrm{B}}\boldsymbol{l}\cdot\boldsymbol{B} + \frac{e^2}{8mc^2}(\boldsymbol{B} \times \boldsymbol{r})^2 \tag{1.62}$$

となる．(1.43) から得られる関係より，(1.50) と (1.55) から

$$\boldsymbol{\mu}_{\mathrm{m}} = -\frac{\partial H}{\partial \boldsymbol{B}} = -\mu_{\mathrm{B}}\boldsymbol{l} - \frac{e^2}{4mc^2}\left(\boldsymbol{r} \times (\boldsymbol{B} \times \boldsymbol{r})\right) = \boldsymbol{\mu}_l + \boldsymbol{\mu}_{\mathrm{dia}} \tag{1.63}$$

この導出から分かるように，(1.62) の右辺第 2 項を**常磁性項**，第 3 項を**反磁性項**とよぶ．(1.63) を $\boldsymbol{p}$ と $\boldsymbol{A}$ で表し，(1.60) を用いれば

$$\boldsymbol{\mu}_{\mathrm{m}} = -\frac{e}{2mc}\left\{\boldsymbol{r} \times \left(\boldsymbol{p} + \frac{e}{c}\boldsymbol{A}\right)\right\} = -\frac{e}{2c}(\boldsymbol{r} \times \boldsymbol{v}) \tag{1.64}$$

となる．(1.36) と見比べると，電流密度は $\boldsymbol{j}(\boldsymbol{r}') = -e\boldsymbol{v}\delta(\boldsymbol{r}' - \boldsymbol{r})$ であることが分かる．すなわち，軌道運動から生じる磁気双極子モーメントは常磁性

成分と反磁性成分を合わせてゲージ不変量である [*13].

以上の議論を N_e 個の電子系に一般化しよう．ハミルトニアンは

$$H = \sum_{n=1}^{N_\mathrm{e}} \left[\frac{1}{2m} \left(\boldsymbol{p}_n + \frac{e}{c} \boldsymbol{A}(\boldsymbol{r}_n) \right)^2 - e\phi(\boldsymbol{r}_n) \right] + V(\boldsymbol{r}_1, \boldsymbol{r}_2, \cdots, \boldsymbol{r}_{N_\mathrm{e}}) \tag{1.65}$$

ここで，$V(\boldsymbol{r}_1, \boldsymbol{r}_2, \cdots, \boldsymbol{r}_{N_\mathrm{e}})$ は電子間相互作用を表すポテンシャルである．

古典統計力学では，このハミルトニアンに対する温度 T の分配関数は，$\beta = 1/k_\mathrm{B}T$ として

$$Z = \prod_{n=1}^{N_\mathrm{e}} \int \frac{d\boldsymbol{r}_n d\boldsymbol{p}_n}{(2\pi\hbar)^3} e^{-\beta H}$$

のように求められるが，$\boldsymbol{\pi}_n = \boldsymbol{p}_n + (e/c)\boldsymbol{A}(\boldsymbol{r}_n)$ と変数変換すると

$$Z = \prod_{n=1}^{N_\mathrm{e}} \int \frac{d\boldsymbol{r}_n d\boldsymbol{\pi}_n}{(2\pi\hbar)^3} e^{-\beta H'}$$

$$H' = \sum_{n=1}^{N_\mathrm{e}} \left[\frac{\boldsymbol{\pi}_n^2}{2m} - e\phi(\boldsymbol{r}_n) \right] + V(\boldsymbol{r}_1, \boldsymbol{r}_2, \cdots, \boldsymbol{r}_{N_\mathrm{e}})$$

となり，$\boldsymbol{A} = 0$ の場合の分配関数に等しいため，磁場の情報を含まない．したがって，温度 T における磁気双極子モーメントの統計平均 (熱平均) は，Helmholtz の自由エネルギーを $F(T, \boldsymbol{B}) = -\beta^{-1} \ln Z$ として

$$\langle \boldsymbol{\mu}_\mathrm{m} \rangle = -\frac{1}{N_\mathrm{e}} \frac{\partial F}{\partial \boldsymbol{B}} = \langle \boldsymbol{\mu}_l \rangle + \langle \boldsymbol{\mu}_\mathrm{dia} \rangle = 0$$

すなわち，常磁性項と反磁性項は常に相殺して，古典統計力学の範囲では磁性現象を記述することは不可能である．この事実を，**Bohr-van Leeuwen の定理**という．このことは，(1.8) の力による仕事率が $dW/dt = \boldsymbol{v} \cdot \boldsymbol{F} = q\boldsymbol{v} \cdot \boldsymbol{E}$ のように，磁場 $\boldsymbol{B}$ を含まないことに由来する．

量子力学的な取り扱いでは，相対論的な電子が従う Dirac 方程式を $1/c$ に関して展開したときに得られる静止エネルギー mc^2 から測った次のハミルトニアンを用いる．

$$H = H_1 + H_2$$

[*13] 反磁性効果を含まない軌道角運動量 $\hbar \boldsymbol{l} = \boldsymbol{r} \times \boldsymbol{p}$ はゲージ不変ではない．

$$H_1 = \frac{1}{2m}\left(\boldsymbol{p} + \frac{e}{c}\boldsymbol{A}\right)^2 + \mu_{\rm B}\boldsymbol{\sigma}\cdot\boldsymbol{B} - e\phi$$

$$H_2 = -\frac{e\hbar}{4m^2c^2}\boldsymbol{\sigma}\cdot\left\{(\boldsymbol{\nabla}\phi)\times\left(\boldsymbol{p} + \frac{e}{c}\boldsymbol{A}\right)\right\} - \frac{e\hbar^2}{8m^2c^2}\boldsymbol{\nabla}^2\phi - \frac{1}{2mc^2}(H_1 + e\phi)^2 \tag{1.66}$$

ここで，磁束密度 $\boldsymbol{B} = \boldsymbol{\nabla}\times\boldsymbol{A}$, 正準運動量 $\boldsymbol{p} = -i\hbar\boldsymbol{\nabla}$ ($\boldsymbol{p} + (e/c)\boldsymbol{A} = m\boldsymbol{v}$ は動的運動量), Pauli 行列 $\boldsymbol{\sigma}$ である．H_1 は Pauli のハミルトニアンと呼ばれ，スピン $s = 1/2$ の 2 成分スピノールに作用する演算子である．H_2 の第 2 項は Darwin 項と呼ばれ，$\boldsymbol{\nabla}^2 r^{-1} = -4\pi\delta(|\boldsymbol{r}|)$ より，原点に振幅のある s 波の波動関数以外は重要ではない．また，第 3 項は運動エネルギーおよび磁気エネルギーの 2 次の補正である．これらの第 2, 3 項は通常無視する．対称ゲージを用いれば，$\boldsymbol{s} = \boldsymbol{\sigma}/2$ として

$$H = \frac{\boldsymbol{p}^2}{2m} + \mu_{\rm B}(\boldsymbol{l} + 2\boldsymbol{s})\cdot\boldsymbol{B} + \frac{e^2}{8mc^2}(\boldsymbol{B}\times\boldsymbol{r})^2 - e\phi + \frac{\mu_{\rm B}}{c}\boldsymbol{s}\cdot(\boldsymbol{E}\times\boldsymbol{v}) \tag{1.67}$$

である [*14]．$\boldsymbol{E}$ や $\boldsymbol{B}$ は電子の位置 $\boldsymbol{r}$ における電場と磁場．

H_2 の第 1 項は**スピン軌道相互作用**である．

$$H_{\rm SOC} = -\frac{e\hbar}{4m^2c^2}\boldsymbol{\sigma}\cdot\left\{(\boldsymbol{\nabla}\phi)\times\left(\boldsymbol{p} + \frac{e}{c}\boldsymbol{A}\right)\right\} = \frac{\mu_{\rm B}}{c}\boldsymbol{s}\cdot(\boldsymbol{E}\times\boldsymbol{v}) \tag{1.68}$$

特に，原子核の作る電場 $\boldsymbol{E} = Ze\boldsymbol{r}/r^3$ の場合には，よく知られた表式

$$H_{\rm SOC}^{\rm atomic} = \xi\boldsymbol{l}\cdot\boldsymbol{s}, \quad \xi \equiv \frac{Ze^2\hbar^2}{2m^2c^2r^3} \tag{1.69}$$

となる．

磁気双極子モーメントは，$\boldsymbol{\mu}_{\rm m} = -(\partial H/\partial\boldsymbol{B})$ より

$$\boldsymbol{\mu}_{\rm m} = -\mu_{\rm B}(\boldsymbol{l} + 2\boldsymbol{s}) - \frac{e^2}{4mc^2}\Big(\boldsymbol{r}\times(\boldsymbol{B}\times\boldsymbol{r})\Big) \tag{1.70}$$

$\boldsymbol{\mu}_{\rm m}$ は演算子であり，それが作用する状態と合わせて意味をもつことに注意しよう．量子統計力学では，(i) スピン角運動量が存在する，(ii) 座標 $\boldsymbol{r}$ と運動量 $\boldsymbol{p}$ は非可換であり，分配関数において座標と運動量の和は独立に取り扱えない，(iii) 電子系の量子状態は Schrödinger 方程式に従って決定され，エ

[*14] 一般に $\boldsymbol{p}$ と $\boldsymbol{A}$ は非可換だが，$\boldsymbol{p}\cdot\boldsymbol{A} - \boldsymbol{A}\cdot\boldsymbol{p} = -i\hbar\boldsymbol{\nabla}\cdot\boldsymbol{A}$ より，対称ゲージでは交換可．

ネルギー準位は一般に離散的になる，(iv) 電子はFermi粒子であり，Pauliの排他律に従う，という諸事情によって常磁性項と反磁性項の相殺は不完全となる．すなわち，磁性現象は量子統計力学に基づいた議論によってはじめて適切に取り扱うことができるのである．

物質の磁気的性質は，常磁性成分と反磁性成分のバランスによって決まる．反磁性成分はすべての物質に共通して存在するが，その磁化は非常に小さい．そこで，原子が常磁性磁気双極子モーメントをもつような物質では常磁性成分が優勢になり，外部磁場と同じ方向に磁化が生じる．このような物質を**常磁性体**という．一方，常磁性成分がなく反磁性磁化のみが存在する物質を**反磁性体**とよぶ．さらに，常磁性磁気双極子モーメントが外部磁場なしで自発的に整列する**強磁性体**や**反強磁性体**なども存在する．

一方，電気双極子モーメントは角運動量とは無関係であり方向量子化の影響を受けないため，古典的な自由度と見なせる．磁性体と同様に，電気双極子モーメントが外部電場なしに自発的に一様に整列した状態を**強誘電体**という．

1.2 第2量子化の方法

1.2.1 生成消滅演算子と数表示

量子力学的な同種多粒子系を取り扱うには，**第2量子化**の方法が便利である．まず，Fermi粒子系について考えよう．この方法では，1粒子の完全基底 $\{\phi_m(\boldsymbol{r})\}$ (軌道) が基本となる．例えば，(m, n) の2つの軌道を粒子が占有している場合，Fermi粒子は粒子の入れ替えについて反対称でなければならないので，反対称性を考慮した2粒子の波動関数は

$$\psi_{mn}(\boldsymbol{r}_1, \boldsymbol{r}_2) = \frac{1}{\sqrt{2}} \begin{vmatrix} \phi_m(\boldsymbol{r}_1) & \phi_n(\boldsymbol{r}_1) \\ \phi_m(\boldsymbol{r}_2) & \phi_n(\boldsymbol{r}_2) \end{vmatrix} \equiv ||\phi_m(\boldsymbol{r}_1)\ \ \phi_n(\boldsymbol{r}_2)||$$

のように表される．このような表記を **Slater行列式**という．この例のように，多粒子系の波動関数は，(i) 粒子が占有している軌道の組 $(m_1, m_2, \cdots)$，(ii) 反対称性，という2つの情報を有している．

これら2つの情報を別の形で取り扱うのが第2量子化の方法である．(i) については，占有軌道の組を与える代わりに，すべての軌道 m について各軌道の占有数 n_m を指定することで取り扱う．すなわち，多粒子系の状態を $|\boldsymbol{n}\rangle \equiv |n_1, n_2, \cdots, n_m, \cdots\rangle$ というように表記する．このような表記法を**数**

表示という．すべての軌道が占有されていない状態を真空状態といい $|0\rangle$ と表す．

次に，m 軌道に粒子を生成 (1 つ追加) するための演算子 $a_m^\dagger$ を導入する．また，$a_m^\dagger$ の Hermite 共役な演算子 a_m は，m 状態を消滅 (1 つ消去) する役割を果たす．このような演算子を用いれば，(m, n) 軌道を占有した状態は，次のように表される．

$$|m, n\rangle = a_m^\dagger a_n^\dagger |0\rangle$$

また，すべての m に対して，$a_m |0\rangle \equiv 0$ である．

第 2 量子化法では，粒子の反対称性 (ii) を生成消滅演算子によって考慮する．そのために，次の反交換関係 $\{A, B\} \equiv AB + BA = [A, B]_+$ を課す．

$$\{a_m, a_n\} = \{a_m^\dagger, a_n^\dagger\} = 0, \quad \{a_m, a_n^\dagger\} = \delta_{m,n} \quad (\text{Fermi 粒子系}) \tag{1.71}$$

$m = n$ のとき，$(a_m)^2 = (a_m^\dagger)^2 = 0$ となり，Pauli の排他律を表している．つまり，Fermi 粒子の場合，n_m は 0 または 1 の値のみを取る．また，演算子 $\hat{n}_m \equiv a_m^\dagger a_m$ を任意の状態 $|\boldsymbol{n}\rangle$ に作用させると

$$a_m^\dagger a_m |\boldsymbol{n}\rangle = |n_1, \cdots n_{m-1}\rangle\, a_m^\dagger a_m |n_m\rangle\, |n_{m+1}, \cdots\rangle$$

となる．$a_m |0\rangle = 0$ より $\hat{n}_m |0\rangle = 0$．また，反交換関係を用いて

$$\hat{n}_m a_m^\dagger |0\rangle = a_m^\dagger a_m a_m^\dagger |0\rangle = a_m^\dagger (1 - \hat{n}_m) |0\rangle = a_m^\dagger |0\rangle$$

となるので，$a_m^\dagger |0\rangle$ は占有数 1 の状態 $|1\rangle$ であり，まとめて $\hat{n}_m |n_m\rangle = n_m |n_m\rangle$ $(n_m = 0, 1)$ が成り立つ．よって

$$\hat{n}_m |\boldsymbol{n}\rangle = n_m |\boldsymbol{n}\rangle \tag{1.72}$$

すなわち，$\hat{n}_m$ は軌道 m の占有数 n_m を取り出す**粒子数演算子**である．

1.2.2 1 粒子および 2 粒子演算子

次に，第 2 量子化法における 1 粒子および 2 粒子の演算子の表現について述べる．運動量 $\boldsymbol{p}_i$ や運動エネルギー $\boldsymbol{p}_i^2/2m$ のように，多粒子系の物理量が 1 粒子演算子の和として

$$\mathcal{F}(\boldsymbol{r}_1, \boldsymbol{r}_2, \cdots) = f(\boldsymbol{r}_1) + f(\boldsymbol{r}_2) + \cdots = \sum_i f(\boldsymbol{r}_i) \tag{1.73}$$

のように表されるとき，多粒子系の行列要素は，Slater 行列式を用いて

$$\langle \psi_{m_1 m_2 \cdots} | \mathcal{F} | \psi_{n_1 n_2 \cdots} \rangle =$$
$$\sum_i \int d\boldsymbol{r}_1 d\boldsymbol{r}_2 \cdots \, \psi^*_{m_1 m_2 \cdots}(\boldsymbol{r}_1, \boldsymbol{r}_2, \cdots) \, f(\boldsymbol{r}_i) \, \psi_{n_1 n_2 \cdots}(\boldsymbol{r}_1, \boldsymbol{r}_2, \cdots)$$

である．第 2 量子化法では

$$F = \sum_{mn} \langle m|f|n \rangle \, a^\dagger_m a_n$$
$$\langle m|f|n \rangle = \int d\boldsymbol{r} \, \phi^*_m(\boldsymbol{r}) f(\boldsymbol{r}) \phi_n(\boldsymbol{r}) \tag{1.74}$$

と定義すると，$\psi_{m_1 m_2 \cdots}(\boldsymbol{r}_1, \boldsymbol{r}_2, \cdots)$ に対応する数表示を $|\boldsymbol{m}\rangle$ とするとき

$$\langle \psi_{m_1 m_2 \cdots} | \mathcal{F} | \psi_{n_1 n_2 \cdots} \rangle = \langle \boldsymbol{m} | F | \boldsymbol{n} \rangle$$

を示すことができる．第 2 量子化法では，1 粒子に関する行列要素 $\langle m|f|n \rangle$ だけを予め計算しておき，反対称性に関する部分は生成消滅演算子の反交換関係によって考慮するのである．

同様にして，Coulomb 相互作用のような $g(\boldsymbol{r}, \boldsymbol{r}') = g(\boldsymbol{r}', \boldsymbol{r})$ を満たす

$$\mathcal{G}(\boldsymbol{r}_1, \boldsymbol{r}_2, \cdots) = g(\boldsymbol{r}_1, \boldsymbol{r}_2) + g(\boldsymbol{r}_1, \boldsymbol{r}_3) + \cdots = \sum_{i,j}^{i<j} g(\boldsymbol{r}_i, \boldsymbol{r}_j) \tag{1.75}$$

の形で表される 2 粒子演算子を考える．対応する第 2 量子化法の演算子は

$$G = \frac{1}{2} \sum_{klmn} \langle kl|g|mn \rangle \, a^\dagger_k a^\dagger_l a_n a_m$$
$$\langle kl|g|mn \rangle = \iint d\boldsymbol{r} d\boldsymbol{r}' \, \phi^*_k(\boldsymbol{r}) \phi^*_l(\boldsymbol{r}') g(\boldsymbol{r}, \boldsymbol{r}') \phi_m(\boldsymbol{r}) \phi_n(\boldsymbol{r}') \tag{1.76}$$

であり [*15]，1 粒子演算子と同様に $\langle \psi_{m_1 m_2 \cdots} | \mathcal{G} | \psi_{n_1 n_2 \cdots} \rangle = \langle \boldsymbol{m} | G | \boldsymbol{n} \rangle$ が成り立つ [*16]．定義より次の関係が成り立つ．

[*15] 行列要素と生成消滅演算子の添字の順序が異なることに注意．$\langle kl|g|mn \rangle$ の定義を $\phi_m(\boldsymbol{r})\phi_n(\boldsymbol{r}') \to \phi_m(\boldsymbol{r}')\phi_n(\boldsymbol{r})$ として，同じ順序とする流儀もある．どちらの流儀が用いられているか確認した方がよい．

[*16] 1 粒子および 2 粒子演算子の行列要素の等価性の証明については，適当な量子力学の教科書を参照されたい．

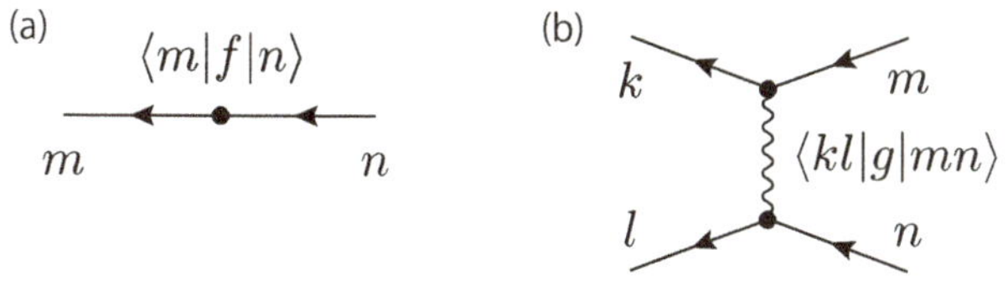

図 1.8　第 2 量子化における演算子の Feynman 図形．(a) 1 粒子演算子 F．(b) 2 粒子演算子 G．

$$\langle kl|g|mn\rangle = -\langle lk|g|mn\rangle = -\langle kl|g|nm\rangle \tag{1.77}$$

また，Hermite 演算子 g に対して

$$\langle kl|g|mn\rangle = \langle mn|g|kl\rangle^* \tag{1.78}$$

1 粒子演算子および 2 粒子演算子の表式は，演算子の並べ替えによって生じる負符号を除いて Bose 粒子系においてもそのまま成り立つ．これらの演算子の Feynman 図形を図 1.8 に示す．

スピン状態についても考慮するならば

$$k \to (k,\sigma), \quad l \to (l,\sigma'), \quad m \to (m,\sigma''), \quad n \to (n,\sigma''')$$

と置き換えればよい．特に，f や g がスピンに依存しない場合は

$$\langle k\sigma|f|l\sigma'\rangle = \langle k|f|l\rangle\,\delta_{\sigma,\sigma'}$$
$$\langle k\sigma l\sigma'|g|m\sigma''n\sigma'''\rangle = \langle kl|g|mn\rangle\,\delta_{\sigma,\sigma''}\delta_{\sigma',\sigma'''}$$

より

$$F = \sum_{mn}\sum_{\sigma}\langle m|f|n\rangle\, a^\dagger_{m\sigma}a_{n\sigma} \tag{1.79}$$
$$G = \frac{1}{2}\sum_{klmn}\sum_{\sigma\sigma'}\langle kl|g|mn\rangle\, a^\dagger_{k\sigma}a^\dagger_{l\sigma'}a_{n\sigma'}a_{m\sigma} \tag{1.80}$$

Bose 粒子系の場合は，粒子の入れ替えについて対称でなければならない．そのためには，生成消滅演算子に反交換関係ではなく次の交換関係 $[A,B] \equiv AB - BA = [A,B]_-$ を課せばよい．

$$[a_m, a_n] = [a^\dagger_m, a^\dagger_n] = 0, \quad [a_m, a^\dagger_n] = \delta_{m,n} \quad (\text{Bose 粒子系}) \tag{1.81}$$

この違いを反映して，Bose 粒子系では各軌道の占有数はゼロ以上の任意の整数となる．これを確認してみよう．$\hat{n}_m = a_m^\dagger a_m$ として，$\hat{n}_m |n_m\rangle = n_m |n_m\rangle$ が成り立つとする．$n_m = 0$ のときは $a_m |0\rangle = 0$ より明らかに成り立つ．交換関係を用いて

$$\hat{n}_m a_m^\dagger |n_m\rangle = a_m^\dagger a_m a_m^\dagger |n_m\rangle = a_m^\dagger(\hat{n}_m + 1) |n_m\rangle = (n_m + 1)a_m^\dagger |n_m\rangle$$

が示されるので，$a_m^\dagger |n_m\rangle$ は占有数 $(n_m + 1)$ 個の状態であり，$\hat{n}_m$ は Fermi 粒子系と同じく粒子数演算子である．よって，(1.72) と同じ次の関係が得られる．

$$\hat{n}_m |\boldsymbol{n}\rangle = n_m |\boldsymbol{n}\rangle \quad (n_m = 0, 1, 2, \cdots) \tag{1.82}$$

$a_m^\dagger |n_m\rangle = A |n_m + 1\rangle$ とし，規格化条件より A を求めると

$$\begin{aligned}
1 &= \langle n_m + 1 | n_m + 1\rangle = A^{-2} \langle n_m | a_m a_m^\dagger | n_m\rangle \\
&= A^{-2} \langle n_m | (\hat{n}_m + 1) | n_m\rangle = A^{-2}(n_m + 1) \langle n_m | n_m\rangle \\
&= A^{-2}(n_m + 1)
\end{aligned}$$

より，$A = \sqrt{n_m + 1}$ である．a_m を作用した場合も同様にして

$$a_m^\dagger |n_m\rangle = \sqrt{n_m + 1} |n_m + 1\rangle, \quad a_m |n_m\rangle = \sqrt{n_m} |n_m - 1\rangle \tag{1.83}$$

この関係を繰り返し用いれば，$|n_m\rangle$ 状態は次のように表される．

$$|n_m\rangle = \frac{1}{\sqrt{n_m!}} \left(a_m^\dagger\right)^{n_m} |0\rangle \tag{1.84}$$

1.2.3 基底変換と場の演算子

今度は，**基底変換**について考えてみよう．1 粒子基底 $\{\phi_m\}$ をユニタリー変換によって

$$\varphi_\alpha = \sum_m U_{m\alpha} \phi_m, \quad U_{m\alpha} \equiv \langle m | \alpha\rangle = \langle \alpha | m\rangle^* \tag{1.85}$$

のように別の基底 $\{\varphi_\alpha\}$ に変換したとする．この変換に対応して，軌道 α に対する生成消滅演算子 $b_\alpha^\dagger$，b_α は

$$b_\alpha^\dagger = \sum_m U_{m\alpha} a_m^\dagger, \quad b_\alpha = \sum_m U_{m\alpha}^* a_m \tag{1.86}$$

のように表される．特に，演算子 f の固有状態 $|m\rangle$ (固有値 f_m) を基底に選ぶと，$\langle n|f|m\rangle = f_m\delta_{n,m}$ より

$$F = \sum_m f_m \hat{n}_m \tag{1.87}$$

例えば，1 粒子の固有エネルギーを ϵ_m とすると，自由粒子系のハミルトニアンと全粒子数演算子は

$$H_0 = \sum_m \epsilon_m \hat{n}_m, \quad N = \sum_m \hat{n}_m \tag{1.88}$$

であり，化学ポテンシャル μ，温度 T の大分配関数は，$\xi_m = \epsilon_m - \mu$ として

$$\begin{aligned} Z(\mu, T) &= \mathrm{Tr}\, e^{-\beta(H_0-\mu N)} = \mathrm{Tr}\, e^{-\beta\sum_m \xi_m \hat{n}_m} = \sum_{\boldsymbol{n}} e^{-\beta\sum_m \xi_m n_m} \\ &= \prod_m \sum_{n_m} e^{-\beta\xi_m n_m} = \prod_m (1 \pm e^{-\beta\xi_m})^{\pm 1} \end{aligned} \tag{1.89}$$

ここで，+ 符号は Fermi 粒子系，− 符号は Bose 粒子系の場合である．これより，熱力学ポテンシャルと軌道 m の占有数の量子統計平均は

$$\Omega(\mu, T) = -\beta^{-1}\ln Z = \mp\beta^{-1}\sum_m \ln(1 \pm e^{-\beta\xi_m}) \tag{1.90}$$

$$\langle \hat{n}_m \rangle = \frac{\partial\Omega}{\partial\xi_m} = \frac{1}{e^{\beta\xi_m} \pm 1} \tag{1.91}$$

期待されたとおり，$\langle \hat{n}_m \rangle$ は **Fermi-Dirac 分布関数** (+ 符号) または **Bose-Einstein 分布関数** (− 符号) となる．

基底変換によって，座標 $\boldsymbol{r}$ に粒子を生成消滅する演算子を導入しよう．

$$\hat{\psi}^\dagger(\boldsymbol{r}) = \sum_m \phi_m^*(\boldsymbol{r}) a_m^\dagger, \quad \hat{\psi}(\boldsymbol{r}) = \sum_m \phi_m(\boldsymbol{r}) a_m \tag{1.92}$$

(1.86) における基底のラベル α が連続変数 $\boldsymbol{r}$ であるため，$b_\alpha^\dagger$ の代わりに $\hat{\psi}^\dagger(\boldsymbol{r})$，$U_{m\alpha}$ の代わりに $\phi_m^*(\boldsymbol{r})$ と表記した．$\hat{\psi}(\boldsymbol{r})$ や $\hat{\psi}^\dagger(\boldsymbol{r})$ を**場の演算子**とよぶ [*17]．完全性 $\sum_m \phi_m(\boldsymbol{r})\phi_m^*(\boldsymbol{r}') = \delta(\boldsymbol{r} - \boldsymbol{r}')$ に注意すれば，(反) 交換関係が得られる．

[*17] 波動関数と混同しないようにハット (ˆ) を付けたが，自明なときは省略する．

$$[\hat{\psi}(\boldsymbol{r}),\hat{\psi}(\boldsymbol{r}')]_{\pm}=[\hat{\psi}^{\dagger}(\boldsymbol{r}),\hat{\psi}^{\dagger}(\boldsymbol{r}')]_{\pm}=0,\quad [\hat{\psi}(\boldsymbol{r}),\hat{\psi}^{\dagger}(\boldsymbol{r}')]_{\pm}=\delta(\boldsymbol{r}-\boldsymbol{r}') \tag{1.93}$$

運動エネルギーの演算子は (1.74) より，ϕ，$\boldsymbol{A}$ を電磁ポテンシャルとして

$$\begin{aligned}
H_0 &= \sum_{mn}\langle m|h_0|n\rangle\, a_m^{\dagger}a_n = \int d\boldsymbol{r}\sum_m a_m^{\dagger}\phi_m^{*}(\boldsymbol{r})h_0(\boldsymbol{r})\sum_n \phi_n(\boldsymbol{r})a_n \\
&= \int d\boldsymbol{r}\,\hat{\psi}^{\dagger}(\boldsymbol{r})\left\{\frac{1}{2m}\left(-i\hbar\boldsymbol{\nabla}+\frac{e}{c}\boldsymbol{A}(\boldsymbol{r})\right)^2-e\phi(\boldsymbol{r})\right\}\hat{\psi}(\boldsymbol{r}) \\
&= \int d\boldsymbol{r}\left\{\frac{\hbar^2}{2m}\big(\boldsymbol{\mathcal{D}}\hat{\psi}^{\dagger}(\boldsymbol{r})\big)\big(\boldsymbol{\mathcal{D}}\hat{\psi}(\boldsymbol{r})\big)-e\phi(\boldsymbol{r})\hat{\psi}^{\dagger}(\boldsymbol{r})\hat{\psi}(\boldsymbol{r})\right\}
\end{aligned}$$

となる．最後の等号では，部分積分を行い無限遠で境界積分の寄与は消えるとした．また，次のゲージ不変な共変微分演算子を導入した．

$$\boldsymbol{\mathcal{D}}\equiv\boldsymbol{\nabla}+\frac{ie}{c\hbar}\boldsymbol{A} \tag{1.94}$$

座標微分 $\boldsymbol{\nabla}$ などの通常の演算子は場の演算子の基底ラベル $\boldsymbol{r}$ に作用し，場の生成消滅演算子は数表示で表した多体状態に作用することに注意しよう．同様にして，2 粒子演算子は (1.76) より

$$\begin{aligned}
H_{\rm int} &= \frac{1}{2}\sum_{klmn}\langle kl|g|mn\rangle\, a_k^{\dagger}a_l^{\dagger}a_n a_m \\
&= \frac{1}{2}\iint d\boldsymbol{r}d\boldsymbol{r}'\sum_{klnm}a_k^{\dagger}\phi_k^{*}(\boldsymbol{r})a_l^{\dagger}\phi_l^{*}(\boldsymbol{r}')g(\boldsymbol{r},\boldsymbol{r}')\phi_n(\boldsymbol{r}')a_n\phi_m(\boldsymbol{r})a_m \\
&= \frac{1}{2}\iint d\boldsymbol{r}d\boldsymbol{r}'\,\hat{\psi}^{\dagger}(\boldsymbol{r})\hat{\psi}^{\dagger}(\boldsymbol{r}')g(\boldsymbol{r},\boldsymbol{r}')\hat{\psi}(\boldsymbol{r}')\hat{\psi}(\boldsymbol{r})
\end{aligned}$$

座標表示における第 2 量子化法のハミルトニアンの表式は，通常の量子力学におけるエネルギー期待値の表式

$$\begin{aligned}
\langle H\rangle &= \int d\boldsymbol{r}\,\psi^{*}(\boldsymbol{r})\left\{\frac{1}{2m}\left(-i\hbar\boldsymbol{\nabla}+\frac{e}{c}\boldsymbol{A}(\boldsymbol{r})\right)^2-e\phi(\boldsymbol{r})\right\}\psi(\boldsymbol{r}) \\
&\qquad +\frac{1}{2}\iint d\boldsymbol{r}d\boldsymbol{r}'\,\psi^{*}(\boldsymbol{r})\psi^{*}(\boldsymbol{r}')g(\boldsymbol{r},\boldsymbol{r}')\psi(\boldsymbol{r}')\psi(\boldsymbol{r})
\end{aligned}$$

において，$\psi\to\hat{\psi}$, $\psi^{*}\to\hat{\psi}^{\dagger}$ に置き換えた表式になっている．古典的な表式において $\boldsymbol{p}\to\hat{\boldsymbol{p}}$ と演算子に置き換えたことを第 1 量子化とすれば，場の演算子への置き換えが「第 2 量子化」というわけだが，この類似性は特別な基底における見かけ上のことであり，特に深遠な意味があるわけではない．

最後に，電荷密度および電流密度を第 2 量子化表示で表しておこう．多電子系の電荷密度は第 1 量子化表示では

$$\rho(\boldsymbol{r}) = -e\sum_j \delta(\boldsymbol{r}-\boldsymbol{r}_j)$$

のように表されるので，(1.74) の手続きより，第 2 量子化表示では

$$\rho(\boldsymbol{r}) = -e\int d\boldsymbol{r}'\,\hat{\psi}^\dagger(\boldsymbol{r}')\delta(\boldsymbol{r}-\boldsymbol{r}')\hat{\psi}(\boldsymbol{r}') = -e\hat{\psi}^\dagger(\boldsymbol{r})\hat{\psi}(\boldsymbol{r}) \tag{1.95}$$

となる．同様に，電流密度の第 1 量子化表示は，速度演算子 $\boldsymbol{v}$ と ρ が非可換であるため，対称化して (1.60) を用いると

$$\begin{aligned}\boldsymbol{j}(\boldsymbol{r}) &= \frac{1}{2}\big(\rho(\boldsymbol{r})\boldsymbol{v}(\boldsymbol{r}) + \text{H.c.}\big)\\ &= \sum_j \delta(\boldsymbol{r}-\boldsymbol{r}_j)\left[\left(\frac{ie\hbar}{2m}\boldsymbol{\nabla} + \text{H.c.}\right) - \frac{e^2}{mc}\boldsymbol{A}(\boldsymbol{r})\right]\end{aligned}$$

と書ける．ここで，“H.c.” は前の項の Hermite 共役を表す．よって，第 2 量子化表示は

$$\boldsymbol{j}(\boldsymbol{r}) = \frac{ie\hbar}{2m}\left(\hat{\psi}^\dagger(\boldsymbol{r})\boldsymbol{\nabla}\hat{\psi}(\boldsymbol{r}) - \hat{\psi}(\boldsymbol{r})\boldsymbol{\nabla}\hat{\psi}^\dagger(\boldsymbol{r})\right) - \frac{e^2}{mc}\boldsymbol{A}(\boldsymbol{r})\hat{\psi}^\dagger(\boldsymbol{r})\hat{\psi}(\boldsymbol{r}) \tag{1.96}$$

となる．第 1 項を常磁性項，第 2 項を反磁性項という．第 2 量子化表示の電荷密度演算子 $\rho(\boldsymbol{r})$ と電流密度演算子 $\boldsymbol{j}(\boldsymbol{r})$ は，連続の方程式を満たす．

$$\boldsymbol{\nabla}\cdot\boldsymbol{j} + \frac{\partial\rho}{\partial t} = 0 \tag{1.97}$$

このことは，$H = H_0 + H_{\text{int}}$ として ρ に対する Heisenberg の運動方程式を用いて示すことができる．また，$\boldsymbol{A}\to\boldsymbol{A}+\delta\boldsymbol{A}$ や $\phi\to\phi+\delta\phi$ としたときの H の変化 δH は，電流密度演算子と電荷密度演算子を用いて

$$\delta H = \int d\boldsymbol{r}\left(-\frac{1}{c}\boldsymbol{j}\cdot\delta\boldsymbol{A} + \rho\delta\phi\right) \tag{1.98}$$

と書ける．

1.3 線形応答理論

1.3.1 外場による時間発展

物質内部の性質を知るために，外場を印加してその応答を調べるという手段がよく用いられる．そこで，外場に対する1次の応答を一般的な形で求めておくことは有用である．本節では，この線形応答理論の概略について整理しておこう．

対象となる多粒子系のハミルトニアンを H, 外場との相互作用項を $H_{\rm ex}(t) = -BF(t)$ と表す．$F(t)$ は時刻 t に依存した外場，B は外場と直接相互作用する演算子である．$t=-\infty$ のとき $F=0$ であるとし，H の固有状態を $|m\rangle$, 固有エネルギーを E_m とする [*18]．

状態 $|m\rangle$ が外場の存在の下で時間発展したとき, 時刻 t における状態 $|\phi_m(t)\rangle$ は，時間に依存する1次の摂動論より

$$|\phi_m\rangle = e^{-iHt/\hbar}\left\{|m\rangle + \frac{i}{\hbar}\int_{-\infty}^{t} dt'\,\tilde{B}(t')\,|m\rangle\,F(t')\right\} \tag{1.99}$$

と表される．ここで，$\tilde{A}(t) = e^{iHt/\hbar}Ae^{-iHt/\hbar}$ は演算子 A の **Heisenberg 表示**である．状態 $|\phi_m\rangle$ に対する演算子 A の期待値は，外場の1次までで

$$\begin{aligned}\langle\phi_m|A|\phi_m\rangle &= \langle m|\tilde{A}(t)|m\rangle \\ &\quad + \frac{i}{\hbar}\int_{-\infty}^{t} dt'\,\left\{\langle m|\tilde{A}(t)\tilde{B}(t')|m\rangle - \langle m|\tilde{B}(t')\tilde{A}(t)|m\rangle\right\}F(t')\end{aligned}$$

となるが，$e^{-iHt'/\hbar}\,|m\rangle = e^{-iE_mt'/\hbar}\,|m\rangle$ などを用いて示される

$$\begin{aligned}\langle m|A(t)|m\rangle &= \langle m|A|m\rangle \\ \langle m|\tilde{A}(t)\tilde{B}(t')|m\rangle &= \langle m|\tilde{A}(t-t')B|m\rangle \\ \langle m|\tilde{B}(t')\tilde{A}(t)|m\rangle &= \langle m|B\tilde{A}(t-t')|m\rangle\end{aligned}$$

の関係を用いれば，期待値の表式は次のようになる．

$$\langle\phi_m|A|\phi_m\rangle = \langle m|A|m\rangle + \frac{i}{\hbar}\int_{-\infty}^{t} dt'\,\langle m|[\tilde{A}(t-t'),B]|m\rangle\,F(t') \tag{1.100}$$

---

*18 $|m\rangle$ と E_m は (相互作用する) 多粒子系の固有状態と固有エネルギーであることに注意．

時刻 t における期待値はそれ以前の時刻 t' の外場の影響のみを受ける，という**因果律**が現れていることが見て取れる．

1.3.2 断熱感受率

個々の状態 $|\phi_m\rangle$ に対する期待値が得られたので，これらの統計平均について考えてみよう．まず，$t=-\infty$ で熱平衡にあった系を熱浴から切り離し，外場をゆっくりと印加する**断熱過程**について考える．このとき，状態 $|\phi_m\rangle$ の統計分布は時刻によらず，$t=-\infty$ の熱平衡分布，すなわち，外場のないときと同じ熱平衡分布に従うと考える．正準集合では，出現確率は $w_m = e^{-\beta E_m}/Z$ $(Z=\sum_m e^{-\beta E_m})$ のように表される．よって，断熱過程での量子統計平均は，外場のない系の量子統計平均 $\langle\cdots\rangle \equiv \sum_m w_m \langle m|\cdots|m\rangle$ を用いて

$$A(t) \equiv \sum_m w_m \langle\phi_m|A|\phi_m\rangle = \langle A\rangle + \frac{i}{\hbar}\int_{-\infty}^{t} dt' \, \langle[\tilde{A}(t-t'),B]\rangle \, F(t') \tag{1.101}$$

この表式を**久保公式**という．以下では，外場のない系の量子統計平均は $\langle A\rangle = 0$ であるとしよう [*19]．階段関数 $\theta(t)$ を用いて

$$\chi^{\mathrm{R}}_{AB}(t) \equiv \frac{i}{\hbar}\theta(t) \langle[\tilde{A}(t),B]\rangle \tag{1.102}$$

を導入すると [*20]，久保公式は次のように表される．

$$A(t) = \int_{-\infty}^{\infty} dt' \, \chi^{\mathrm{R}}_{AB}(t-t')F(t') \tag{1.103}$$

ゆっくりと印加される振動数 ω の外場を $F(t) = F_0 e^{\delta t}e^{-i\omega t}$ のように表すと，量子統計平均は

$$\begin{aligned} A(t) &= \int_{-\infty}^{\infty} dt' \, \chi^{\mathrm{R}}_{AB}(t-t')F_0 e^{-i(\omega+i\delta)t'} \\ &= F_0 e^{-i(\omega+i\delta)t}\int_{-\infty}^{\infty} dt' \, \chi^{\mathrm{R}}_{AB}(t-t')e^{i(\omega+i\delta)(t-t')} \\ &= \chi^{\mathrm{R}}_{AB}(\omega)F(t) \end{aligned} \tag{1.104}$$

となる．ここで，(断熱) **複素感受率**を導入した．

---

*19 $\langle A\rangle$, $\langle B\rangle \neq 0$ の場合は，$A \to A - \langle A\rangle$，$B \to B - \langle B\rangle$ と置き換えればよい．

*20 $\chi^{\mathrm{R}}_{AB}(t)$ は因果律を満たす Bose 系の 1 粒子遅延 Green 関数と類似の性質をもつ．このため，R の上添字を付けた．$\theta(t)$ を除いた部分を**応答関数**という．

$$\chi^{\mathrm{R}}_{AB}(\omega) \equiv \int_{-\infty}^{\infty} dt\, \chi^{\mathrm{R}}_{AB}(t) e^{i(\omega+i\delta)t} \tag{1.105}$$

H の固有状態を用いて具体的に表すと，$\omega_{mn} = (E_m - E_n)/\hbar$，$A_{mn} = \langle m|A|n\rangle$ などと略記して

$$\begin{aligned}
\chi^{\mathrm{R}}_{AB}(\omega) &= \frac{i}{\hbar}\int_0^{\infty} dt\ \langle[\tilde{A}(t), B]\rangle\, e^{i(\omega+i\delta)t} \\
&= \frac{i}{\hbar}\int_0^{\infty} dt \sum_{mn} w_m \left[e^{i\omega_{mn}t} A_{mn}B_{nm} - e^{i\omega_{nm}t} B_{mn}A_{nm}\right] e^{i(\omega+i\delta)t} \\
&= \frac{1}{\hbar}\sum_{mn} w_m \left(\frac{B_{mn}A_{nm}}{\omega + i\delta + \omega_{nm}} - \frac{A_{mn}B_{nm}}{\omega + i\delta + \omega_{mn}}\right) \\
&= \sum_{mn} \frac{w_n - w_m}{\hbar(\omega + i\delta) + E_m - E_n} A_{mn}B_{nm}
\end{aligned} \tag{1.106}$$

外場をゆっくりと印加することを表すために正の無限小量 δ を導入したが，このことは数学的な技巧以上の重要な物理的意味をもっている．線形応答が成り立っている状況では，平衡状態から外場の 1 次程度ずれた非平衡定常状態に留まっているはずである．このとき，振動外場によって注入された平均エネルギーはなんらかの散逸過程によって系外へ放出され，正味のエネルギーの増減はない．このような不可逆な散逸過程は δ の導入によって表現されており，このことによって，エネルギー散逸を表す複素感受率の虚部が有限となる．したがって，$\delta \to +0$ の極限を取る際には，熱力学極限を取った後に行う必要がある．

ここで，複素感受率 $\chi^{\mathrm{R}}_{AB}(\omega)$ と，演算子 $\tilde{A}(t)$ または $\tilde{B}(t)$ の時間微分 (流れの演算子) $\dot{A} \equiv d\tilde{A}/dt$ や $\dot{B}$ に対する複素感受率 $\chi^{\mathrm{R}}_{A\dot{B}}(\omega)$ または $\chi^{\mathrm{R}}_{\dot{A}B}(\omega)$ との関係を求めておこう．(1.105) を部分積分すると，$\langle[\tilde{A}(t), B]\rangle = \langle[A, \tilde{B}(-t)]\rangle$ に注意して

$$\begin{aligned}
\chi^{\mathrm{R}}_{AB}(\omega) &= \frac{i}{\hbar}\left[\frac{\langle[\tilde{A}(t), B]\rangle\, e^{i(\omega+i\delta)t}}{i(\omega+i\delta)}\bigg|_0^{\infty} - \int_0^{\infty} dt\, \frac{\langle[\dot{A}(t), B]\rangle\, e^{i(\omega+i\delta)t}}{i(\omega+i\delta)}\right] \\
&= \frac{-(i/\hbar)\langle[A,B]\rangle - \chi^{\mathrm{R}}_{\dot{A}B}(\omega)}{i(\omega+i\delta)} = \frac{-(i/\hbar)\langle[A,B]\rangle + \chi^{\mathrm{R}}_{A\dot{B}}(\omega)}{i(\omega+i\delta)}
\end{aligned}$$

の関係を得る．分母の $\omega + i\delta$ は部分積分によって生じたものであり，$\omega = 0$ の場合の部分積分は $\omega = 0$ の極を含まない表式になるため，この極は見かけ上のものである．実際

$$\chi^{\mathrm{R}}_{A\dot{B}}(\omega \to 0) = -\chi^{\mathrm{R}}_{\dot{A}B}(\omega \to 0) = \frac{i}{\hbar}\langle[A,B]\rangle \tag{1.107}$$

を示すことができる [*21]．この関係を用いると分母の $i\delta$ を無視して

---

*21 厳密には，後述する混合性の条件が成立するときに成り立つ．

$$\chi^{\rm R}_{AB}(\omega) = -\frac{\chi^{\rm R}_{\dot{A}B}(\omega) - \chi^{\rm R}_{\dot{A}B}(0)}{i\omega} = \frac{\chi^{\rm R}_{A\dot{B}}(\omega) - \chi^{\rm R}_{A\dot{B}}(0)}{i\omega} \tag{1.108}$$

例えば，電流密度 j_μ と電場 E_ν の線形応答係数である電気伝導度 $\sigma_{\mu\nu}$ を考えよう．電気分極 $\boldsymbol{P}$ と電場との相互作用は $-V\boldsymbol{P}\cdot\boldsymbol{E}$ (V は系の体積) であるから，$B = VP_\nu$ および $A = j_\mu$ の場合にあたる．また，$j_\nu = \dot{P}_\nu$ が成り立つ．このとき，(1.108) の最右辺より，電気伝導度は感受率 $\Pi_{\mu\nu}(\omega) \equiv V^2\chi^{\rm R}_{j_\mu j_\nu}(\omega)$ を用いて

$$\sigma_{\mu\nu}(\omega) = \frac{\Pi_{\mu\nu}(\omega) - \Pi_{\mu\nu}(0)}{i\omega V} \tag{1.109}$$

1.3.3　複素感受率の解析的性質

次に，実軸上の変域 ω で定義された複素感受率 $\chi^{\rm R}_{AB}(\omega)$ を複素平面全体 z に拡張した複素感受率 $\chi^{\rm R}_{AB}(z)$ の性質について述べておこう．$\chi^{\rm R}_{AB}(z)$ は上半面 (${\rm Im}\, z > 0$) で解析的である．このことは，$\chi^{\rm R}_{AB}(z)$ の定義式 (1.105) における因子が $e^{izt} \propto e^{-t\,{\rm Im}\, z}$ となって，積分が必ず収束することから明らかである．因果律から導かれる積分範囲 $t > 0$ が収束条件と関わっているので，上半面で解析的であることは因果律の帰結ともいえる．上半面で解析的な複素感受率は，**Kramers-Krönig の関係式**

$$\mathrm{Re}\,\chi^{\rm R}_{AB}(\omega) = -\frac{1}{\pi}\mathcal{P}\int_{-\infty}^{\infty} d\omega' \frac{\mathrm{Im}\,\chi^{\rm R}_{AB}(\omega')}{\omega - \omega'} \tag{1.110}$$

$$\mathrm{Im}\,\chi^{\rm R}_{AB}(\omega) = +\frac{1}{\pi}\mathcal{P}\int_{-\infty}^{\infty} d\omega' \frac{\mathrm{Re}\,\chi^{\rm R}_{AB}(\omega')}{\omega - \omega'} \tag{1.111}$$

を満たす．ここで，$\mathcal{P}$ は主値積分を表す．この関係式から，複素感受率の実部と虚部は互いに独立ではないことが分かる．一般に，複素感受率は下半面では解析的ではなく，極が現れることがある．これらの極は系の励起状態に関する情報を担っている．複素感受率 $\chi^{\rm R}_{AB}(z)$ の解析的性質を図 1.9 に示す．

1.3.4　揺動散逸定理

ここで，複素感受率 $\chi^{\rm R}_{AB}(\omega)$ と関連の深い**動的相関関数**について述べておこう．動的相関関数は次のように定義される．

$$\mathcal{S}_{AB}(\omega) \equiv \int_{-\infty}^{\infty} dt\, e^{i\omega t}\mathcal{S}_{AB}(t), \quad \mathcal{S}_{AB}(t) \equiv \frac{1}{\hbar}\langle \tilde{A}(t)B\rangle \tag{1.112}$$

(1.106) と同様の計算を行うと

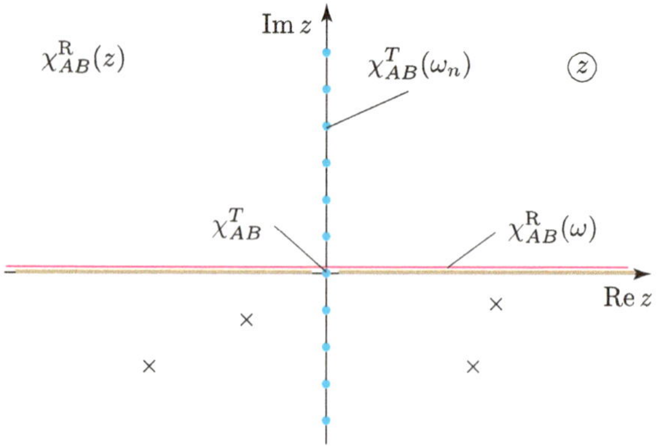

図 1.9　複素感受率 $\chi^{\mathrm{R}}_{AB}(z)$ の解析的性質．z の上半面で解析的．実軸上に切断があり，下半面には一般に極 (×) が存在する．$\chi^{\mathrm{R}}_{AB}(\omega)$ は実軸の直上 (赤線) における $\chi^{\mathrm{R}}_{AB}(z)$ に等しい．後述する松原 (温度)Green 関数 $\chi^{T}_{AB}(\omega_n)$ は上半面の虚軸上の離散点 $i\omega_n$(青丸) ($\omega_n = 2\pi n/\hbar\beta$, $n = 0, 1, 2, \cdots$) における $\chi^{\mathrm{R}}_{AB}(z)$ に等しい．

$$
\begin{aligned}
\mathcal{S}_{AB}(\omega) &= \frac{1}{\hbar}\sum_{mn} w_m A_{mn} B_{nm} \int_{-\infty}^{\infty} dt\, e^{i(\hbar\omega + E_m - E_n)t/\hbar} \\
&= 2\pi \sum_{mn} w_m A_{mn} B_{nm} \delta(\hbar\omega + E_m - E_n)
\end{aligned}
\tag{1.113}
$$

を得る．

$B = A^\dagger$ の場合，$A_{mn}B_{nm} = |A_{mn}|^2$ であるから，正の無限小量 δ に対して成り立つ公式

$$
\frac{1}{x + i\delta} = \mathcal{P}\frac{1}{x} - i\pi\delta(x) \tag{1.114}
$$

を (1.106) に用いて，動的相関関数と見比べると

$$
\begin{aligned}
\mathrm{Im}\,\chi^{\mathrm{R}}_{AA^\dagger}(\omega) &= \pi(1 - e^{-\beta\hbar\omega}) \sum_{mn} w_m |A_{mn}|^2 \delta(\hbar\omega + E_m - E_n) \\
&= \frac{1}{2}(1 - e^{-\beta\hbar\omega}) \mathcal{S}_{AA^\dagger}(\omega)
\end{aligned}
\tag{1.115}
$$

を得る．左辺は系の散逸を表す量，右辺は相関 (揺らぎ) を表す量であり，この関係を**揺動散逸定理**という．平衡状態における内的な揺らぎと外場によって引き起こされた線形非平衡状態の揺らぎは互いに関係していることを示している．

1.3.5 等温感受率

次に，系が熱浴と常に接触しており，時間によらない定常的な外場 $F(t) = F_0$ の下で熱平衡を保つ場合，すなわち**等温過程**について考えよう．この場合，状態 $|\phi_m\rangle$ の統計分布は H ではなく $H + H_{\mathrm{ex}} = H - BF_0$ のハミルトニアンによって決まるエネルギー分布に従う．エネルギーを F_0 の 1 次摂動で評価すると，縮退がないとして，$E'_m = E_m - F_0 B_{mm}$ であり，$\langle A\rangle = \langle B\rangle = 0$ として

$$
\begin{aligned}
e^{-\beta E'_m} &\simeq e^{-\beta E_m}(1 + \beta F_0 B_{mm}) \\
Z' = \sum_m e^{-\beta E'_m} &\simeq Z(1 + \beta F_0 \langle B\rangle) = Z
\end{aligned}
$$

より，統計分布は次のように表される．

$$
w'_m = \frac{e^{-\beta E'_m}}{Z'} \simeq w_m[1 + \beta F_0 B_{mm}]
$$

以上より，等温過程での量子統計平均は

$$
\begin{aligned}
A_T &\equiv \sum_m w'_m \langle \phi_m|A|\phi_m\rangle \\
&\simeq \sum_m w_m \langle \phi_m|A|\phi_m\rangle + \beta F_0 \sum_m w_m B_{mm} A_{mm} \\
&= \left(\chi^{\mathrm{R}}_{AB}(\omega \to 0) + \beta \sum_m w_m A_{mm} B_{mm}\right) F_0 \\
&= \chi^T_{AB} F_0
\end{aligned}
\tag{1.116}
$$

ここで，2 行目の第 1 項は断熱過程の量子統計平均 (1.101) で $\omega \to 0$ としたものであることを用いた．また，**等温感受率** χ^T_{AB} を次のように導入した．

$$
\chi^T_{AB} \equiv \chi^{\mathrm{R}}_{AB}(\omega \to 0) + \beta \sum_m w_m A_{mm} B_{mm} \tag{1.117}
$$

最後の項がなければ，等温感受率は断熱感受率の $\omega \to 0$ 極限に等しい．

最後の項がゼロとなる条件は，**混合性の条件**と呼ばれる．一様な系では，波数 $\boldsymbol{q}$ ($\boldsymbol{q} \neq 0$) で特徴づけられる外場に対して混合性の条件が成り立つことを示すことができる [*22]．よって，磁化率のような一様 ($\boldsymbol{q} = 0$) な外場に対する等温感受率を求めるには，断熱感受率を求めてから $\omega \to 0$，$\boldsymbol{q} \to 0$ の

[*22] 例えば，西川恭治，森弘之，統計物理学 (朝倉書店, 2000).

順に極限 (等温 (q) 極限) を取ればよい．一方，直流伝導率のような静的一様外場に対する散逸のある応答を考える場合は，断熱感受率に対して $\boldsymbol{q} \to 0$, $\omega \to 0$ の順に極限 (断熱 (ω) 極限) を取らなければならない．逆の極限は，非一様な静的外場に対応する新しい平衡状態の一様極限を考えていることにあたり，求めたい散逸のある非平衡定常状態とは異なる状況を計算していることになる．

上記の等温感受率の導出では縮退のない状況を考えたが，より一般には，次の公式によって等温感受率を求めることができる [*23]．

$$\chi_{AB}^{T} = \frac{1}{\hbar} \int_0^{\beta\hbar} d\tau \, \langle \tilde{B}(\tau) A \rangle \tag{1.118}$$

ここで，$\tilde{B}(\tau) = e^{H\tau/\hbar} B e^{-H\tau/\hbar}$ は，演算子 B の虚時間 Heisenberg 表示である [*24]．特に，演算子 B が H と可換な保存量であるとき，$\tilde{B}(\tau) = B$ より

$$\chi_{AB}^{T} = \beta \langle BA \rangle = \beta \langle AB \rangle \tag{1.119}$$

H の固有状態を用い，$E_m = E_n$ と $E_m \neq E_n$ の場合分けをして τ 積分を実行すると

$$\chi_{AB}^{T} = \beta \sum_{mn}^{E_m = E_n} w_m A_{mn} B_{nm} + \sum_{mn}^{E_m \neq E_n} \frac{w_n - w_m}{E_m - E_n} A_{mn} B_{nm} \tag{1.120}$$

縮退がないとき，$E_m = E_n$ は $m = n$ と等価だから，(1.117) に帰着する．第 1 項を **Curie 項**，第 2 項を **van Vleck 項**という．

---

*23 3 章で議論する松原 Green 関数の Fourier 変換 $\chi_{AB}^{T}(\omega_n)$ のゼロ振動数 $\omega_n = 0$ 成分に相当する．

*24 τ は実数だが，Heisenberg 表示において $t \to -i\tau$ と置き換えたことからこの名がある．

第2章 局在電子系

物質の磁性はおもに電子の磁気双極子モーメントが担っている．本章では，孤立原子内の電子状態の取り扱いについて議論する．

2.1 1原子内の多電子問題

結晶中におかれた1つの原子 (磁性イオン) に着目しよう．この原子内の電子のうち最も外側の軌道にあるものは，結晶を形作る過程でイオン結合，共有結合，金属結合などに使われている．また，内殻の電子は閉殻構造をとり，我々が着目するエネルギースケールでは自由度が凍結していると見なしてよい．そこで，閉殻または空でない最外殻軌道 (n, l) を占める残りの電子について考える．この状況は次のハミルトニアンで表される．

$$H = H_0 + H_{\rm C} + H_{\rm SOC}^{\rm atomic} + H_{\rm CEF} \tag{2.1}$$

ここで，H_0 は原子核と内殻の電子が作る平均的なポテンシャル中で運動する電子の1体ハミルトニアン，$H_{\rm C}$ は電子間の Coulomb 相互作用，$H_{\rm SOC}^{\rm atomic}$ は (1.69) のスピン軌道相互作用，$H_{\rm CEF}$ はまわりの原子 (リガンドイオン) の効果を記述する結晶場ハミルトニアンである．

H_0 における平均的なポテンシャル $V_{\rm eff}$ は球対称であり

$$H_0 = \sum_j \left(\frac{\boldsymbol{p}_j^2}{2m} + V_{\rm eff}(r_j) \right) \tag{2.2}$$

のように表されるため，水素原子中の電子の場合と同じように，その電子軌道は主量子数 n，方位量子数 (軌道角運動量の大きさ) l，磁気量子数 m，およびスピン σ の4つの量子数の組 $\alpha \equiv (n, l, m, \sigma)$ によって指定され，その1電子波動関数は

$$\psi_\alpha(\boldsymbol{r}) = R_{nl}(r)Y_{lm}(\hat{\boldsymbol{r}})\,|\sigma\rangle \tag{2.3}$$

のように表される．ここで，$Y_{lm}(\hat{\boldsymbol{r}})$ は球面調和関数 [*1]，$R_{nl}(r)$ は動径方向の波動関数，$|\sigma\rangle$ はスピン状態を表す．$\boldsymbol{r}$ の角度 (θ, ϕ) をまとめて $\hat{\boldsymbol{r}} \equiv \boldsymbol{r}/r$，微小立体角は $d\hat{\boldsymbol{r}} \equiv \sin\theta d\theta d\phi$ と表記することにする．このようにして得られた $2(2l+1)$ 個の軌道の占有数を数表示で表せば，$2^{2(2l+1)}$ 個の多体基底が得られる．(n, l, m, σ) 軌道の (n, l) は省略して，電子を生成する演算子を $a^\dagger_{m\sigma}$ とすれば，第 2 量子化の表示では

$$H_0 = \epsilon_{nl} \sum_{m\sigma} a^\dagger_{m\sigma} a_{m\sigma} \tag{2.4}$$

と表される．ここで，ϵ_{nl} は (n, l) 軌道のエネルギー準位である．

全電子の軌道角運動量 $\boldsymbol{L}$ (大きさ L)，スピン角運動量 $\boldsymbol{S}$ (大きさ S) および全角運動量 $\boldsymbol{J}$ (大きさ J) は

$$\boldsymbol{L} = \sum_j \boldsymbol{l}_j = \sum_\sigma \sum_{mm'} \langle m|\boldsymbol{l}|m'\rangle_{nl}\, a^\dagger_{m\sigma} a_{m'\sigma} \tag{2.5}$$

$$\boldsymbol{S} = \sum_j \boldsymbol{s}_j = \sum_m \sum_{\sigma\sigma'} \left(\frac{\boldsymbol{\sigma}}{2}\right)_{\sigma\sigma'} a^\dagger_{m\sigma} a_{m\sigma'} \tag{2.6}$$

$$\boldsymbol{J} = \sum_j \boldsymbol{j}_j = \boldsymbol{L} + \boldsymbol{S} \tag{2.7}$$

と表される．$H_0 + H_{\mathrm{C}}$ はスピンに依存せず球対称であるから，$\boldsymbol{L}$ や $\boldsymbol{S}$ と交換し，それぞれ保存量となる．また，$H^{\mathrm{atomic}}_{\mathrm{SOC}}$ があると，$\boldsymbol{L}$ や $\boldsymbol{S}$ は単独では保存せず $\boldsymbol{J}$ が保存量となる．さらに，H_{CEF} を考慮すると系は一般に球対称ではなくなるので，(L, S) や J の成分に関する縮退が解けることになる．

原理的には，(2.1) の少数多体系 [*2] の固有値と固有状態を求めれば，磁性イオンの問題は解けたことになる．しかし，得られた解は結晶中の電子状態を議論するための出発点になるものであるから，例えば $(4f)^7$ 配置の ${}_{14}C_7 = 17{,}297{,}280$ 個の基底をそのまま取り扱うのは現実的ではない．実際には，(2.1) が異なるエネルギースケールを含むことに着目して，エネルギースケールの大きな順にその効果を取り込む近似的な取り扱いが用いられる．以下では，そのような観点から (2.1) の解を議論しよう．

[*1] 球面調和関数の位相の取り方にはいくつかの流儀があるが，本書では $Y^*_{lm}(\hat{\boldsymbol{r}}) = (-1)^m Y_{l-m}(\hat{\boldsymbol{r}})$ を満たす定義 (**Condon-Shortley 位相**) を採用する．

[*2] H_{C} が 2 体相互作用を含むため多体問題となる．場合によっては，H_{CEF} の多体効果的な側面も考慮する必要がある．

表 2.1　室温における希ガス原子のモル帯磁率.

原子	Z	χ [10^{-6} cm^3/mol]
He	2	-2.02
Ne	10	-6.96
Ar	18	-19.3
Kr	36	-29.0
Xe	54	-45.5

2.2 希ガス原子の反磁性

まず，(n,l) 軌道が閉殻構造を取る希ガス原子 (原子番号 Z) の磁性について考えてみよう．この場合，$L=S=0$ である．したがって，常磁性磁気双極子モーメント $\boldsymbol{\mu}_{\rm para}=-\mu_{\rm B}(\boldsymbol{L}+2\boldsymbol{S})$ は存在せず，反磁性項だけが磁化に寄与する．1 つの電子の反磁性磁気双極子モーメントは (1.55) によって与えられるので，$\boldsymbol{B}=\boldsymbol{H}=(0,0,H)$ として [*3]

$$\boldsymbol{\mu}_{\rm dia}=-\frac{e^2}{4mc^2}\left\langle x^2+y^2\right\rangle \boldsymbol{H}=-\frac{e^2}{6mc^2}\left\langle r^2\right\rangle \boldsymbol{H} \tag{2.8}$$

となる．ここで，$\langle\cdots\rangle$ は電子の分布 $\psi_\alpha(\boldsymbol{r})$ に関する平均を表し，等方的な分布に対して成り立つ関係 $\langle xz\rangle=\langle yz\rangle=0$，$\langle x^2+y^2\rangle=(2/3)\langle r^2\rangle$ を用いた [*4]．これより，モル帯磁率は Z 個の電子の寄与を考えて

$$\chi=-\frac{N_{\rm A}Ze^2\left\langle r^2\right\rangle}{6mc^2} \tag{2.9}$$

ここで，$N_{\rm A}=6.02\times10^{23}$ は Avogadro 定数である．希ガス原子のモル帯磁率の実験値を表 2.1 に示しておく．

2.3 磁性イオンの電子状態

2.3.1 Hund の規則と基底多重項

次に，遷移元素，希土類元素やアクチノイド元素などの不完全殻をもつイオンについて考えよう．このようなイオンを**磁性イオン**という．

[*3] 本章では，物質中の磁化 $\boldsymbol{M}$ そのものを議論しており常磁性状態を考えるため，それに加わる磁場は $\boldsymbol{B}=\boldsymbol{H}$ としてよい．
[*4] $\langle\cdots\rangle=\int d\boldsymbol{r}\,|\psi_\alpha(\boldsymbol{r})|^2(\cdots)$．特に $\langle r^k\rangle=\int_0^\infty dr\,r^{k+2}R_{nl}^2(r)(\cdots)$．

n 個の電子を $2(2l+1)$ 個の軌道に詰めた状態は (L,S) で指定されるが，(L,S) 状態のすべては縮退している．この縮退した状態は，前述の Coulomb 相互作用 H_{C} を考慮すると，$(2L+1)(2S+1)$ 重に縮退した各 (L,S) 状態に分裂する．この状態を **LS 多重項**とよぶ．LS 多重項のエネルギー間隔は，Coulomb 積分の値である 1〜10 eV 程度である．可能な多重項のうちエネルギー最低の LS 多重項は，次の **Hund の規則**という経験則に従って決まる．

(1) S が最大となる多重項.

(2) S 最大の多重項が複数ある場合は，それらの中で L が最大となる多重項.

すなわち，基底多重項は可能な LS 多重項のうち縮退度が最大のものである．Hund の規則については，後ほど微視的な立場から考察する．

例えば，3 価の V イオン (V^{3+}) の不完全殻は，$(3d)^2$ の電子配置を取るが，そのとき最大の S は $1/2+1/2=1$ である．さらに，Pauli 原理のために同じ $m=2$ 状態を占めることはできないため，最大の L は $2+1=3$ となる．よって V^{3+} イオンの基底多重項は $L=3,\ S=1$ であり，$7\times 3=21$ 重に縮退している．基底多重項 $(L=3,\ S=1)$ の $(L_z=+3,\ S_z=+1)$ の状態 $|L_z,S_z\rangle_{L,S}$ は

$$|+3,+1\rangle_{3,1}=a^\dagger_{2\uparrow}a^\dagger_{1\uparrow}|0\rangle \tag{2.10}$$

と表される．残りの縮退した状態 $|L_z,S_z\rangle_{3,1}$ は，軌道とスピン角運動量に対する下降演算子

$$L_-=L_x-iL_y,\quad S_-=S_x-iS_y \tag{2.11}$$

を $|+3,+1\rangle_{3,1}$ 状態に繰り返し作用し，公式

$$l_\pm|m\rangle_l=\sqrt{(l\mp m)(l\pm m+1)}\,|m\pm 1\rangle_l \tag{2.12}$$

$$s_+|\downarrow\rangle=|\uparrow\rangle,\quad s_-|\uparrow\rangle=|\downarrow\rangle \tag{2.13}$$

を用いることで得られる．

Hund の第 1 の規則は，Pauli 原理のためにスピンが平行な電子同士は互いに近づく確率が小さく，そのような制限がないスピンが反平行の電子同士より Coulomb 斥力の期待値が小さくなる，ということから理解される．また，

表 2.2　遷移元素と希土類元素に対する Hund の規則による基底 LS 多重項.

電子配置	L	S	イオン	電子配置	L	S	J	イオン
$3d^0$	0	0	Sc^{3+}	$4f^0$	0	0	0	La^{3+}
$3d^1$	2	1/2	Ti^{3+}, V^{4+}	$4f^1$	3	1/2	5/2	Ce^{3+}
$3d^2$	3	1	V^{3+}	$4f^2$	5	1	4	Pr^{3+}
$3d^3$	3	3/2	Cr^{3+}, V^{2+}	$4f^3$	6	3/2	9/2	Nd^{3+}
$3d^4$	2	2	Mn^{3+}, Cr^{2+}	$4f^4$	6	2	4	Pm^{3+}
$3d^5$	0	5/2	Fe^{3+}, Mn^{2+}	$4f^5$	5	5/2	5/2	Sm^{3+}
$3d^6$	2	2	Co^{3+}, Fe^{2+}	$4f^6$	3	3	0	Eu^{3+}
$3d^7$	3	3/2	Co^{2+}	$4f^7$	0	7/2	7/2	Gd^{3+}
$3d^8$	3	1	Ni^{2+}	$4f^8$	3	3	6	Tb^{3+}
$3d^9$	2	1/2	Cu^{2+}	$4f^9$	5	5/2	15/2	Dy^{3+}
$3d^{10}$	0	0	Zn^{2+}	$4f^{10}$	6	2	8	Ho^{3+}
				$4f^{11}$	6	3/2	15/2	Er^{3+}
				$4f^{12}$	5	1	6	Tm^{3+}
				$4f^{13}$	3	1/2	7/2	Yb^{3+}
				$4f^{14}$	0	0	0	Lu^{3+}

第 2 の規則は電子が同じ方向に回転運動して互いに避け合った方が Coulomb 斥力の期待値が小さくなることの表れである.

こうして得られた LS 多重項状態に対して，スピン軌道相互作用 $H_{\mathrm{SOC}}^{\mathrm{atomic}}$ を考慮すると縮退は解けて，$(2J+1)$ 重に縮退した **J 多重項**に分裂する．分光学では，こうして得られた J 多重項を表すために，$L = 0, 1, 2, 3 \cdots$ に対して記号 S, P, D, F, $\cdots$ を用い，その左上にスピン S の縮退度 $2S+1$，右下に J の値を付けて表す習わしである [*5]．例えば，V^{3+} イオンの基底多重項は ^3F である．遷移元素と希土類元素の磁性イオンについて，Hund の規則による基底 $LS(J)$ 多重項を表 2.2 にまとめておく.

2.3.2　LS 結合

前述したように，LS 多重項は (1.69) のスピン軌道相互作用 $H_{\mathrm{SOC}}^{\mathrm{atomic}}$ によってさらに分裂する．このとき，$\boldsymbol{L}$ や $\boldsymbol{S}$ は保存量ではなく [*6]，全角運動量 $\boldsymbol{J} = \boldsymbol{L} + \boldsymbol{S}$ が保存量となる．この様子は，図 2.1(a) に示したように，$\boldsymbol{L}$

[*5] J を指定しない LS 多重項の場合は右下添字は省略する.
[*6] 大きさ L, S は保存量であるが，向きは保存しない.

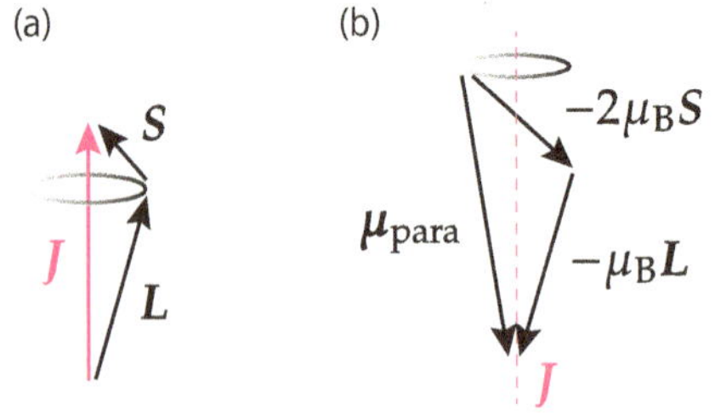

図 2.1 (a) $\boldsymbol{J}, \boldsymbol{L}, \boldsymbol{S}$ の関係．(b) $\boldsymbol{\mu}_{\mathrm{para}}, \boldsymbol{\mu}_l, \boldsymbol{\mu}_s$ の関係．保存量は全角運動量 $\boldsymbol{J}$ であり，非保存量 $\boldsymbol{L}, \boldsymbol{S}, \boldsymbol{\mu}_{\mathrm{para}}$ は $\boldsymbol{J}$ のまわりを歳差運動する．

や $\boldsymbol{S}$ が保存量 $\boldsymbol{J}$ のまわりを歳差運動するものとして理解できる[*7]．

基底 LS 多重項では，$n \leqq 2l+1$ の場合 (less-than half-filling という)，スピンがすべて平行であるため，個々のスピン $\boldsymbol{s}_i$ は

$$\boldsymbol{s}_i = \frac{1}{n}\boldsymbol{S} = \frac{1}{2S}\boldsymbol{S} \quad (n \leqq 2l+1)$$

としてよい (図 2.2(a))．一方，$n > 2l+1$ の場合 (more-than half-filling) は，図 2.2(b) のように相殺せずに残ったスピン $\boldsymbol{s}_i$ と全スピン $\boldsymbol{S}$ は反平行であり

$$\boldsymbol{s}_i = -\frac{1}{2(2l+1)-n}\boldsymbol{S} = -\frac{1}{2S}\boldsymbol{S} \quad (n > 2l+1)$$

が成り立つ．これらの関係を (1.69) に代入すれば，$\boldsymbol{S}$ と平行なスピンをもつ電子の $\boldsymbol{l}_i$ の和はゼロであるからスピン軌道相互作用には寄与せず，残りの電子の寄与だけを考えればよい．以上をまとめると，基底 LS 多重項におけるスピン軌道相互作用は

$$H_{\mathrm{SOC}}^{\mathrm{atomic}} = \lambda \boldsymbol{L}\cdot\boldsymbol{S}, \quad \lambda \equiv \pm\frac{Z_{\mathrm{eff}}e^2\hbar^2\langle r^{-3}\rangle}{4m^2c^2S} \tag{2.14}$$

となる．ただし，係数 ξ_n において，原子番号 Z を内殻電子によって遮蔽された電荷 Z_{eff} に置き換え，r^{-3} を不完全殻の電子の動径方向波動関数 $R_{nl}(r)$ についての平均値で評価した．複号 $+(-)$ は，電子数 n が不完全殻の全軌道数の半数以下 (以上) に対応する．スピン軌道相互作用の大きさ $|\lambda|$ は，軌道によって幅広い値を取るが，遷移元素や希土類の不完全殻に対しては 10^{-2}～1 eV 程度である．

*7 スピン軌道相互作用は，お互いの「磁場」として働き，トルク (1.45) が生じるため．

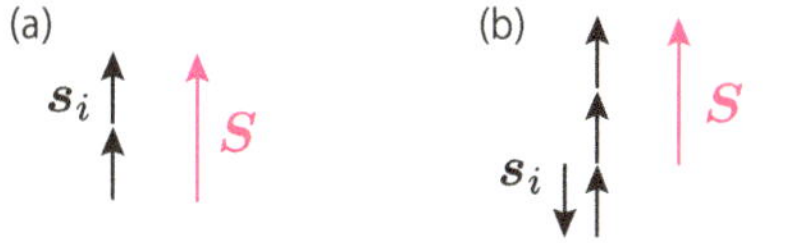

図 2.2 Hund の規則による全スピン角運動量 $\boldsymbol{S}$ と個々のスピン角運動量 $\boldsymbol{s}_i$ の関係．(a) $n \leqq 2l+1$ の場合．(b) $n > 2l+1$ の場合．

なお，(n, l) 軌道におけるスピン軌道相互作用の第 2 量子化表示は

$$H_{\rm SOC}^{\rm atomic} = \sum_{mm'\sigma\sigma'} \lambda_{nl}(m\sigma, m'\sigma') a_{m\sigma}^{\dagger} a_{m'\sigma'}$$

$$\lambda_{nl}(m\sigma, m'\sigma') \equiv \frac{Z_{\rm eff} e^2 \hbar^2 \langle r^{-3} \rangle}{2m^2c^2} \langle m|\boldsymbol{l}|m'\rangle_{nl} \cdot \left(\frac{\boldsymbol{\sigma}}{2}\right)_{\sigma\sigma'} \tag{2.15}$$

(2.14) は，(L, S, J) が指定された状態空間においては

$$\begin{aligned} H_{\rm SOC}^{\rm atomic} &= \frac{\lambda}{2}\left(\boldsymbol{J}^2 - \boldsymbol{L}^2 - \boldsymbol{S}^2\right) \\ &= \frac{\lambda}{2}\left[J(J+1) - L(L+1) - S(S+1)\right] \end{aligned} \tag{2.16}$$

と表される．J は，$|L-S|, |L-S|+1, \cdots, L+S$ の値を取ることができるが，$\lambda > 0$ の場合は $J = |L-S|$ が最低エネルギー状態，$\lambda < 0$ の場合は $J = L+S$ が最低エネルギー状態である．$L = 0$ または $S = 0$ のときは $J = S$ または $J = L$ であり，スピン軌道相互作用はもちろん消える．

波動関数は **Clebsch-Gordan 係数** $\langle L, L_z; S, S_z | J, J_z \rangle$ を用いて，次のように $|L_z, S_z\rangle_{L,S}$ の線形結合で表される．

$$|J_z\rangle_{J(L,S)} = \sum_{L_z, S_z} \langle L, L_z; S, S_z | J, J_z \rangle \, |L_z, S_z\rangle_{L,S} \tag{2.17}$$

$J(L, S)$ 多重項に分裂する様子を図 2.3(a) に示す．上述のような取り扱いでは，エネルギースケールの大きい順に Coulomb 相互作用 $H_{\rm C}$ とスピン軌道相互作用 $H_{\rm SOC}^{\rm atomic}$ を順に考慮して，低エネルギーの多重項を求めている．このような枠組みを **LS(Russell-Saunders) 結合描像**という．

2.3.3 j-j 結合

一方，スピン軌道相互作用の方が Coulomb 相互作用より大きい場合は考慮する順序が逆になる．このような枠組みを **j-j 結合描像**とよぶ (図 2.3(b))．こ

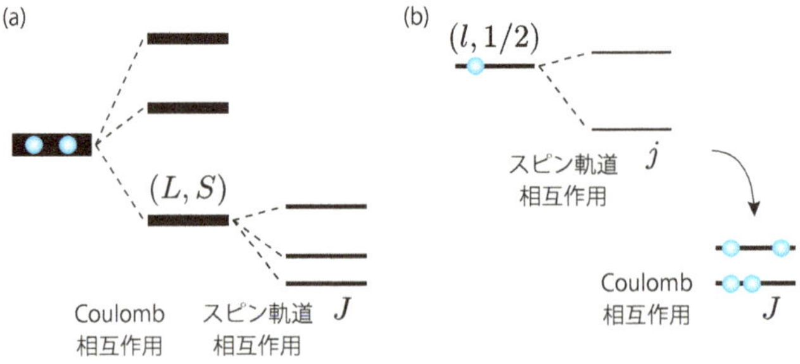

図 2.3　エネルギースケールと基底多重項を得る枠組み．(a) LS 結合描像．(b) j-j 結合描像．

の枠組みでは，まず，1 電子のスピン軌道相互作用 $\xi \boldsymbol{l}\cdot\boldsymbol{s}$ を考慮して，$\xi > 0$ では基底 j 多重項 $j = l - 1/2$，$\xi < 0$ では $j = l + 1/2$ $(j_z = -j, -j+1, \cdots, j)$ の $(2j+1)$ 状態を考えてから，Coulomb 相互作用を考慮して J が最大となるように n 個の電子を j_z 軌道に配置する．

例として，Pr^{3+} ($(4f)^2$ 配置) の場合を考えよう．基底 j 多重項は $j = 3 - 1/2 = 5/2$ であり，J が最大となるように 2 個の電子を配置すると $J = 5/2 + 3/2 = 4$ となる．こうして得られた状態 $|J_z\rangle_J$ は

$$|{+4}\rangle_4 = a^\dagger_{+5/2} a^\dagger_{+3/2} |0\rangle \tag{2.18}$$

のように表される．ここで，$j = 5/2$ の j_z 状態を生成する演算子 $a^\dagger_{j_z}$ は，(2.17) より

$$\begin{aligned} a^\dagger_{j_z} &= \sum_{m\sigma} \langle 3, m; 1/2, \sigma | 5/2, j_z \rangle \, a^\dagger_{m\sigma} \\ &= \sqrt{\frac{7+2j_z}{14}} a^\dagger_{j_z+1/2\downarrow} - \sqrt{\frac{7-2j_z}{14}} a^\dagger_{j_z-1/2\uparrow} \end{aligned} \tag{2.19}$$

のように $l = 3$ の (m, σ) 状態を生成する演算子 $a^\dagger_{m\sigma}$ の線形結合で表される．

$H_0 + H^{\mathrm{atomic}}_{\mathrm{SOC}}$ は 1 体のハミルトニアンであり，その固有状態である j 多重項は多体問題を取り扱う際の 1 体基底として適している．そのため，j-j 結合描像は理論模型を取り扱うときにしばしば用いられる．

これら 2 つの描像で得られる基底 J 多重項の波動関数は (2.17) と (2.18) のように異なることに注意されたい [*8]．もちろん，考える多体基底を基底多

[*8] ただし，両者の描像で得られた基底多重項の波動関数の重なりは約 85%以上であることが知られている．T. Hotta, J. Phys. Soc. Jpn. **74**, 1275 (2005).

重項のみに限定せずにすべての基底を考慮するならば，同じ状態空間を取り扱う異なる基底を扱っているにすぎず，2 つの描像はユニタリー変換によって互いに行き来できる．

図 2.1(b) に示したように，スピンの g 因子のために，常磁性磁気双極子モーメント $\boldsymbol{\mu}_{\text{para}}$ と全角運動量 $\boldsymbol{J}$ は平行ではない．このとき，$\boldsymbol{\mu}_{\text{para}}$ は保存量 $\boldsymbol{J}$ のまわりを歳差運動し $\boldsymbol{J}$ に垂直な成分 $\boldsymbol{\mu}_{\text{para}}^{\perp}$ は平均としてゼロとなる．このことは，$J(L,S)$ 多重項の状態空間では $\langle J_z|\boldsymbol{\mu}_{\text{para}}^{\perp}|J_z'\rangle_{J(L,S)} = 0$ であると表現できる．そこで，$\boldsymbol{\mu}_{\text{para}} \equiv -g_J\mu_{\text{B}}\boldsymbol{J} + \boldsymbol{\mu}_{\text{para}}^{\perp}$ とおく．両辺に $\boldsymbol{J}\cdot$ をかけて $\langle J_z|$ と $|J_z'\rangle$ ではさむと

$$-\mu_{\text{B}}\langle J_z|(\boldsymbol{L}+2\boldsymbol{S})\cdot\boldsymbol{J}|J_z'\rangle_{J(L,S)} = -g_J\mu_{\text{B}}\langle J_z|\boldsymbol{J}^2|J_z'\rangle_{J(L,S)}$$

となるが，$\boldsymbol{L}\cdot\boldsymbol{S} = (\boldsymbol{J}^2 - \boldsymbol{L}^2 - \boldsymbol{S}^2)/2$ に注意して整理すれば，左辺は

$$-\frac{1}{2}\mu_{\text{B}}\langle J_z|3\boldsymbol{J}^2 - \boldsymbol{L}^2 + \boldsymbol{S}^2|J_z'\rangle_{J(L,S)}$$

となる．したがって

$$g_J = \frac{3J(J+1) - L(L+1) + S(S+1)}{2J(J+1)} \tag{2.20}$$

を得る．g_J を **Landé の g 因子**という．$L=0$ のとき $g_J=2$ となりスピン角運動量の g 因子となる．一方，$S=0$ のとき $g_J=1$ である．常磁性磁気双極子モーメントと全角運動量の関係を $\boldsymbol{\mu}_{\text{para}} = -g_J\mu_{\text{B}}\boldsymbol{J}$ と書くことが多いが，これは状態空間を $J(L,S)$ 多重項に制限したときのみ成り立つ関係であることに注意しよう．

一方，j-j 結合描像では，常磁性磁気双極子モーメントは，個々の電子の寄与の和 $\boldsymbol{\mu}_{\text{para}} \equiv -g_J'\mu_{\text{B}}\boldsymbol{J} = -g_j\mu_{\text{B}}\sum_i \boldsymbol{j}_i$ であるから，g_J' は 1 粒子の g 因子 g_j に等しい．電子数が $n<2j+1$ のとき，$j=l-1/2$ より $g_J'=(2j+1)/2(j+1)$，$n>2j+1$ のとき，$j=l+1/2$ より $g_J'=(2j+1)/2j$ となる．$n=2j+1$ の場合は閉殻であり $\boldsymbol{J}=0$．

2.4 Coulomb 相互作用と Hund の規則

2.4.1 Coulomb 相互作用の行列要素

本節では，これまで経験則として議論してきた Hund の規則について，微視的

な立場から考察してみよう [*9]. (2.3) の軌道部分を $\phi_m(\boldsymbol{r}) = R_{nl}(r)Y_{lm}(\hat{\boldsymbol{r}})$ とすると，電子間の Coulomb 相互作用 $g(\boldsymbol{r},\boldsymbol{r}') = e^2/|\boldsymbol{r}-\boldsymbol{r}'|$ の行列要素は

$$\langle m_1 m_2|g|m_3 m_4\rangle_{nl} = \iint d\boldsymbol{r}d\boldsymbol{r}'\,\phi^*_{m_1}(\boldsymbol{r})\phi^*_{m_2}(\boldsymbol{r}')\frac{e^2}{|\boldsymbol{r}-\boldsymbol{r}'|}\phi_{m_3}(\boldsymbol{r})\phi_{m_4}(\boldsymbol{r}') \tag{2.21}$$

のように表される．この行列要素は実数であり次の関係を満たす．

$$\begin{aligned}\langle m_1 m_2|g|m_3 m_4\rangle_{nl} &= \langle m_2 m_1|g|m_4 m_3\rangle_{nl} = \langle m_3 m_4|g|m_1 m_2\rangle_{nl} \\ &= \langle -m_1 - m_2|g| - m_3 - m_4\rangle_{nl}\end{aligned} \tag{2.22}$$

この行列要素を用いると，Coulomb 相互作用の第 2 量子化表示は

$$H_{\rm C} = \frac{1}{2}\sum_{m_1 m_2 m_3 m_4}\sum_{\sigma\sigma'}\langle m_1 m_2|g|m_3 m_4\rangle_{nl}\, a^\dagger_{m_1\sigma}a^\dagger_{m_2\sigma'}a_{m_4\sigma'}a_{m_3\sigma} \tag{2.23}$$

行列要素の表式において，$r_{\rm min} = \min(r,r')$, $r_{\rm max} = \max(r,r')$ として，**球面調和関数の加法定理**

$$\frac{1}{|\boldsymbol{r}-\boldsymbol{r}'|} = \sum_{p=0}^{\infty}\frac{4\pi}{2p+1}\frac{r^p_{\rm min}}{r^{p+1}_{\rm max}}\sum_{q=-p}^{p}Y^*_{pq}(\hat{\boldsymbol{r}})Y_{pq}(\hat{\boldsymbol{r}}') \tag{2.24}$$

および，公式

$$\begin{aligned}\int d\hat{\boldsymbol{r}}\,Y_{p_1q_1}(\hat{\boldsymbol{r}})Y_{p_2q_2}(\hat{\boldsymbol{r}})Y_{p_3q_3}(\hat{\boldsymbol{r}}) &= \sqrt{\frac{(2p_1+1)(2p_2+1)(2p_3+1)}{4\pi}}\times \\ &\times\begin{pmatrix}p_1 & p_2 & p_3\\ 0 & 0 & 0\end{pmatrix}\begin{pmatrix}p_1 & p_2 & p_3\\ q_1 & q_2 & q_3\end{pmatrix}\end{aligned} \tag{2.25}$$

を用いると

$$\begin{aligned}\langle m_1 m_2|g|m_3 m_4\rangle_{nl} &= (-1)^{m_1-m_3}\delta_{m_1+m_2,m_3+m_4}\times \\ &\times\sum_p F^p(nl,nl)c^p(lm_1,lm_3)c^p(lm_2,lm_4)\end{aligned} \tag{2.26}$$

---

*9 本節で用いる公式等の詳細は，例えば，犬井鉄郎，田辺行人，小野寺嘉孝，応用群論 (裳華房, 1980) を参照．

表 2.3 Slater-Condon パラメータ F^p と Racah 係数の関係.

l	F^p	Racah 係数による表現
1	F^0	$\bar{U} - 4\bar{J}/3$
	F^2	$25\bar{J}/3$
2	F^0	$A + 7C/5$
	F^2	$49B + 7C$
	F^4	$63C/5$
3	F^0	$E^0 + 9E^1/7$
	F^2	$75(E^1 + 143E^2 + 11E^3)/14$
	F^4	$99(E^1 - 130E^2 + 4E^3)/7$
	F^6	$5577(E^1 + 35E^2 - 7E^3)/350$

と表すことができる．ここで，**Slater-Condon パラメータ** F^p および **Gaunt 係数** c^p を次のように導入した．

$$F^p(nl, n'l') = e^2 \iint dr\, dr'\, r^2 R_{nl}^2(r) r'^2 R_{n'l'}^2(r') \frac{r_{\min}^p}{r_{\max}^{p+1}} > 0 \tag{2.27}$$

$$\begin{aligned} c^p(lm, l'm') = (-1)^m \sqrt{(2l+1)(2l'+1)} \times \\ \times \begin{pmatrix} l & p & l' \\ 0 & 0 & 0 \end{pmatrix} \begin{pmatrix} l & p & l' \\ -m & m-m' & m' \end{pmatrix} \end{aligned} \tag{2.28}$$

3j 記号は Clebsch-Gordan 係数と

$$\begin{pmatrix} j & j' & J \\ m & m' & -M \end{pmatrix} = \frac{(-1)^{j-j'+M}}{\sqrt{2J+1}} \langle jm, j'm' | JM \rangle \tag{2.29}$$

の関係にあり実数だから，c^p も実数であり，以下の関係を満たす．

$$c^p(lm, l'm') = c^p(l-m, l'-m') = (-1)^{m-m'} c^p(l'm', lm) \tag{2.30}$$

また，$c^p(lm, l'm')$ は $l + l' + p =$ 偶数 かつ $|l - l'| \leqq p \leqq l + l'$ でない限りゼロとなる．

行列要素のうち c^p は幾何学的な要因で決まるので，独立なパラメータは

$l+1$ 個の $F^p(nl,nl)$ だけである [*10]．動径波動関数 $R_{nl}(r)$ は有効的な球対称ポテンシャル $V_{\rm eff}(r)$ に依存するので，$F^p(nl,nl)$ は経験的なパラメータとして取り扱う場合が多い [*11]．ただし，$F^p(nl,nl)$ そのものを用いると多重項のエネルギーの表記が煩雑になるため，多くの文献で $F^p(nl,nl)$ の代わりにそれらの線形結合から得られる **Racah の係数**が用いられている [*12]．両者の関係を表 2.3 に挙げておく．

2.4.2 Hund の規則

行列要素 (2.21) のうち値が大きく重要な成分は，$m_1 = m_3 \equiv m$ かつ $m_2 = m_4 \equiv m'$ の**直接積分**，および，$m_1 = m_4 \equiv m$ かつ $m_2 = m_3 \equiv m'$ $(m \neq m')$ の**交換積分**である．(2.21) より

$$
\begin{aligned}
K(m,m') &\equiv \langle mm'|g|mm'\rangle_{nl} \\
&= \sum_{k=0}^{l} F^{2k}(nl,nl)\, c^{2k}(lm,lm)\, c^{2k}(lm',lm') \qquad (2.31)\\
J(m,m') &\equiv \langle mm'|g|m'm\rangle_{nl} \\
&= (-1)^{m-m'} \sum_{k=0}^{l} F^{2k}(nl,nl)\, \left\{c^{2k}(lm,lm')\right\}^2 \qquad (2.32)
\end{aligned}
$$

これらの量に関して次の関係が成り立つ．

$$
K(m,m') \geqq J(m,m') > 0, \quad K(m,m) + K(m',m') \geqq 2K(m,m') \qquad (2.33)
$$

直接積分・交換積分のうち最も大きな値をもつものは $K(m,m)$ である．この成分を含む相互作用は，$a_{m\sigma}a_{m\sigma} = 0$ に注意して

$$
\frac{1}{2}\sum_{m\sigma\sigma'} K(m,m) a^\dagger_{m\sigma} a^\dagger_{m\sigma'} a_{m\sigma'} a_{m\sigma} = \sum_{m} K(m,m) n_{m\uparrow} n_{m\downarrow} \qquad (2.34)
$$

と表すことができる．ここで，(m,σ) 軌道の粒子数演算子を $n_{m\sigma} \equiv a^\dagger_{m\sigma} a_{m\sigma}$

[*10] 本節では Coulomb ポテンシャルについて議論しているが，球対称ポテンシャルであればその結論はそのまま成り立ち，ポテンシャルの違いはパラメータ $F^p(nl,nl)$ の違いに吸収される．ただし．(2.33) は r^{-1} の斥力ポテンシャルという性質を用いて証明されるので，一般の球対称ポテンシャルでは成立しない．

[*11] 水素原子の解 $R_{nl}(r)$ を用いて，$F^p(nl,nl)$ の間を関係づけることもある．例えば，$4f$ 電子 $(n=4,\ l=3)$ では，$F^4/F^2 = 451/675$，$F^6/F^2 = 1001/2025$ である．

[*12] Racah 係数の定義は経験的であり系統性がない．G. Racah, Phys. Rev. **62**, 438 (1942); **63** 367 (1943); **76**, 1352 (1949).

とした．このような相互作用を **Hubbard 型**とよぶ．次に大きな要素は $K(m,m')$ $(m \neq m')$ であり，その相互作用は，$n_m \equiv \sum_\sigma n_{m\sigma}$ として

$$\frac{1}{2}\sum_{mm'\sigma\sigma'}^{m\neq m'} K(m,m') a^\dagger_{m\sigma} a^\dagger_{m'\sigma'} a_{m'\sigma'} a_{m\sigma} = \sum_{mm'}^{m>m'} K(m,m') n_m n_{m'} \tag{2.35}$$

となる．さらに，交換積分 $J(m,m')$ の寄与は

$$\sum_{mm'}^{m>m'} J(m,m') \sum_{\sigma\sigma'} a^\dagger_{m\sigma} a^\dagger_{m'\sigma'} a_{m\sigma'} a_{m'\sigma}$$

であるが，2 番目と 3 番目の演算子を入れ替え，恒等式

$$\delta_{\sigma_1\sigma_4}\delta_{\sigma_2\sigma_3} = \frac{1}{2}\left(\boldsymbol{\sigma}_{\sigma_1\sigma_2}\cdot\boldsymbol{\sigma}_{\sigma_3\sigma_4} + \delta_{\sigma_1\sigma_2}\delta_{\sigma_3\sigma_4}\right) \tag{2.36}$$

を用いると

$$\begin{aligned}
&\sum_{mm'}^{m>m'} J(m,m') \sum_{\sigma\sigma'} a^\dagger_{m\sigma} a^\dagger_{m'\sigma'} a_{m\sigma'} a_{m'\sigma} \\
&\quad = -\sum_{mm'}^{m>m'} J(m,m') \sum_{\sigma_1\sigma_2\sigma_3\sigma_4} a^\dagger_{m\sigma_1} a_{m\sigma_2} a^\dagger_{m'\sigma_3} a_{m'\sigma_4} \delta_{\sigma_1\sigma_4}\delta_{\sigma_2\sigma_3} \\
&\quad = -2\sum_{mm'}^{m>m'} J(m,m') \left(\boldsymbol{S}_m\cdot\boldsymbol{S}_{m'} + \frac{1}{4} n_m n_{m'}\right)
\end{aligned} \tag{2.37}$$

となる．ここで，軌道 m のスピン演算子を導入した．

$$\boldsymbol{S}_m = \sum_{\sigma\sigma'} a^\dagger_{m\sigma} \left(\frac{\boldsymbol{\sigma}}{2}\right)_{\sigma\sigma'} a_{m\sigma'} \tag{2.38}$$

(2.34), (2.35), (2.37) をまとめると，磁性イオン内の Coulomb 相互作用の主要項は

$$H'_{\mathrm{C}} = \sum_m U_m n_{m\uparrow} n_{m\downarrow} + \sum_{mm'}^{m>m'} \left(U_{mm'} n_m n_{m'} - J_{mm'} \boldsymbol{S}_m\cdot\boldsymbol{S}_{m'}\right) \tag{2.39}$$

のように表すことができる．ここで, $U_m \equiv K(m,m)$, $U_{mm'} \equiv K(m,m') - J(m,m')/2$，$J_{mm'} \equiv 2J(m,m')$ とおいた．これらはすべて正の量である．$J_{mm'}$ 項によって，異なる軌道のスピンが平行になるとエネルギーが下がる

表 2.4 Racah 係数と直接積分・交換積分の関係.

l	直接・交換積分	Racah 係数による表現
1	$K(0,0)$	$\bar{U}$
	$J(1,0)$	$\bar{J}$
2	$K(0,0)$	$A+4B+3C$
	$J(1,0)$	$B+C$
	$J(2,0)$	$4B+C$
3	$K(0,0)$	$E^0+3E^1+24E^2$
	$J(1,0)$	$E^1+8E^2-4E^3$
	$J(2,0)$	$E^1+80E^2+2E^3$
	$J(3,0)$	$E^1-100E^2+2E^3$

ので，Hund の規則 (1) が導かれる．また，$K(m,m')$ は $|m-m'|$ が小さいほど小さい値をとり，これより Hund の規則 (2) が説明される．主要な直接積分・交換積分と Racah 係数との関係を表 2.4 に示す．

最後に，このような微視的な模型を解くと，実際に Hund の規則が得られることを見てみよう．例えば，$(nl)^2$ 配置の場合に H_0+H_{C} の多体固有状態のエネルギーを求めると，次のようになる．ただし，中括弧は $6j$ 記号を表し，L が偶数 (奇数) のとき $S=0$ $(S=1)$ である [*13]．

$$E_{nl}(L)=(-1)^L(2l+1)^2\sum_{k=0}^{l}\begin{Bmatrix} l & l & 2k \\ l & l & L \end{Bmatrix}\begin{pmatrix} l & l & 2k \\ 0 & 0 & 0 \end{pmatrix}^2 F^{2k}(nl,nl) \tag{2.40}$$

すべての多重項について，Racah 係数を用いた具体的な表式を表 2.5 にまとめておく．

2.5 自由な双極子モーメントの外場に対する応答

前節までに，磁性イオンの磁気双極子モーメントは基底多重項内では全角運動量 $\boldsymbol{J}$ に比例することを見た．すなわち，$\boldsymbol{\mu}_{\mathrm{para}}=-g_J\mu_{\mathrm{B}}\boldsymbol{J}$ $(J=0,1/2,1,\cdots)$ と表される．磁場の向きを z 軸に取ると，外部磁場 $\boldsymbol{H}$ との相互作用項は $H=-\boldsymbol{\mu}_{\mathrm{para}}\cdot\boldsymbol{H}=J_z\mu H_z/J$ $(\mu\equiv g_J\mu_{\mathrm{B}}J$ は古典極限の磁気

[*13] この表式は Wigner-Eckart の定理を用いれば導出できるが割愛する．

表 2.5 $(nl)^2$ 多重項のエネルギー．下線は Hund の規則による基底多重項．

l	L	S	記号	エネルギー
1	0	0	^1S	$\bar{U}+2\bar{J}$
	1	1	$\underline{^3P}$	$\bar{U}-3\bar{J}$
	2	0	^1D	$\bar{U}-\bar{J}$
2	0	0	^1S	$A+14B+7C$
	1	1	^3P	$A+7B$
	2	0	^1D	$A-3B+2C$
	3	1	$\underline{^3F}$	$A-8B$
	4	0	^1G	$A+4B+2C$
3	0	0	^1S	E^0+9E^1
	1	1	^3P	E^0+33E^3
	2	0	^1D	$E^0+2E^1+286E^2-11E^3$
	3	1	^3F	E^0
	4	0	^1G	$E^0+2E^1-260E^2-4E^3$
	5	1	$\underline{^3H}$	E^0-9E^3
	6	0	^1I	$E^0+2E^1+70E^2+7E^3$

モーメントの大きさ) である．$J_z|M\rangle_J = M|M\rangle_J$ より，$\alpha = \beta\mu H_z/2J$ とおくと，1 磁性イオンあたりの Helmholtz の自由エネルギーは

$$f(T,H_z) = -\beta^{-1}\ln z, \quad z = \sum_{M=-J}^{J} e^{-2\alpha M} = \frac{\sinh(2J+1)\alpha}{\sinh\alpha}$$

よって，1 磁性イオンあたりの磁化 $m_z \equiv \langle\mu_{\text{para}}\rangle$ は

$$\begin{aligned} m_z(T,H_z) &= -\frac{\partial f}{\partial H_z} = \frac{\mu}{2J}\left[(2J+1)\coth(2J+1)\alpha - \coth\alpha\right] \\ &= \mu B_J(\mu H_z/k_{\text{B}}T) \end{aligned} \tag{2.41}$$

ここで，**Brillouin 関数** $B_J(x)$ を導入した．

$$B_J(x) = \frac{2J+1}{2J}\coth\left(\frac{2J+1}{2J}x\right) - \frac{1}{2J}\coth\left(\frac{x}{2J}\right) \tag{2.42}$$

$B_J(x)$ の様々な極限は次のようになる．

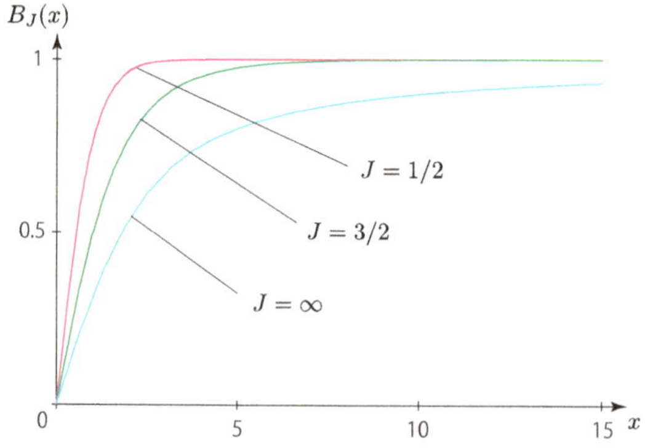

図 2.4 Brillouin 関数.

$$B_J(x) = \begin{cases} \dfrac{J+1}{3J}x & (x \ll 1) \\ 1 - \dfrac{1}{J}e^{-x/J} & (x \gg 1) \\ \tanh x & (J = 1/2) \\ \coth x - \dfrac{1}{x} \equiv L(x) & (J \to \infty) \end{cases} \tag{2.43}$$

ここで，$L(x)$ は **Langevin 関数**である．$B_J(x)$ の振る舞いを図 2.4 に示す．

高温または低磁場 $\mu H_z/k_\mathrm{B}T \ll 1$ のとき

$$m_z(T, H_z) = \chi_\parallel(0)H_z, \quad \chi_\parallel(0) = \frac{\mu_\mathrm{eff}^2}{3k_\mathrm{B}T}, \quad \mu_\mathrm{eff} \equiv g_J\mu_\mathrm{B}\sqrt{J(J+1)} \tag{2.44}$$

のように，温度に反比例する磁化率 $\chi_\parallel(0)$ が得られる．ここで，μ_eff は**有効磁気モーメント**と呼ばれ，古典極限 (μ を一定に保ったまま，$J \to \infty$ とする) において，$\mu_\mathrm{eff} \to \mu$ となる量である．低温または高磁場 $\mu H_z/k_\mathrm{B}T \gg 1$ のとき，磁化は飽和して指数関数的に μ に近づく．なお，10^4 Oe (1 T) をエネルギーに換算すると，$1\ \mu_\mathrm{B} \times 10^4$ Oe$= 0.578 \times 10^{-4}$ eV$= 0.672$ K である．

z 軸方向に有限の磁場 H_z がかかった状態に，さらにこの磁場に垂直な方向 (例えば，x 軸方向) に微小磁場をかけた場合の感受率を求めよう．$J^\pm \equiv J^x \pm iJ^y$ の昇降演算子を導入すると，xy の等方性から $\chi_\perp \equiv \chi_{xx} = \chi_{yy} = \chi_{+-}/2$ である [*14]．$H_z \neq 0$ のとき，エネルギー $E_M = 2\alpha M/\beta$ であ

[*14] $\chi_{AB} = \langle\langle A; B\rangle\rangle$ として，$\langle\langle J^+; J^-\rangle\rangle = \langle\langle (J^x + iJ^y; J^x - iJ^y\rangle\rangle = \langle\langle J^x; J^x\rangle\rangle + \langle\langle J^y; J^y\rangle\rangle = 2\,\langle\langle J^x; J^x\rangle\rangle$.

り縮退はないので，(1.120) の van Vleck 項を求めれば，$\langle M+1|J^+|M\rangle = \sqrt{(J-M)(J+M+1)}$ より

$$\begin{aligned}\chi_\perp(H_z) &= \frac{\mu^2}{2J^2 z}\sum_{M=-J}^{J}\frac{e^{-\beta E_{M+1}}-e^{-\beta E_M}}{E_M - E_{M+1}}|\langle M+1|J^+|M\rangle|^2 \\ &= \frac{\beta\mu^2}{4J^2\alpha z}(e^{2\alpha}-1)\sum_M e^{-2\alpha(M+1)}(J-M)(J+M+1) \\ &= \frac{\beta\mu^2}{4J^2\alpha}\left[(2J+1)\coth(2J+1)\alpha - \coth\alpha\right] \\ &= \frac{m_z(T,H_z)}{H_z} \end{aligned} \tag{2.45}$$

$H_z \to 0$ では，$m_z(T,H_z) = \chi_\parallel(0)H_z$ より $\chi_\perp(0) = \chi_\parallel(0)$ となるので，$H_z = 0$ での感受率はもちろん等方的である．

角運動量と関係する磁気双極子モーメントとは異なり，電気双極子モーメントの場合，方向量子化は起こらない．したがって，電場 E 中の電気双極子の応答は古典的な式で与えられる．

$$\langle\mu_\mathrm{e}\rangle = \mu_\mathrm{e}\, L\left(\frac{\mu_\mathrm{e}E}{k_\mathrm{B}T}\right) \tag{2.46}$$

これより，分極率は $\alpha = \mu_\mathrm{e}^2/3k_\mathrm{B}T$ である．

2.6 結晶場 (配位子場) と等価演算子法

2.6.1 結晶場ポテンシャル

結晶中におかれた磁性イオンの最外殻電子は，図 2.5 のようにまわりのイオン (リガンドイオン) の影響を受け，球対称ポテンシャルの下で縮退していた多重項準位は分裂する．これを**結晶場**効果といい，(i) リガンドイオンが作る静電ポテンシャル効果，(ii) リガンドイオンの電子軌道との混成効果 *15，(iii) リガンドイオンの電子との Coulomb 相互作用，といった影響が考えられる．比較的局在性のよい $4f$ 電子軌道をもつ希土類化合物では (i) の効果が重要である．一方，より拡がった $3d$ 電子軌道をもつ遷移金属化合物では (ii) の効果がより重要である．また，(iii) の効果は平均的には (i) の効果として扱うことができる．(ii) の効果は，磁性イオンとリガンドイオンの電子軌道を分子軌道法に基づいて取り扱うことで議論できるが，この効果によって得

*15 この効果と (i) の効果との違いを強調して，**配位子場**効果とよぶことがある．

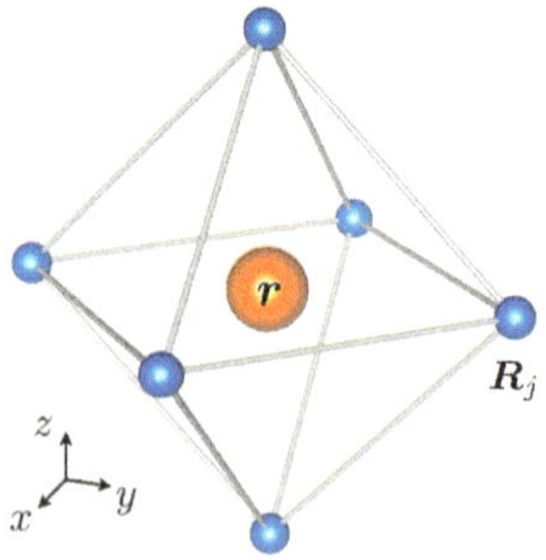

図 2.5　結晶中におかれた磁性イオン．

られるエネルギー準位の分裂の仕方は，定性的には磁性イオンがおかれている対称性によって決まる．したがって，(i) の効果における静電ポテンシャルのパラメータを変更することで，(ii) の効果を取り込むことができる．

そこで，(i) の効果を考えるために，$\boldsymbol{R}_j$ にあるリガンドイオンを点電荷 Q_j として取り扱ってみよう．磁性イオン内の位置 $\boldsymbol{r}$ における静電ポテンシャルは，すべてのリガンドイオンの寄与を合わせて

$$\phi_{\mathrm{CEF}}(\boldsymbol{r}) = \sum_j \frac{Q_j}{|\boldsymbol{r} - \boldsymbol{R}_j|} \tag{2.47}$$

$r \ll R_j$ ($r = |\boldsymbol{r}|$, $R_j = |\boldsymbol{R}_j|$) として，展開式 (2.24) を用いると

$$\phi_{\mathrm{CEF}}(\boldsymbol{r}) = \sum_j Q_j \sum_{p=0}^{\infty} \frac{4\pi}{2p+1} \frac{r^p}{R_j^{p+1}} \sum_{q=-p}^{p} Y_{pq}^*(\hat{\boldsymbol{r}}) Y_{pq}(\hat{\boldsymbol{R}}_j)$$

ここで，$Y_{p0}^{(\mathrm{c})} \equiv Y_{p0}$，$q > 0$ に対して球面調和関数の線形結合

$$Y_{pq}^{(\mathrm{c})} \equiv \frac{(-1)^q}{\sqrt{2}}(Y_{pq} + Y_{pq}^*), \quad Y_{pq}^{(\mathrm{s})} \equiv \frac{(-1)^q}{\sqrt{2}i}(Y_{pq} - Y_{pq}^*) \tag{2.48}$$

を用いて実数表示に移ると

$$\sum_{q=-p}^{p} Y_{pq}^* Y_{pq} = \sum_q \left[Y_{pq}^{(\mathrm{c})} Y_{pq}^{(\mathrm{c})} + Y_{pq}^{(\mathrm{s})} Y_{pq}^{(\mathrm{s})} \right] \tag{2.49}$$

の関係より

$$O_{pq}^{(\mathrm{c,s})}(\boldsymbol{r}) \equiv \sqrt{\frac{4\pi}{2p+1}}\, r^p Y_{pq}^{(\mathrm{c,s})}(\hat{\boldsymbol{r}}) \tag{2.50}$$

表 2.6 Stevens 演算子と $O_{pq}^{(\mathrm{c,s})}$ の関係．$(\mathcal{O}_{pq}, \mathcal{O}_{pq}^{(\mathrm{s})}) = c_{pq}(O_{pq}^{(\mathrm{c})}, O_{pq}^{(\mathrm{s})})$．

p	c_{p0}	c_{p2}	c_{p3}	c_{p4}	c_{p6}
2	2	$\frac{2}{\sqrt{3}}$			
4	8	$\frac{4}{\sqrt{5}}$	$\frac{4}{\sqrt{70}}$	$\frac{8}{\sqrt{35}}$	
6	16	$\frac{32}{\sqrt{210}}$	$\frac{16}{\sqrt{210}}$	$\frac{16}{3\sqrt{7}}$	$\frac{32}{\sqrt{462}}$

とおいて

$$\phi_{\mathrm{CEF}}(\boldsymbol{r}) = \phi_{00} + \sum_{p=1}^{\infty}\sum_{q}\left[\phi_{pq}O_{pq}^{(\mathrm{c})}(\boldsymbol{r}) + \phi'_{pq}O_{pq}^{(\mathrm{s})}(\boldsymbol{r})\right] \tag{2.51}$$

$$\phi_{pq} = \sum_{j}\frac{Q_j}{R_j^{2p+1}}O_{pq}^{(\mathrm{c})}(\hat{\boldsymbol{R}}_j), \quad \phi'_{pq} = \sum_{j}\frac{Q_j}{R_j^{2p+1}}O_{pq}^{(\mathrm{s})}(\hat{\boldsymbol{R}}_j) \tag{2.52}$$

となる．ここで，p を**球テンソル** O_{pq} の階数 (ランク) という．

球面調和関数の空間反転に対する偶奇性は $(-1)^l$ であるから，軌道角運動量 l が定まった波動関数 (2.3) の軌道部分 ϕ_m に対する行列要素 $\langle m|\phi_{\mathrm{CEF}}|m'\rangle_{nl}$ は，ϕ_{CEF} に p の奇数ランクの項があったとしてもゼロとなる [*16]．また，球面調和関数の直交性 (2.25) より，$p > 2l$ の行列要素もゼロである．$p = 0$ 項は原点における点電荷の Coulomb ポテンシャルの総和で Madelung エネルギーを与える定数であるから，これをポテンシャルの原点に選べば露わに扱う必要がない．したがって，通常 $p = 2, 4, 6$ のみを考えれば十分である．また，慣習的に $O_{pq}^{(\mathrm{c})}$，$O_{pq}^{(\mathrm{s})}$ の代わりに，これに比例する **Stevens 演算子** $\mathcal{O}_{pq}$，$\mathcal{O}_{pq}^{(\mathrm{s})}$ が用いられることが多い [*17]．比例係数 c_{pq} を表 2.6 にまとめておく．

2.6.2 立方対称結晶場の例

例えば，リガンドイオンが正八面体の頂点にあり，その中心に磁性イオンがある場合を考えてみよう (図 2.5)．$Q_j = Q$，$\boldsymbol{R}_j = (\pm a, 0, 0), (0, \pm a, 0), (0, 0, \pm a)$ とし展開係数 (2.52) を計算すると，ϕ_{00}，ϕ_{40}，ϕ_{44}，ϕ_{60}，ϕ_{64} だけが有限に残る．展開係数の具体的な表式は，$\phi_{00} = 6Q/a$，$\phi_4 \equiv \sqrt{12/7}\phi_{40} = \sqrt{12/5}\phi_{44} = 8\sqrt{21}Q/a^5$，$\phi_6 \equiv \sqrt{12}\phi_{60} = -\sqrt{12/7}\phi_{64} = 24\sqrt{3}Q/a^7$

*16 l が奇数だけ異なる波動関数の間では奇数ランクの行列要素も残る．

*17 Stevens 演算子は文献において広く用いられているが，規格化に関して場当たり的な係数が用いられているため，本稿では $O_{pq}^{(\mathrm{c,s})}$ を積極的に用いる．そのため，他の文献とは c_{pq} だけ係数が異なる場合があることに注意されたい．

である[*18]．よって，ϕ_{00} をエネルギーの原点に選ぶと

$$\phi_{\rm CEF}(\boldsymbol{r}) = \phi_4 O_4(\boldsymbol{r}) + \phi_6 O_6(\boldsymbol{r}) \tag{2.53}$$

ここで，表 2.7 の**立方調和関数**

$$O_4(\boldsymbol{r}) \equiv \sqrt{\frac{7}{12}} O_{40}^{(\rm c)}(\boldsymbol{r}) + \sqrt{\frac{5}{12}} O_{44}^{(\rm c)}(\boldsymbol{r})$$
$$O_6(\boldsymbol{r}) \equiv \sqrt{\frac{1}{8}} O_{60}^{(\rm c)}(\boldsymbol{r}) - \sqrt{\frac{7}{8}} O_{64}^{(\rm c)}(\boldsymbol{r})$$

を用いた．d 電子系 ($l=2$) を考えるときは 6 次の項は不要であり，p 電子系 ($l=1$) では結晶場効果は効かない．

この例では，磁性イオンは立方対称な正八面体群 ($O_{\rm h}$) の環境下にある．したがって，立方対称性を保つような座標変換 (**対称操作**) を行っても $\phi_{\rm CEF}(\boldsymbol{r})$ は不変でなければならない[*19]．実際，$O_4(\boldsymbol{r})$ および $O_6(\boldsymbol{r})$ は $O_{\rm h}$ 群に属するあらゆる対称操作に対して不変であり，このような表現を $O_{\rm h}$ 群の**恒等表現** (A_{1g} または Γ_1^+) とよぶ．群に属するすべての対称操作に対して，同じ変換性をもつ基底の組を**既約表現**という[*20]．既約表現を具体的に導出するための方法については，A.9 節を参照されたい．

正八面体の代わりに立方体の頂点にリガンドイオンがある場合もその中心に位置する磁性イオンの対称性は変わらない．よって，ϕ_{40}，ϕ_{60} の値は変わるもののポテンシャルの表式はやはり (2.53) で与えられる[*21]．また，前述したように，配位子場の効果は ϕ_{40}, ϕ_{60} の値を変更することで考慮することができる．

以上より，磁性イオンの最外殻軌道 (n,l) を占める n 個の電子の座標を $\boldsymbol{r}_j$ とすれば，結晶場ハミルトニアンは次のように表される．

$$H_{\rm CEF} = -e \sum_{j=1}^{n} \phi_{\rm CEF}(\boldsymbol{r}_j) \tag{2.54}$$

[*18] ϕ_{40} と ϕ_{44}，ϕ_{60} と ϕ_{64} に一定の関係があるのは立方対称性の現れである．

[*19] $O_{\rm h}$ 群の対称操作は，恒等変換 (E)，x, y, z 軸まわりの 90°，180°，270° 回転 (C_4, $C_2 = C_4^2$, C_4^3)，[110] およびそれと等価な軸まわりの 180° 回転 (C_2)，[111] およびそれと等価な軸まわりの 120° と 240° 回転 (C_3, C_3^2) のような回転操作と，これらに空間反転 (I) を組み合わせた計 48 種類ある．

[*20] A_{1g} は **Mulliken の記号**，Γ_1^+ は **Bethe の記号**と呼ばれる．Mulliken 記号の下添字の g/u (gerade/ungerade) または Bethe 記号の上添字の ± は空間反転操作に対する偶奇性を表す．

[*21] 一辺 $2a/\sqrt{3}$ の立方体の頂点に点電荷 Q を配置した場合の係数は，$\phi_{00} = 8Q/a$, $\phi_4 = -64\sqrt{21}Q/9a^5$，$\phi_6 = 512\sqrt{3}Q/9a^7$ である．

表 2.7 立方対称 O_{h} 群における既約表現 Γ と基底関数 (立方調和関数). cyclic は $(x,y,z) \to (y,z,x), (z,x,y)$ の置き換えを表す.

l	Γ	記号	定義 $O_{\Gamma\gamma}(\boldsymbol{r})$
0	A_{1g}	O_0	1
1	T_{1u}	O_x, O_y, O_z	$x,\ y,\ z$
2	E_g	O_u, O_v	$\frac{1}{2}(3z^2-r^2),\ \frac{\sqrt{3}}{2}(x^2-y^2)$
	T_{2g}	O_{yz}, O_{zx}, O_{xy}	$\sqrt{3}yz,\ \sqrt{3}zx,\ \sqrt{3}xy$
3	A_{2u}	O_{xyz}	$\sqrt{15}xyz$
	T_{1u}	$O_x^\alpha, O_y^\alpha, O_z^\alpha$	$\frac{1}{2}x(5x^2-3r^2)$, cyclic
	T_{2u}	$O_x^\beta, O_y^\beta, O_z^\beta$	$\frac{\sqrt{15}}{2}x(y^2-z^2)$, cyclic
4	A_{1g}	O_4	$\frac{5\sqrt{21}}{12}(x^4+y^4+z^4-\frac{3}{5}r^4)$
	E_g	O_{4u}	$\frac{7\sqrt{15}}{6}[z^4-\frac{x^4+y^4}{2}-\frac{3}{7}r^2(3z^2-r^2)]$
		O_{4v}	$\frac{7\sqrt{5}}{4}[x^4-y^4-\frac{6}{7}r^2(x^2-y^2)]$
	T_{1g}	$O_{4x}^\alpha, O_{4y}^\alpha, O_{4z}^\alpha$	$\frac{\sqrt{35}}{2}yz(y^2-z^2)$, cyclic
	T_{2g}	$O_{4x}^\beta, O_{4y}^\beta, O_{4z}^\beta$	$\frac{\sqrt{5}}{2}yz(7x^2-r^2)$, cyclic
5	E_u	O_{5u}, O_{5v}	$\frac{3\sqrt{35}}{2}xyz(x^2-y^2),\ -\frac{\sqrt{105}}{2}xyz(3z^2-r^2)$
	$\mathrm{T}_{1g}^{(1)}$	$O_{5x}^{\alpha1}, O_{5y}^{\alpha1}, O_{5z}^{\alpha1}$	$\frac{x}{8}[8x^4-40x^2(y^2+z^2)+15(y^2+z^2)^2]$, cyclic
	$\mathrm{T}_{1g}^{(2)}$	$O_{5x}^{\alpha2}, O_{5y}^{\alpha2}, O_{5z}^{\alpha2}$	$\frac{3\sqrt{35}}{2}x[y^4+z^4-\frac{3}{4}(y^2+z^2)^2]$, cyclic
	T_{2g}	$O_{5x}^\beta, O_{5y}^\beta, O_{5z}^\beta$	$\frac{\sqrt{105}}{4}x(y^2-z^2)(3x^2-r^2)$, cyclic
6	A_{1g}	O_6	$\frac{231\sqrt{2}}{8}[x^2y^2z^2+\frac{r^2}{22}(x^4+y^4+z^4-\frac{3}{5}r^4)-\frac{r^6}{105}]$
	A_{2g}	O_{6t}	$\frac{\sqrt{2310}}{8}[x^4(y^2-z^2)+y^4(z^2-x^2)+z^4(x^2-y^2)]$
	E_g	O_{6u}	$\frac{11\sqrt{14}}{4}[z^6-\frac{x^6+y^6}{2}-\frac{15}{11}r^2\{z^4-\frac{x^4+y^4}{2}$ $-\frac{3}{7}r^2(3z^2-r^2)\}-\frac{5}{14}r^4(3z^2-r^2)]$
		O_{6v}	$\frac{11\sqrt{42}}{8}[x^6-y^6-\frac{15}{11}r^2\{x^4-y^4$ $-\frac{6}{7}r^2(x^2-y^2)\}-\frac{5}{7}r^4(x^2-y^2)]$
	T_{1g}	$O_{6x}^\alpha, O_{6y}^\alpha, O_{6z}^\alpha$	$\frac{3\sqrt{7}}{4}yz(y^2-z^2)(11x^2-r^2)$, cyclic
	$\mathrm{T}_{2g}^{(1)}$	$O_{6x}^{\beta1}, O_{6y}^{\beta1}, O_{6z}^{\beta1}$	$\frac{\sqrt{462}}{2}yz[y^4+z^4-\frac{5}{8}(y^2+z^2)^2]$, cyclic
	$\mathrm{T}_{2g}^{(2)}$	$O_{6x}^{\beta2}, O_{6y}^{\beta2}, O_{6z}^{\beta2}$	$\frac{\sqrt{210}}{16}yz(33x^4-18x^2r^2+r^4)$, cyclic

2.6.3 等価演算子の方法

多重項の結晶場による分裂を評価するには，多重項状態に関して H_{CEF} の行列要素を求める必要がある．$3d$ 電子系のようにスピン軌道相互作用が結晶場よりも小さい場合は，(2.10) のような $|L_z, S_z\rangle_{L,S}$ 多重項を用いる．一方，$4f$ 電子系のように結晶場が小さい場合は，(2.17) のような $|J_z\rangle_J$ 多重項を用いて評価する．(n,l) 軌道を占める電子が 1 個の場合は行列要素を求める

作業はそれほど労を要しないが，複数の電子からなる多体の多重項の場合は骨の折れる作業となる．そのような場合に有用な処方箋を紹介しよう．

(x, y, z) の多項式である $O_{pq}(\boldsymbol{r})$ において，(x, y, z) を軌道角運動量 $\boldsymbol{L}$ または全角運動量 $\boldsymbol{J}$ の各成分で置き換えた多項式 $O_{pq}(\boldsymbol{L})$ または $O_{pq}(\boldsymbol{J})$ は，空間回転に関して $O_{pq}(\boldsymbol{r})$ と同じように変換する *22．$O_{pq}(\boldsymbol{L})$ や $O_{pq}(\boldsymbol{J})$ を**球テンソル演算子**という．球テンソル演算子は，空間反転に関して偶パリティ，時間反転に関して $(-1)^p$ の偶奇性をもつ．このことより，p が偶数の場合 *23，$O_{pq}(\boldsymbol{r})$ の多重項に関する行列要素と $O_{pq}(\boldsymbol{J})$ の行列要素は比例関係にあることが示される．この事実を **Wigner-Eckart の定理**という．この比例関係を次のように表す *24．

$$\langle J_z|O_{pq}(\boldsymbol{r})|J_z'\rangle_{J(L,S)} = \langle r^p\rangle\, g_n^{(p)} \langle J_z|O_{pq}(\boldsymbol{J})|J_z'\rangle_{J(L,S)} \tag{2.55}$$

ここで，$\langle r^p\rangle$ は動径波動関数 $R_{nl}(r)$ についての平均値，比例係数 $g_n^{(p)}$ は **Stevens 因子**と呼ばれ，電子数 n と次数 p に依存するが方向成分を指定する q や J_z，J_z' にはよらない *25．$g_n^{(2)} = \theta_2 = \alpha_J$，$g_n^{(4)} = \theta_4 = \beta_J$，$g_n^{(6)} = \theta_6 = \gamma_J$ などと表記されることも多い．J 多重項 (LS 多重項) に関する行列要素を求めるには，(2.55) 右辺の $O_{pq}(\boldsymbol{J})$ ($O_{pq}(\boldsymbol{L})$) を用いる方が圧倒的に簡単である．この方法を**等価演算子**の方法という．

以上の処方箋より，$B_{pq} \equiv -e\phi_{pq}\langle r^p\rangle g_n^{(p)}$ および $B_{pq}' \equiv -e\phi_{pq}'\langle r^p\rangle g_n^{(p)}$ とおけば，等価演算子法による結晶場ハミルトニアンは

$$H_{\mathrm{CEF}} = \sum_{pq}\left\{B_{pq}O_{pq}^{(\mathrm{c})}(\boldsymbol{J}) + B_{pq}'O_{pq}^{(\mathrm{s})}(\boldsymbol{J})\right\} \tag{2.56}$$

と表すことができる．結晶場ハミルトニアンはトレースがゼロとなる演算子だから，エネルギー準位分裂の重心はゼロである．対称性から有限に残る**結晶場パラメータ**を表 2.8 にまとめておく．リガンドイオンの静電ポテンシャル的な効果 (i) だけでなく (ii), (iii) のような影響を結晶場パラメータに繰り込んだと考えるならば，B_{pq}，B_{pq}' は現象論的なパラメータと見なすべきであろう．

---

*22 角運動量演算子の成分は互いに非可換なので対称和で置き換える．例えば，$xy \to (J_xJ_y + J_yJ_x)/2$ などとする．

*23 p が奇数のときは，時間反転と空間反転の偶奇性が異なる．この対称性は 6 章で議論する磁気多極子と同じである．

*24 LS 多重項の場合は，$\boldsymbol{J} \to \boldsymbol{L}$ とし，J_z の代わりに L_z の行列要素を求める．

*25 正確には n ではなく $J(L,S)$ に依存するが，n を決めれば Hund の規則による基底多重項 $J(L,S)$ が一意に決まるため n の添字を付けた．

表 2.8 対称性と結晶場パラメータ．下線の点群は空間反転対称性のない点群で奇数次の結晶場が存在する．ただし，O 群と D_6 群は 6 次までの奇数次結晶場はない．奇数次の結晶場については，例えば，S. Hayami, M. Yatsushiro, Y. Yanagi, and H. Kusunose, Phys. Rev. B **98**, 165110 (2018) を参照．

結晶系	点群	結晶場パラメータ
立方晶	$O_{\rm h}$, $\underline{O}$, $\underline{T_{\rm d}}$	B_4, B_6
	$T_{\rm h}$, $\underline{T}$	同上，　B_{6t}
正方晶	$D_{4\rm h}$, $\underline{D_4}$, $\underline{D_{2\rm d}}$, $\underline{C_{4\rm v}}$	B_{20}, B_{40}, B_{44}, B_{60}, B_{64}
	$C_{4\rm h}$, $\underline{C_4}$, $\underline{S_4}$	同上，　B'_{44}, B'_{64}
直方晶	$D_{2\rm h}$, $\underline{D_2}$, $\underline{C_{2\rm v}}$	B_{20}, B_{22}, B_{40}, B_{42}, B_{44}, B_{60}, B_{62}, B_{64}, B_{66}
六方晶	$D_{6\rm h}$, $\underline{D_6}$, $\underline{D_{3\rm h}}$, $\underline{C_{6\rm v}}$	B_{20}, B_{40}, B_{60}, B_{66}
	$C_{6\rm h}$, $\underline{C_6}$, $\underline{C_{3\rm h}}$	同上，　B'_{66}
三方晶	$D_{3\rm d}$, $\underline{D_3}$	B_{20}, B_{40}, B_{60}, B_{66}, B'_{43}, B'_{63}
	$\underline{C_{3\rm v}}$	B_{20}, B_{40}, B_{43}, B_{60}, B_{63}, B_{66}
	$C_{3\rm i}$, $\underline{C_3}$	同上，　B'_{43}, B'_{63}, B'_{66}

2.7 結晶場中の電子状態

2.7.1 3d 電子の例

立方対称な結晶場中の $3d$ 電子の状態を求めてみよう．このとき，結晶場ハミルトニアンは，6 次項は効かないので落として

$$H_{\rm CEF} = \frac{2B_4}{\sqrt{21}} O_4(\boldsymbol{L}) = \frac{B_4}{3}\left[O_{40}^{(\rm c)}(\boldsymbol{L}) + \sqrt{\frac{5}{7}} O_{44}^{(\rm c)}(\boldsymbol{L})\right] \tag{2.57}$$

である [*26]．$|L_z\rangle$ に関する行列要素は $O_{40}^{(\rm c)}$ は対角成分のみ，$O_{44}^{(\rm c)}$ は L_z が ± 4 だけ異なる要素が残る．

$(3d)^1$ 電子配置の場合，$L = 2$ であり，行列要素は次のようになる．

$$H_{\rm CEF} = \frac{B_4}{2}\begin{pmatrix} 1 & 0 & 0 & 0 & 5 \\ 0 & -4 & 0 & 0 & 0 \\ 0 & 0 & 6 & 0 & 0 \\ 0 & 0 & 0 & -4 & 0 \\ 5 & 0 & 0 & 0 & 1 \end{pmatrix} \begin{matrix} |+2\rangle \\ |+1\rangle \\ |0\rangle \\ |-1\rangle \\ |-2\rangle \end{matrix}$$

*26 B_4 は現象論的なパラメータだから，固有値が簡潔になるように適当な係数を付けた．

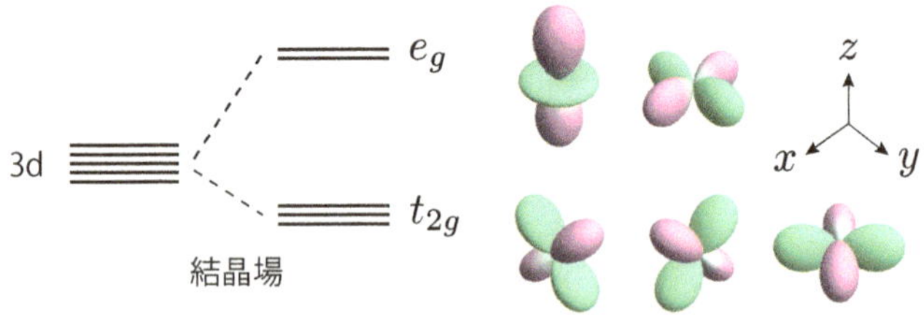

図 2.6　$(3d)^1$ 電子配置の立方対称結晶場による分裂と対応する固有波動関数．色は波動関数の符号を表す．

$O_{44}^{(\mathrm{c})}$ によって $|\pm 2\rangle$ 成分が混ざる．この行列の固有エネルギーと固有状態は表 2.7 の基底関数を用いて次のようになる．

$$e_g \text{ 軌道} \quad E = 3B_4: \quad O_u(\boldsymbol{r}),\ O_v(\boldsymbol{r}) \tag{2.58}$$

$$t_{2g} \text{ 軌道} \quad E = -2B_4: \quad O_{yz}(\boldsymbol{r}),\ O_{zx}(\boldsymbol{r}),\ O_{xy}(\boldsymbol{r}) \tag{2.59}$$

これらの固有関数は，O_h 群の既約表現 E_g と T_{2g} に属する．準位分裂と固有波動関数を図 2.6 に示す．正八面体の頂点に陰イオンがある場合，波動関数が頂点方向に伸びている e_g 軌道は，t_{2g} 軌道に比べてエネルギー準位が高くなる．正八面体が z 軸方向に歪むと対称性は正方対称 $D_{4\mathrm{h}}$ に低下し，e_g の u, v 軌道はそれぞれ a_{1g} 軌道と b_{1g} 軌道に，t_{2g} の xy と yz, zx 軌道はそれぞれ b_{2g} 軌道と e_g 軌道にそれぞれ分裂する．

このような準位分裂は，回転群の既約表現 D_2 が O_h 群の結晶場の下で可約となり，$\mathrm{D}_2 \downarrow O_\mathrm{h} = \mathrm{E}_g \oplus \mathrm{T}_{2g}$ のように簡約化された，と表現できる．これを回転群と O_h 群の**適合関係**という．$\mathrm{D}_J \downarrow O$ の適合関係を表 2.9 にまとめておく [*27]．また，O 群を T 群に簡約したときの適合関係は

$$\begin{aligned} &\mathrm{A}_1, \mathrm{A}_2 \to \mathrm{A}^{(1)}, \mathrm{A}^{(2)}, \quad \mathrm{E} \to \mathrm{E}\,(\Gamma_3 \to \Gamma_{23}) \\ &\mathrm{T}_1, \mathrm{T}_2 \to \mathrm{T}^{(1)}, \mathrm{T}^{(2)} \quad \Gamma_6, \Gamma_7 \to \Gamma_5^{(1)}, \Gamma_5^{(2)} \quad \Gamma_8 \to \Gamma_{67} \end{aligned} \tag{2.60}$$

さらに，O 群を D_4 群に簡約した場合の適合関係は

$$\begin{aligned} &\mathrm{A}_2 \to \mathrm{B}_1, \quad \mathrm{E} \to \mathrm{A}_1, \mathrm{B}_1, \quad \mathrm{T}_1 \to \mathrm{E}, \mathrm{A}_2 \\ &\mathrm{T}_2 \to \mathrm{E}, \mathrm{B}_2, \quad \Gamma_8 \to \Gamma_6, \Gamma_7 \end{aligned} \tag{2.61}$$

このような群論に関する情報は，“bilbao crystallographic server” という

表 2.9 回転群の既約表現 D_J を O 群に簡約したときの適合関係.

J	O 群の既約表現	J	O 群の既約表現
0	A_1	1/2	Γ_6
1	T_1	3/2	Γ_8
2	$E \oplus T_2$	5/2	$\Gamma_7 \oplus \Gamma_8$
3	$A_2 \oplus T_1 \oplus T_2$	7/2	$\Gamma_6 \oplus \Gamma_7 \oplus \Gamma_8$
4	$A_1 \oplus E \oplus T_1 \oplus T_2$	9/2	$\Gamma_6 \oplus 2\Gamma_8$
5	$E \oplus 2T_1 \oplus T_2$	11/2	$\Gamma_6 \oplus \Gamma_7 \oplus 2\Gamma_8$
6	$A_1 \oplus A_2 \oplus E \oplus T_1 \oplus 2T_2$	13/2	$\Gamma_6 \oplus 2\Gamma_7 \oplus 2\Gamma_8$

ウェブサイトにまとめられている.

2.7.2 4f 電子の例

次に, $(4f)^1$ 電子配置の場合を考えてみよう. 結晶場ハミルトニアンは

$$H_{\text{CEF}} = \frac{2B_4}{5\sqrt{21}} O_4(\boldsymbol{J}) + \frac{4\sqrt{2}B_6}{105} O_6(\boldsymbol{J}) \tag{2.62}$$

であり [*28], $J = 5/2$ 多重項は次のように分裂する (図 2.7).

- Γ_7^- 軌道

$$E = -2B_4 : \quad |\Gamma_7; \pm\rangle = \sqrt{\frac{1}{6}} \left| \pm\frac{5}{2} \right\rangle_{5/2} - \sqrt{\frac{5}{6}} \left| \mp\frac{3}{2} \right\rangle_{5/2} \tag{2.63}$$

- Γ_8^- 軌道

$$\begin{aligned} E = B_4 : \quad |\Gamma_{8u}; \pm\rangle &= \sqrt{\frac{5}{6}} \left| \pm\frac{5}{2} \right\rangle_{5/2} + \sqrt{\frac{1}{6}} \left| \mp\frac{3}{2} \right\rangle_{5/2} \\ |\Gamma_{8v}; \pm\rangle &= \left| \pm\frac{1}{2} \right\rangle_{5/2} \end{aligned} \tag{2.64}$$

これらは時間反転に関するペアであり, 時間反転対称性があるとき縮退する. 一般に, 奇数個の電子からなる状態はその時間反転した状態とペアになり時間反転対称性の下で縮退する, という **Kramers の定理**が成り立つ. このよ

[*27] 整数 J(1 価表現) に対しては Mulliken の記号, 半整数 J(2 価表現) に対しては Bethe の記号を用いた.

[*28] B_4, B_6 は現象論的なパラメータだから, 固有値が簡潔になるように適当な係数を付けた.

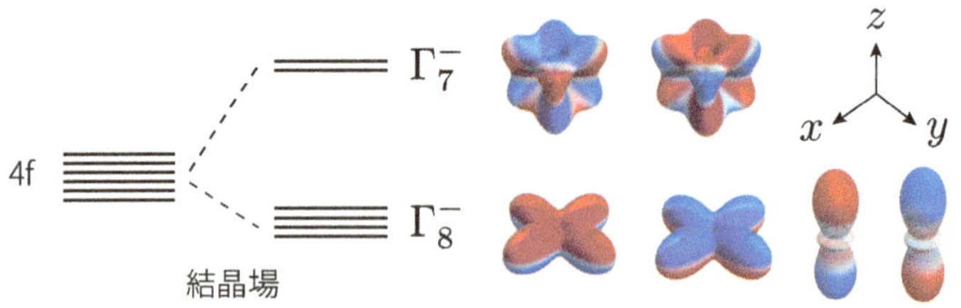

図 2.7　$(4f)^1$ 電子配置の立方対称結晶場による分裂と対応する固有波動関数．色は磁荷分布 (赤: N 極，青: S 極) を表す．

うなペアを **Kramers ペア**という．ただし，Kramers の定理は，偶数個の電子状態に関しては成り立たない．Kramers ペアの状態 $+(-)$ を準スピンと考え，$\uparrow(\downarrow)$ と表記することもある．

$J = 7/2$ 多重項の場合は以下のとおり．

- Γ_6^- 軌道

$$E = 7B_4 - 30B_6 :$$
$$|\Gamma_6; \pm\rangle = \sqrt{\frac{5}{12}}\left|\pm\frac{7}{2}\right\rangle_{7/2} + \sqrt{\frac{7}{12}}\left|\mp\frac{1}{2}\right\rangle_{7/2} \tag{2.65}$$

- Γ_7^- 軌道

$$E = -9B_4 - 18B_6 :$$
$$|\Gamma_7; \pm\rangle = \sqrt{\frac{3}{4}}\left|\pm\frac{5}{2}\right\rangle_{7/2} - \sqrt{\frac{1}{4}}\left|\mp\frac{3}{2}\right\rangle_{7/2} \tag{2.66}$$

- Γ_8^- 軌道

$$E = B_4 + 24B_6 :$$
$$|\Gamma_{8u}; \pm\rangle = \sqrt{\frac{1}{4}}\left|\pm\frac{5}{2}\right\rangle_{7/2} + \sqrt{\frac{3}{4}}\left|\mp\frac{3}{2}\right\rangle_{7/2}$$
$$|\Gamma_{8v}; \pm\rangle = \sqrt{\frac{7}{12}}\left|\mp\frac{7}{2}\right\rangle_{7/2} - \sqrt{\frac{5}{12}}\left|\pm\frac{1}{2}\right\rangle_{7/2} \tag{2.67}$$

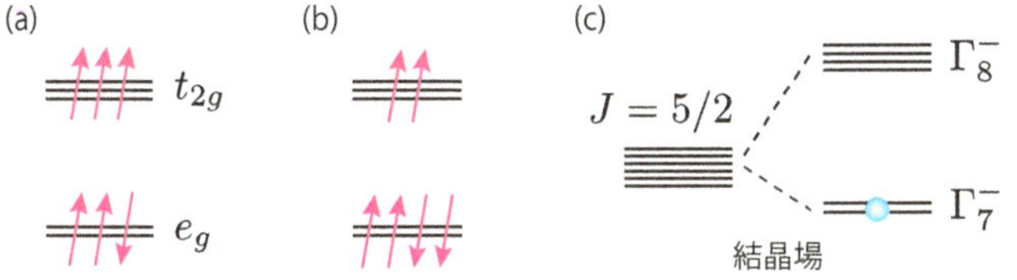

図 2.8 Coulomb 相互作用 (Hund の規則) U，結晶場分裂 Δ，スピン軌道相互作用 λ の大小関係による電子状態の違い．(a) 弱い結晶場 (高スピン状態) $U > \Delta > \lambda$，この例では $S = 2$. (b) 強い結晶場 (低スピン状態) $\Delta > U > \lambda$, この例では $S = 1$. (c) 強いスピン軌道相互作用 $U > \lambda > \Delta$.

2.7.3 エネルギーの階層構造と電子状態

最後に，Coulomb 相互作用 (Hund の規則) $[U]$，結晶場分裂 $[\Delta]$，スピン軌道相互作用 $[\lambda]$ の大小関係による低エネルギー電子状態の違いについて述べておこう．角括弧内は，それぞれの相互作用の典型的なエネルギースケールを表すものとする．

まず，$3d$ 電子系のように U や Δ が λ より十分大きい場合を考える．典型的な値は，$U, \Delta \sim 10^1 \sim 10^2$ eV，$\lambda \sim 10^2$ K 程度である．$U \gg \Delta$ の弱い結晶場の場合，S を最大にするという Hund の規則 (1) を守りつつ結晶場準位の下からスピンを配置して得られる状態が最もエネルギーが低くなる．このような状態は S が最大となるので，**高スピン状態**という．一方，$U \ll \Delta$ の強い結晶場の場合，縮退した結晶場準位内で S を最大にするように低エネルギー結晶場準位から順にスピンを配置すれば最もエネルギーの低い状態が得られる．この状態を**低スピン状態**という．$U \sim \Delta$ の場合は，結晶場と Coulomb 相互作用の両者を考慮して問題を解くしかない．このような取り扱いは**田辺・菅野ダイアグラム**として知られており，強い結晶場と弱い結晶場の固有状態の間の対応関係や中間領域での結晶場分裂の様子が見て取れる．

$4f$ 電子系では $U \sim 10$ eV，$\lambda \sim 10^3$ K，$\Delta \sim 10^2$ K 程度であり，スピン軌道相互作用が結晶場分裂より大きい．この場合は，U と λ の効果を順に取り込んで基底 $J(L, S)$ 多重項を求めた後，結晶場分裂を考慮すればよい．

$5d$ 電子系や $5f$ 電子系では，λ や Δ は $3d$ 電子系と $4f$ 電子系の中間程度となり拮抗するので [*29]，エネルギーの大きい方から段階的に電子状態を構成することが難しくなる．この場合はすべての相互作用を同時に考慮して電子状態を求める必要がある．以上の事情を図 2.8 にまとめておく．

[*29] 場合によっては U も同程度となる．

2.8 結晶場準位内の Coulomb 相互作用

2.8.1 制限された結晶場準位内における相互作用

2.4 節で議論した Coulomb 相互作用の微視的な表式は，分裂した結晶場準位内では比較的簡単な表式にまとめることができる．例えば，図 2.8(b) のような場合に閉殻な結晶場準位 (e_g) を無視して，自由度が活きている結晶場準位 (t_{2g}) のみの多体効果を考える際に有用である．既約表現 Γ の結晶場準位の基底を $|\gamma\rangle$ とすると，$J'(\gamma,\gamma') \equiv \langle\gamma\gamma|g|\gamma'\gamma'\rangle$ ($\gamma \neq \gamma'$) のような行列要素も有限に残る．これをペア遷移項という．特に，スピン軌道相互作用を無視した p 軌道や d 軌道のように ϕ_γ が実関数であるとき，(2.21) と同様の $\langle\gamma_1\gamma_2|g|\gamma_3\gamma_4\rangle$ の定義より

$$J'(\gamma,\gamma') = \iint d\boldsymbol{r}d\boldsymbol{r}'\phi_\gamma(\boldsymbol{r})\phi_\gamma(\boldsymbol{r}')\frac{e^2}{|\boldsymbol{r}-\boldsymbol{r}'|}\phi_{\gamma'}(\boldsymbol{r})\phi_{\gamma'}(\boldsymbol{r}') = J(\gamma,\gamma') \tag{2.68}$$

の関係が示される．一方，J 多重項の結晶場状態 $|\gamma\sigma\rangle$ ($\sigma = \uparrow(+), \downarrow(-)$ は準スピン) は実関数ではないことに注意しよう．

p 電子の t_{1u} 軌道, d 電子の e_g 軌道, t_{2g} 軌道のような縮退した結晶場準位内では，Coulomb 相互作用は軌道 γ によらない [*30]．そこで，$U \equiv K(\gamma,\gamma)$，$U' \equiv K(\gamma,\gamma')$，$J \equiv J(\gamma,\gamma')$ とおくと，既約表現 Γ の状態空間における Coulomb 相互作用は次のように表される．

$$\begin{aligned} H_{\mathrm{C}}(\Gamma) &= U\sum_{\gamma} n_{\gamma\uparrow}n_{\gamma\downarrow} + U'\sum_{\gamma\gamma'}^{\gamma'>\gamma}\sum_{\sigma\sigma'} n_{\gamma\sigma}n_{\gamma'\sigma'} \\ &\quad + \sum_{\gamma\gamma'}^{\gamma'>\gamma}\sum_{\sigma\sigma'}\left(Ja^\dagger_{\gamma\sigma}a^\dagger_{\gamma'\sigma'}a_{\gamma\sigma'}a_{\gamma'\sigma} + J'a^\dagger_{\gamma\sigma}a^\dagger_{\gamma\sigma'}a_{\gamma'\sigma'}a_{\gamma'\sigma}\right) \end{aligned} \tag{2.69}$$

ある結晶場準位に状態空間を制限した場合にのみ，この表式は有効である．

一方，f 電子の J 多重項が分裂した Γ_8^- 軌道のような場合，有限な行列要素とその間の関係は次のようになっている ($\gamma \neq \gamma'$)．

$$U \equiv \langle\gamma\sigma,\gamma\bar{\sigma}|g|\gamma\sigma,\gamma\bar{\sigma}\rangle, \quad U'' = \langle\gamma\sigma,\gamma'\sigma'|g|\gamma\sigma,\gamma'\sigma'\rangle$$
$$J_p \equiv \langle\gamma\sigma,\gamma'\sigma|g|\gamma'\sigma,\gamma\sigma\rangle = \langle\gamma\sigma,\gamma\bar{\sigma}|g|\gamma'\sigma,\gamma'\bar{\sigma}\rangle$$

---

*30 1 次元表現 A や 2 次元表現 E の場合は自明である．3 次元表現 T は，x, y, z の cyclic な入れ替えについて不変なことから示される．

表 2.10 相互作用と Racah パラメータの関係．$U = U' + J + J'$ の関係がある．

l/J	軌道	相互作用	Racah パラメータ
1	t_{1u}	U	$\bar{U}$
		U'	$\bar{U} - 2\bar{J}$
		$J = J'$	$\bar{J}$
2	e_g	U	$A + 4B + 3C$
		U'	$A - 4B + C$
		$J = J'$	$4B + C$
	t_{2g}	U	$A + 4B + 3C$
		U'	$A - 2B + C$
		$J = J'$	$3B + C$
5/2	Γ_7^-	U	$E^0 + (233E^1 - 5720E^2 + 176E^3)/147$
	Γ_8^-	U	$E^0 + (249E^1 + 3432E^2 + 528E^3)/147$
		U'	$E^0 + (83E^1 + 1144E^2 - 748E^3)/147$
		J	$(15E^1 + 8580E^2 + 330E^3)/147$
		J'	$(151E^1 - 6292E^2 + 946E^3)/147$
7/2	Γ_6^-	U	$E^0 + (245E^1 - 4655E^2 + 49E^3)/147$
	Γ_7^-	U	$E^0 + (261E^1 - 8415E^2 + 225E^3)/147$
	Γ_8^-	U	$E^0 + (249E^1 - 3435E^2 + 129E^3)/147$
		U'	$E^0 + (83E^1 - 1145E^2 - 419E^3)/147$
		J	$(15E^1 - 6225E^2 + 120E^3)/147$
		J'	$(151E^1 + 3935E^2 + 428E^3)/147$

$$J_a \equiv \langle \gamma\sigma, \gamma'\bar{\sigma}|g|\gamma'\bar{\sigma}, \gamma\sigma\rangle = -\langle \gamma\sigma, \gamma\bar{\sigma}|g|\gamma'\bar{\sigma}, \gamma'\sigma\rangle$$
$$J \equiv \langle \gamma\sigma, \gamma'\bar{\sigma}|g|\gamma'\sigma, \gamma\bar{\sigma}\rangle = J_p - J_a$$

これらを用いて，$U' \equiv U'' - J_a$，$J' \equiv J_p + J_a$ とおけば，t_{2g} 軌道などの場合と全く同じ表式になる．ただし，$J_a \neq 0$ のために $J \neq J'$.

各軌道に対する相互作用と Racah パラメータの関係を表 2.10 にまとめた．$U = U' + J + J'$ の関係があることが見て取れるが，これは後で述べる対称性と関係がある．他の結晶場準位との間にも相互作用は存在するので，複数の結晶場準位にまたがる系を扱うときは，元の Coulomb 相互作用の表式に立ち戻って議論した方が簡単な場合が多い．

2.8.2 制限された準位内の相互作用と対称性の関係

最後に，スピン空間および軌道空間の対称性が分かるように (2.69) を書き直しておこう．まず，e_g 軌道および Γ_8^- 軌道について考える．次の演算子を導入しよう．

$$\boldsymbol{T} \equiv \frac{1}{2} \sum_{\sigma} \sum_{\gamma\gamma'}^{u,v} a_{\gamma\sigma}^{\dagger} \boldsymbol{\tau}_{\gamma\gamma'} a_{\gamma'\sigma} \tag{2.70}$$

ここで $\boldsymbol{\tau}$ は軌道空間に作用する Pauli 行列である．T_z, T_x は電気四極子 Q_u, Q_v を，T_y は磁気八極子 M_{xyz} を表す演算子である．このような多極子演算子については 6 章で詳しく取り扱う．

$O_{\rm h}$ 群における空間座標に対する対称操作は τ_y や τ_z を用いて表現できる．例えば，$R_4 \equiv \tau_z e^{-2\pi\tau_y/3}$ によって，e_g 軌道 (ψ_u, ψ_v) は

$$R_4 \begin{pmatrix} \psi_u \\ \psi_v \end{pmatrix} = -\frac{1}{2} \begin{pmatrix} 1 & \sqrt{3} \\ \sqrt{3} & -1 \end{pmatrix} \begin{pmatrix} 3z^2 - r^2 \\ \sqrt{3}(x^2 - y^2) \end{pmatrix} = \begin{pmatrix} 3y^2 - r^2 \\ \sqrt{3}(x^2 - z^2) \end{pmatrix}$$

のように変換されるが，これは x 軸まわりの 90° の空間回転 (C_4), $(x,y,z) \to (x,z,-y)$ に対応する．同様に，[111] 軸まわりの 120° の空間回転 (C_3), $(x,y,z) \to (y,z,x)$ は，$R_3 \equiv \tau_z e^{2\pi\tau_y/3}$ によって表すことができる．このように，$O_{\rm h}$ 群の対称操作は軌道空間の y 軸まわりの回転操作のみを含むため，その操作に対して不変な $\alpha(T_z^2 + T_x^2) + \beta T_y^2$ の組み合わせが Coulomb 相互作用の表式に現れるはずである．また，スピン空間の $\boldsymbol{n}$ 軸まわりの角度 θ の回転操作は，よく知られた $R_S(\theta; \boldsymbol{n}) \equiv e^{i\theta(\boldsymbol{n}\cdot\boldsymbol{\sigma})/2}$ で表される．e_g 軌道では，軌道角運動量 $\boldsymbol{L}$ の行列要素はすべてゼロとなって不活性であり，スピン軌道相互作用は効かない．そのため，軌道やスピン単独の回転操作に対して系は不変である．一方，Γ_8^- 軌道の場合は，スピン軌道相互作用が存在するために，軌道とスピンの同時回転操作 $R_S R_n$ に対してのみ系は不変となることに注意しよう．

スピン演算子と粒子数演算子を

$$\boldsymbol{S} \equiv \frac{1}{2} \sum_{\gamma} \sum_{\sigma\sigma'} a_{\gamma\sigma}^{\dagger} \boldsymbol{\sigma}_{\sigma\sigma'} a_{\gamma\sigma'}, \quad N \equiv \sum_{\gamma\sigma} a_{\gamma\sigma}^{\dagger} a_{\gamma\sigma}$$

とすれば，これらと $\boldsymbol{T}$ の間には次の関係がある．

$$T_z^2 + T_x^2 = 2 - \frac{1}{2}(N-2)^2 - \boldsymbol{S}^2 - T_y^2 \tag{2.71}$$

Coulomb 相互作用を，$H_C(\Gamma) \equiv UH_U + U'H_{U'} + JH_J + J'H_{J'}$ のように分解するとき，それぞれの項は

$$H_{U'} = -H_U + \frac{1}{2}N(N-1) \tag{2.72}$$

$$H_J = -H_U - \frac{1}{4}N(N-1) + \frac{3}{4}N - \boldsymbol{S}^2 \tag{2.73}$$

$$H_{J'} = -H_U + \frac{3}{4}N(N-1) - \frac{7}{4}N + \boldsymbol{S}^2 + 2(T_z^2 + T_x^2) \tag{2.74}$$

のように表すことができるので，$U = U' + J + J'$ の関係を用いれば

$$H_C(e_g/\Gamma_8^-) = \frac{2U - 3J + J'}{4}N(N-1) + \frac{3J - 7J'}{4}N + (J' - J)\boldsymbol{S}^2 + 2J'(T_z^2 + T_x^2) \tag{2.75}$$

となる．$J = J'$ のときは $\boldsymbol{S}$ によらないように見えるが，(2.71) の関係があるため $\boldsymbol{S}$ および T_y に依存する．$R_n^{-1}H_C R_n = H_C$，$R_S^{-1}H_C R_S = H_C$ や $R_S^{-1}R_n^{-1}H_C R_n R_S = H_C$ が成り立つので，Coulomb 相互作用は O_h 群の対称操作に関して不変である [*31]．

スピン縮退も含めた e_g 軌道の状態空間における任意の自由度を記述するには，$(2 \times 2) \times (2 \times 2) = 16$ 個の独立な Hermite 演算子が必要である．これらの内訳は，N，S_i，T_i および $S_i T_j$ $(i, j = x, y, z)$ である．Γ_8^- 軌道の場合も同様に 16 個の独立な自由度が必要であるが，その内訳はスピン軌道相互作用の存在により少し複雑になる．このような自由度を一般に多極子自由度とよぶが，これについては 6 章で詳しく議論する．

次に，t_{2g} 軌道 $(\psi_{yz}, \psi_{zx}, \psi_{xy}) \equiv (\psi_x, \psi_y, \psi_z)$ の場合について考えよう．t_{2g} 軌道内で軌道角運動量 $\boldsymbol{l}$ の行列要素を求めると $\langle\psi_j|l_i|\psi_k\rangle = i\epsilon_{ijk}$ となるので，軌道角運動量の第 2 量子化表示は

$$L_i \equiv i\sum_{\sigma}\sum_{jk}^{x,y,z} \epsilon_{ijk} a_{j\sigma}^\dagger a_{k\sigma} \tag{2.76}$$

となり，空間回転の演算子は $R_L(\theta; \boldsymbol{n}) \equiv e^{i\theta(\boldsymbol{n}\cdot\boldsymbol{l})}$ のように表される．e_g 軌道とは異なり t_{2g} 軌道ではスピン軌道相互作用は活性である [*32]．e_g 軌道の

[*31] Coulomb 相互作用自身は O_h よりも高い対称性をもっている．

[*32] 一般に，実数の軌道 $|\psi\rangle$ に対して $\langle\psi|\boldsymbol{L}|\psi\rangle = 0$ が示される．これを**軌道角運動量の消失**と呼ぶが，これはあくまでも期待値に関することであって，軌道角運動量の自由度そのものが不活性であることを意味しないことに注意しよう．

ときと同様に，Coulomb 相互作用の各項は (2.72), (2.73) および

$$H_{J'} = -H_U - \frac{1}{4}N(N-1) + \frac{7}{4}N - \boldsymbol{S}^2 - \frac{1}{2}\boldsymbol{L}^2 \tag{2.77}$$

のように表される．$U = U' + J + J'$ および $J = J'$ の関係に注意すれば

$$H_{\mathrm{C}}(t_{2g}) = \frac{U-3J}{2}N(N-1) + \frac{5J}{2}N - 2J\boldsymbol{S}^2 - \frac{J}{2}\boldsymbol{L}^2 \tag{2.78}$$

となる．この表式から O_{h} 群の対称操作に対して Coulomb 相互作用が不変であることは明らかである．t_{2g} 軌道の状態空間内の自由度を表現するには，$3 \times 3 = 9$ 個の独立な Hermite 演算子が必要である．これらは，N，L_i に加えて $O_u(\boldsymbol{r})$, $O_v(\boldsymbol{r})$ と $O_{yz}(\boldsymbol{r})$, $O_{zx}(\boldsymbol{r})$, $O_{xy}(\boldsymbol{r})$ で表される 5 つの電気四極子である [*33]．

最後に，d 電子の t_{2g} 軌道と p 電子の t_{1u} 軌道との関係について述べておこう．p 電子の t_{1u} 軌道を (ϕ_x, ϕ_y, ϕ_z) とすると，軌道角運動量の行列要素は $\langle\phi_j|l_i|\phi_k\rangle = -i\epsilon_{ijk}$ である．よって，$\langle\psi_i|\boldsymbol{l}|\psi_j\rangle = -\langle\phi_i|\boldsymbol{l}|\phi_j\rangle$ が成り立ち，t_{2g} 軌道内での有効的な軌道角運動量の大きさは $l_{\mathrm{eff}} = 1$ であり，逆方向を向いている．(2.73) と (2.77) から得られる $\boldsymbol{L}^2 = 2(N + H_J - H_{J'})$ の関係を 1 電子状態 $|\psi_i\rangle$ に作用すると

$$\boldsymbol{L}^2 |\psi_i\rangle = 2(N + H_J - H_{J'})|\psi_i\rangle = 2N|\psi_i\rangle = 2|\psi_i\rangle$$

となり，確かに $l_{\mathrm{eff}} = 1$ である．以上より，d 電子の t_{2g} 軌道を扱う際は，大きさ $l = 1$ で逆向きの軌道角運動量をもっているものとしてよい．例えば，スピン軌道相互作用の効果は有効的に逆符号となる．

2.9 結晶場中の熱力学量

基底 J 多重項が結晶場中におかれた場合の熱力学量について求めておこう．外部磁場 $\boldsymbol{H}$ におかれた 1 つの磁性イオンのハミルトニアンは次のように与えられる．

$$H = H_{\mathrm{CEF}}(\boldsymbol{J}) - \boldsymbol{\mu}\cdot\boldsymbol{H}, \quad \boldsymbol{\mu} = -g_J\mu_{\mathrm{B}}\boldsymbol{J} \tag{2.79}$$

J_z の固有状態 $|M\rangle$ を基底に用いてハミルトニアンの行列要素 $\langle M|H|M'\rangle$

[*33] スピンも考慮すれば，S_i，L_iS_j，O_kS_j $(i,j = x,y,z;\ k = u,v,yz,zx,xy)$ も加わる．

を求め，これを (M, M') 要素とする行列を対角化すれば，対角化のユニタリー行列 U を用いて，固有値 E_n と固有状態 $|n\rangle = \sum_M U_{Mn} |M\rangle$ が求まる．このとき，1 イオンの Helmholtz の自由エネルギーは

$$f = -\beta^{-1} \ln z, \quad z = \mathrm{Tr}\left(e^{-\beta H}\right) = \sum_n e^{-\beta E_n} \tag{2.80}$$

である．低温では，低エネルギーの結晶場準位が比熱に寄与する．また，演算子 A の熱平均値 $\langle A \rangle$ は

$$\langle A \rangle = \frac{\mathrm{Tr}\left(e^{-\beta H} A\right)}{z} = \frac{1}{z} \sum_n e^{-\beta E_n} \langle n|A|n \rangle \tag{2.81}$$

である．ここで，固有状態 $|n\rangle$ に関する行列要素は，J_z の固有状態の基底 $|M\rangle$ の行列要素と次の関係にある．

$$\langle n|A|m \rangle = \sum_{MM'} U^*_{Mn} \langle M|A|M' \rangle U_{M'm} \tag{2.82}$$

1 イオンの磁化率は，(1.120) の等温感受率の表式において $A = \mu_i - \langle \mu_i \rangle$，$B = \mu_j - \langle \mu_j \rangle$ として

$$\frac{\chi^T_{ij}}{(g_J \mu_{\mathrm{B}})^2} = \beta \left\{ \sum_{mn}^{E_m = E_n} \frac{e^{-\beta E_m}}{z} \langle m|J_i|n \rangle \langle n|J_j|m \rangle - \langle J_i \rangle \langle J_j \rangle \right\}$$
$$+ \frac{1}{z} \sum_{mn}^{E_m \neq E_n} \frac{e^{-\beta E_n} - e^{-\beta E_m}}{E_m - E_n} \langle m|J_i|n \rangle \langle n|J_j|m \rangle \tag{2.83}$$

第 1 項は，縮退した準位内からの寄与で Curie 項と呼ばれ，温度の逆数 T^{-1} に比例する．一方，第 2 項は，準位間をまたぐ応答からの寄与で van Vleck 項と呼ばれる．励起準位とのエネルギー差を Δ とするとき，温度 T が Δ/k_{B} 以下になると，Δ^{-1} 程度の温度によらない定数となる．

簡単な例として，$J = 1$ $(L = 0, S = 1)$，$H_{\mathrm{CEF}} = \Delta J_z^2$ の場合を考えてみよう．まず $\boldsymbol{H} = 0$ の場合を考える．固有状態は $|0\rangle$, $|\pm 1\rangle$，固有エネルギーはそれぞれ $E_0 = 0$，$E_{\pm 1} = \Delta$ である．1 イオンあたりの自由エネルギー f，エントロピー s と比熱 c は

$$z = 1 + 2e^{-\beta \Delta}, \quad f = -\beta^{-1} \ln z \tag{2.84}$$

$$s = -\frac{\partial f}{\partial T} = k_{\mathrm{B}} \beta^2 \frac{\partial f}{\partial \beta} = k_{\mathrm{B}} \left(\ln z + 2\beta\Delta \frac{e^{-\beta\Delta}}{z} \right) \tag{2.85}$$

$$c = T\frac{\partial s}{\partial T} = -\beta\frac{\partial s}{\partial \beta} = 2k_{\mathrm{B}}\frac{(\beta\Delta)^2 e^{-\beta\Delta}}{z^2} \tag{2.86}$$

エントロピーは Δ/k_{B} あたりから急速に減少し，比熱は Δ/k_{B} の 1/3 あたりの温度で **Schottky 型**のピークを示す (図 2.9(a)).

等温感受率 χ^T_{zz} (縦成分) および χ^T_{xx} (横成分) を求めよう．熱平均値は $\langle J_z\rangle = \langle J_x\rangle = 0$ である．行列要素はそれぞれ $\langle n|J_z|m\rangle = m\delta_{n,m}$, $\langle n|J_x|m\rangle = (\sqrt{(1-m)(2+m)}\delta_{n,m+1} + \sqrt{(1+m)(2-m)}\delta_{n,m-1})/2$ であり，Curie 項は縦成分にのみ，van Vleck 項は横成分にのみ寄与する．

$$\frac{\chi^T_{zz}}{(g_J\mu_{\mathrm{B}})^2} = \frac{2\beta}{z}e^{-\beta\Delta} = \frac{2\beta}{e^{\beta\Delta}+2} \tag{2.87}$$

$$\frac{\chi^T_{xx}}{(g_J\mu_{\mathrm{B}})^2} = \frac{2}{z\Delta}(1-e^{-\beta\Delta}) = \frac{2}{\Delta}\frac{1-e^{-\beta\Delta}}{1+2e^{-\beta\Delta}} \tag{2.88}$$

$k_{\mathrm{B}}T/\Delta \gg 1$ の高温では準位分裂は無視できて異方性はなくなり，$\chi^T_{zz} \simeq \chi^T_{xx} \simeq (g_J\mu_{\mathrm{B}})^2 2/3k_{\mathrm{B}}T$ の Curie 帯磁率が得られる．一方，$k_{\mathrm{B}}T/\Delta \ll 1$ の低温では，$\chi^T_{xx} \simeq (g_J\mu_{\mathrm{B}})^2 2/\Delta$ となり，温度に依存しない van Vleck 帯磁率が得られる．縦成分 χ^T_{zz} は，基底状態が非磁性の 1 重項のため $\chi^T_{zz} \to 0$ となる (図 2.9(b)).

最後に磁化過程を求めてみよう．$\boldsymbol{H} \parallel z$ の場合は，H の固有値は $E_0 = 0$, $E_{\pm1} = \Delta \pm g_J\mu_{\mathrm{B}}H_z \equiv \Delta \pm h$，固有状態は $|0\rangle$, $|\pm1\rangle$ であるから，1 イオンあたりの自由エネルギーは

$$z = 1 + 2e^{-\beta\Delta}\cosh(\beta h), \quad f = -\beta^{-1}\ln z \tag{2.89}$$

これより 1 イオンあたりの磁化は

$$\frac{m_z(H_z)}{g_J\mu_{\mathrm{B}}} = -\frac{\partial f}{\partial h} = \frac{2\sinh(\beta h)}{e^{\beta\Delta}+2\cosh(\beta h)} \tag{2.90}$$

この表式は，$\beta h \ll 1$ の低磁場または高温で，$m_z = 2g_J\mu_{\mathrm{B}}\beta h/(e^{\beta\Delta}+2) = \chi^T_{zz}H_z$ に帰着する．

一方，$\boldsymbol{H} \parallel x$ の場合は，$h \equiv g_J\mu_{\mathrm{B}}H_x$ として $|M\rangle$ 基底でのハミルトニアン行列は

$$H = \begin{pmatrix} 0 & h/\sqrt{2} & h/\sqrt{2} \\ h/\sqrt{2} & \Delta & 0 \\ h/\sqrt{2} & 0 & \Delta \end{pmatrix} \quad \begin{matrix} |0\rangle \\ |+1\rangle \\ |-1\rangle \end{matrix} \tag{2.91}$$

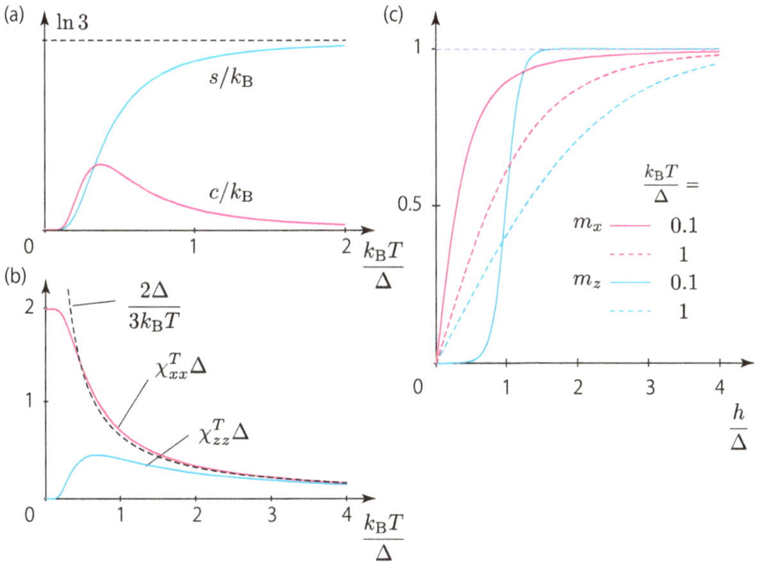

図 2.9 3 準位系の熱力学的諸性質 ($g_J\mu_B \equiv 1$). (a) エントロピーと比熱. (b) 横磁化率 (xx) および縦磁化率 (zz). (c) 磁化過程.

この行列を対角化すると，$\alpha \equiv 2h/\Delta$ として，固有値は $E_1 = \Delta$, $E_2 = \Delta(1-\sqrt{1+\alpha^2})/2$, $E_3 = \Delta(1+\sqrt{1+\alpha^2})/2$ であり，ハミルトニアンを対角化するユニタリー行列は

$$U = \frac{1}{\sqrt{2}}\begin{pmatrix} 0 & \sqrt{2}\cos\theta & \sqrt{2}\sin\theta \\ 1 & -\sin\theta & \cos\theta \\ -1 & -\sin\theta & \cos\theta \end{pmatrix}, \quad \theta = \frac{1}{2}\tan^{-1}\alpha \tag{2.92}$$

である．固有状態 $|n\rangle$ を基底に取ると，J_y, J_z の対角要素はすべてゼロ，J_x の対角要素は $(0, -2h/\Delta\sqrt{1+\alpha^2}, 2h/\Delta\sqrt{1+\alpha^2})$ となるので，磁化は

$$\begin{aligned}\frac{m_x(H_x)}{g_J\mu_B} &= \frac{1}{z}\sum_n e^{-\beta E_n}\langle n|(-J_x)|n\rangle \\ &= \frac{2b}{z\Delta\sqrt{1+\alpha^2}}(e^{-\beta E_2} - e^{-\beta E_3}) \\ &= \frac{4h}{\Delta\sqrt{1+\alpha^2}}\frac{\sinh(\beta\Delta\sqrt{1+\alpha^2}/2)}{e^{-\beta\Delta/2} + 2\cosh(\beta\Delta\sqrt{1+\alpha^2}/2)}\end{aligned} \tag{2.93}$$

となる．$\beta h \ll 1$ の低磁場または高温で，$m_z = 2g_J\mu_B h(1-e^{-\beta\Delta})/\Delta(1+$

$2e^{-\beta\Delta}) = \chi_{xx}^{T} H_x$ に帰着する．磁化過程の振る舞いを図 2.9(c) に示す．低磁場の傾きは，図 2.9(b) に対応している．

第3章 遍歴電子系

本章では，結晶中を動き回る遍歴電子の性質について，おもに相互作用のない場合について議論する．

3.1 結晶の周期性と Bloch 状態

3.1.1 実格子と逆格子

1 つのイオンの作る引力ポテンシャルを $v_a(\boldsymbol{r})$ とすると，N_0 個の格子点 $\boldsymbol{j}$ に原子が規則的に並んだ系のポテンシャルは

$$V(\boldsymbol{r}) = \sum_{\boldsymbol{j}} v_a(\boldsymbol{r} - \boldsymbol{j}) \tag{3.1}$$

と表される [*1]．任意の格子点 $\boldsymbol{j}$ は，**基本並進ベクトル** $\boldsymbol{a}_1$, $\boldsymbol{a}_2$, $\boldsymbol{a}_3$ と 3 つの整数 $\boldsymbol{n} \equiv (n_1, n_2, n_3)$ を用いて

$$\boldsymbol{j} = n_1\boldsymbol{a}_1 + n_2\boldsymbol{a}_2 + n_3\boldsymbol{a}_3 \tag{3.2}$$

と表すことができる．基本並進ベクトルの選び方には任意性があることに注意しよう．周期境界条件を課した上で，$V(\boldsymbol{r} + \boldsymbol{a}_i) = V(\boldsymbol{r})$，したがって，$V(\boldsymbol{r} + \boldsymbol{j}) = V(\boldsymbol{r})$ が成り立つことは容易に確かめられる．同様に，一般の座標を $\boldsymbol{r} = \eta_1\boldsymbol{a}_1 + \eta_2\boldsymbol{a}_2 + \eta_3\boldsymbol{a}_3$ のように実数の組 $\boldsymbol{\eta} \equiv (\eta_1, \eta_2, \eta_3)$ を用いて表すこともできる．$\boldsymbol{\eta}$ を**還元座標**という．

$V(\boldsymbol{r})$ は基本並進ベクトル $\boldsymbol{a}_i$ の周期関数だから，次のような Fourier 級数として表すことができる (A.1 節)．

[*1] 簡単のため単位格子に原子が 1 つある場合を考える．一般には，格子点 $\boldsymbol{j}$ は単位格子の位置を表す点であり原子位置 (サイト) とは異なってもよく，格子点の数 N_0 と原子の総数はもちろん異なる場合がある．

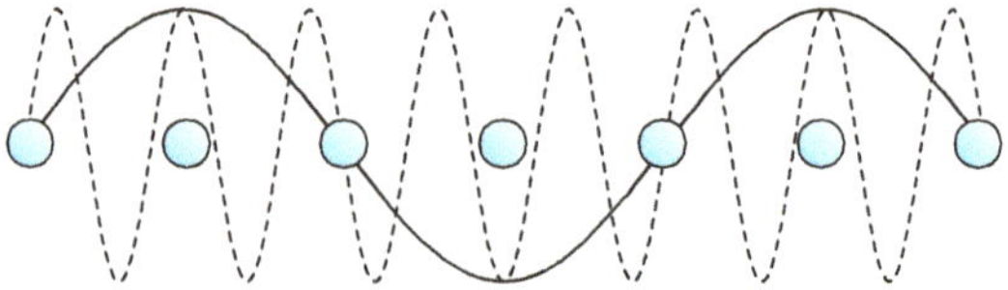

図 3.1　波数 $\boldsymbol{k}$ (実線) と $\boldsymbol{k}+\boldsymbol{G}$ (点線) の平面波 (実部) の比較．格子点上では同じ値を取る．虚部も同様．

$$V(\boldsymbol{r}) = \sum_{\boldsymbol{G}} V(\boldsymbol{G}) e^{i\boldsymbol{G}\cdot\boldsymbol{r}} \tag{3.3}$$

ここで，$\boldsymbol{G}$ は**逆格子ベクトル**と呼ばれ，**逆格子基本ベクトル** $\boldsymbol{b}_1, \boldsymbol{b}_2, \boldsymbol{b}_3$ と 3 つの整数 $\boldsymbol{g} \equiv (g_1, g_2, g_3)$ を用いて

$$\boldsymbol{G} = g_1\boldsymbol{b}_1 + g_2\boldsymbol{b}_2 + g_3\boldsymbol{b}_3 \tag{3.4}$$

と表される．$\boldsymbol{G}$ の各点も逆空間 (**波数空間**, $\boldsymbol{k}$ 空間) において格子状に規則正しく並んでいる．逆格子基本ベクトルは，基本並進ベクトルを用いて次のように定義される *2.

$$\boldsymbol{b}_1 = \frac{2\pi}{\Omega_0}(\boldsymbol{a}_2 \times \boldsymbol{a}_3), \quad \boldsymbol{b}_2 = \frac{2\pi}{\Omega_0}(\boldsymbol{a}_3 \times \boldsymbol{a}_1), \quad \boldsymbol{b}_3 = \frac{2\pi}{\Omega_0}(\boldsymbol{a}_1 \times \boldsymbol{a}_2) \tag{3.5}$$

ここで，$\Omega_0 \equiv (\boldsymbol{a}_1 \times \boldsymbol{a}_2)\cdot\boldsymbol{a}_3$ は 3 つのベクトルから作られる斜方体 (単位格子) の体積である．逆格子基本ベクトルで作られる斜方体の体積 $(\boldsymbol{b}_1 \times \boldsymbol{b}_2)\cdot\boldsymbol{b}_3$ は，$(2\pi)^3/\Omega_0$ に等しい．内積が $\boldsymbol{a}_i \cdot \boldsymbol{b}_j = 2\pi\,\delta_{i,j}$ を満たすことに注意すれば，$\exp(i\boldsymbol{G}\cdot\boldsymbol{j}) = 1$ であり，$V(\boldsymbol{r}+\boldsymbol{j}) = V(\boldsymbol{r})$ を満たす周期関数であることが (3.3) を用いて容易に確かめられる．$\boldsymbol{G}$ は長さの逆数の次元，すなわち波数の次元をもっていて，波数空間における格子点を表している．波数空間の格子を**逆格子**と呼ぶ．

波数 $\boldsymbol{k}$ の平面波 $e^{i\boldsymbol{k}\cdot\boldsymbol{r}}$ と波数 $\boldsymbol{k}+\boldsymbol{G}$ の平面波 $e^{i(\boldsymbol{k}+\boldsymbol{G})\cdot\boldsymbol{r}}$ を比べてみよう．図 3.1 に示すように，格子点 $\boldsymbol{j}$ で見ると $e^{i(\boldsymbol{k}+\boldsymbol{G})\cdot\boldsymbol{j}} = e^{i\boldsymbol{k}\cdot\boldsymbol{j}}e^{i\boldsymbol{G}\cdot\boldsymbol{j}} = e^{i\boldsymbol{k}\cdot\boldsymbol{j}}$ より，波数 $\boldsymbol{k}$ と高調波の波数 $\boldsymbol{k}+\boldsymbol{G}$ の平面波は区別できない *3．したがって，$\boldsymbol{k}$ と区別できない高調波とを表す代表的な波数ベクトルとして，単位逆格子内の波数ベクトルだけを考えればよい．すなわち

---

*2 2 次元系を考える場合は $\boldsymbol{a}_3 = \boldsymbol{e}_z$，1 次元系の場合はさらに $\boldsymbol{a}_2 = \boldsymbol{e}_y$ とすればよい．

*3 もちろん単位格子内の点では区別できる．このような単位格子内の空間変化やさらにミクロな原子内の情報は，大きな波数領域 (格子間隔より短い波長) における振幅の波数依存性を表す構造因子 $f(\boldsymbol{k})$ によって議論される．

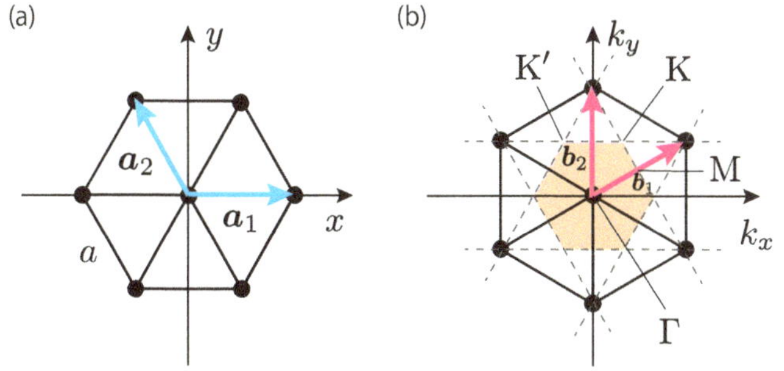

図 3.2　三角格子の (a) 実格子と (b) 逆格子．橙色は Brillouin 域を表す．$\boldsymbol{a}_1$, $\boldsymbol{a}_2$ と $\boldsymbol{b}_2$, $\boldsymbol{b}_1$ は直交するため，実格子と逆格子は 90° 回転した関係にある．

$$\boldsymbol{k} = \kappa_1\boldsymbol{b}_1 + \kappa_2\boldsymbol{b}_2 + \kappa_3\boldsymbol{b}_3, \quad (-1/2 < \kappa_i \leqq +1/2) \tag{3.6}$$

このように制限した逆格子空間の領域を (第 1) **Brillouin 域**という [*4]．還元座標を用いれば $\boldsymbol{k}\cdot\boldsymbol{r} = 2\pi\,\boldsymbol{\kappa}\cdot\boldsymbol{\eta}$ となり，基本並進ベクトルや逆格子基本ベクトルが露わに現れないため便利である．

(3.6) に対応する Brillouin 域の作図の仕方は以下のようになる．

(1) 逆格子空間の原点からまわりの逆格子点へのベクトルを引く．

(2) これらのベクトルの中点を通り，ベクトルに垂直な平面 (垂直二等分面) を描く．

(3) 垂直二等分面で囲まれる最小の立体が，求める Brillouin 域である．

例として，格子定数 a の 2 次元三角格子を考えよう．基本並進ベクトルを $\boldsymbol{a}_1 = (1,0,0)a$，$\boldsymbol{a}_2 = (-1/2,\sqrt{3}/2,0)a$，$\boldsymbol{a}_3 = (0,0,1)c$ とする．単位格子の体積は $\Omega_0 = \sqrt{3}a^2c/2$ である．$\boldsymbol{a}_i\cdot\boldsymbol{b}_j = 2\pi\delta_{i,j}$ の関係から，逆格子基本ベクトルは $\boldsymbol{b}_1 = (2\pi/a)(1,1/\sqrt{3},0)$, $\boldsymbol{b}_2 = (2\pi/a)(0,2/\sqrt{3},0)$, $\boldsymbol{b}_3 = (2\pi/c)(0,0,1)$ であり，Brillouin 域は，図 3.2 の橙色の領域を底面とする六角柱となる．対称性の高い点は，還元座標で Γ 点 $(0,0,0)$，M 点 $(1/2,0,0)$, K 点 $(1/3,1/3,0)$, K′ 点 $(-1/3,2/3,0)$ 等である．三角格子はその幾何学的構造のためにフラストレーションが発生する可能性があり，特異な電子状態が生み出される舞台として興味がもたれている．

[*4] Brillouin 域 (BZ) は，対称性が分かりやすいように原点を中心に取ることが多いが，数値計算で BZ にわたる和を取る時など $0 \leqq \kappa_i < 1$ と選ぶ方が便利な場合もある．

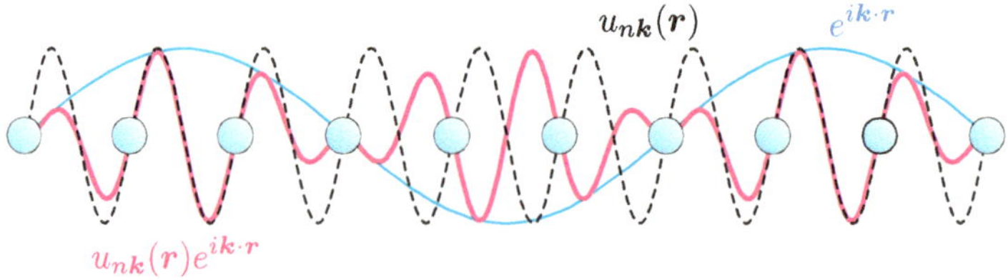

図 3.3　Bloch 関数 (赤) の概略図．結晶の周期関数 (点線)，平面波 (青).

3.1.2 Blochの定理

ここで，周期ポテンシャル中を伝搬する波が満たすBlochの定理について述べておこう．周期ポテンシャル (3.3) の存在により，結晶中を伝搬する波数 $\boldsymbol{k}$ の波は，波数が $\boldsymbol{G}$ だけ異なる状態への散乱を繰り返し，$\boldsymbol{k}$ と $\boldsymbol{G}$ だけ異なる高調波の重ね合わせになる．この事実は，第 1 Brillouin 域内の波数ベクトル $\boldsymbol{k}$ とそれ以外の量子数を表すラベル n (**バンド指標**) を用いて

$$\begin{aligned}\psi_{n\boldsymbol{k}}(\boldsymbol{r}) &= u_{n\boldsymbol{k}}(\boldsymbol{G}_0)e^{i\boldsymbol{k}\cdot\boldsymbol{r}} + u_{n\boldsymbol{k}}(\boldsymbol{G}_1)e^{i(\boldsymbol{k}+\boldsymbol{G}_1)\cdot\boldsymbol{r}} + \cdots \\ &= \sum_{\boldsymbol{G}} u_{n\boldsymbol{k}}(\boldsymbol{G})e^{i\boldsymbol{G}\cdot\boldsymbol{r}}e^{i\boldsymbol{k}\cdot\boldsymbol{r}} \equiv u_{n\boldsymbol{k}}(\boldsymbol{r})e^{i\boldsymbol{k}\cdot\boldsymbol{r}} \end{aligned} \tag{3.7}$$

のように表現される．ここで

$$u_{n\boldsymbol{k}}(\boldsymbol{r}) = \sum_{\boldsymbol{G}} u_{n\boldsymbol{k}}(\boldsymbol{G})e^{i\boldsymbol{G}\cdot\boldsymbol{r}} \tag{3.8}$$

は (3.3) と同様の周期性をもち，**格子周期波動関数**と呼ばれる．すなわち，結晶中の波数 $\boldsymbol{k}$ で特徴づけられる波は，必ず (3.7) のように結晶格子と同じ周期性をもつ周期関数 $u_{n\boldsymbol{k}}(\boldsymbol{r})$ と平面波 $e^{\boldsymbol{k}\cdot\boldsymbol{r}}$ の積で表すことができる．この事実を **Blochの定理**といい，(3.7) を **Bloch 関数**とよぶ．この様子を図 3.3 に示す．Bloch 関数で表される電子状態は運動量 $\hbar\boldsymbol{k}$ をもつが，$\boldsymbol{k}$ は $\boldsymbol{G}$ の任意性があるため，$\hbar\boldsymbol{G}$ のずれを許す範囲で運動量保存則が成り立つ．このような運動量 $\hbar\boldsymbol{k}$ を**結晶運動量**という (A.1 節).

Bloch の定理は次のようにも表現される.

$$\psi_{n\boldsymbol{k}}(\boldsymbol{r}+\boldsymbol{j}) = u_{n\boldsymbol{k}}(\boldsymbol{r})e^{i\boldsymbol{k}\cdot\boldsymbol{r}}e^{i\boldsymbol{k}\cdot\boldsymbol{j}} = \psi_{n\boldsymbol{k}}(\boldsymbol{r})e^{i\boldsymbol{k}\cdot\boldsymbol{j}} \tag{3.9}$$

すなわち，$\boldsymbol{j}$ だけ並進移動すると位相因子 $e^{i\boldsymbol{k}\cdot\boldsymbol{j}}$ がかかる.

各 $\boldsymbol{k}$ 点における Bloch 関数の位相は任意に選ぶことができる．波動関数の位相は一種のゲージ場と見なせるので，この任意性をゲージ自由度と呼ぶ.

Brillouin 域の両端の Bloch 関数は同じ電子状態を表しているので，$\psi_{n\boldsymbol{k}}(\boldsymbol{r})$ と $\psi_{n\boldsymbol{k}+\boldsymbol{b}_i}(\boldsymbol{r})$ は位相因子を除いて同じ関数である．本書では

$$\psi_{n\boldsymbol{k}}(\boldsymbol{r}) = \psi_{n\boldsymbol{k}+\boldsymbol{b}_i}(\boldsymbol{r}) \tag{3.10}$$

のようにこの位相を 1 に選ぶ．この条件を**周期ゲージ条件**という．このゲージ条件では $u_{n\boldsymbol{k}}(\boldsymbol{r}) = u_{n\boldsymbol{k}+\boldsymbol{b}_i}(\boldsymbol{r})e^{i\boldsymbol{b}_i\cdot\boldsymbol{r}}$ であることに注意しよう．以上より，波動関数の絶対値 $|\psi_{n\boldsymbol{k}}(\boldsymbol{r})|$ は実空間および逆格子空間の両方において $\boldsymbol{a}_i$ および $\boldsymbol{b}_i$ の周期関数である．

$\boldsymbol{a}_1, \boldsymbol{a}_2, \boldsymbol{a}_3$ の各方向に対して，N_i $(i = 1, 2, 3)$ を整数として $\psi(\boldsymbol{r}+N_i\boldsymbol{a}_i) = \psi(\boldsymbol{r})$ の周期境界条件を課すと，κ_i は離散的な値

$$\kappa_i = \frac{s_i}{N_i}, \quad (s_i = 0, 1, \cdots, N_i - 1) \tag{3.11}$$

のみが許され，第 1 Brillouin 域内の離散点の総数は結晶中の格子点の数 $N_0 = N_1N_2N_3$ に等しい．結晶の体積は $V = N_0\Omega_0$ である．

Bloch 関数は 1 粒子のハミルトニアンの固有状態である．すなわち

$$h(\boldsymbol{r})\psi_{n\boldsymbol{k}}(\boldsymbol{r}) = \epsilon_{n\boldsymbol{k}}\psi_{n\boldsymbol{k}}(\boldsymbol{r}), \quad h(\boldsymbol{r}) = -\frac{\hbar^2}{2m}\boldsymbol{\nabla}^2 + V(\boldsymbol{r}) \tag{3.12}$$

$\epsilon_{n\boldsymbol{k}}$ を**エネルギーバンド (分散関係)** という．$\psi_{n\boldsymbol{k}}(\boldsymbol{r})$ 状態の生成演算子を $a^\dagger_{\boldsymbol{k}n}$ とすれば，第 2 量子化表示は

$$H = \sum_{n\boldsymbol{k}} \epsilon_{n\boldsymbol{k}} a^\dagger_{\boldsymbol{k}n} a_{\boldsymbol{k}n} \tag{3.13}$$

実際の結晶構造に対する電子状態 $\psi_{n\boldsymbol{k}}(\boldsymbol{r})$ および $\epsilon_{n\boldsymbol{k}}$ は**密度汎関数理論** (Density Functional Theory: DFT) を用いて求められる．この理論では，電子密度 $n(\boldsymbol{r}) = \sum_{n\boldsymbol{k}} |\psi_{n\boldsymbol{k}}(\boldsymbol{r})|^2 f_{n\boldsymbol{k}}$ ($f_{n\boldsymbol{k}} = f(\epsilon_{n\boldsymbol{k}})$ は (絶対零度の)Fermi 分布関数) の汎関数として電子間の Coulomb 斥力の寄与も含めた有効的な 1 体ポテンシャル $V(\boldsymbol{r}; [n(\boldsymbol{r})])$ を決定し，$n(\boldsymbol{r})$ を自己無撞着に決定する．直接積分は $n(\boldsymbol{r})$ の汎関数として表せるが，交換積分は非局所的であり $n(\boldsymbol{r})$ の汎関数として表せない．そのため，交換積分を $n(\boldsymbol{r})$ の汎関数として近似的に評価する**局所密度近似** (Local Density Approximation: LDA) が用いられる．

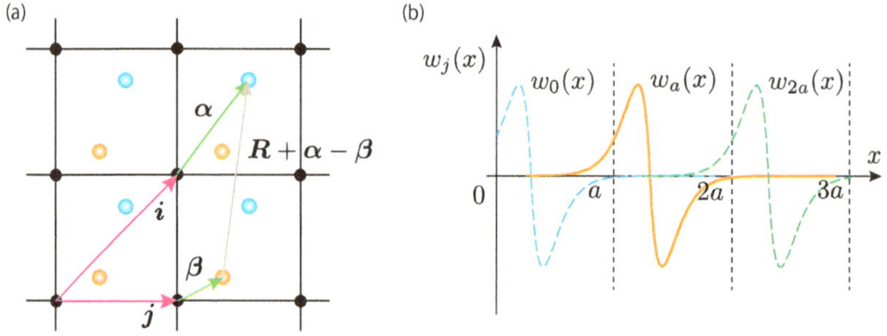

図 3.4　(a) 格子点と単位格子内原子位置の関係 ($\boldsymbol{R}=\boldsymbol{i}-\boldsymbol{j}$). (b) Wannier 軌道の模式図.

3.1.3 Wannier 軌道

Bloch 関数 $\psi_{n\boldsymbol{k}}(\boldsymbol{r})$ の Fourier 変換から得られる原子位置 $\boldsymbol{j}+\boldsymbol{\alpha}$ ($\boldsymbol{j}$ は格子点, $\boldsymbol{\alpha}$ は格子点からの原子位置) 付近に局在した軌道 α を **Wannier 軌道**という [*5](図 3.4). Wannier 軌道は次のように定義される [*6].

$$w_{\alpha\boldsymbol{j}}(\boldsymbol{r}) \equiv \frac{1}{\sqrt{N_0}}\sum_{n\boldsymbol{k}} U_{\alpha n}^{(\boldsymbol{k})*}\psi_{n\boldsymbol{k}}(\boldsymbol{r})\, e^{-i\boldsymbol{k}\cdot(\boldsymbol{j}+\boldsymbol{\alpha})} \tag{3.14}$$

逆変換は

$$\psi_{n\boldsymbol{k}}(\boldsymbol{r}) = \frac{1}{\sqrt{N_0}}\sum_{\alpha\boldsymbol{j}} U_{\alpha n}^{(\boldsymbol{k})} e^{i\boldsymbol{k}\cdot(\boldsymbol{j}+\boldsymbol{\alpha})} w_{\alpha\boldsymbol{j}}(\boldsymbol{r}) \tag{3.15}$$

ここで, $|n\rangle$ 基底と $|\alpha\rangle$ 基底を変換するユニタリー行列 $U^{(\boldsymbol{k})}$ は次の完全正規直交性を満たす.

$$\sum_n U_{\alpha n}^{(\boldsymbol{k})} U_{\beta n}^{(\boldsymbol{k})*} = \delta_{\alpha,\beta} \quad \sum_\alpha U_{\alpha n}^{(\boldsymbol{k})*} U_{\alpha m}^{(\boldsymbol{k})} = \delta_{n,m} \tag{3.16}$$

$U^{(\boldsymbol{k})}$ は一意に定まらないが, 空間的に最も局在した Wannier 関数が実用上は便利であるので, そのような軌道が得られるように $U^{(\boldsymbol{k})}$ を選ぶ**最局在 Wannier 関数法**が知られている [*7]. 具体的には, Wannier 関数に関する位

[*5] ラベル α は単位格子内の原子の種類と原子軌道をまとめて表すものとする. $\boldsymbol{\alpha}$ ベクトルは軌道 α の原子位置を表す. 例えば, 同じ原子位置にある異なる軌道の場合, $\alpha \neq \beta$, $\boldsymbol{\alpha}=\boldsymbol{\beta}$ である. Wannier 軌道は局在性があまりよくない場合もある. Wannier 軌道 $w_{\alpha 0}(\boldsymbol{r})$ の粗い近似が次節のタイトバインディング近似で用いる原子軌道 $\phi_\alpha(\boldsymbol{r})$ である.

[*6] 単位格子内の座標に関する位相因子 $e^{-i\boldsymbol{k}\cdot\boldsymbol{\alpha}}$ を付けない定義もよく用いられる. 位相の取り方はゲージ自由度であり任意に選べるが, 位相を付ける流儀は単位格子の取り方によらず対称操作との相性がよい. 一方, 位相を付けない流儀は表式が簡潔になるという利点がある. 2 つの流儀で見かけ上の式は異なるが, 観測量はゲージ不変である. 本書では, 位相を付ける流儀を一貫して用いる.

[*7] N. Marzari, A.A. Mostofi, J.R. Yates, I. Souza, and D. Vanderbilt, Rev. Mod. Phys. **84**, 1419 (2012); N. Marzari, I. Souza, and D. Vanderbilt, Highlight of the Month, Psi-K Newsletter **57**, 129 (2003).

置座標の分散

$$\Omega \equiv \sum_{\alpha} \left(\langle \boldsymbol{r}^2 \rangle_\alpha - \langle \boldsymbol{r} \rangle_\alpha^2 \right), \quad \langle \cdots \rangle_\alpha \equiv \int_V d\boldsymbol{r}\, |w_{\alpha 0}(\boldsymbol{r})|^2 (\cdots) \tag{3.17}$$

を評価関数とし，これが最小になるように $U^{(\boldsymbol{k})}$ を決定する．

Wannier 関数は以下の性質をもつ．

$$w_{\alpha \boldsymbol{j}}(\boldsymbol{r}) = w_{\alpha \boldsymbol{0}}(\boldsymbol{r} - \boldsymbol{j}) \tag{3.18}$$

$$\langle w_{\alpha \boldsymbol{i}} | w_{\beta \boldsymbol{j}} \rangle = \int_V d\boldsymbol{r}\, w^*_{\alpha \boldsymbol{i}}(\boldsymbol{r}) w_{\beta \boldsymbol{j}}(\boldsymbol{r}) = \delta_{\alpha,\beta} \delta_{\boldsymbol{i},\boldsymbol{j}} \tag{3.19}$$

$$\begin{aligned} \langle w_{\alpha \boldsymbol{i}} | h | w_{\beta \boldsymbol{j}} \rangle &= \int_V d\boldsymbol{r}\, w^*_{\alpha \boldsymbol{i}}(\boldsymbol{r}) h(\boldsymbol{r}) w_{\beta \boldsymbol{j}}(\boldsymbol{r}) \\ &= \frac{1}{N_0} \sum_{n\boldsymbol{k}} e^{i\boldsymbol{k}\cdot(\boldsymbol{i}-\boldsymbol{j}+\boldsymbol{\alpha}-\boldsymbol{\beta})} \epsilon_{n\boldsymbol{k}} U^{(\boldsymbol{k})}_{\alpha n} U^{(\boldsymbol{k})*}_{\beta n} \equiv t^{\alpha\beta}_{\boldsymbol{i}\boldsymbol{j}} \end{aligned} \tag{3.20}$$

第 1 式は Bloch の定理 $\psi_{n\boldsymbol{k}}(\boldsymbol{r}) e^{-i\boldsymbol{k}\cdot\boldsymbol{j}} = \psi_{n\boldsymbol{k}}(\boldsymbol{r} - \boldsymbol{j})$ より，第 2，第 3 式は $U^{(\boldsymbol{k})}$ および $\psi_{n\boldsymbol{k}}(\boldsymbol{r})$ の直交性より得られる．第 1 式より，$w_{\alpha \boldsymbol{j}}(\boldsymbol{r})$ は $w_{\alpha \boldsymbol{0}}(\boldsymbol{r})$ を $\boldsymbol{j}$ だけ平行移動した関数であることが分かる．第 3 式を**遷移積分 (ホッピング)** という．$h(\boldsymbol{r} + \boldsymbol{j}) = h(\boldsymbol{r})$ の並進対称性と第 1 式を用いると

$$\begin{aligned} t^{\alpha\beta}_{\boldsymbol{i}\boldsymbol{j}} &= \int_V d\boldsymbol{r}\, w^*_{\alpha \boldsymbol{i}}(\boldsymbol{r}) h(\boldsymbol{r}) w_{\beta \boldsymbol{0}}(\boldsymbol{r} - \boldsymbol{j}) = \int_V d\boldsymbol{r}\, w^*_{\alpha \boldsymbol{i}}(\boldsymbol{r} + \boldsymbol{j}) h(\boldsymbol{r}) w_{\beta \boldsymbol{0}}(\boldsymbol{r}) \\ &= \int_V d\boldsymbol{r}\, w^*_{\alpha \boldsymbol{i}-\boldsymbol{j}}(\boldsymbol{r}) h(\boldsymbol{r}) w_{\beta \boldsymbol{0}}(\boldsymbol{r}) = t^{\alpha\beta}_{\boldsymbol{R}0} \equiv t^{\alpha\beta}_{\boldsymbol{R}}, \quad \boldsymbol{R} \equiv \boldsymbol{i} - \boldsymbol{j} \end{aligned} \tag{3.21}$$

すなわち，ホッピングは $\boldsymbol{i}$ と $\boldsymbol{j}$ の差 $\boldsymbol{R}$ だけに依存する．このことは (3.20) の 2 行目の表式にも現れている．$t^{\alpha\beta}_{\boldsymbol{i}\boldsymbol{j}}$ を逆変換すると

$$\epsilon_{n\boldsymbol{k}} = \sum_{\alpha\beta} U^{(\boldsymbol{k})*}_{\alpha n} h^{\alpha\beta}_{\boldsymbol{k}} U^{(\boldsymbol{k})}_{\beta n}, \quad h^{\alpha\beta}_{\boldsymbol{k}} \equiv \sum_{\boldsymbol{R}} e^{-i\boldsymbol{k}\cdot(\boldsymbol{R}+\boldsymbol{\alpha}-\boldsymbol{\beta})}\, t^{\alpha\beta}_{\boldsymbol{R}} \tag{3.22}$$

$w_{\alpha \boldsymbol{j}}(\boldsymbol{r})$ 状態の生成演算子を $a^\dagger_{\boldsymbol{j}\alpha}$ とすれば，(3.14) と (3.15) に対応する

$$a^\dagger_{\boldsymbol{j}\alpha} = \frac{1}{\sqrt{N_0}} \sum_{n\boldsymbol{k}} U^{(\boldsymbol{k})*}_{\alpha n} e^{-i\boldsymbol{k}\cdot(\boldsymbol{j}+\boldsymbol{\alpha})} a^\dagger_{\boldsymbol{k}n} \tag{3.23}$$

$$a^\dagger_{\boldsymbol{k}n} = \frac{1}{\sqrt{N_0}} \sum_{\alpha\boldsymbol{j}} U^{(\boldsymbol{k})}_{\alpha n} e^{i\boldsymbol{k}\cdot(\boldsymbol{j}+\boldsymbol{\alpha})} a^\dagger_{\boldsymbol{j}\alpha} \tag{3.24}$$

の関係を (3.13) に代入して

$$H = \sum_{\boldsymbol{ij}} \sum_{\alpha\beta} t_{\boldsymbol{ij}}^{\alpha\beta} a_{\boldsymbol{i}\alpha}^{\dagger} a_{\boldsymbol{j}\beta} = \sum_{\boldsymbol{jR}} \sum_{\alpha\beta} t_{\boldsymbol{R}}^{\alpha\beta} a_{\boldsymbol{j}+\boldsymbol{R}\alpha}^{\dagger} a_{\boldsymbol{j}\beta} \tag{3.25}$$

となる．

DFT による電子状態計算では，$\epsilon_{n\boldsymbol{k}}$ および $\psi_{n\boldsymbol{k}}(\boldsymbol{r})$ が得られる．これらの結果に最局在 Wannier 関数法を用いれば，最局在化した Wannier 関数 $w_{\alpha\boldsymbol{i}}(\boldsymbol{r})$ と遷移積分 $t_{\boldsymbol{R}}^{\alpha\beta}$ を求めることができる．このような手続きを通じて，実際の結晶構造に対する模型 (3.25) を構築し，それを出発点として電子相関を取り込む等の議論が行われている *8．

3.2 タイトバインディング近似

DFT による電子状態計算と最局在 Wannier 関数法によるホッピング模型の構築は少し大がかりである．本節では，DFT とは逆にホッピング模型をまず近似的に求め，それからエネルギーバンドと固有状態を求めるタイトバインディング近似を紹介する．

3.2.1 1 軌道の場合

孤立原子の問題では，原子軌道の波動関数 (2.3) が固有状態であった．原子が互いに近づき格子状に規則正しく並ぶと，原子に束縛されたエネルギーの近い波動関数同士はよく混じり合う．そこで，原子軌道 $\phi_\alpha(\boldsymbol{r})$ を重ね合わせて結晶全体に拡がった波動関数を考えよう．ここで，スピン状態 $|\sigma\rangle$ も含めた波動関数を $\phi_\alpha(\boldsymbol{r})$，$\alpha = (n, l, m, \sigma)$ とする．

原子軌道は沢山あるが，まずは，着目する軌道 (例えば $3s$ 軌道など) のエネルギー準位が他の軌道のエネルギー準位から離れている場合を想定し，スピン状態は縮退しているとして例えば ↑ スピンのみを考える．その軌道を $\phi(\boldsymbol{r})$ とする．

格子点 $\boldsymbol{j}$ の原子軌道 $\phi(\boldsymbol{r} - \boldsymbol{j})$ を重ね合わせて，Bloch の定理を満たす結晶全体に拡がった関数を考えよう．

$$\psi_{\boldsymbol{k}}(\boldsymbol{r}) \equiv \frac{1}{\sqrt{N_0}} \sum_{\boldsymbol{j}} e^{i\boldsymbol{k}\cdot\boldsymbol{j}} \phi(\boldsymbol{r} - \boldsymbol{j}) \tag{3.26}$$

この表式は (3.15) において $w_{\alpha\boldsymbol{0}}(\boldsymbol{r}) \simeq \phi(\boldsymbol{r})$ または $w_{\alpha\boldsymbol{j}}(\boldsymbol{r}) \simeq \phi(\boldsymbol{r} - \boldsymbol{j})$ としたものに他ならない．$e^{i\boldsymbol{k}\cdot\boldsymbol{j}}$ の因子のおかげで，この関数が Bloch の定理

*8 電子相関の源は短距離力である場合が多く，局在軌道基底で表現するのが適している．

(3.9) を満たすことは容易に確かめられる．ただし，異なる格子点の間の $\phi(\boldsymbol{r})$ は一般には直交しないので，**重なり積分**は $\int_V d\boldsymbol{r}\,\phi^*(\boldsymbol{r}-\boldsymbol{i})\phi(\boldsymbol{r}-\boldsymbol{j}) \simeq \delta_{\boldsymbol{i},\boldsymbol{j}}$ であると近似する．

遷移積分のうち $\boldsymbol{R}=\boldsymbol{0}$ のものは

$$t_{\boldsymbol{R}=\boldsymbol{0}} = \int_V d\boldsymbol{r}\,\phi^*(\boldsymbol{r})h(\boldsymbol{r})\phi(\boldsymbol{r}) \simeq \epsilon_\alpha \tag{3.27}$$

のように着目している軌道 α の孤立原子でのエネルギー準位であり，分散関係 $\epsilon_{\boldsymbol{k}}$ のエネルギー重心を表す．通常，考えている原子軌道間の距離 $|\boldsymbol{R}|$ が大きくなると遷移積分は急激に小さくなるので，最近接原子位置や次近接原子位置まで考えれば十分である場合が多い．遷移積分をパラメータとして，(3.15) と (3.22) から Bloch 関数 $\psi_{n\boldsymbol{k}}(\boldsymbol{r})$ とそのエネルギー分散 $\epsilon_{n\boldsymbol{k}}$ を求める方法を，**タイトバインディング (強束縛) 近似**という．

3.2.2 多軌道の場合

以上の議論を，単位格子に複数原子と複数軌道がある場合に拡張しよう．単位格子内の原子位置 $\boldsymbol{\alpha}$ のスピンも含めた「軌道」α の原子軌道を $\phi_\alpha(\boldsymbol{r})$ とする．1 軌道の場合と同様に，(3.15) において $w_{\alpha\boldsymbol{j}}(\boldsymbol{r}) \simeq \phi_\alpha(\boldsymbol{r}-\boldsymbol{j}-\boldsymbol{\alpha})$ と近似する．この場合，$U^{(\boldsymbol{k})}_{\alpha n}$ は軌道の混ざり具合を決める係数で，考えている単位格子内のすべての原子の軌道の総数を N_{orb} とすれば，$U^{(\boldsymbol{k})}$ は $N_{\mathrm{orb}} \times N_{\mathrm{orb}}$ のユニタリー行列である [*9]．ここでも，異なる原子軌道の重なり積分は直交するものと近似する．

$$\int_V d\boldsymbol{r}\,\phi^*_\alpha(\boldsymbol{r}-\boldsymbol{i}-\boldsymbol{\alpha})\phi_\beta(\boldsymbol{r}-\boldsymbol{j}-\boldsymbol{\beta}) \simeq \delta_{\alpha,\beta}\delta_{\boldsymbol{i},\boldsymbol{j}} \tag{3.28}$$

タイトバインディング近似では，(3.20) の遷移積分 $t^{\alpha\beta}_{\boldsymbol{R}}$ をパラメータとして扱う．$t^{\alpha\alpha}_{\boldsymbol{R}=\boldsymbol{0}} \simeq \epsilon_\alpha$ は原子軌道 α のエネルギー準位である．(3.22) を書き直せば

$$\sum_\beta h^{\alpha\beta}_{\boldsymbol{k}} U^{(\boldsymbol{k})}_{\beta n} = \epsilon_{n\boldsymbol{k}} U^{(\boldsymbol{k})}_{\alpha n} \tag{3.29}$$

であり，これは固有値 $\epsilon_{n\boldsymbol{k}}$，固有ベクトル $U^{(\boldsymbol{k})}_{\alpha n}$ の固有値方程式である．各 $\boldsymbol{k}$ 点に対して，$h^{\alpha\beta}_{\boldsymbol{k}}$ を (α,β) 成分とする $N_{\mathrm{orb}} \times N_{\mathrm{orb}}$ の Hermite 行列を対角

*9 スピン軌道相互作用がなければ，↑ と ↓ の状態は混ざらない．この場合，↑ スピンについてだけ計算を行えばよく，すべての $\boldsymbol{k}$ 点においてスピン状態は縮退する．

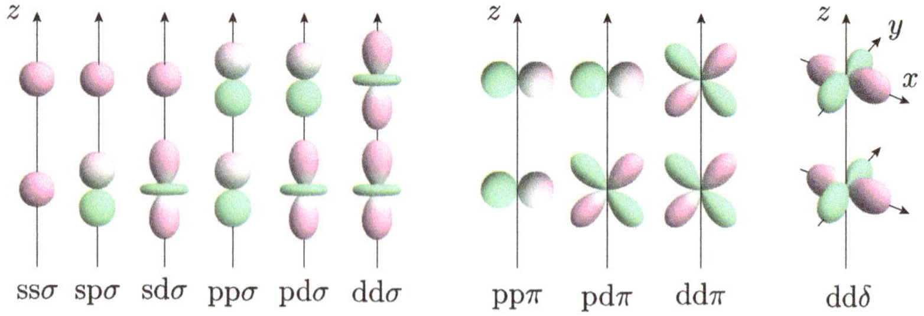

図 3.5　s, p, d 軌道間の遷移積分 (Slater-Koster パラメータ).

化すれば，固有値 $\epsilon_{n\boldsymbol{k}}$ と固有ベクトル $U_{\alpha n}^{(\boldsymbol{k})}$ が得られ，(3.15) より Bloch 関数 $\psi_{n\boldsymbol{k}}(\boldsymbol{r})$ が定まる [*10].

(3.22) より，$t_{\boldsymbol{R}}^{\alpha\beta}$ から行列要素 $h_{\boldsymbol{k}}^{\alpha\beta}$ が求められる．その際に現れる $\boldsymbol{\eta} = \boldsymbol{R} + \boldsymbol{\alpha} - \boldsymbol{\beta}$ は，ある単位格子内の β 原子から $\boldsymbol{R}$ だけ異なる単位格子内の α 原子へ向かうベクトルである．

3.2.3　遷移積分の評価

(3.21) の遷移積分 $t_{\boldsymbol{R}}^{\alpha\beta}$ は 2 中心積分である．2 中心を結ぶ $\boldsymbol{\eta} = \boldsymbol{R} + \boldsymbol{\alpha} + \boldsymbol{\beta}$ の方向を z 軸としよう．Wannier 関数の近似として用いる原子軌道 ϕ_α, ϕ_β は，この軸のまわりの x 軸から測った角度 ϕ の関数 $e^{im_\alpha\phi}$, $e^{im_\beta\phi}$ に比例するとする．このとき，遷移積分に現れる ϕ に関する積分は，$h(\boldsymbol{r})$ が z 軸に関して軸対称ならば

$$\int_0^{2\pi} \frac{d\phi}{2\pi} e^{-i(m_\alpha - m_\beta)\phi} = \delta_{m_\alpha, m_\beta}$$

となり，同一の $m_\alpha = m_\beta = m$ をもつ原子軌道の間の遷移積分のみが有限となる．$m = 0, \pm1, \pm2$ をそれぞれ σ, π, δ と名付ける習わしであり，軌道の組み合わせによって (spσ) などと呼ぶ．s, p, d 軌道間の遷移積分は図 3.5 に示す 10 種類で，**Slater-Koster パラメータ**と呼ばれている．

その他の遷移積分は，これらの 10 種類の遷移積分を用いて表すことができる．例えば，銅酸化物高温超伝導体の CuO_2 面で現れる x 軸上の酸素の p_x と銅の $d_{x^2-y^2}$ の遷移積分を考えよう．x 軸を z 軸に取り直すと，それぞれの原子軌道は

[*10] Hermite 行列に対する数値対角化のライブラリを用いれば容易に得られる．例えば，LAPACK, Eigen など．PythTB というタイトバインディングを行う Python パッケージもある．

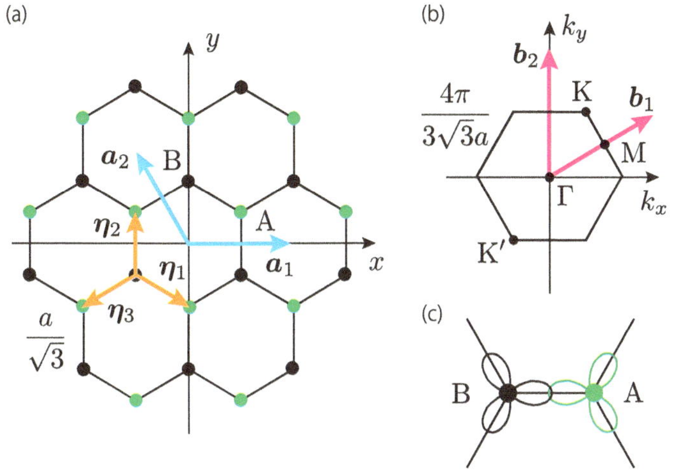

図 3.6 グラフェン．(a) 蜂の巣構造とその基本並進ベクトル．(b) 単位逆格子と Brillouin 域．(c) 2 種類の sp^2 混成軌道．

$$
\phi_{p_z} = f_1\sqrt{\frac{3}{4\pi}}\frac{z}{r} = f_1 Y_{1,0},
$$

$$
\phi_{d_{z^2-y^2}} = f_2\sqrt{\frac{15}{16\pi}}\frac{z^2-y^2}{r^2} = f_2\left[\frac{\sqrt{3}}{2}Y_{2,0} + \frac{1}{2\sqrt{2}}(Y_{2,2}+Y_{2,-2})\right]
$$

と表されるので，有限に残る遷移積分は $m=0$ の部分で

$$
t_{\mathrm{n.n.}}^{p_x, d_{x^2-y^2}} = \frac{\sqrt{3}}{2}(\mathrm{pd}\sigma)
$$

となる．このような考察から得られる 10 種のパラメータで表した遷移積分の表が J.C. Slater and G.F. Koster, Phys. Rev. **94** 1498 (1954). の表 I にまとめられている．

遷移積分は 2 つの波動関数と $h(\boldsymbol{r})$ の積の積分である．$h(\boldsymbol{r})$ は原子ポテンシャルが主要で通常負符号であるから，遷移積分の符号はおよそ波動関数 ϕ_α と ϕ_β 重なりが大きい部分の積と逆符号になる．

3.2.4 タイトバインディング近似の例

単位格子に複数の原子がある場合のタイトバインディング近似の例として，グラフェンを取り上げてみよう．図 3.6(a) のように，炭素原子が正六角形の頂点に並んだ 2 次元シートを**グラフェン**という．その特徴的な電子構造に由

来する高い易動度や強固な結晶構造から電子デバイス材料として有望視されている．なお，グラフェンが層状に重なって3次元構造を取ったものが**グラファイト (黒鉛)** である．

炭素は，閉殻の $1s$ 軌道に加えて，4つの電子が $2s$ 軌道と $2p$ 軌道を占有する電子配置を取る．$2s$ 軌道と $2p$ 軌道のエネルギー準位は近く，($2s$, $2p_x$, $2p_y$) 軌道から図3.6(c) に示すような3つの sp^2 混成軌道を形成する．図3.5のように軌道の伸びた先に相手の原子があるような場合を σ 軌道というが，グラフェンでは σ 軌道を重ね合わせて結合軌道を作り，その軌道を2つの電子が占有して共有結合することで，蜂の巣構造のネットワークが形成される．このため，蜂の巣構造のネットワークは非常に強固である．残りの1つの電子は p_z 軌道に入るが，面内の炭素間の小さい遷移積分 (π 軌道) によって Bloch 軌道が形成される．

図3.6(a) に示したように長さ a の基本並進ベクトルを取れば，基本逆格子ベクトルと Brillouin 域は三角格子の場合と全く同じである．ただし，単位格子には2つの炭素が含まれ，炭素間の距離は $a/\sqrt{3}$ である．A サイト $(2/3, 1/3)$ と B サイト $(1/3, 2/3)$ はまわりの幾何学的構造が異なっているため，サイト上では反転対称性がないことに注意しよう．そのために，Brillouin 域の K 点と K$'$ 点は本質的に異なる点と見なす．A サイトの3つの最近接原子位置 (B から A へ向かうベクトル) は，それぞれ，$\boldsymbol{\eta}_1$: $(1/3, -1/3)$, $\boldsymbol{\eta}_2$: $(1/3, 2/3)$, $\boldsymbol{\eta}_3$: $(-2/3, -1/3)$，B サイトの最近接原子位置 (A から B へ向かうベクトル) は $-\boldsymbol{\eta}_\mu$ $(\mu = 1, 2, 3)$ である．遷移積分を最近接サイトに限り $t^{\alpha\beta}_{\boldsymbol{R}} = t$ とすると，(3.22) より

$$h^{AB}_{\boldsymbol{k}} = t \sum_{\mu=1}^{3} e^{-i\boldsymbol{k}\cdot\boldsymbol{\eta}_\mu} = te^{-2\pi(\kappa_1-\kappa_2)i/3}\left(1 + e^{2\pi\kappa_1 i} + e^{-2\pi\kappa_2 i}\right) \quad (3.30)$$

である．位相因子 $e^{-2\pi(\kappa_1-\kappa_2)i/3}$ は，A サイトまたは B サイトの基底の位相を $|A\rangle \to e^{2\pi(\kappa_1-\kappa_2)i/3}|A\rangle$ と取り直せば消去できるので以後省略する．エネルギーバンドは

$$h_{\boldsymbol{k}} = \begin{pmatrix} 0 & h^{AB}_{\boldsymbol{k}} \\ h^{AB*}_{\boldsymbol{k}} & 0 \end{pmatrix} \quad (3.31)$$

から得られる永年方程式 $|h_{\boldsymbol{k}} - \epsilon_{n\boldsymbol{k}} I| = 0$ より

$$\epsilon_{\pm,\boldsymbol{k}} = \pm|h^{AB}_{\boldsymbol{k}}|$$

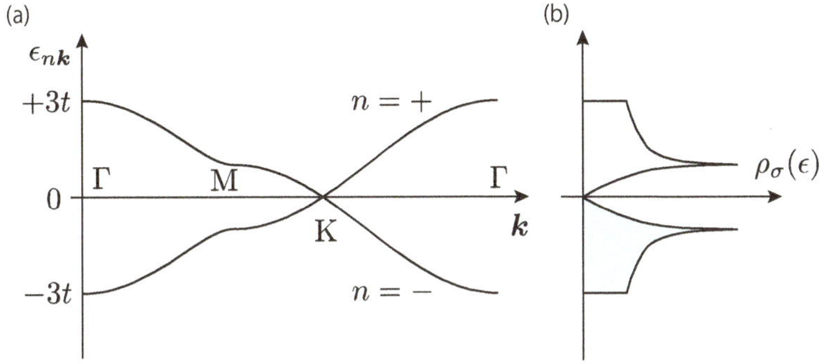

図 3.7 グラフェンの分散関係と状態密度.

$$= \pm t\sqrt{3+2\cos(2\pi\kappa_1)+2\cos(2\pi\kappa_2)+2\cos[2\pi(\kappa_1+\kappa_2)]}$$
$$= \pm t\sqrt{3+2\cos(k_x a)+4\cos\left(\frac{k_x a}{2}\right)\cos\left(\frac{\sqrt{3}k_y a}{2}\right)} \qquad (3.32)$$

となる．ここで，$2\pi\kappa_1 = k_x a$，$2\pi\kappa_2 = (-k_x + \sqrt{3}k_y)a/2$ の関係を用いた．すべての $\boldsymbol{k}$ 点においてスピンに関する 2 重縮退がある．第 1 Brillouin 域内の $\boldsymbol{k}$ 依存性を直交座標で図示するには後者の表式が，$\boldsymbol{k}$ 空間の和を取るには前者の表式を用いて (3.11) の離散点について行うのが便利である．

分散関係 $\epsilon_{n\boldsymbol{k}}$ とスピンあたりの**状態密度** *11

$$\rho_\sigma(\epsilon) \equiv \sum_{\boldsymbol{k}n} \delta(\epsilon - \epsilon_{n\boldsymbol{k}}) = \frac{d}{d\epsilon}\sum_{\boldsymbol{k}n}\theta(\epsilon - \epsilon_{n\boldsymbol{k}}) \qquad (3.33)$$

を図 3.7 に示す．$\theta(x)$ は階段関数．分散関係が極値または停留点 (鞍点) となるエネルギーでは状態密度に特異性が現れる．これを **van Hove 特異点**という．例えば図 3.7 では，Γ 点 ($\epsilon = \pm 3t$) および M 点 ($\epsilon = \pm t$) のエネルギーに van Hove 特異点が現れている．そのエネルギー付近に Fermi エネルギーがある場合は，状態密度の特異性を通じて種々の物理量に異常が生じる．各バンド ($n = \pm$) にはスピンを考慮して $2N_0$ 個の状態があり，$2N_0$ 個の炭素原子が各 1 個の電子を供給してその状態を占めるので，フェルミ準位は $\epsilon_{\mathrm{F}} = 0$ である．したがって，低エネルギーでは K 点および K′ 点近傍の電子状態が重要である．K 点の波数ベクトルを $\boldsymbol{k}_{\mathrm{K}}$ として，$\boldsymbol{k} \equiv \pm\boldsymbol{k}_{\mathrm{K}} + \boldsymbol{p}$ とすると (上符号は K 点，下符号は K′ 点)，不要な位相因子を除いて

*11 状態密度は示量的な量であり，数値計算では格子点あたりの量を扱う方がよい．

$$h_{\boldsymbol{k}} \simeq \hbar v \begin{pmatrix} 0 & p_x \mp ip_y \\ p_x \pm ip_y & 0 \end{pmatrix}, \quad v \equiv \frac{\sqrt{3}ta}{2\hbar} \tag{3.34}$$

となる．エネルギー固有値はK点およびK′点近傍で

$$\epsilon_{\pm,\boldsymbol{k}} = \pm\hbar v|\boldsymbol{p}| \tag{3.35}$$

のような線形の分散関係を示す．線形の分散関係は**ニュートリノ**のような有効質量ゼロの相対論的粒子の運動エネルギーに対応するため，質量ゼロの**Dirac粒子**(縮退あり)または**Weyl粒子**(縮退なし)と呼ばれることもある．この特徴的な電子構造のために，グラフェンは非常に高い易動度など多くの興味深い性質をもつ．

3.3 1粒子スペクトルとGreen関数

3.3.1 1粒子スペクトルと遅延Green関数

物質の多彩な性質は，電子のエネルギーバンド構造の違いから生み出される．相互作用のない系の1粒子スペクトル強度は，エネルギー固有値 $\epsilon_{n\boldsymbol{k}}$ のエネルギー位置に現れるが，これらは相互作用の効果によって厳密な固有状態ではなくなり有限の幅をもつようになる．また，温度に依存して相互作用の効果は異なる．相互作用が強い場合は，相互作用のない系で得られたスペクトル強度が全く異なるエネルギー領域へ移動することも起こる．**角度分解光電子分光** (Angle-Resolved Photo Emission Spectroscopy: ARPES) や**走査型トンネル顕微鏡** (Scanning Tunneling Microscope: STM) などで実験的に観測されるスペクトル強度は，有限温度の多体効果をすべて反映したものである．

有限温度の多電子系のスペクトル強度を議論するには，(1.102) に類似の**遅延Green関数**が有用である．因果律を満たす1粒子の遅延Green関数は次のように定義される[*12]．$\theta(t)$ の存在が「遅延」の由来である．

$$G^{\mathrm{R}}_{ij}(t) \equiv -\frac{i}{\hbar}\theta(t)\big\langle\{\tilde{a}_i(t), a^\dagger_j\}\big\rangle \tag{3.36}$$

[*12] Green関数は，粗っぽくいえば j 状態の粒子を系に打ち込んだとき，時間が t 経過した後に i 状態にある確率振幅である．いわば多体相互作用する系に潜入したスパイであり，これを通じて系の様子を知るのである．

ここで $\{A, B\} = AB + BA$ は反交換関係，$\tilde{A}(t) = e^{iHt/\hbar} A e^{-iHt/\hbar}$ は A の Heisenberg 表示である *13．i，j は 1 粒子状態を指定するラベルの組をまとめて表す．ただし，粒子数が変化する中間状態を扱うために，正準集合ではなく大正準集合を用いる．そのためには，定義に登場するすべてのハミルトニアン H を $H \to H - \mu N$ に置き換えればよい．μ は化学ポテンシャル，N は粒子数演算子である．以後，H はすべてこの意味で用いる．

$G_{ij}^{\mathrm{R}}(t)$ の Fourier 変換に H の多体固有状態 $|n\rangle$ と固有値 E_n を用いると，(1.106) と似た

$$G_{ij}^{\mathrm{R}}(\omega) = \sum_{mn} \frac{w_n + w_m}{\hbar(\omega + i\delta) + E_m - E_n} \langle m|a_i|n\rangle \langle n|a_j^\dagger|m\rangle \tag{3.37}$$

の表式を得る．**スペクトル強度**

$$A_{ij}(\omega) \equiv \sum_{mn} (w_n + w_m) \langle m|a_i|n\rangle \langle n|a_j^\dagger|m\rangle\, \delta(\hbar\omega + E_m - E_n) \tag{3.38}$$

を導入すれば，遅延 Green 関数は

$$G_{ij}^{\mathrm{R}}(\omega) = \int_{-\infty}^{\infty} d\omega' \frac{A_{ij}(\omega')}{\omega + i\delta - \omega'} \tag{3.39}$$

のように表せる．これを**スペクトル表示** (Källén-Lehmann 表示) という．

系に並進対称性があり，1 電子状態の保存量の組 n を用いて基底を $i = (\boldsymbol{k}, n)$ と選ぶと，Green 関数は対角成分 $i = j$ のみ残ることが示される．このとき

$$G_n^{\mathrm{R}}(\boldsymbol{k}, \omega) = \int_{-\infty}^{\infty} d\omega' \frac{A_n(\boldsymbol{k}, \omega')}{\omega + i\delta - \omega'} \tag{3.40}$$

であり，$\langle m|a_i|n\rangle = \langle n|a_i^\dagger|m\rangle^*$ より $A_n(\boldsymbol{k}, \omega)$ は正の実数である．正の無限小量 $\delta = +0$ に対して成り立つ公式 (1.114) を用いると

$$A_n(\boldsymbol{k}, \omega) = -\frac{1}{\pi} \mathrm{Im}\, G_n^{\mathrm{R}}(\boldsymbol{k}, \omega) \tag{3.41}$$

を得る．遅延 Green 関数の虚部はスペクトル強度と関係していることが分かる．この関係をスペクトル表示に代入し，実部を取ると

$$\mathrm{Re}\, G_n^{\mathrm{R}}(\boldsymbol{k}, \omega) = -\frac{1}{\pi} \mathcal{P} \int_{-\infty}^{\infty} d\omega' \frac{\mathrm{Im}\, G_n^{\mathrm{R}}(\boldsymbol{k}, \omega')}{\omega - \omega'}$$

---

*13 Bose 粒子の場合は，反交換関係の代わりに交換関係を用いる．冒頭の符号が (1.102) とは異なることに注意．

となり，これはKramers-Krönigの関係式 (1.110) に他ならない．このことから $G_n^{\mathrm{R}}(\boldsymbol{k},\omega)$ は ω の上半面で解析的であることが分かる．

$A_n(\boldsymbol{k},\omega)$ の定義 (3.38) を見ると，$|n\rangle$ は $|m\rangle$ よりも粒子数が1個多い状態である．$|m\rangle$ の粒子数を N とすると，$x>0$ の領域は「粒子的」な励起 $(E_n(N+1)-E_m(N)>0)$ の寄与を合算したもの，$x<0$ の領域は「ホール的」な励起 $(E_m(N)-E_n(N+1)>0)$ の寄与を合算したものになっている．これらは，それぞれ**逆光電子分光**から得られるスペクトル $(x>0)$ と光電子分光から得られるスペクトル $(x<0)$ に対応している [*14]．

以下で議論するように，相互作用のない系の遅延Green関数は

$$G_n^{\mathrm{R}}(\boldsymbol{k},\omega)=\frac{1}{\hbar(\omega+i\delta)-\xi_{n\boldsymbol{k}}},\quad \xi_{n\boldsymbol{k}}\equiv\epsilon_{n\boldsymbol{k}}-\mu \tag{3.42}$$

であり，対応するスペクトル強度は (1.114) より

$$A_n(\boldsymbol{k},\omega)=\delta\big(\hbar\omega-\xi_{n\boldsymbol{k}}\big) \tag{3.43}$$

ラベル n の状態密度は，スペクトル強度を用いて

$$\rho_n(\epsilon+\mu)=\sum_{\boldsymbol{k}}A_n(\boldsymbol{k},\epsilon/\hbar) \tag{3.44}$$

のように表される．ϵ は化学ポテンシャル μ から測ったエネルギーである．この状態密度の表式は，相互作用のある有限温度の系に対しても用いることができる．一般に相互作用の効果は，波数と振動数に依存する**自己エネルギー** $\Sigma_n^{\mathrm{R}}(\boldsymbol{k},\omega)$ を用いてエネルギーバンドを $\epsilon_{n\boldsymbol{k}}\to\epsilon_{n\boldsymbol{k}}+\Sigma_n^{\mathrm{R}}(\boldsymbol{k},\omega)$ と置き換えることで考慮される [*15]．例えば，$\epsilon_{n\boldsymbol{k}}$ が厳密な固有エネルギーではなく，エネルギーシフトが $\lambda_0+\lambda_1\hbar\omega$，減衰率が γ (寿命 γ^{-1}) で与えられる場合，すなわち $\Sigma_n^{\mathrm{R}}(\boldsymbol{k},\omega)=\lambda_0+\lambda_1\hbar\omega-i\hbar\gamma$ のとき，$\epsilon_{n\boldsymbol{k}}\to\epsilon_{n\boldsymbol{k}}+\lambda_0+\lambda_1\hbar\omega-i\hbar\gamma$ であり [*16]

$$A_n(\boldsymbol{k},\omega)=-\mathrm{Im}\frac{1/\pi}{\hbar(\omega+i\delta)-\xi_{n\boldsymbol{k}}-\Sigma_n^{\mathrm{R}}(\boldsymbol{k},\omega)}=\frac{z\,(\hbar\tilde{\gamma}/\pi)}{(\hbar\omega-\tilde{\xi}_{n\boldsymbol{k}})^2+(\hbar\tilde{\gamma})^2}$$
$$z\equiv(1-\lambda_1)^{-1},\quad \tilde{\xi}_{n\boldsymbol{k}}\equiv z(\xi_{n\boldsymbol{k}}+\lambda_0),\quad \tilde{\gamma}\equiv z\gamma$$

[*14] 実験で観測される量は，電子と光子の相互作用によって得られるものであり，$A_n(\boldsymbol{k},\omega)$ そのものでなく光子の放出・吸収過程の行列要素を乗じたものになる．また，現状では光電子分光に比べて逆光電子分光を用いた精度の高い測定は難しい．

[*15] 詳しくは多体摂動論の文献を参照されたい．

[*16] 1粒子状態は $e^{-i(\epsilon-i\hbar\gamma)t/\hbar}=e^{-\gamma t}e^{-i\epsilon t/\hbar}$ のように減衰する．したがって γ は常に正．

のように重み z，中心 $\tilde{\xi}_{n\boldsymbol{k}}$，幅 $\hbar\tilde{\gamma}$ 程度の **Lorentz 型**となる．z を**繰り込み因子**という．通常，λ_1 は負で絶対値は 1 より十分小さいが，相互作用の強い系では $-\lambda_1 \gg 1$ となる場合があり，このとき $z \ll 1$ で，繰り込まれたエネルギーバンド $\tilde{\xi}_{n\boldsymbol{k}}$ は非常に狭いバンド幅となり有効質量が大きいため，**重い電子系**と呼ばれる [*17]．

3.3.2 松原 (温度)Green 関数と解析接続

次に，遅延 Green 関数と密接な関係があり，実用上も有用な**松原 (温度)Green 関数**について述べよう．松原 Green 関数は次のように定義される．

$$G_{ij}^T(\tau) = -\frac{1}{\hbar}\langle T_\tau\, a_i(\tau) a_j^\dagger\rangle \tag{3.45}$$

ここで $a_i(\tau) = e^{\tau H/\hbar} a_i e^{-\tau H/\hbar}$ は a_i の虚時間 Heisenberg 表示．T_τ は**時間順序演算子**と呼ばれ，演算子を τ の大きい順に左から並べ替える．具体的には

$$T_\tau A(\tau)B = \theta(\tau)A(\tau)B - \theta(-\tau)BA(\tau) = \begin{cases} A(\tau)B & (\tau > 0) \\ -BA(\tau) & (\tau < 0) \end{cases}$$

である．Bose 粒子の場合は，$\tau < 0$ の場合の $-$ 符号を $+$ 符号に変える．

$-\beta\hbar < \tau < 0$ に対して，定義式を $\mathrm{Tr}(ABC) = \mathrm{Tr}(CAB)$ の性質を用いて変形すると，$0 < \tau + \beta\hbar < \beta\hbar$ より

$$\begin{aligned} G_{ij}^T(\tau) &= \frac{1}{\hbar}\langle a_j^\dagger a_i(\tau)\rangle = \frac{1}{\hbar Z}\mathrm{Tr}\left(e^{-\beta H} a_j^\dagger e^{\tau H/\hbar} a_i e^{-\tau H/\hbar}\right) \\ &= \frac{1}{\hbar Z}\mathrm{Tr}\left(e^{\tau H/\hbar} a_i e^{-(\tau+\beta\hbar)H/\hbar} a_j^\dagger\right) = -G_{ij}^T(\tau + \beta\hbar) \end{aligned}$$

となるので，$G_{ij}^T(\tau)$ は周期 $\beta\hbar$ の反周期関数であることが分かる．Bose 粒子の場合は，時間順序演算子の交換に対する符号の違いを反映して周期 $\beta\hbar$ の周期関数となる．周期 $2\beta\hbar$ の周期関数は振動数 $\omega_m = \pi m/\hbar\beta$ (m は整数) を用いて Fourier 級数に表すことができる．

$$G_{ij}^T(\tau) = \frac{1}{\beta\hbar}\sum_{m=-\infty}^{\infty} G_{ij}^T(\omega_m) e^{-i\omega_m \tau} \tag{3.46}$$

[*17] ただし，エネルギーシフトの表式は $\omega = 0$ 付近でのみ正しいため，この描像は $\omega = 0$ 付近の低エネルギーでしか成り立たない．また，z，γ，λ_0，λ_1 などの係数は，一般に $\boldsymbol{k}$，n，温度 T に依存する．

展開係数は，周期 $2\beta\hbar$ にわたる積分より

$$\begin{aligned}
G_{ij}^{T}(\omega_m) &= \frac{1}{2}\int_{-\beta\hbar}^{\beta\hbar} d\tau\, G_{ij}^{T}(\tau)e^{i\omega_m\tau} \\
&= \frac{1}{2}\int_{0}^{\beta\hbar} d\tau \left\{ e^{i\omega_m\tau}G_{ij}^{T}(\tau) + e^{i\omega_m(\tau-\beta\hbar)}G_{ij}^{T}(\tau-\beta\hbar)\right\} \\
&= \int_{0}^{\beta\hbar} d\tau\, G_{ij}^{T}(\tau)e^{i\omega_m\tau}\,\frac{1}{2}\left(1-e^{-i\pi m}\right)
\end{aligned}$$

となるが，これは m が奇数のときだけ残るので，改めて Fermi 粒子の**松原振動数**を $\omega_n = \pi(2n+1)/\beta\hbar$ (n は整数) として

$$G_{ij}^{T}(\omega_n) = \int_{0}^{\beta\hbar} d\tau\, G_{ij}^{T}(\tau)e^{i\omega_n\tau} \tag{3.47}$$

となる．Bose 粒子の場合は，同様にして m が偶数のみ残ることが示せるので，Bose 粒子の松原振動数は $\omega_n = 2\pi n/\hbar\beta$ (n は整数) である．

さて，$G_{ij}^{\mathrm{R}}(\omega)$ のスペクトル表示の導出と同様の計算を行うと，共通のスペクトル強度 (3.38) を用いて

$$G_{ij}^{T}(\omega_n) = \int_{-\infty}^{\infty} d\omega'\, \frac{A_{ij}(\omega')}{i\omega_n - \omega'} \tag{3.48}$$

のように表すことができる．遅延 Green 関数のスペクトル表示 (3.39) と見比べれば類似性は明らかであろう．そこで，複素平面全域で定義される関数 *18

$$G_{ij}(z) \equiv \int_{-\infty}^{\infty} d\omega'\, \frac{A_{ij}(\omega')}{z - \omega'} \tag{3.49}$$

を導入する．定義より明らかなように，$G_{ij}(z)$ は実軸を除く全複素平面で解析的であり，実軸を横切るとき不連続性を示す関数である．$G_{ij}^{\mathrm{R}}(\omega)$ の変域 ω を複素平面 z へ拡張 (解析接続) した関数 $G_{ij}^{\mathrm{R}}(z)$ は，上半面 ($\mathrm{Im}\, z > 0$) で $G_{ij}(z)$ と一致する *19．同様に，$G_{ij}^{T}(\omega_n)$ は $z = i\omega_n$ で $G_{ij}(z)$ と一致する *20．すなわち

$$G_{ij}^{\mathrm{R}}(\omega) = G_{ij}(\omega + i\delta), \quad G_{ij}^{T}(\omega_n) = G_{ij}(i\omega_n) \tag{3.50}$$

---

*18 **2 時間 Green 関数**と呼ばれ，遅延 (先進)Green 関数の定義 (3.36) から階段関数 $\theta(t)$ $[\theta(-t)]$ を除いたもので定義される．

*19 下半面で $G_{ij}(z)$ と一致する関数は**先進 Green 関数** $G_{ij}^{\mathrm{A}}(z)$ とよばれ，遅延 Green 関数の表式 (3.36) で $\theta(t) \to \theta(-t)$，$+i\delta \to -i\delta$ としたものである．

*20 $z = i\omega_n$ で 1 となるような任意の関数 $f(z)$ がかかるという不定性が考えられるが，両者の無限遠点 ($|z|$, $|\omega_n| \to \infty$) での振る舞いが一致することから，この不定性を取り除くことができる．

であり，上半面で両者の関数は互いに**解析接続**できる．実用上は，松原 Green 関数 $G_{ij}^T(\omega_n)$ を求めてから，$i\omega_n \to \omega + i\delta$ $(\omega_n > 0)$ の手続きによって遅延 Green 関数 $G_{ij}^{\mathrm{R}}(\omega)$ を求めることが多い．

3.3.3 相互作用のない系の Green 関数

最後に，相互作用のない系

$$H = \sum_{ij}(t_{ij} - \mu\,\delta_{i,j})a_i^\dagger a_j \tag{3.51}$$

の松原 Green 関数を求めておこう．$a_i(\tau)$ を τ で微分すると

$$\hbar\frac{\partial}{\partial\tau}a_i(\tau) = e^{\tau H/\hbar}[H, a_i]e^{-\tau H/\hbar} = -\sum_k(t_{ik} - \mu\,\delta_{i,k})a_k(\tau)$$

相互作用 H_{int} がある場合は $[H_{\mathrm{int}}, a_i(\tau)]$ が加わり，この寄与が自己エネルギー $\Sigma_{ij}^T(\tau)$ を生み出す．この微分を松原 Green 関数の定義 (3.45) に用いると，時間順序演算子に含まれる $\theta(\tau)$ の存在に注意して

$$\hbar\frac{\partial}{\partial\tau}G_{ij}^T(\tau) = -\sum_k(t_{ik} - \mu\,\delta_{i,k})G_{kj}^T(\tau) - \delta(\tau)\big\langle\{a_i, a_j^\dagger\}\big\rangle \tag{3.52}$$

となる．最後の反交換関係は $\big\langle\{a_i, a_j^\dagger\}\big\rangle = \delta_{i,j}$ である．Fourier 変換の表式 (3.46) を代入すると，$\delta(\tau) = (\beta\hbar)^{-1}\sum_n e^{-i\omega_n\tau}$ より

$$\sum_k M_{ik}(\omega_n)G_{kj}^T(\omega_n) = \delta_{i,j}, \quad M_{ij}(\omega_n) \equiv (i\hbar\omega_n + \mu)\delta_{i,j} - t_{ij} \tag{3.53}$$

を得る．$M_{ij}(\omega_n)$ を (i,j) 要素にもつ行列を $M(\omega_n)$ とすれば，$M(\omega_n)$ の逆行列を用いて

$$G_{ij}^T(\omega_n) = [M^{-1}(\omega_n)]_{ij} \tag{3.54}$$

である．

系に並進対称性があり，(3.51) を対角化する基底 $i = (\boldsymbol{k}, n)$ を用いれば，$G_{ij}^T(\omega_n)$ も対角成分だけ値をもち

$$G_n^T(\boldsymbol{k}, \omega_n) = \frac{1}{i\hbar\omega_n - \xi_{n\boldsymbol{k}}} \tag{3.55}$$

となる．上半面で $i\omega_n \to \omega + i\delta$ と解析接続すると

$$G_n^{\mathrm{R}}(\boldsymbol{k},\omega)=\frac{1}{\hbar(\omega+i\delta)-\xi_{n\boldsymbol{k}}}$$

のようになり，(3.40) が得られる．d 次元単純格子の Green 関数と状態密度について A.2 節にまとめておく．

$\tau=-0$ の松原 Green 関数を考えると，定義 (3.45) と Fourier 変換 (3.46) の表式を用いて，同時刻の量子統計平均を

$$\langle a_j^\dagger a_i\rangle=\frac{1}{\beta}\sum_{n=-\infty}^{\infty}G_{ij}^T(\omega_n)e^{i\omega_n 0_+} \tag{3.56}$$

のように松原 Green 関数の和で表すことができる [*21]．平均値 $\langle a_j^\dagger a_i\rangle$ を得るための公式は，種々の平均場近似を行う際に有用である．特に，$i=(\boldsymbol{k},n)$ の対角基底では，$i=j$ の平均値のみ値をもち

$$\langle a_{\boldsymbol{k}n}^\dagger a_{\boldsymbol{k}n}\rangle=\frac{1}{\beta}\sum_{n=-\infty}^{\infty}\frac{e^{i\omega_n 0_+}}{i\hbar\omega_n-\xi_{n\boldsymbol{k}}}=f_{n\boldsymbol{k}} \tag{3.57}$$

となる．$f_{n\boldsymbol{k}}=f(\xi_{n\boldsymbol{k}})$, $f(x)\equiv 1/(e^{\beta x}+1)$ は，(1.91) で見たように Fermi-Dirac 分布関数である．この関係は任意の $\xi_{n\boldsymbol{k}}$ に対して成り立つことから，次の松原和の公式が得られる．

$$\frac{1}{\beta}\sum_{n=-\infty}^{\infty}\frac{e^{i\omega_n 0_+}}{i\hbar\omega_n-x}=f(x) \tag{3.58}$$

特に $x=0$ のとき右辺は $1/2$ である．Bose 粒子の場合も同様にして

$$\frac{1}{\beta}\sum_{n=-\infty}^{\infty}\frac{e^{i\omega_n 0_+}}{i\hbar\omega_n-x}=-n(x),\quad n(x)\equiv\frac{1}{e^{\beta x}-1} \tag{3.59}$$

の公式が得られる．

3.4 動的複素感受率

3.4.1 相互作用のない系の感受率

本節では，複素感受率について議論しよう．一般に，**X 線回折・中性子散乱**における微分断面積や**核磁気共鳴** (Nuclear Magnetic Resonance: NMR) の緩和時間は，動的複素感受率と関係づけることができる．ここでは，相互作用

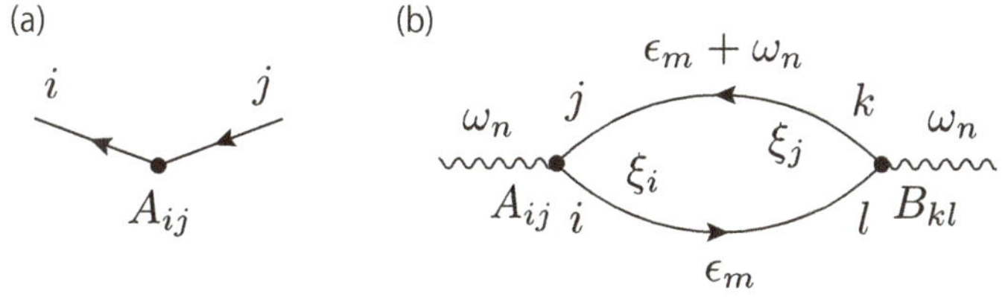

図 3.8 (a) 1 粒子密度演算子 A, (b) 1 粒子 Green 関数と複素感受率との関係. 矢印つき実線は 1 粒子 Green 関数. このバブルダイアグラムは粒子ホール対励起を表す.

用のない電子系の複素感受率を求めてみよう.

ハミルトニアンを対角化する基底 i を取れば, $H=\sum_i \xi_i a_i^\dagger a_i$ であり, この基底で, 一般的な 1 粒子密度演算子を図 3.8(a) のように $A=\sum_{ij} A_{ij} a_i^\dagger a_j$, $B=\sum_{ij} B_{ij} a_i^\dagger a_j$ のように表す. 任意の演算子 A, C に対して成り立つ **Campbell-Baker-Hausdorff 公式**

$$e^C A e^{-C} = A + [C,A] + \frac{1}{2!}[C,[C,A]] + \frac{1}{3!}[C,[C,[C,A]]] + \cdots$$

と $[H,a_k]=-\xi_k a_k$, $[H,a_k^\dagger]=\xi_k a_k^\dagger$ の関係を用いて

$$\begin{aligned}\tilde{a}_k(t) &= e^{iHt/\hbar} a_k e^{-iHt/\hbar} \\ &= a_k + \frac{it}{\hbar}[H,a_k] + \frac{1}{2!}\left(\frac{it}{\hbar}\right)[H,[H,a_k]] + \cdots \\ &= a_k + \frac{-it\xi_k}{\hbar} a_k + \frac{1}{2!}\left(\frac{-it\xi_k}{\hbar}\right)^2 a_k + \cdots = e^{-i\xi_k t/\hbar} a_k\end{aligned}$$

生成演算子も同様にして, $\tilde{a}_k^\dagger(t) = e^{i\xi_k t/\hbar} a_k^\dagger$ となる. これらの関係を用いて, A の Heisenberg 表示は

$$\begin{aligned}\tilde{A}(t) &= \sum_{ij} A_{ij} e^{iHt/\hbar} a_i^\dagger a_j e^{-iHt/\hbar} = \sum_{ij} A_{ij} \tilde{a}_i^\dagger(t) \tilde{a}_j(t) \\ &= \sum_{ij} A_{ij} e^{i(\xi_i - \xi_j)t/\hbar} a_i^\dagger a_j\end{aligned}$$

---

*21 (3.52) の最後の項から生じる $\tau=0$ での不連続性によって, 対角成分の Green 関数は $|\omega_n| \to \infty$ で $G_{ii}^T(\omega_n) \simeq 1/i\hbar\omega_n$ のように振る舞う. このとき和が収束しないので $e^{i\omega_n 0_+}$ の収束因子が必要である. $\beta^{-1}\sum_n e^{i\omega_n 0_+}/i\hbar\omega_n = 1/2$ であることを用いれば, $\beta^{-1}\sum_n G^T(\omega_n) e^{i\omega_n 0_+} = \beta^{-1}\sum_n [G^T(\omega_n) - 1/i\hbar\omega_n] + 1/2$ と変形でき, [...] は十分早く収束するので収束因子を考慮しなくてよい.

よって，複素感受率 (1.105) は

$$\begin{aligned}
\chi^{\mathrm{R}}_{AB}(\omega) &= \frac{i}{\hbar}\int_0^\infty dt\,\left\langle [\tilde{A}(t), B]\right\rangle e^{i(\omega+i\delta)t} \\
&= \frac{i}{\hbar}\sum_{ijkl} A_{ij}B_{kl}\left\langle [a_i^\dagger a_j, a_k^\dagger a_l]\right\rangle \int_0^\infty dt\, e^{i\{\omega+i\delta+(\xi_i-\xi_j)/\hbar\}t} \\
&= -\sum_{ijkl}\frac{A_{ij}B_{kl}}{\hbar(\omega+i\delta)+\xi_i-\xi_j}\left\langle [a_i^\dagger a_j, a_k^\dagger a_l]\right\rangle
\end{aligned}$$

となる．**Wick の定理**[*22] と $\langle a_i^\dagger a_j\rangle = f(\xi_i)\delta_{i,j}$ より得られる関係

$$\begin{aligned}
\langle a_i^\dagger a_j a_k^\dagger a_l\rangle &= \langle a_i^\dagger a_j\rangle\langle a_k^\dagger a_l\rangle + \langle a_i^\dagger a_l\rangle\langle a_j a_k^\dagger\rangle \\
&= \langle a_i^\dagger a_j\rangle\langle a_k^\dagger a_l\rangle + \langle a_i^\dagger a_l\rangle\langle \delta_{j,k} - a_k^\dagger a_j\rangle \\
&= (\delta_{i,j}\delta_{k,l} - \delta_{i,l}\delta_{k,j})f(\xi_i)f(\xi_k) + \delta_{i,l}\delta_{k,j}f(\xi_i)
\end{aligned}$$

を用いれば，上式の第 1 項は $(i,j) \leftrightarrow (k,l)$ について不変なことに注意して，$\langle [a_i^\dagger a_j, a_k^\dagger a_l]\rangle$ 部分を計算し

$$\chi^{\mathrm{R}}_{AB}(\omega) = -\sum_{ij}\frac{f(\xi_i)-f(\xi_j)}{\hbar(\omega+i\delta)+\xi_i-\xi_j}A_{ij}B_{ji} \tag{3.60}$$

を得る．

ここで，$\chi^{\mathrm{R}}_{AB}(\omega)$ と 1 粒子 Green 関数との関係について述べておこう．次のような松原 Green 関数の積の和を考えよう．ここで，ω_n と ϵ_m はそれぞれ Bose 粒子と Fermi 粒子の松原振動数である．相互作用のない $G^T(\epsilon_m)$ の表式 (3.55) と公式 (3.58) を用いると

$$\begin{aligned}
\chi^T_{ij,kl}(\omega_n) &\equiv -\frac{1}{\beta}\sum_m G^T_{li}(\epsilon_m)G^T_{jk}(\epsilon_m+\omega_n) \\
&= -\frac{1}{\beta}\sum_m \frac{\delta_{i,l}}{i\hbar\epsilon_m-\xi_i}\frac{\delta_{j,k}}{i\hbar(\epsilon_m+\omega_n)-\xi_j} \\
&= \frac{-\delta_{i,l}\delta_{j,k}}{i\hbar\omega_n+\xi_i-\xi_j}\frac{1}{\beta}\sum_m\left[\frac{1}{i\hbar\epsilon_m-\xi_i} - \frac{1}{i\hbar(\epsilon_m+\omega_n)-\xi_j}\right] \\
&= -\frac{f(\xi_i)-f(\xi_j-i\hbar\omega_n)}{i\hbar\omega_n+\xi_i-\xi_j}\delta_{i,l}\delta_{j,k}
\end{aligned}$$

[*22] Fermi 粒子の生成消滅演算子の相互作用のない系 (ハミルトニアンが a と $a^\dagger$ の 2 次形式で表される系) に関する量子統計平均に対して，$\langle ABCD\rangle = \langle AB\rangle\langle CD\rangle - \langle AC\rangle\langle BD\rangle + \langle AD\rangle\langle BC\rangle$ が成り立つという定理．Bose 粒子の場合は $-$ 符号をすべて $+$ 符号に置き換える．粒子数が保存する系では $\langle a_i a_j\rangle = \langle a_i^\dagger a_j^\dagger\rangle = 0$.

$$= -\frac{f(\xi_i) - f(\xi_j)}{i\hbar\omega_n + \xi_i - \xi_j}\delta_{i,l}\delta_{j,k} \tag{3.61}$$

を得る．途中で $f(\xi_j - i\hbar\omega_n) = 1/(e^{\beta\xi_j}e^{-i\beta\hbar\omega_n} + 1) = f(\xi_j)$ を用いた．上半面で $i\omega_n \to \omega + i\delta$ と解析接続すると

$$\chi^{\mathrm{R}}_{AB}(\omega) = \sum_{ijkl} A_{ij}\chi^{\mathrm{R}}_{ij,kl}(\omega)B_{kl} = \sum_{ij}\chi^{\mathrm{R}}_{ij,ji}(\omega)A_{ij}B_{ji} \tag{3.62}$$

の関係が示される．この関係式を図 3.8(b) に示した．外場によって Fermi 準位以下の状態にいた電子が Fermi 準位以上の状態へ移動して**粒子ホール対**ができることで感受率が生じるのだが，互いに反対向きに進む 1 粒子 Green 関数を「粒子」と「ホール」と見れば，粒子ホール対ができていることは一目瞭然である．この図に由来して，相互作用のない系の動的感受率は 1 粒子の**バブルダイアグラム**で表される，という．

演算子 A や B として，実用上よく用いられる Wannier 基底 $w_{\alpha\boldsymbol{i}}(\boldsymbol{r})$ で表した次の密度演算子 $A_{\boldsymbol{l}}$ $(\boldsymbol{R} = \boldsymbol{i} - \boldsymbol{j})$ を考えてみよう．

$$A_{\boldsymbol{l}} \equiv \sum_{\boldsymbol{j}\boldsymbol{R}\alpha\beta} A^{\alpha\beta}_{\boldsymbol{R}} a^\dagger_{\boldsymbol{j}+\boldsymbol{R}\alpha} a_{\boldsymbol{j}\beta}\delta_{\boldsymbol{l},\boldsymbol{j}+\boldsymbol{R}/2} \tag{3.63}$$

(3.23) を用いて，Fourier 変換すると $A^{\alpha\beta}_{\boldsymbol{R}} = \sum_{\boldsymbol{q}'} A^{\alpha\beta}_{\boldsymbol{q}'} e^{i\boldsymbol{q}'\cdot\boldsymbol{R}}/N_0$ として

$$\begin{aligned}
A_{\boldsymbol{q}} &= \sum_{\boldsymbol{l}} e^{-i\boldsymbol{q}\cdot\boldsymbol{l}} A_{\boldsymbol{l}} \\
&= \frac{1}{N_0^2}\sum_{\alpha\beta nm\boldsymbol{k}}\sum_{\boldsymbol{k}'\boldsymbol{q}'\boldsymbol{j}\boldsymbol{R}} A^{\alpha\beta}_{\boldsymbol{q}'} U^{(\boldsymbol{k})*}_{\alpha n} U^{(\boldsymbol{k}')}_{\beta m} a^\dagger_{\boldsymbol{k}n} a_{\boldsymbol{k}'m} \\
&\qquad \times e^{-i\boldsymbol{k}\cdot(\boldsymbol{j}+\boldsymbol{R}+\boldsymbol{\alpha}) + i\boldsymbol{k}'\cdot(\boldsymbol{j}+\boldsymbol{\beta}) + i\boldsymbol{q}'\cdot\boldsymbol{R} - i\boldsymbol{q}\cdot(\boldsymbol{j}+\boldsymbol{R}/2)} \\
&= \sum_{nm\boldsymbol{k}}\sum_{\alpha\beta} A^{\alpha\beta}_{\boldsymbol{k}+\boldsymbol{q}/2} U^{(\boldsymbol{k})*}_{\alpha n} U^{(\boldsymbol{k}+\boldsymbol{q})}_{\beta m} a^\dagger_{\boldsymbol{k}n} a_{\boldsymbol{k}+\boldsymbol{q}m} e^{-i\boldsymbol{k}\cdot\boldsymbol{\alpha} + i(\boldsymbol{k}+\boldsymbol{q})\cdot\boldsymbol{\beta}} \\
&= \sum_{nm\boldsymbol{k}}\sum_{\alpha\beta} A^{\alpha\beta}_{\boldsymbol{k}} U^{(\boldsymbol{k}_-)*}_{\alpha n} U^{(\boldsymbol{k}_+)}_{\beta m} e^{-i(\boldsymbol{k}_-\cdot\boldsymbol{\alpha} - \boldsymbol{k}_+\cdot\boldsymbol{\beta})} a^\dagger_{\boldsymbol{k}_- n} a_{\boldsymbol{k}_+ m} \\
&\equiv \sum_{nm\boldsymbol{k}} A_{nm}(\boldsymbol{k};\boldsymbol{q}) a^\dagger_{\boldsymbol{k}_- n} a_{\boldsymbol{k}_+ m}
\end{aligned} \tag{3.64}$$

ここで，$\boldsymbol{k}_\pm \equiv \boldsymbol{k} \pm \boldsymbol{q}/2$ であり

$$A_{nm}(\boldsymbol{k};\boldsymbol{q}) = \sum_{\alpha\beta} U^{(\boldsymbol{k}_-)*}_{\alpha n} A^{\alpha\beta}_{\boldsymbol{k}} U^{(\boldsymbol{k}_+)}_{\beta m} e^{-i(\boldsymbol{k}_-\cdot\boldsymbol{\alpha} - \boldsymbol{k}_+\cdot\boldsymbol{\beta})} \tag{3.65}$$

とおいた．この表式は，行列要素 A_{ij} の基底として $i=(n,\boldsymbol{k}_-)$, $j=(m,\boldsymbol{k}_+)$ と選んだことに対応する．この基底の固有エネルギーは $\xi_{n-}\equiv\xi_{n\boldsymbol{k}_-}$ および $\xi_{m+}\equiv\xi_{m\boldsymbol{k}_+}$ である．

A_l が Hermite 演算子という条件から $A_{\boldsymbol{q}}^\dagger=A_{-\boldsymbol{q}}$ である．一方

$$
\begin{aligned}
A_{\boldsymbol{q}}^\dagger &= \sum_{nm\boldsymbol{k}} A_{nm}^*(\boldsymbol{k};\boldsymbol{q})a_{\boldsymbol{k}_+m}^\dagger a_{\boldsymbol{k}_-n} \\
A_{-\boldsymbol{q}} &= \sum_{nm\boldsymbol{k}} A_{nm}(\boldsymbol{k};-\boldsymbol{q})a_{\boldsymbol{k}_+n}^\dagger a_{\boldsymbol{k}_-m}
\end{aligned}
$$

より，次の関係が得られる．

$$
A_{nm}(\boldsymbol{k};\boldsymbol{q})=A_{mn}^*(\boldsymbol{k};-\boldsymbol{q}) \tag{3.66}
$$

(3.62) において，$A=A_{\boldsymbol{q}}$, $B=B_{\boldsymbol{q}}^\dagger$ と選んで，複素感受率 $\chi_{AB}^{\mathrm{R}}(\boldsymbol{q},\omega)\equiv\chi_{A_{\boldsymbol{q}}B_{\boldsymbol{q}}^\dagger}^{\mathrm{R}}(\omega)=\langle\langle A;B\rangle\rangle(\boldsymbol{q},\omega)$ を求めよう．後者の表式は演算子が見やすいようにしたものである．$i=(n,\boldsymbol{k}_-)$, $j=(m,\boldsymbol{k}_+)$ に注意すれば

$$
\chi_{AB}^{\mathrm{R}}(\boldsymbol{q},\omega)=-\sum_{nm\boldsymbol{k}}\frac{f(\xi_{n-})-f(\xi_{m+})}{\hbar(\omega+i\delta)+\xi_{n-}-\xi_{m+}}A_{nm}(\boldsymbol{k};\boldsymbol{q})B_{nm}^*(\boldsymbol{k};\boldsymbol{q}) \tag{3.67}
$$

3.4.2 相互作用のない系の感受率の例

単位格子に１つの原子がありスピン縮退を除いて軌道が１つの場合を考えよう．この場合，$U_{\alpha n}^{(\boldsymbol{k})}=\delta_{\alpha,n}$ より，スピン状態を σ で表すと $A_{\sigma\sigma'}(\boldsymbol{k};\boldsymbol{q})=A_{\boldsymbol{k}}^{\sigma\sigma'}$ である．例えば，粒子数演算子および**スピン演算子**は

$$
n_{\boldsymbol{j}}=\sum_\sigma a_{\boldsymbol{j}\sigma}^\dagger a_{\boldsymbol{j}\sigma},\quad n_{\boldsymbol{q}}=\sum_{\boldsymbol{k}\sigma}a_{\boldsymbol{k}_-\sigma}^\dagger a_{\boldsymbol{k}_+\sigma} \tag{3.68}
$$

$$
\boldsymbol{s}_{\boldsymbol{j}}=\sum_{\sigma\sigma'}\left(\frac{\boldsymbol{\sigma}}{2}\right)_{\sigma,\sigma'}a_{\boldsymbol{j}\sigma}^\dagger a_{\boldsymbol{j}\sigma'},\quad \boldsymbol{s}_{\boldsymbol{q}}=\sum_{\boldsymbol{k}\sigma\sigma'}\left(\frac{\boldsymbol{\sigma}}{2}\right)_{\sigma,\sigma'}a_{\boldsymbol{k}_-\sigma}^\dagger a_{\boldsymbol{k}_+\sigma'} \tag{3.69}
$$

である．よって，**電荷感受率**および**スピン感受率**は

$$
\chi_{\mathrm{c}}^{\mathrm{R}}(\boldsymbol{q},\omega)=\langle\langle n_{\boldsymbol{q}};n_{-\boldsymbol{q}}\rangle\rangle=2\chi_0^{\mathrm{R}}(\boldsymbol{q},\omega) \tag{3.70}
$$

$$
\chi_{\mathrm{s}}^{\mathrm{R},\mu\nu}(\boldsymbol{q},\omega)=\langle\langle s_{\boldsymbol{q}}^\mu;s_{-\boldsymbol{q}}^\nu\rangle\rangle=\frac{1}{2}\chi_0^{\mathrm{R}}(\boldsymbol{q},\omega)\delta_{\mu,\nu} \tag{3.71}
$$

ここで

$$\chi_0^{\mathrm{R}}(\boldsymbol{q},\omega) \equiv -\sum_{\boldsymbol{k}} \frac{f(\xi_-) - f(\xi_+)}{\hbar(\omega + i\delta) + \xi_- - \xi_+} \tag{3.72}$$

を **Lindhard 関数**という [*23]．等温感受率は，1.8 節で示したように $\omega \to 0$，$\boldsymbol{q} \to 0$ の順に極限を取ることで求まり，Fermi エネルギーより十分低温では次のようになる [*24]．

$$\chi_0^{\mathrm{R}}(\boldsymbol{q} \to 0, \omega = 0) = \sum_{\boldsymbol{k}} \left(-\frac{df}{d\xi}\right) \simeq \sum_{\boldsymbol{k}} \delta(\mu - \epsilon_{\boldsymbol{k}}) = \rho_\sigma(\mu) \equiv \rho_{\mathrm{F}} \tag{3.73}$$

ここで，ρ_{F} は Fermi 準位 $\mu \simeq \epsilon_{\mathrm{F}}$ におけるスピンあたりの状態密度である．等温電荷感受率は $\chi_{\mathrm{c}}^T = 2\rho_{\mathrm{F}}$，等温スピン磁化率は $\chi_{\mathrm{s}}^T = \rho_{\mathrm{F}}/2$ となる．前者は**等温圧縮率** κ_T と $\chi_{\mathrm{c}}^T = (N_{\mathrm{e}}^2/V)\kappa_T$ の関係があり (N_{e} は電子数，V は系の体積)，後者はよく知られた温度によらない **Pauli 磁化率** $\chi_{\mathrm{Pauli}} = (2\mu_{\mathrm{B}})^2\chi_{\mathrm{s}}^T$ である．

中性子散乱実験において，中性子の質量を M，入射中性子と散乱中性子の運動量をそれぞれ $\hbar\boldsymbol{k}$，$\hbar\boldsymbol{k}'$ とする．中性子がサンプルに $\hbar\boldsymbol{q} \equiv \hbar(\boldsymbol{k} - \boldsymbol{k}')$ の運動量と $E \equiv \hbar\omega = \hbar^2(\boldsymbol{k}^2 - \boldsymbol{k}'^2)/2M$ のエネルギーを受け渡すときの微分散乱断面積は，$\boldsymbol{q}$ 方向の単位ベクトルを $\hat{q} = \boldsymbol{q}/|\boldsymbol{q}|$ として

$$\frac{d^2\sigma}{dEd\Omega} \propto |F(\boldsymbol{q})|^2 \sum_{\mu\nu} (\delta_{\mu,\nu} - \hat{q}_\mu \hat{q}_\nu) \mathcal{S}_{\mu\nu}(\boldsymbol{q},\omega) \tag{3.74}$$

のように表される．ここで，$F(\boldsymbol{q})$ は形状因子，$\mathcal{S}_{\mu\nu}(\boldsymbol{q},\omega)$ は動的相関関数で，揺動散逸定理 (1.115) を用いて

$$\mathcal{S}_{\mu\nu}(\boldsymbol{q},\omega) = 2(2\mu_{\mathrm{B}})^2 (1 - e^{-\beta\hbar\omega})^{-1} \mathrm{Im}\, \chi_{\mathrm{s}}^{\mathrm{R},\mu\nu}(\boldsymbol{q},\omega) \tag{3.75}$$

のように，複素感受率の虚部と関係づけられる [*25]．$\boldsymbol{q}$ の方向を z 軸に取ると，因子 $(\delta_{\mu,\nu} - \hat{q}_\mu \hat{q}_\nu)$ が残るのは $\mu, \nu \neq z$ の場合だけである．したがって，微分断面積には $\boldsymbol{q}$ に垂直なスピン成分の情報だけが含まれる．

一方，NMR の**縦緩和時間** T_1 は局所動的帯磁率と次の関係がある．

---

*23 $\chi_0^{\mathrm{R}}(\boldsymbol{q},\omega)$ は $O(N_0)$ の量であり，数値計算では格子点あたりの量を扱う方がよい．

*24 逆の断熱極限を取ると $\chi_0^{\mathrm{R}}(0, \omega \to 0) = 0$ となってしまう．

*25 中性子のもつスピン磁気モーメント $\boldsymbol{\mu}_{\mathrm{N}}$ が作る (双極子) 磁場と電子との相互作用によって中性子が散乱される．そのため，一般に散乱断面積はスピン磁気モーメント $-2\mu_{\mathrm{B}}\boldsymbol{s}$ を磁気双極子モーメント (1.53) に置き換えた複素感受率によって表される．

$$\frac{1}{TT_1} \propto \sum_{\boldsymbol{q}} |A_{\rm hf}(\boldsymbol{q})|^2 \frac{\operatorname{Im}\chi^{\rm R}_{+-}(\boldsymbol{q},\omega_0)}{\pi\hbar\omega_0} \tag{3.76}$$

ここで，$A_{\rm hf}(\boldsymbol{q})$ は超微細相互作用であり $\boldsymbol{q}$ 依存性は無視できる．ω_0 は共鳴振動数で電子系のエネルギースケールに比べて十分に小さいため $\omega_0 \to 0$ 極限と見なしてよい．また，等方的な系では

$$\chi^{\rm R}_{+-}(\boldsymbol{q},\omega_0) = \langle\langle s^+_{\boldsymbol{q}}; s^-_{-\boldsymbol{q}}\rangle\rangle(\omega_0) = 2\chi^{\rm R\perp}_{\rm s}(\boldsymbol{q},\omega_0) = \chi^{\rm R}_0(\boldsymbol{q},\omega_0)$$

である．(3.72) より，$\hbar\omega_0 \to 0$ として

$$\begin{aligned}
&\sum_{\boldsymbol{q}} \operatorname{Im}\chi^{\rm R}_0(\boldsymbol{q},\omega_0) \\
&\quad = \pi \sum_{\boldsymbol{k}_-\boldsymbol{k}_+} \bigl(f(\xi_-) - f(\xi_- + \hbar\omega_0)\bigr)\delta(\hbar\omega_0 + \xi_- - \xi_+) \\
&\quad \simeq \pi\hbar\omega_0 \sum_{\boldsymbol{k}_-\boldsymbol{k}_+} \left(-\frac{df}{d\xi_-}\right)\delta(\xi_- - \xi_+) \\
&\quad \simeq \pi\hbar\omega_0 \sum_{\boldsymbol{k}_-}\delta(\mu - \xi_-)\sum_{\boldsymbol{k}_+}\delta(\mu - \xi_+) = \pi\hbar\omega_0\rho_{\rm F}^2
\end{aligned}$$

となるので，次の **Korringa の関係式**を得る [*26]．

$$\frac{1}{TT_1} \propto |A_{\rm hf}|^2 \rho_{\rm F}^2 \tag{3.77}$$

3.4.3 自由電子系の Lindhard 関数

最後に，電子数 $N_{\rm e}$，体積 V の自由電子系の $T = 0$ での Lindhard 関数 (3.72) を求めておこう．系は等方的であるから，$\boldsymbol{q}$ の方向を z 軸に取った極座標を用い，$k = |\boldsymbol{k}|$，$q = |\boldsymbol{q}|$ および $\boldsymbol{q}$ と $\boldsymbol{k}$ のなす角を θ として $t = \cos\theta$ とおく．Fermi 波数は $k_{\rm F} = (3\pi^2 N_{\rm e}/V)^{1/3}$，スピンあたりの状態密度は $\rho_{\rm F} = mk_{\rm F}V/2\pi^2\hbar^2$，Fermi エネルギーは $\epsilon_{\rm F} = \hbar^2k_{\rm F}^2/2m = 3N_{\rm e}/4\rho_{\rm F}$ である．無次元の量

$$x = \frac{q}{2k_{\rm F}}, \quad y = \frac{\hbar\omega}{4\epsilon_{\rm F}}, \quad s = \frac{k}{k_{\rm F}}$$

を用いれば，$\boldsymbol{k} \to \boldsymbol{k} \mp \boldsymbol{q}/2$ と変数変換して

[*26] 相互作用がある系であっても Fermi 液体論が成り立つときは同様の比例関係が成り立つ．これを **Korringa-斯波の関係式**という．

$$
\begin{aligned}
\chi_0^{\mathrm{R}}(\boldsymbol{q},\omega) &= \sum_{\boldsymbol{k}} \frac{\theta(\epsilon_{\mathrm{F}}-\xi_+)-\theta(\epsilon_{\mathrm{F}}-\xi_-)}{\hbar(\omega+i\delta)+\xi_- - \xi_+} \\
&= \sum_{\boldsymbol{k}} \theta(\epsilon_{\mathrm{F}}-\xi_{\boldsymbol{k}}) \left[\frac{1}{\hbar(\omega+i\delta)+\xi_{\boldsymbol{k}-\boldsymbol{q}}-\xi_{\boldsymbol{k}}} - \frac{1}{\hbar(\omega+i\delta)+\xi_{\boldsymbol{k}}-\xi_{\boldsymbol{k}+\boldsymbol{q}}} \right] \\
&= \frac{\rho_{\mathrm{F}}}{4x} \int_0^1 ds\, s^2 \int_{-1}^1 dt \left[\frac{1}{y/x+x-st+i0} - \frac{1}{y/x-x-st+i0} \right] \\
&= \frac{\rho_{\mathrm{F}}}{4x} [I_0(y/x+x) - I_0(y/x-x)] \\
I_0(x) &\equiv \int_0^1 ds \int_{-1}^1 dt \frac{s^2}{x-st+i0}
\end{aligned}
\tag{3.78}
$$

ここで

$$
I_0(x) = x + \frac{1-x^2}{2} \ln\left|\frac{1+x}{1-x}\right| - \frac{i\pi}{2}(1-x^2)\theta(1-x^2) = -I_0^*(-x)
$$

である．極限を求めると

$$
\chi_0^{\mathrm{R}}(\boldsymbol{q},\omega) = \rho_{\mathrm{F}} \times \begin{cases} 1 - \dfrac{x^2}{3} - \dfrac{y^2}{x^2} + \dfrac{i\pi y}{2x} & (y < x,\ x \to 0) \\ -\dfrac{x^2}{3y^2}\left(1+\dfrac{3x^2}{5y^2}\right) & (x < y,\ x \to 0) \end{cases} \tag{3.79}
$$

上段が等温極限，下段が断熱極限に対応する．2つの極限が異なるのは，Fermi面が存在して無限小エネルギーの粒子ホール対が可能だからである．静的感受率は

$$
\chi_0^{\mathrm{R}}(\boldsymbol{q},0) = \rho_{\mathrm{F}} I(q/2k_{\mathrm{F}}), \quad I(x) = \frac{1}{2} + \frac{1-x^2}{4x} \ln\left|\frac{1+x}{1-x}\right| \tag{3.80}
$$

同様にして，2 次元 ($\rho_{\mathrm{F}}^{(2\mathrm{d})} = mL^2/2\pi\hbar^2$) および 1 次元 ($\rho_{\mathrm{F}}^{(1\mathrm{d})} = mL/k_{\mathrm{F}}\pi\hbar^2$) の表式も得られる ($L$ は系の 1 辺の長さ，$y_\pm \equiv y/x \pm x + i0$)．

$$
\chi_0^{\mathrm{R}}(\boldsymbol{q},\omega) = \frac{\rho_{\mathrm{F}}^{(2\mathrm{d})}}{2x} \left[2x - \sqrt{y_+ + 1}\sqrt{y_+ - 1} + \sqrt{y_- + 1}\sqrt{y_- - 1} \right] \tag{3.81}
$$

$$
\chi_0^{\mathrm{R}}(\boldsymbol{q},\omega) = \frac{\rho_{\mathrm{F}}^{(1\mathrm{d})}}{4x} \ln\left[\frac{(y_+ + 1)(y_- - 1)}{(y_+ - 1)(y_- + 1)} \right] \tag{3.82}
$$

Lindhard 関数の振る舞いを図 3.9 に示す．複素感受率は粒子ホール対を生成することで有限の値をもつ．自由電子系では Fermi 球の直径は $2k_{\mathrm{F}}$ であ

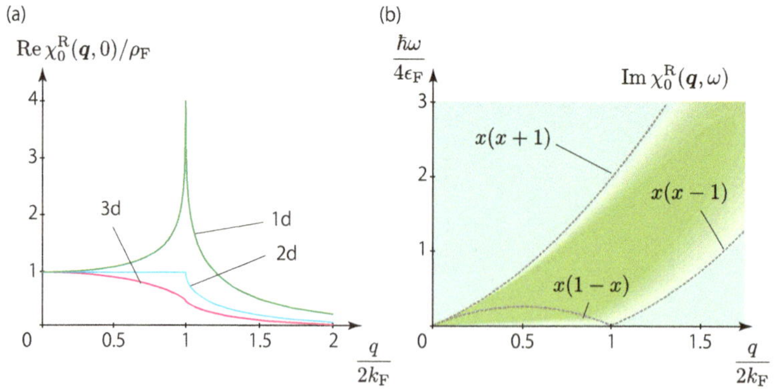

図 3.9　Lindhard 関数．(a) $\mathrm{Re}\,\chi_0^{\mathrm{R}}(\boldsymbol{q},0)$，(b) $\mathrm{Im}\,\chi_0^{\mathrm{R}}(\boldsymbol{q},\omega)$ のスペクトル強度．1 次元の場合は $y < x(1-x)$ 領域はゼロ．$x = q/2k_{\mathrm{F}}$, $y = \hbar\omega/4\epsilon_{\mathrm{F}}$.

るから，$q = 2k_{\mathrm{F}}$ で図 3.9(a) のような異常が現れる．これを **Kohn 異常**という．また，運動量保存則とエネルギー保存則を満たすときだけ粒子ホール対励起が可能である．このように波数空間で局在して，Fermi 面付近の限られた部分のみが関与する励起を**個別励起**とよぶ [*27]．図 3.9(b) の虚部 (常に正) が存在する領域は，これらの保存則による制限を表している．この領域の境界を **Kohn 異常境界線**という．1 次元では，Fermi 点が $\pm k_{\mathrm{F}}$ の 2 点しかないため，図 3.9(b) の $y < x(1-x)$ 領域の個別励起は存在しない．これは 1 次元の特殊性であり，低エネルギーの個別励起が存在しないことが 1 次元特有の性質を生み出す．次に述べるネスティングのよい擬 1 次元系では，$2k_{\mathrm{F}}$ 異常が**電荷密度波** (Charge Density Wave: CDW)，**スピン密度波** (SDW) や (スピン)**Peierls 転移**などの秩序を引き起こす原因となる．

3.4.4 結晶中の感受率

一般に，結晶中では Fermi 面は等方的ではなく，その大きさと形状は電子のバンド占有率 (filling) によって変化する．また，連続並進対称性がないために運動量ではなく結晶運動量が保存量となる．以上の相違点から単純な Kohn 異常に加えて別の効果が現れる．

1 つは**ネスティング**と呼ばれる現象で，Fermi 面上の波数 $\boldsymbol{k}$ にある波数 $\boldsymbol{Q}$ (ネスティングベクトルとよぶ) を加えたベクトル $\boldsymbol{k}+\boldsymbol{Q}$ が Fermi 面上

[*27] これに対して，相互作用によって Fermi 面全体がいっせいに振動するような励起を**集団励起**という．

にあるような波数 $\boldsymbol{k}$ が有限の領域にわたって存在する場合である．この場合，低エネルギーの状態は実質的に 1 次元系に近い状況にある．このような状況を考えるために，$\xi_{\boldsymbol{k}+\boldsymbol{Q}} = -\xi_{\boldsymbol{k}}$ が成り立つとしてみよう [*28]．このとき，$f_{\boldsymbol{k}+\boldsymbol{Q}} - f_{\boldsymbol{k}} = 1 - 2f_{\boldsymbol{k}} = \tanh(\beta\xi_{\boldsymbol{k}}/2)$ より

$$\chi_0^{\mathrm{R}}(\boldsymbol{Q}, 0) = -\sum_{\boldsymbol{k}} \frac{f_{\boldsymbol{k}} - f_{\boldsymbol{k}+\boldsymbol{Q}}}{\xi_{\boldsymbol{k}} - \xi_{\boldsymbol{k}+\boldsymbol{Q}}} = \sum_{\boldsymbol{k}} \frac{\tanh(\beta\xi_{\boldsymbol{k}}/2)}{2\xi_{\boldsymbol{k}}}$$

となるが，ネスティング条件が Fermi 準位に十分近い領域 $|\xi_{\boldsymbol{k}}| \lesssim \epsilon_c$ で成り立つとして $\boldsymbol{k}$ の和を評価すると

$$\frac{\chi_0^{\mathrm{R}}(\boldsymbol{Q}, 0)}{\rho_{\mathrm{F}}} \simeq \int_0^{\epsilon_c} d\xi \, \frac{\tanh(\beta\xi/2)}{\xi} = \int_0^{\beta\epsilon_c/2} dx \, \frac{\tanh x}{x}$$
$$\simeq \ln\left(\frac{\beta\epsilon_c}{2}\right) - \int_0^{\infty} dx \frac{\ln x}{\cosh^2 x} = \ln\left(\frac{2\epsilon_c e^{\gamma}}{\pi k_{\mathrm{B}} T}\right)$$

となる．ここで，$\beta\epsilon_c \gg 1$ であり，部分積分を用いて収束積分の上限は無限大とした．$\gamma = 0.5772$ は Euler 定数である．このように，ネスティングが存在すると，ネスティングベクトル $\boldsymbol{Q}$ の静的感受率は低温で対数的な発散 $\propto -\ln T$ を示す．この対数異常は，超伝導状態を生み出す **Cooper 不安定性**とよばれるものと同じ数学的構造をもつ．

もう 1 つは**ウムクラップ過程**とよばれる現象で，散乱過程において逆格子ベクトルのずれを伴って運動量が保存される過程 ($\boldsymbol{G} \neq 0$) である．通常の逆格子ベクトルのずれを伴わない散乱過程 ($\boldsymbol{G} = 0$) を**正常過程**という．逆格子ベクトルの運動量 $\hbar\boldsymbol{G}$ は，結晶格子全体で吸収または放出される．1 次元系では $-k_{\mathrm{F}}$ 付近にある 2 電子が衝突した結果，ともに $+k_{\mathrm{F}}$ へ散乱されるウムクラップ過程がある．このとき，運動量変化が最小の逆格子ベクトル $\boldsymbol{G}_0$ に等しいので，$4k_{\mathrm{F}} = |\boldsymbol{G}_0|$ が成り立つ．これは half-filling の占有数に対応し，この過程によって電荷励起にギャップが生じて絶縁体となることが知られている．さらに，ウムクラップ散乱によって有限温度でも電荷感受率に $4k_{\mathrm{F}}$ の異常が残る．また一般に，真空中の電子・電子散乱であれば電子の真の運動量の和は散乱の前後で保存され電気抵抗には寄与しないが，結晶中ではウムクラップ過程があるため真の運動量は保存されず，電子・電子散乱であっても電気抵抗に寄与する．ウムクラップ過程は離散的な並進対称性の帰結だから，電子散乱や電子・格子散乱だけでなく，結晶中のあらゆる波動

[*28] 2 次元正方格子の最近接タイトバインディング模型では $\mu = 0$ のとき $\xi_{\boldsymbol{k}} = -2t(\cos k_x a + \cos k_y a)$ となり，$\boldsymbol{Q} = (\pi, \pi)/a$ に対してこの条件を満たしている．

現象において起こる現象である.

3.5 電気伝導度

3.5.1 一般論

波数 $\boldsymbol{q}$, 振動数 ω で振動する電場 $\boldsymbol{E}_{\boldsymbol{q}}(\omega) \propto e^{i(\boldsymbol{q}\cdot\boldsymbol{r}-\omega t)}$ に対する電流密度 $\langle \boldsymbol{j}_{\boldsymbol{q}} \rangle (\omega)$ を線形応答の範囲で考えよう.

$$\langle j^{\mu}_{\boldsymbol{q}} \rangle (\omega) = \sum_{\nu} \sigma_{\mu\nu}(\boldsymbol{q}, \omega) E^{\nu}_{\boldsymbol{q}} \tag{3.83}$$

真空中の電磁波は $\omega = c|\boldsymbol{q}|$ の関係にあるが, 電気伝導度の測定に用いる可視光や赤外光などの波長は格子間隔に比べて十分に長いので, $\boldsymbol{q} \to 0$ 極限と考えて差し支えない. $\phi = 0$ なる**テンポラルゲージ**を用い, 電場を振動数 ω で振動するベクトルポテンシャル $\boldsymbol{A}_{\boldsymbol{q}}(\omega)$ で

$$\boldsymbol{E}_{\boldsymbol{q}} = -\frac{1}{c}\frac{\partial \boldsymbol{A}_{\boldsymbol{q}}}{\partial t} = \frac{i\omega}{c}\boldsymbol{A}_{\boldsymbol{q}} \tag{3.84}$$

と表す [*29]. ベクトルポテンシャルと電流密度との相互作用は

$$H_{\mathrm{ex}} = -\frac{\Omega_0}{c}\sum_{\boldsymbol{i}} \boldsymbol{j}_{\boldsymbol{i}} \cdot \boldsymbol{A}_{\boldsymbol{i}} = -\frac{\Omega_0}{cN_0}\sum_{\boldsymbol{q}} (\boldsymbol{j}^{\mathrm{p}}_{-\boldsymbol{q}} + \boldsymbol{j}^{\mathrm{d}}_{-\boldsymbol{q}}) \cdot \boldsymbol{A}_{\boldsymbol{q}} \tag{3.85}$$

であるが, 反磁性電流密度 $\boldsymbol{j}^{\mathrm{d}}_{\boldsymbol{q}}$ は $\langle j^{\mathrm{d},\mu}_{\boldsymbol{q}} \rangle (\omega) \equiv -(1/cV)\sum_{\nu} D_{\mu\nu} A^{\nu}_{\boldsymbol{q}}(\omega)$ のように $\boldsymbol{A}$ の 1 次項を含むので, その期待値がそのまま線形応答の範囲での寄与となる (導出は A.3 節参照). 自由電子系の場合は $D_{\mu\mu}/V = e^2 N_{\mathrm{e}}/mV$ である. よって, 常磁性項の寄与のみ久保公式で取り扱うと, $\Pi_{\mu\nu}(\boldsymbol{q}, \omega) \equiv \Omega_0^2 \langle\langle j^{\mathrm{p},\mu}_{\boldsymbol{q}}; j^{\mathrm{p},\nu}_{-\boldsymbol{q}} \rangle\rangle (\boldsymbol{q}, \omega)$ として

$$\langle j^{\mu}_{\boldsymbol{0}} \rangle (\omega) = \sum_{\nu} \frac{\Pi_{\mu\nu}(\boldsymbol{0}, \omega) - D_{\mu\nu}}{i\omega V} E^{\nu}_{\boldsymbol{0}}(\omega) \tag{3.86}$$

となる. $\omega \to 0$ で電気伝導度は発散しないはずだから, $D_{\mu\nu} = \Pi_{\mu\nu}(\boldsymbol{0}, 0)$ であり

$$\sigma_{\mu\nu}(\omega) = \frac{\Pi_{\mu\nu}(\boldsymbol{0}, \omega) - \Pi_{\mu\nu}(\boldsymbol{0}, 0)}{i\omega V} \tag{3.87}$$

---

*29 最終的な結果はゲージの選び方によってはならない. 電磁場の応答を考えるときには, ゲージ不変性に気を付ける必要がある. 例えば, 小形正男, 物性物理のための場の理論・グリーン関数 (サイエンス社, 2018); 西川恭治, 森弘之, 統計物理学 (朝倉書店, 2000). 等を参照.

実は，この式は (1.109) に他ならない．$\omega \neq 0$ の電気伝導率を**光学伝導度**といい，$\omega \to 0$ 極限 (実数) が直流伝導率を表す．一方，電流密度を $\boldsymbol{A}$ に比例する形

$$\langle j_{\boldsymbol{q}}^{\mu} \rangle (\omega) = \frac{1}{c} \sum_{\nu} K_{\mu\nu}(\boldsymbol{q}, \omega) A_{\boldsymbol{q}}^{\nu}(\omega) \tag{3.88}$$

のように表したときの比例係数 $K_{\mu\nu}(\boldsymbol{q}, \omega) = [\Pi_{\mu\nu}(\boldsymbol{q}, \omega) - \Pi_{\mu\nu}(\boldsymbol{0}, 0)]/V$ を **Meissner 核**という．$\sigma_{\mu\nu}(\boldsymbol{q}, \omega) = K_{\mu\nu}(\boldsymbol{q}, \omega)/i\omega$ の関係がある．

常磁性電流密度演算子の表式は (A.50) と (A.51) より

$$\begin{aligned}
\boldsymbol{j}_{\boldsymbol{q}}^{\mathrm{p}} &= -\frac{e}{\Omega_0} \sum_{nm\boldsymbol{k}} \boldsymbol{v}_{nm}(\boldsymbol{k}; \boldsymbol{q}) a_{\boldsymbol{k}_- n}^{\dagger} a_{\boldsymbol{k}_+ m} \\
\boldsymbol{v}_{nm}(\boldsymbol{k}; \boldsymbol{q}) &\equiv \sum_{\alpha\beta} U_{\alpha n}^{(\boldsymbol{k}_-)*} \boldsymbol{v}_{\boldsymbol{k}}^{\alpha\beta} U_{\beta m}^{(\boldsymbol{k}_+)} e^{i\boldsymbol{q}\cdot(\boldsymbol{\alpha}+\boldsymbol{\beta})/2} \\
\boldsymbol{v}_{\boldsymbol{k}}^{\alpha\beta} &\equiv \frac{\partial h_{\boldsymbol{k}}^{\alpha\beta}}{\hbar \partial \boldsymbol{k}} = -\frac{i}{\hbar} \sum_{\boldsymbol{R}} (\boldsymbol{R} + \boldsymbol{\alpha} - \boldsymbol{\beta}) e^{-i\boldsymbol{k}\cdot(\boldsymbol{R}+\boldsymbol{\alpha}-\boldsymbol{\beta})} t_{\boldsymbol{R}}^{\alpha\beta}
\end{aligned} \tag{3.89}$$

である [*30]．また，反磁性項の寄与は (A.52), (A.53), (A.54) より

$$\begin{aligned}
&\langle j_{\boldsymbol{q}}^{\mathrm{d},\mu} \rangle = -\frac{1}{cV} \sum_{\nu} D_{\mu\nu} A_{\boldsymbol{q}}^{\nu}, \quad D_{\mu\nu} \equiv e^2 \sum_{n\boldsymbol{k}} (m_{\boldsymbol{k};\boldsymbol{0}}^{-1})_{\mu\nu}^{nn} f_{n\boldsymbol{k}} \\
&\left(m_{\boldsymbol{k};\boldsymbol{0}}^{-1} \right)_{\mu\nu}^{nn} \equiv \sum_{\alpha\beta} U_{\alpha n}^{(\boldsymbol{k})*} (m_{\boldsymbol{k}}^{-1})_{\mu\nu}^{\alpha\beta} U_{\beta n}^{(\boldsymbol{k})} \\
&\left(m_{\boldsymbol{k}}^{-1} \right)_{\mu\nu}^{\alpha\beta} \equiv \frac{\partial^2 h_{\boldsymbol{k}}^{\alpha\beta}}{\hbar^2 \partial k_{\mu} \partial k_{\nu}} \\
&\qquad = -\frac{1}{\hbar^2} \sum_{\boldsymbol{R}} (\boldsymbol{R} + \boldsymbol{\alpha} - \boldsymbol{\beta})_{\mu} (\boldsymbol{R} + \boldsymbol{\alpha} - \boldsymbol{\beta})_{\nu} e^{-i\boldsymbol{k}\cdot(\boldsymbol{R}+\boldsymbol{\alpha}-\boldsymbol{\beta})} t_{\boldsymbol{R}}^{\alpha\beta}
\end{aligned} \tag{3.90}$$

3.5.2 相互作用のない系

(3.67) より相互作用のない系では

$$\Pi_{\mu\nu}(\boldsymbol{q}, \omega) = -e^2 \sum_{nm\boldsymbol{k}} \frac{(f_{n\boldsymbol{k}_-} - f_{m\boldsymbol{k}_+}) v_{nm}^{\mu}(\boldsymbol{k}; \boldsymbol{q}) v_{nm}^{\nu*}(\boldsymbol{k}; \boldsymbol{q})}{\hbar(\omega + i\delta) + \xi_{n\boldsymbol{k}_-} - \xi_{m\boldsymbol{k}_+}} \tag{3.91}$$

[*30] (3.15) における単位格子内の座標に関する位相因子の有無によって，速度演算子行列 $\boldsymbol{v}_{\boldsymbol{k}}^{\alpha\beta}$ の表式は異なる．この相違は見かけ上のものであり，どちらも流儀を用いても最終的な観測量は不変である．

したがって

$$
\begin{aligned}
\sigma_{\mu\nu}(\omega) &= -\frac{e^2}{i\omega V}\sum_{nm\boldsymbol{k}}(f_{n\boldsymbol{k}}-f_{m\boldsymbol{k}})v^{\mu}_{nm}(\boldsymbol{k})v^{\nu*}_{nm}(\boldsymbol{k}) \\
&\qquad\times\left[\frac{1}{\hbar(\omega+i\delta)+\xi_{n\boldsymbol{k}}-\xi_{m\boldsymbol{k}}}-\frac{1}{\xi_{n\boldsymbol{k}}-\xi_{m\boldsymbol{k}}}\right] \\
&= \frac{e^2\hbar}{iV}\sum_{nm\boldsymbol{k}}\frac{f_{n\boldsymbol{k}}-f_{m\boldsymbol{k}}}{\xi_{n\boldsymbol{k}}-\xi_{m\boldsymbol{k}}}\frac{v^{\mu}_{nm}(\boldsymbol{k})v^{\nu*}_{nm}(\boldsymbol{k})}{\hbar(\omega+i\delta)+\xi_{n\boldsymbol{k}}-\xi_{m\boldsymbol{k}}}
\end{aligned}
\tag{3.92}
$$

となる [*31]．この式は $\boldsymbol{q}\to 0$ によって得られたことに注意して，$\xi_{n\boldsymbol{k}}=\xi_{m\boldsymbol{k}}$ を満たす項を分離すると

$$
\begin{aligned}
\sigma_{\mu\nu}(\omega) &= \frac{e^2\hbar}{iV}\sum_{\boldsymbol{k}}\sum_{nm}^{\xi_{n\boldsymbol{k}}\neq\xi_{m\boldsymbol{k}}}\frac{f_{n\boldsymbol{k}}-f_{m\boldsymbol{k}}}{\xi_{n\boldsymbol{k}}-\xi_{m\boldsymbol{k}}}\frac{v^{\mu}_{nm}(\boldsymbol{k})v^{\nu*}_{nm}(\boldsymbol{k})}{\hbar(\omega+i\delta)+\xi_{n\boldsymbol{k}}-\xi_{m\boldsymbol{k}}} \\
&\quad+\frac{i}{\omega+i\delta}\frac{e^2}{V}\sum_{\boldsymbol{k}}\sum_{nm}^{\xi_{n\boldsymbol{k}}=\xi_{m\boldsymbol{k}}}\left(-\frac{\partial f_{n\boldsymbol{k}}}{\partial\xi_{n\boldsymbol{k}}}\right)v^{\mu}_{nm}(\boldsymbol{k})v^{\nu*}_{mn}(\boldsymbol{k})
\end{aligned}
\tag{3.93}
$$

となる．第 1 項をバンド間の寄与 (van Vleck 項)，第 2 項をバンド内の寄与という．

3.5.3 Drude 重みと Meissner 重み

単一バンドの場合は第 1 項の寄与がなく

$$
\sigma_{\mu\mu}(\omega)=\frac{iD_{\mu\nu}/V}{\omega+i\delta}
$$

となり $\omega=0$ で発散する．これは，散乱機構がないモデルを考えたために生じた人為的なものである．実際には不純物などの散乱があるので，その効果を取り入れるために $\delta\to 1/\tau_{\mathrm{tr}}$ のように有限の**輸送緩和時間** τ_{tr} を用いて置き換えると [*32]

$$
\sigma_{\mu\mu}(\omega)=\frac{iD_{\mu\mu}/V}{\omega+i/\tau_{\mathrm{tr}}}=\frac{D_{\mu\mu}\tau_{\mathrm{tr}}}{V}\frac{1+i\omega\tau_{\mathrm{tr}}}{1+\omega^2\tau_{\mathrm{tr}}^2}
\tag{3.94}
$$

を得る．これを Drude の式といい，直流伝導率は $\sigma_{\mu\nu}(0)=D_{\mu\nu}\tau_{\mathrm{tr}}/V$ のように有限の値となる．よい金属の尺度として次の極限値が用いられる．

[*31] 一般には，n, m はスピン状態も含んでいることに注意．

[*32] 短距離型の不純物ポテンシャルを導入して，その効果を摂動的に取り入れると，この置き換えを行った結果が実際に得られる．

$$\rho_{\mathrm{D}} \equiv \lim_{\omega\to 0} \omega \operatorname{Im} \sigma_{\mu\mu}(\mathbf{0},\omega) = -\lim_{\omega\to 0} \operatorname{Re} K_{\mu\mu}(\mathbf{0},\omega) \tag{3.95}$$

この極限値を **Drude 重み**といい，$\omega\tau_{\mathrm{tr}} \gg 1$ であれば $\rho_{\mathrm{D}} = D_{\mu\mu}/V$ である．よい金属では，光学伝導度の実部が $\omega = 0$ で鋭いピーク構造 (Drude ピーク) を示す．

最後に，等温過程に対応する $\omega = 0, \boldsymbol{q} \to 0$ の極限について触れておこう．この順序の極限値

$$\rho_{\mathrm{M}} \equiv -\lim_{\boldsymbol{q}\to 0} \operatorname{Re} K_{\mu\mu}(\boldsymbol{q},0) \tag{3.96}$$

を **Meissner 重み**といい，通常の金属ではゼロである．このことは，熱平衡状態では散逸なしに直流電流が流れないことを表している [*33]．一般に，電磁応答核 $K_{\mu\nu}(\boldsymbol{q},\omega)$ は $\boldsymbol{q} = 0, \omega = 0$ で特異的であり，極限値は極限の順序に依存する．ただし，基底状態からの励起にギャップがあるときは，両極限値は等しくなる．例えば，超伝導状態ではエネルギーギャップの存在により $\Pi_{\mu\nu}(\mathbf{0},0) = 0$ となり，$K_{\mu\mu}(\mathbf{0},0) = -D_{\mu\nu}/V$ の反磁性項の寄与のみが残る．そのため，熱平衡状態で $\boldsymbol{A}$ に駆動される超伝導反磁性電流が流れる．これが Meissner 効果を生み出し，重み ρ_{M} が大きいほど磁場侵入長が短く遮蔽効果が大きい．以上をまとめると，金属は $\rho_{\mathrm{D}} \neq 0$，$\rho_{\mathrm{M}} = 0$ で特徴づけられる．一方，絶縁体は $\rho_{\mathrm{D}} = \rho_{\mathrm{M}} = 0$，超伝導体は $\rho_{\mathrm{D}} = \rho_{\mathrm{M}} \neq 0$ で特徴づけられる．重みが大きいほど，よい金属 (超伝導体) であると言える [*34]．

3.6 Landau 反磁性

3.6.1 古典論

本章の最後に，Lorentz 力による軌道運動から生じる反磁性効果の量子力学的な取り扱いを議論しておこう．この効果を Landau 反磁性という．以下の議論では，結晶の周期性は無視して連続体として扱う．また，軌道効果に着目するためスピン自由度は無視し，電子は xy 平面内を運動するものとする．結晶中における電子の運動については，A.5 節を参照してほしい．

対称ゲージ $\boldsymbol{A} = (-y, x, 0)H/2$ を用いて，次のハミルトニアンを考え

[*33] 関連する話題として，(別の) Bloch の定理がある．D. Bohm, Phys. Rev. **75**, 502 (1949); H. Watanabe, arXiv:1904.02700.

[*34] 例えば，D.J. Scalapino, S.R. White, and S.C. Zhang, Phys. Rev. Lett. **68**, 2830 (1992); Phys. Rev. B**47**, 7995 (1993). 参照.

る [*35].

$$H = \frac{1}{2m}\left(\boldsymbol{p} + \frac{e}{c}\boldsymbol{A}\right)^2 + \frac{1}{2}m\omega_0^2(x^2 + y^2) \tag{3.97}$$

ここで，軌道運動の中心位置をトレースする目的で固有振動数 ω_0 の調和ポテンシャルを加えた.

まずは古典的に取り扱ってみよう．運動方程式は

$$m\ddot{x} = -m\omega_0^2 x - \frac{eH}{c}\dot{y}$$
$$m\ddot{y} = -m\omega_0^2 y + \frac{eH}{c}\dot{x}$$

である．下式に i を乗じたものを上式に加えると，複素座標 $z \equiv x + iy$ と Larmor 振動数 $\omega_{\mathrm{L}} \equiv eH/2mc$ を用いて

$$m\ddot{z} = -m\omega_0^2 z + 2im\omega_{\mathrm{L}}\dot{z} \tag{3.98}$$

とまとめることができる．右辺の第 1 項は調和振動子の復元力，第 2 項は Lorentz 力を表す．この運動方程式の解は，初期位置を $(r_0 + R, 0)$ として

$$z(t) = r_0 e^{i\omega_1 t} + Re^{-i\omega_2 t} \tag{3.99}$$

と表される．速度 $\dot{z} = \dot{x} + i\dot{y}$ は

$$\dot{z} = i\omega_1 r_0 e^{i\omega_1 t} - i\omega_2 R e^{-i\omega_2 t} \tag{3.100}$$

であり，初速度は $(0, \omega_1 r_0 - \omega_2 R)$．ここで

$$\omega \equiv \sqrt{\omega_0^2 + \omega_{\mathrm{L}}^2}, \quad \omega_1 \equiv \omega + \omega_{\mathrm{L}}, \quad \omega_2 \equiv \omega - \omega_{\mathrm{L}} \geqq 0 \tag{3.101}$$

とおいた．これより，半径 r_0，角速度 ω_1 の回転運動と半径 R，角速度 $-\omega_2$ の回転運動を重ね合わせた運動をすることが分かる．$\omega_0 \to 0$ で $\omega_1 = 2\omega_{\mathrm{L}} \equiv \omega_c$，$\omega_2 = 0$ となるので，前者がおもに磁場による**サイクロトロン運動**に由来する運動であり，後者が調和ポテンシャルによるものであることが分かる．ω_c を**サイクロトロン周波数**という．一方，$H \to 0$ では 2 次元調和振動子 $\omega_1 = \omega_2 = \omega_0$ に帰着する．いくつかの場合の運動の様子を図 3.10(a) に示す．

---

*35 通常，Landau ゲージで議論されるが，ここでは軸対称性と相性のよい対称ゲージを用いた．また，常磁性状態を考え，$B = H$ とする．

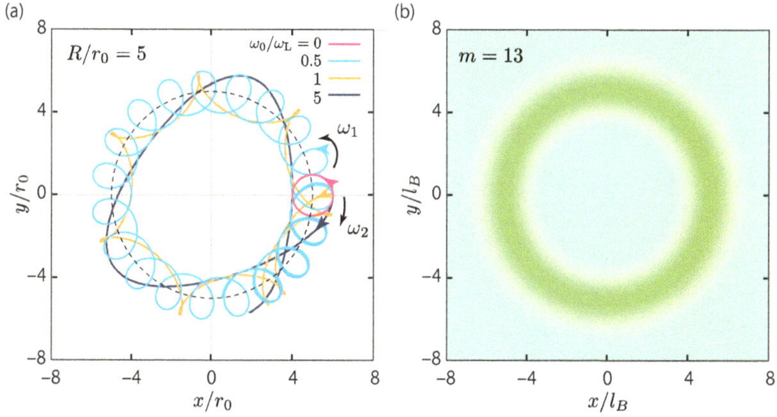

図 3.10　調和ポテンシャルと磁場下での電子の運動と存在確率．(a) 古典軌道．(b) 量子的存在確率 $\rho_{0,m}(x, y)$ ($m = 13$ の場合)．

サイクロトロン運動の中心位置 $Z \equiv X + iY \equiv Re^{-i\omega_2 t}$，および，サイクロトロン運動の動的運動量 $\Pi \equiv \pi_x + i\pi_y \equiv im\omega_1 r_0 e^{i\omega_1 t}$ を用いて，エネルギーと角運動量は次のように表される．

$$
\begin{aligned}
E &= \frac{m}{2}|\dot{z}|^2 + \frac{m}{2}\omega_0^2|z|^2 = m\omega(\omega_1 r_0^2 + \omega_2 R^2) \\
&= \frac{\omega}{m\omega_1}(\pi_x^2 + \pi_y^2) + m\omega\omega_2(X^2 + Y^2) \\
\hbar l_z &= [\boldsymbol{r} \times \boldsymbol{p}]_z = m\,\mathrm{Im}(z^*\dot{z}) - m\omega_L|z|^2 = m\omega(r_0^2 - R^2) \\
&= \frac{\omega}{m\omega_1^2}(\pi_x^2 + \pi_y^2) - m\omega(X^2 + Y^2)
\end{aligned}
$$

E と $\hbar l_z$ は，Π と Z を用いて表されているので，これらの量と正準座標 $z = x + iy$ および正準運動量 $P \equiv p_x + ip_y = m\dot{z} - im\omega_L z$ との関係を求めておくと，量子化する際に都合がよい．(3.99) と (3.100) より，$z = Z + \Pi/im\omega_1$ および $P + im\omega_L z = \Pi - im\omega_2 Z$ であり，これらを (Z, Π) について解き，実部と虚部を取れば

$$
\begin{aligned}
\pi_x &= \frac{\omega_1}{2\omega}(p_x - m\omega y), \quad \pi_y = \frac{\omega_1}{2\omega}(p_y + m\omega x) \\
X &= \frac{1}{2}\left(x - \frac{p_y}{m\omega}\right), \quad Y = \frac{1}{2}\left(y + \frac{p_x}{m\omega}\right) \qquad (3.102)
\end{aligned}
$$

の関係を得る．E の表式において，(π_x, π_y) および (X, Y) をそれぞれ互いに共役な正準座標と正準運動量と考えると，これらの座標についての 2 つの

調和振動子からなる系と見なせる．

3.6.2 量子論

量子論に移ろう．正準座標と正準運動量の間に $[x, p_x] = [y, p_y] = i\hbar$ の交換関係を課すと，(3.102) より交換関係のうちゼロでないものは

$$[\pi_x, \pi_y] = -\frac{i\hbar m\omega_1^2}{2\omega}, \quad [X, Y] = \frac{i\hbar}{2m\omega} \equiv il_B^2 \tag{3.103}$$

である．ここで，**磁気長** $l_B \equiv \sqrt{\hbar/2m\omega}$ を導入した．下降演算子 a, b を

$$\begin{aligned} a &\equiv i\sqrt{\frac{\omega}{\hbar m\omega_1^2}}(\pi_x - i\pi_y) = \frac{1}{2\sqrt{2}l_B}(x - iy) + \frac{il_B}{\sqrt{2}\hbar}(p_x - ip_y) \\ b &\equiv \frac{1}{\sqrt{2}l_B}(X + iY) = \frac{1}{2\sqrt{2}l_B}(x + iy) + \frac{il_B}{\sqrt{2}\hbar}(p_x + ip_y) \end{aligned} \tag{3.104}$$

のように導入すれば，$[a, a^\dagger] = [b, b^\dagger] = 1$，その他はゼロであり

$$H = \hbar\omega_1\left(a^\dagger a + \frac{1}{2}\right) + \hbar\omega_2\left(b^\dagger b + \frac{1}{2}\right) \tag{3.105}$$

となる．また，軌道角運動量の z 成分は

$$l_z = a^\dagger a - b^\dagger b \tag{3.106}$$

独立な 2 つの調和振動子の和になっているので，このハミルトニアンの固有状態はゼロ以上の整数 n, m を用いて

$$|n, m\rangle = \frac{1}{\sqrt{n!m!}}\left(a^\dagger\right)^n \left(b^\dagger\right)^m |0, 0\rangle \tag{3.107}$$

のように表される．$|0, 0\rangle$ は基底状態であり，$a|0, 0\rangle = b|0, 0\rangle = 0$．固有エネルギーは

$$E(n, m) = \hbar\omega_1\left(n + \frac{1}{2}\right) + \hbar\omega_2\left(m + \frac{1}{2}\right) \tag{3.108}$$

である．$l_z|n, m\rangle = (n - m)|n, m\rangle$ が成り立つので，$|n, m\rangle$ は角運動量の固有状態 (固有値 $n - m$) でもある．

基底状態 $|0, 0\rangle$ の軌道の拡がりの 2 乗の期待値は

$$\langle r_\perp^2\rangle \equiv \langle x^2 + y^2\rangle = \frac{2}{m}\frac{\partial E(0, 0)}{\partial(\omega_0^2)} = \frac{\hbar}{m\omega} = 2l_B^2$$

であり，磁気長 l_B は基底状態の Gauss 関数の拡がりを表すことが分かる．$\omega_0 = 0$ の基底状態での古典的なエネルギーとの比較 $m\omega_c^2 r_0^2/2 = \hbar\omega_c/2$ より $l_B = r_0$ である．$\omega_0 = 0$ のとき，$l_B = \sqrt{\hbar c/eH}$ であり，$H = 10^5$ Oe (10 T) に対して約 81Å 程度である．反磁性磁気モーメントの期待値は

$$\langle \mu_{\rm dia} \rangle = -\frac{\partial E(0,0)}{\partial H} = -\frac{e^2 \langle r_\perp^2 \rangle}{4mc^2} H$$

となり (2.8) に一致する．

調和ポテンシャルがない $\omega_0 = 0$ の場合，$H = \hbar\omega_c(a^\dagger a + 1/2)$ となり，エネルギー準位は $\hbar\omega_c(n + 1/2)$ のように $\hbar\omega_c$ 間隔で離散的な値を取る．各エネルギー準位は量子数 m に関する縮退がある．この縮退は ω_2 の回転運動と関係しているので，サイクロトロン運動の中心位置の選び方に関する縮退であることが分かる．この縮退離散準位を **Landau 準位**という．

$\omega_0 = 0$ の場合に波動関数を求めておこう．無次元の座標 [*36]

$$z = \frac{1}{2l_B}(x - iy), \quad z^* = \frac{1}{2l_B}(x + iy) \tag{3.109}$$

を導入すると，微分演算子は

$$\frac{\partial}{\partial z} = \frac{il_B}{\hbar}(p_x + ip_y), \quad \frac{\partial}{\partial z^*} = \frac{il_B}{\hbar}(p_x - ip_y) \tag{3.110}$$

と表される．$z^\dagger = z^*$，$(\partial/\partial z)^\dagger = -(\partial/\partial z^*)$ に注意．これらを用いると下降演算子は

$$a = \frac{1}{\sqrt{2}}\left(z + \frac{\partial}{\partial z^*}\right), \quad b = \frac{1}{\sqrt{2}}\left(z^* + \frac{\partial}{\partial z}\right) \tag{3.111}$$

となる．基底状態の波動関数 $\varphi_{0,0}(z, z^*) \equiv e^{-|z|^2}/\sqrt{2\pi} l_B$ に対して，次の関係が確認できる．

$$a\varphi_{0,0} = b\varphi_{0,0} = 0, \quad b^\dagger \varphi_{0,0} = \sqrt{2} z \varphi_{0,0} \quad [b^\dagger, z] = 0$$

これらの性質を用いれば，$z = re^{-i\phi}/2l_B$ として

$$\varphi_{n,m}(x, y) = \frac{1}{\sqrt{n!m!}}\left(a^\dagger\right)^n \left(b^\dagger\right)^m \varphi_{0,0} = \frac{2^{m/2}}{\sqrt{n!m!}}\left(a^\dagger\right)^n \left[z^m \varphi_{0,0}\right]$$

[*36] 古典論で用いた z とは異なる．電子の電荷が負であるため，$x + iy$ ではなく $x - iy$ を z と関連づけている．

$$= \frac{2^{m/2}}{l_B\sqrt{2\pi n!m!}}(a^\dagger)^n \left[\left(\frac{r}{2l_B}\right)^m e^{-im\phi}e^{-(r/2l_B)^2}\right] \tag{3.112}$$

となる．$(a^\dagger)^n$ も作用させた結果は，$p = |n-m|$ として次のようになることが知られている．

$$\varphi_{n,m}(x,y) = C_{n,m}|z|^p L^p_{(n+m-p)/2}(2|z|^2)e^{-|z|^2}e^{i(n-m)\phi} \tag{3.113}$$

$C_{n,m}$ は規格化因子，$L^n_m(x)$ は Laguerre 陪多項式である．

Landau ゲージ $\boldsymbol{A} = (0, xH, 0)$ を用いた場合は，1 次元の調和振動子の問題に帰着するので

$$\psi_{n,s}(x,y) = C'_{n,s}e^{ik_y y}e^{-\xi^2/2}H_n(\xi), \quad \xi \equiv \frac{x - k_y l_B^2}{l_B} \tag{3.114}$$

のように Hermite 多項式を用いた表式が得られる．$k_y = 2\pi s/L$ (s は整数) であり，対称ゲージのときの m と同様，s に関するマクロな縮退がある．Landau ゲージの波動関数 $\psi_{n,s}(x,y)$ は，対称ゲージの波動関数 $\varphi_{n,m}(x,y)$ の異なる m についての重ね合わせ $\psi_{n,s}(x,y) = \sum_{m=0}^{\infty} c_{sm}\varphi_{n,m}(x,y)$ で表すことができる．

最低 Landau 準位 ($n = 0$) の場合

$$\varphi_{0,m} = \frac{2^{m/2}}{l_B\sqrt{2\pi m!}}\left(\frac{r}{2l_B}\right)^m e^{-im\phi}e^{-(r/2l_B)^2} \tag{3.115}$$

であり，この存在確率 $\rho_{0,m}(x,y) \equiv |\varphi_{0,m}|^2$ は半径 $r_{\max} \equiv \sqrt{2m}l_B$ 付近で最大値を取る．図 3.10(b) に $m = 13$ の場合の存在確率を示した．Landau 準位は量子数 m に関して縮退している．系の半径を R ($R \gg l_B$) とすると，$r_{\max} \simeq R$ となる最大値 m は $m_{\max} = (R/l_B)^2/2$ である．$m_{\max}$ が縮退度に他ならない．縮退度は

$$n_{\mathrm{L}} = m_{\max} = \frac{R^2}{2l_B^2} = \frac{\Phi}{\phi_0}, \quad \Phi \equiv \pi R^2 H \tag{3.116}$$

ここで，Φ は系を貫く磁束であり

$$\phi_0 \equiv \frac{2\pi\hbar c}{e} = 2.07 \times 10^{-7}\ \mathrm{G\ cm}^2 \tag{3.117}$$

を**磁束量子**という *37．Landau 準位の縮退度 n_{L} は系を貫く磁束量子の本数という意味をもち，マクロな数である．磁束量子 ϕ_0 は $2\pi l_B^2$ の面積を占め，

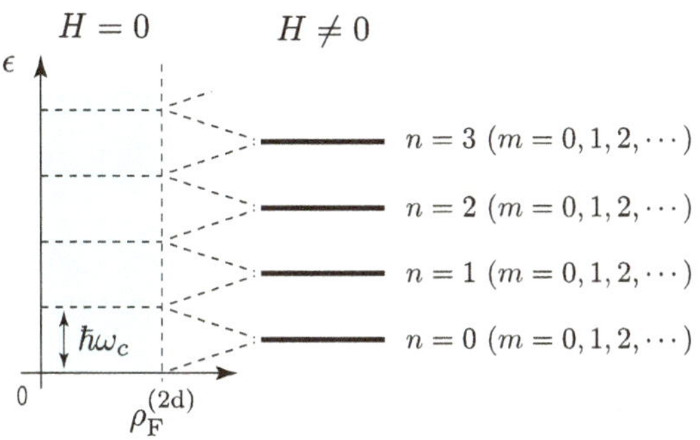

図 3.11　Landau 準位と縮退度.

1 本ごとに 1 つの量子状態がある.

縮退度は次のように考えることもできる．2 次元の状態密度は $\rho^{(2d)}(\epsilon)=\rho_{\rm F}^{(2d)}=mL^2/2\pi\hbar^2$ のように一定値をとり，図 3.11 のように，エネルギー幅 $\hbar\omega_c$ にある電子状態の数 $n_{\rm L}=\rho_{\rm F}^{(2d)}\hbar\omega_c=\Phi/\phi_0$ $(\Phi=L^2B)$ が 1 つの準位に集約しているので，それが縮退度そのものである.

3.6.3　量子振動と Landau 反磁性

電子が xy 平面内に限らず 3 次元的な運動をする場合は，波動関数と固有エネルギーは

$$\varphi_{n,m,k}(\boldsymbol{r})=\frac{1}{\sqrt{L}}e^{ikz}\varphi_{n,m}(x,y)$$
$$E_{n,m,k}=\frac{\hbar^2k^2}{2m}+\hbar\omega_c\left(n+\frac{1}{2}\right)\tag{3.118}$$

である．$\hbar\omega_c=2\mu_{\rm B}H$ の関係があることに注意しよう．この場合の自由エネルギーを求めてみよう．まず，エネルギー ϵ 以下のスピンあたりの状態数 $N_\sigma(\epsilon)$ を求める．1 次元の状態数 $N_\sigma^{(1d)}(\epsilon)=\sum_k\theta(\epsilon-\epsilon_k)=(L/\pi\hbar)\sqrt{2m\epsilon}$ に注意すると

$$\begin{aligned}N_\sigma(\epsilon)&\equiv\sum_{knm}\theta(\epsilon-E_{n,m,k})\\&=n_{\rm L}\sum_n N_\sigma^{(1d)}(\epsilon-\hbar\omega_c(n+1/2))\\&=\frac{3N_{\rm e}}{4}\left(\frac{\hbar\omega_c}{\epsilon_{\rm F}}\right)^{3/2}\sum_{n=0}\sqrt{\frac{\epsilon}{\hbar\omega_c}-\left(n+\frac{1}{2}\right)}\end{aligned}\tag{3.119}$$

*37 超伝導体の議論に現れる磁束量子は，電子対の関与を反映して，$\phi_0/2$ である.

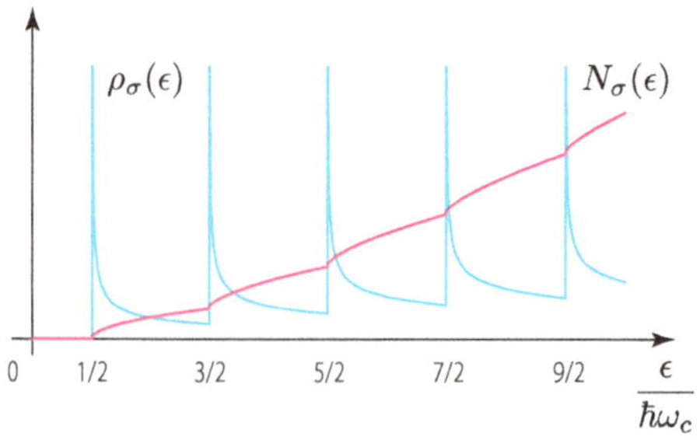

図 3.12　磁場中の状態数 $N_\sigma(\epsilon)$ と状態密度 $\rho_\sigma(\epsilon)$ の振る舞い．

となる．ここで，N_e は電子数．ただし，n の和は根号の中が正となる範囲で取る．$N_\sigma(\epsilon)$ の微分から状態密度 $\rho_\sigma(\epsilon) = dN_\sigma/d\epsilon$ が得られる．図 3.12 に示すように Landau 量子化を反映して，エネルギー ϵ が Landau 準位を横切るたびに状態密度に発散的な異常が現れる．

1 電子あたりの自由エネルギーは，スピン自由度の寄与を考慮し部分積分を 2 回行うと

$$\begin{aligned}
\frac{F}{N_\mathrm{e}} &= \mu - \frac{2}{\beta N_\mathrm{e}} \int_0^\infty d\epsilon\, \rho_\sigma(\epsilon) \ln\left(1 + e^{-\beta(\epsilon-\mu)}\right) \\
&= \mu - \frac{2}{N_\mathrm{e}} \int_0^\infty d\epsilon\, N_\sigma(\epsilon) f(\epsilon - \mu) \\
&= \mu - \epsilon_\mathrm{F} \left(\frac{\hbar\omega_c}{\epsilon_\mathrm{F}}\right)^{5/2} \int_0^\infty d\epsilon \sum_{n=0} \left[\frac{\epsilon}{\hbar\omega_c} - \left(n + \frac{1}{2}\right)\right]^{3/2} \left(-\frac{\partial f}{\partial \epsilon}\right)
\end{aligned} \tag{3.120}$$

となる．この式から分かるように，磁場 H を増加させると，$\epsilon_\mathrm{F}/2\mu_\mathrm{B}H$ の周期で Landau 準位の寄与が 1 つ減り，熱力学量に異常が現れる．このような異常を**量子振動**という．磁化の量子振動を **de Haas-van Alphen (dHvA) 振動**といい Fermi 面の形状観測に用いられる．また，磁気抵抗に現れる振動を **Shubnikov-de Haas (SdH) 振動**という．超強磁場において，すべての伝導キャリアが最低 Landau 準位だけを占有した状態を**量子極限**とよぶ．

$T = 0$ の弱磁場についてエネルギーを評価しておこう．(3.120) より，無磁場の基底エネルギー $E_0 \equiv 3N_\mathrm{e}\epsilon_\mathrm{F}/5$ を用いて

$$\begin{aligned}
E &= E_0 \phi\left(\frac{\epsilon_\mathrm{F}}{2\mu_\mathrm{B}H}\right) \\
\phi(x) &\equiv \frac{5}{3}\left\{1 - x^{-5/2} \sum_{n=0} \left[x - \left(n + \frac{1}{2}\right)\right]^{3/2}\right\}
\end{aligned} \tag{3.121}$$

となる．$H \to 0$ 極限では，和の上限 $n_0 \lesssim x = \epsilon_{\mathrm{F}}/2\mu_{\mathrm{B}}H$ は非常に大きくなるので，$n_0 \gg 1$，$F(y) = (x-y)^{3/2}$ に対して Euler-Maclaurin の総和公式から得られる近似式

$$\sum_{n=0}^{n_0} F(n+1/2) \simeq \int_0^{n_0+1} dy\, F(y) - \frac{1}{24}[F'(n_0+1) - F'(0)]$$

を用いると，$\sum_{n=0}^{n_0} F(n+1/2) \simeq 2x^{5/2}/5 - x^{1/2}/16$ より

$$\phi(x) = 1 + \frac{5}{48x^2} + \cdots \quad (x \gg 1)$$

である．よって，低磁場極限のエネルギーと磁化率は，スピンあたりの状態密度 $\rho_{\mathrm{F}} = 3N_{\mathrm{e}}/4\epsilon_{\mathrm{F}}$ を用いて

$$E = E_0 + \frac{1}{3}\rho_{\mathrm{F}}\mu_{\mathrm{B}}^2 H^2 + \cdots, \quad \chi_{\mathrm{Landau}} = -\frac{\partial^2 E}{\partial H^2} = -\frac{2\rho_{\mathrm{F}}\mu_{\mathrm{B}}^2}{3} \quad (3.122)$$

となる．この現象を **Landau 反磁性**といい，電子の軌道運動から生じる効果である．スピン自由度から生じる Pauli 常磁性の磁化率は $\chi_{\mathrm{Pauli}} = 2\rho_{\mathrm{F}}\mu_{\mathrm{B}}^2$ であったから，全体の磁化率は常磁性的で

$$\chi = \chi_{\mathrm{Pauli}} + \chi_{\mathrm{Landau}} = \frac{4}{3}\rho_{\mathrm{F}}\mu_{\mathrm{B}}^2 \quad (3.123)$$

第4章 磁気秩序

これまでの章では，相転移を引き起こすようなサイトの異なる電子間の相互作用は考慮していなかった．本章では，相互作用の生じる起源，相互作用の平均場近似による取り扱い，および，秩序下における素励起の取り扱いについて述べる．

4.1 局在スピン間の相互作用

まずは，2.3 節で議論したように，磁性イオンが活性な軌道角運動量 $\boldsymbol{L}$，スピン角運動量 $\boldsymbol{S}$，全角運動量 $\boldsymbol{J}$ のどれかをもっているとし，異なるサイトの磁性イオンの活性な自由度の間に働く相互作用について議論する．以下では，原子位置 $\boldsymbol{i}$ にある角運動量を $\boldsymbol{S}_i$ と表す．必要に応じて，$\boldsymbol{L}$ や $\boldsymbol{J}$ に読み替えてほしい．

磁性イオンは磁気双極子モーメント $\boldsymbol{\mu}_i \propto \boldsymbol{S}_i$ をもっているので，2 つの双極子 $\boldsymbol{\mu}_i$ と $\boldsymbol{\mu}_j$ の間には古典電磁気学で現れる双極子間相互作用がスピン間の相互作用を与えると思われるかも知れない．しかしながら，この相互作用は以下で述べる Coulomb 斥力と量子力学的な起源をもつ相互作用に比べて遙かに小さい．

4.1.1 Heisenberg 相互作用

相対距離 r の電子の間には Coulomb 斥力 e^2/r が働く．2.3 節，2.4 節でも議論したように，2 つの電子が互いに反平行なスピン状態にあるときと比べると，スピンが平行な状態の電子同士が近づく確率は Pauli の排他原理により相対的に小さくなる (図 4.1(a))．実際，この相対的な電子密度の減少分を全空間にわたって積分すると電子 1 個分になることが示せる．ある電子のまわりにいる別の電子の密度にはホールが 1 個分存在するように見えるので，

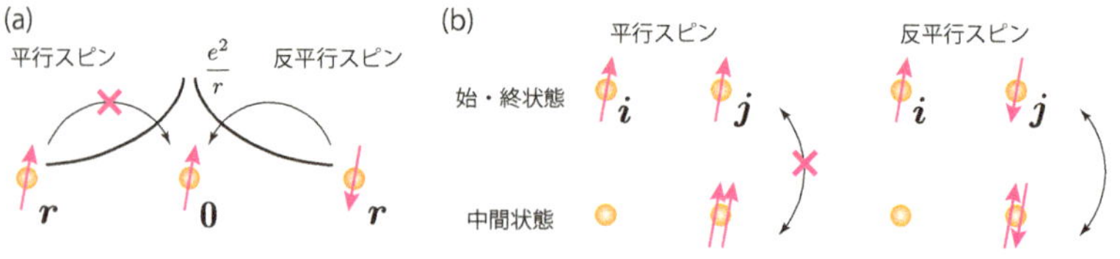

図 4.1　異なる原子位置のスピン間相互作用 (a) Heisenberg 相互作用，(b) 超交換相互作用．Pauli の排他原理より同じ向きのスピン同士は近づく確率が小さいため，(a) では Coulomb 斥力の期待値が小さくなる．(b) では 2 次摂動が効かず，その分のエネルギーの低下がない．

これを**交換相関ホール**という．平行スピン状態にある 2 つの電子は反平行スピン状態の電子に比べて Coulomb 斥力の期待値が小さくなるため，相対的にエネルギーが下がる．

この効果を相対的なスピン状態に依存する相互作用として表すと

$$H_{\text{int}} = -\sum_{(\boldsymbol{i},\boldsymbol{j})} J_{\boldsymbol{ij}} \boldsymbol{S}_{\boldsymbol{i}} \cdot \boldsymbol{S}_{\boldsymbol{j}} \tag{4.1}$$

ここで，$(\boldsymbol{i},\boldsymbol{j})$ は $\boldsymbol{i}$ と $\boldsymbol{j}$ の組についての和を意味する．並進対称性がある場合は，相互作用の大きさ $J_{\boldsymbol{ij}}$ は $\boldsymbol{R} = \boldsymbol{i} - \boldsymbol{j}$ だけに依存する．$J_{\boldsymbol{ij}} = J_{\boldsymbol{ji}}$, $J_{\boldsymbol{ii}} \equiv 0$ に注意すると，$\sum_{(\boldsymbol{i},\boldsymbol{j})} = (1/2)\sum_{\boldsymbol{i},\boldsymbol{j}}$ と書いてもよい．スピンが平行のときにエネルギーが下がるので，$J_{\boldsymbol{ij}} > 0$ である．

例えば，各磁性イオンにスピン $\boldsymbol{s}$ $(s = 1/2)$ の電子が 1 個いて，最近接 (nearest neighbor: n.n.) 格子点のみ $J_{\boldsymbol{ij}} = J$ の相互作用がある場合を考える．このとき，スピン間の相互作用は

$$H_{\text{int}} = -\frac{J}{2}\sum_{\boldsymbol{ij}}^{\text{n.n.}} \left(\boldsymbol{s}_{\boldsymbol{i}} \cdot \boldsymbol{s}_{\boldsymbol{j}} + \frac{1}{4} n_{\boldsymbol{i}} n_{\boldsymbol{j}} \right) \tag{4.2}$$

ここで，便宜上，第 2 項を加えたが，各格子点には必ず電子が 1 個いる状態を考えているので $n_{\boldsymbol{i}} n_{\boldsymbol{j}}/4 = 1/4$ の定数である．

合成スピン $\boldsymbol{S} = \boldsymbol{s}_{\boldsymbol{i}} + \boldsymbol{s}_{\boldsymbol{j}}$ の固有状態について考えてみよう．よく知られているように $\boldsymbol{S}^2$ および S_z の固有状態 $|S, S_z\rangle$ は，2 つのスピンが平行であるスピン 3 重項 $(S = 1)$ と反平行の 1 重項 $(S = 0)$ である．その具体的な表式は 2 つのスピン状態を $|s; s'\rangle$ $(s,\ s' = \uparrow, \downarrow)$ として次のように表される．

$$|1, +1\rangle = |\uparrow; \uparrow\rangle, \quad |1, 0\rangle = \frac{1}{\sqrt{2}}\left(|\uparrow; \downarrow\rangle + |\downarrow; \uparrow\rangle\right), \quad |1, -1\rangle = |\downarrow; \downarrow\rangle$$

$$|0,0\rangle = \frac{1}{\sqrt{2}}\left(|\uparrow;\downarrow\rangle - |\downarrow;\uparrow\rangle\right) \tag{4.3}$$

3 重項はスピン状態の入れ替え $(s \leftrightarrow s')$ について対称，1 重項は反対称である．$P_{ij} \equiv 2\,(\boldsymbol{s_i} \cdot \boldsymbol{s_j} + 1/4)$ という演算子を定義し，$|S, S_z\rangle$ に作用すると，$P_{ij}\,|S, S_z\rangle = (\boldsymbol{S}^2 - \boldsymbol{s}_i^2 - \boldsymbol{s}_j^2 + 1/2)\,|S, S_z\rangle = [S(S+1) - 1]\,|S, S_z\rangle$ より，P_{ij} の固有値は $S = 1$ のとき $+1$，$S = 0$ のとき -1 であり，偶奇性と対応している．任意のスピン状態 $|s; s'\rangle$ は固有状態 (4.3) の重ね合わせとして表現できるから，$P_{ij}\,|s; s'\rangle = |s'; s\rangle$ であり $(\boldsymbol{i}, \boldsymbol{j})$ サイトのスピン状態を交換する演算子であることが分かる．このように，スピン状態を交換する演算子を含むため，この相互作用を Heisenberg の**交換相互作用**という．

4.1.2 超交換相互作用

Heisenberg の交換相互作用は，スピンを平行に揃える強磁性的な相互作用である．現実の物質では，磁性イオンのまわりを非磁性の陰イオンが取り囲んでいる場合が多い．例えば，銅酸化物では磁性イオンの銅のまわりを非磁性の酸素 (陰イオン) が取り囲んでいる．P. W. Anderson は，陰イオンを介した電子ホッピングによる摂動効果によって，磁性イオン間に相互作用が生じることを議論した．ここでは，その考え方を簡略化して紹介しよう．

図 4.1(b) のように，$(\boldsymbol{i}, \boldsymbol{j})$ サイトの電子状態 $|n; m\rangle$ を考える．電子ホッピング $V \equiv t(a^{\dagger}_{\boldsymbol{i}\sigma} a_{\boldsymbol{j}\sigma} + \mathrm{H.c.})$ を摂動と考えると，2 つのスピン状態が反平行の場合 $(|n; m\rangle = |\sigma; -\sigma\rangle)$ に限り，電子が $\boldsymbol{i} \to \boldsymbol{j} \to \boldsymbol{i}$ と移動する摂動過程が考えられる．この摂動過程による電子状態の変化は $|\sigma; -\sigma\rangle \to |0; \sigma, -\sigma\rangle \to |\sigma; -\sigma\rangle$ である．終状態は $|-\sigma; \sigma\rangle$ でもよく，この場合は摂動によってスピン状態が交換される．遷移の行列要素は $\langle\sigma; -\sigma|V|0; \sigma, -\sigma\rangle = t$ であり，始・終状態と中間状態のエネルギー差 $U = E(0; \sigma, -\sigma) - E(\sigma; -\sigma)$ は正であり，Coulomb 斥力程度である．この 2 次摂動過程によって，2 つのスピンが反平行である場合に限り $-t^2/U$ 程度エネルギーが低下する．

この効果は (4.1) と同じ表式で表すことができ，この場合はスピンが反平行の場合にエネルギーが下がるので，$J_{ij} < 0$ (反強磁性的) である．ここでは，簡単のために磁性イオン間の直接ホッピングを用いてその効果を説明したが，実際には，磁性イオンから非磁性イオンを介した高次の摂動効果によって

表 4.1 2 サイト Hubbard 模型の固有エネルギーと固有状態 ($N_{\mathrm{e}} = 2$). $w = 4t/U$, $a = (1+w^2)^{-1/2}$ と略記した.

No.	S	S_z	E	固有状態
1	0	0	U	$\frac{1}{\sqrt{2}}(\lvert\uparrow\downarrow;0\rangle - \lvert 0;\uparrow\downarrow\rangle)$
2			$\frac{1}{2}(1+1/a)U$	$\frac{\sqrt{1+a}}{2}(\lvert\uparrow\downarrow;0\rangle + \lvert 0;\uparrow\downarrow\rangle) + \sqrt{\frac{1-a}{2}}\,\lvert 0,0\rangle$
3			$\frac{1}{2}(1-1/a)U$	$\sqrt{\frac{1+a}{2}}\,\lvert 0,0\rangle - \frac{\sqrt{1-a}}{2}(\lvert\uparrow\downarrow;0\rangle + \lvert 0;\uparrow\downarrow\rangle)$
4	1	+1	0	$\lvert 1,+1\rangle$
5		0		$\lvert 1,0\rangle$
6		−1		$\lvert 1,-1\rangle$

磁性イオンのスピン間に相互作用が生じる *1. このように, 電子の仮想的なホッピングによって生じる交換相互作用を**超交換相互作用**という. 上記の例では, 反強磁性的な相互作用が得られたが, 相互作用の大きさや符号は, 考えている磁性イオンの結晶場や波動関数の対称性, 交換経路, 経路中の陰イオンの波動関数の対称性などの詳細に依存する. これについては, Goodenough と金森がまとめた半現象論的なルール (**Goodenough-金森の規則**) が知られている.

2 サイトの多体問題を解くと, 超交換相互作用が現れることを見てみよう. 次の (2 サイト) Hubbard 模型 ($n_{i\sigma} = a^\dagger_{i\sigma}a_{i\sigma}$; $U > 0$) を考える.

$$H = t\sum_{\sigma}^{\uparrow\downarrow}(a^\dagger_{1\sigma}a_{2\sigma} + a^\dagger_{2\sigma}a_{1\sigma}) + U(n_{1\uparrow}n_{1\downarrow} + n_{2\uparrow}n_{2\downarrow}) \tag{4.4}$$

電子の総数が $N_{\mathrm{e}} = 2$ の場合に話を限ると, 一方のサイトを 2 つの電子が占有した $(S, S_z) = (0,0)$ 状態 $\lvert\uparrow\downarrow;0\rangle$, $\lvert 0;\uparrow\downarrow\rangle$ と各サイトを 1 つずつ占有する 4 状態 (4.3) の計 6 個の状態を考えればよい. スピン演算子を $\boldsymbol{s}_i = \sum_{\sigma\sigma'} a^\dagger_{i\sigma}(\boldsymbol{\sigma}/2)_{\sigma\sigma'}a_{i\sigma'}$ として, 全スピン演算子 $\boldsymbol{S} = \boldsymbol{s}_1 + \boldsymbol{s}_2$ と全電子数演算子 $N = \sum_{\sigma}(n_{1\sigma} + n_{2\sigma})$ を導入すれば, これらは H と交換するので, H の固有状態は $\boldsymbol{S}^2$, S_z, N の同時固有状態で分類できる. 固有状態と固有エネルギーを表 4.1 にまとめた. $U/t \gg 1$ のとき $w \to 0$, $1/a \to 1 + w^2/2$

*1 元々の着想は Kramers によって与えられたが, 高次摂動による取り扱いの煩雑さを避けるため, Anderson は磁性イオンと陰イオンからなる分子軌道を議論の基底に取り, より低次の摂動で取り扱えるようにした.

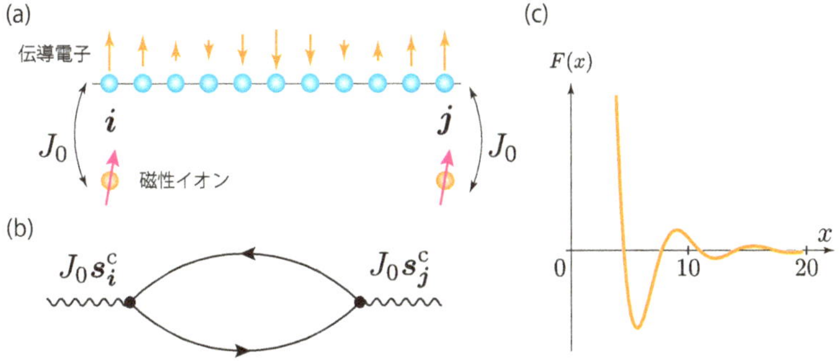

図 4.2　(a) 伝導電子を介した相互作用. (b) 有効相互作用の Feynman 図形, (c) RKKY 相互作用の距離依存性.

であり，1 番, 2 番の固有状態は片方のサイトを 2 つの電子が占めて，エネルギー U の高エネルギー状態となる．一方，3 番は 1 重項 $|0,0\rangle$ でエネルギー $J \equiv -4t^2/U < 0$ の基底状態，4~6 番は 3 重項でエネルギー 0 の第 1 励起状態となる．以上より，3~6 番の低エネルギー状態に対する有効ハミルトニアンは

$$H_{\mathrm{eff}} = -J\left(\boldsymbol{s}_1 \cdot \boldsymbol{s}_2 - \frac{1}{4}\right), \quad J = -\frac{4t^2}{U} < 0 \tag{4.5}$$

となり，反強磁性的な Heisenberg 相互作用が得られる．

4.1.3　伝導電子を介した相互作用

次に，磁性イオンに局在したスピン $\boldsymbol{S}_j$ と結晶中を動き回る伝導電子が相互作用する系を考えよう．このような系では，図 4.2(a) のような伝導電子のスピン分極を介した局在スピン間の相互作用が生じる．局在スピンと伝導電子スピン $\boldsymbol{s}_j^{\mathrm{c}}$ の間に局所的な交換相互作用が働くとしよう．

$$H_{\mathrm{ex}} = -J_0 \sum_j \boldsymbol{S}_j \cdot \boldsymbol{s}_j^{\mathrm{c}}, \quad \boldsymbol{s}_j^{\mathrm{c}} = \sum_{\sigma\sigma'} c_{j\sigma}^{\dagger} \frac{\boldsymbol{\sigma}_{\sigma\sigma'}}{2} c_{j\sigma'} \tag{4.6}$$

この相互作用は伝導電子に対する磁場 $\boldsymbol{h}_j = J_0 \boldsymbol{S}_j$ $(-2\mu_{\mathrm{B}} \to 1)$ の働きをし，この磁場によって $\boldsymbol{i}$ サイトに生じる伝導電子スピン $\boldsymbol{s}_i^{\mathrm{c}}$ は，スピン感受率を用いて $s_i^{\mathrm{c},\mu} = \sum_{j\nu} \chi_{\mathrm{s},ij}^{\mathrm{R},\mu\nu} h_j^{\nu}$ である．このようにして生じた伝導電子スピンは，$\boldsymbol{i}$ サイトの局在スピンと (4.6) によって相互作用するので，伝導電子を介した局在スピン間の有効相互作用は，(3.71) の Fourier 変換

$\chi_{\mathrm{s}}^{\mathrm{R},\mu\nu}(\boldsymbol{R}) = \chi_0^{\mathrm{R}}(\boldsymbol{R},0)\delta_{\mu,\nu}/2$ を用いて

$$H_{\mathrm{int}} = -\frac{1}{2}\sum_{\boldsymbol{ij}} J_{\boldsymbol{ij}}\boldsymbol{S_i}\cdot\boldsymbol{S_j}, \quad J_{\boldsymbol{ij}} \equiv J_0^2\chi_0^{\mathrm{R}}(\boldsymbol{i}-\boldsymbol{j},0) \tag{4.7}$$

となる．対応する Feynman 図形は図 4.2(b) である．この相互作用を **RKKY (Ruderman-Kittel-糟谷-芳田) 相互作用**とよぶ．

$\chi_0^{\mathrm{R}}(\boldsymbol{R},0)$ は Lindhard 関数 $\chi_0^{\mathrm{R}}(\boldsymbol{q},0)$ の Fourier 変換より求められる．(3.72) の Fourier 変換において，$\boldsymbol{k}\to\boldsymbol{k}+\boldsymbol{q}/2$ および $\boldsymbol{q}\to\boldsymbol{q}-\boldsymbol{k}$ とすれば，(1.114) を用いて

$$\begin{aligned}
\chi_0^{\mathrm{R}}(\boldsymbol{R},0) &= \sum_{\boldsymbol{kq}} \frac{(f_{\boldsymbol{k}+\boldsymbol{q}/2} - f_{\boldsymbol{k}-\boldsymbol{q}/2})e^{i\boldsymbol{q}\cdot\boldsymbol{R}}}{\xi_{\boldsymbol{k}-\boldsymbol{q}/2} - \xi_{\boldsymbol{k}+\boldsymbol{q}/2} + i0} \\
&= \sum_{\boldsymbol{kq}} \frac{(f_{\boldsymbol{q}} - f_{\boldsymbol{k}})e^{i(\boldsymbol{q}-\boldsymbol{k})\cdot\boldsymbol{R}}}{\xi_{\boldsymbol{k}} - \xi_{\boldsymbol{q}} + i0} \\
&= \sum_{\boldsymbol{kq}} f_{\boldsymbol{q}}\left[\frac{e^{i(\boldsymbol{q}-\boldsymbol{k})\cdot\boldsymbol{R}}}{\xi_{\boldsymbol{k}} - \xi_{\boldsymbol{q}} + i0} + \frac{e^{-i(\boldsymbol{q}-\boldsymbol{k})\cdot\boldsymbol{R}}}{\xi_{\boldsymbol{k}} - \xi_{\boldsymbol{q}} - i0}\right] \\
&= 2\,\mathrm{Re}\sum_{\boldsymbol{kq}} \frac{f_{\boldsymbol{q}}e^{i(\boldsymbol{q}-\boldsymbol{k})\cdot\boldsymbol{R}}}{\xi_{\boldsymbol{k}} - \xi_{\boldsymbol{q}} + i0} = 2\,\mathcal{P}\sum_{\boldsymbol{kq}} \frac{f_{\boldsymbol{q}}e^{i(\boldsymbol{q}-\boldsymbol{k})\cdot\boldsymbol{R}}}{\xi_{\boldsymbol{k}} - \xi_{\boldsymbol{q}}}
\end{aligned}$$

のように変形できる．波数の和を積分に直し，$\boldsymbol{R}$ 方向を z 軸に取った極座標を用いると

$$\begin{aligned}
\sum_{\boldsymbol{kq}} \frac{f_{\boldsymbol{q}}e^{i(\boldsymbol{q}-\boldsymbol{k})\cdot\boldsymbol{R}}}{\xi_{\boldsymbol{k}} - \xi_{\boldsymbol{q}}} &= \frac{2mV^2}{\hbar^2(2\pi)^4}\int_0^{k_{\mathrm{F}}} dq\, q^2 \int_0^{\infty} dk\, k^2 \iint_{-1}^{1} dt\, dt'\, \frac{e^{i(qt-kt')R}}{k^2-q^2} \\
&= \frac{8mV^2}{R^2\hbar^2(2\pi)^4}\int_0^{k_{\mathrm{F}}} dq\, q\sin(qR)\int_0^{\infty} dk\, k\frac{\sin(kR)}{k^2-q^2} \\
&= \frac{4mV^2}{R^4\hbar^2(2\pi)^4}\int_0^{k_{\mathrm{F}}R} dy\, y\sin y\, \mathcal{P}\int_{-\infty}^{\infty} dx \frac{x\sin x}{x^2-y^2} \\
&= \frac{\pi mV^2}{2R^4\hbar^2(2\pi)^4}\int_0^{2k_{\mathrm{F}}R} dy\, y\sin y = \frac{(2k_{\mathrm{F}})^4\pi mV^2}{2\hbar^2(2\pi)^4}F(2k_{\mathrm{F}}R) \\
&= 3\pi nN_0\rho_{\mathrm{F}}F(2k_{\mathrm{F}}R), \quad F(x) \equiv \frac{\sin x - x\cos x}{x^4}
\end{aligned}$$

となる．ここで，積分公式 $\mathcal{P}\int_{-\infty}^{\infty} dx\, \frac{x\sin x}{x^2-y^2} = \pi\cos y$, $\int_0^a dy\, y\sin y = \sin a - a\cos a$ とスピンあたりの状態密度 $\rho_{\mathrm{F}} = mk_{\mathrm{F}}V/2\pi^2\hbar^2$ および Fermi 波数 $k_{\mathrm{F}} = (3\pi^2N_{\mathrm{e}}/V)^{1/3}$ を用いた．以上より

$$J_{ij} = 3\pi\rho_{\mathrm{F}} J_0^2 N_{\mathrm{e}} F(2k_{\mathrm{F}}|\boldsymbol{i}-\boldsymbol{j}|) \tag{4.8}$$

$F(x)$ は図 4.2(c) のように振動しながら減衰する関数である．RKKY 相互作用は，Fermi 準位近傍の粒子ホール対によって生じたスピン分極を介して伝わるため，格子間隔程度の波長 $(2k_{\mathrm{F}})^{-1}$ の振動が現れ，正負 (強磁性的，反強磁性的) の値を取りながら比較的遠くまで伝わる．

4.1.4 相互作用の異方性

これまでスピン間の相互作用は $\boldsymbol{S_i} \cdot \boldsymbol{S_j}$ のようなスカラー型としてきた．結晶中の電子は異方的なポテンシャル中を運動するため，電子のエネルギーは方向に依存する．例えば，2.7 節で議論した結晶場中の電子のエネルギー準位は，波動関数の形に依存して分裂する．エネルギー分裂を生み出す結晶場ハミルトニアンは (2.57) のように表され，軌道角運動量の向きに依存してエネルギーが異なることが分かる．ただし，スピン軌道相互作用が無視できる場合は，実空間 (軌道角運動量 $\boldsymbol{L}$) の異方性をスピン $\boldsymbol{S}$ が知るすべはないので，スピン空間は等方的である．スピン軌道相互作用を考慮すると，この相互作用を通じてスピン空間にも異方性が現れる．全角運動量 $\boldsymbol{J}$ はスピン軌道相互作用を考慮した状態空間で用いるので，もちろん異方性がある．

以上のように，スピン軌道相互作用がある場合は異方性が存在し，局在スピン系のハミルトニアンは最も一般的に

$$H = \sum_{j} H_{\mathrm{CEF}}(\boldsymbol{S_j}) - \frac{1}{2}\sum_{\boldsymbol{ij}}^{\boldsymbol{i}\neq\boldsymbol{j}}\sum_{\mu\nu} J_{\boldsymbol{ij}}^{\mu\nu} S_{\boldsymbol{i}}^{\mu} S_{\boldsymbol{j}}^{\nu}, \quad J_{\boldsymbol{ij}}^{\mu\nu} = J_{\boldsymbol{ji}}^{\nu\mu} \tag{4.9}$$

のように表される [*2]．第 1 項を (1 イオンの) **異方性エネルギー**とよぶ．

$H_{\mathrm{CEF}}(\boldsymbol{S})$ の表式は，磁性イオンがおかれた位置の対称性 (結晶点群) に応じて，表 2.8 の結晶場の等価演算子表現によって決まる．$J_{\boldsymbol{ij}}^{\mu\nu}$ の成分間の関係も結晶の対称性を反映するように決まる．$J_{\boldsymbol{ij}}^{\mu\nu}$ は，(μ,ν) に関して対称部分と反対称部分に分けることができる．

$$J_{\boldsymbol{ij}}^{\mu\nu} = \frac{1}{2}(J_{\boldsymbol{ij}}^{\mu\nu} + J_{\boldsymbol{ij}}^{\nu\mu}) + \frac{1}{2}(J_{\boldsymbol{ij}}^{\mu\nu} - J_{\boldsymbol{ij}}^{\nu\mu}) \equiv K_{\boldsymbol{ij}}^{\mu\nu} + \sum_{\xi}^{x,y,z} \epsilon_{\mu\nu\xi} D_{\boldsymbol{ij}}^{\xi} \tag{4.10}$$

反対称部分は

[*2] 第 2 項において $\boldsymbol{i}=\boldsymbol{j}$ の寄与は常に第 1 項に取り込むことができるので，$J_{\boldsymbol{ii}}^{\mu\nu} \equiv 0$ として一般性を失わない．

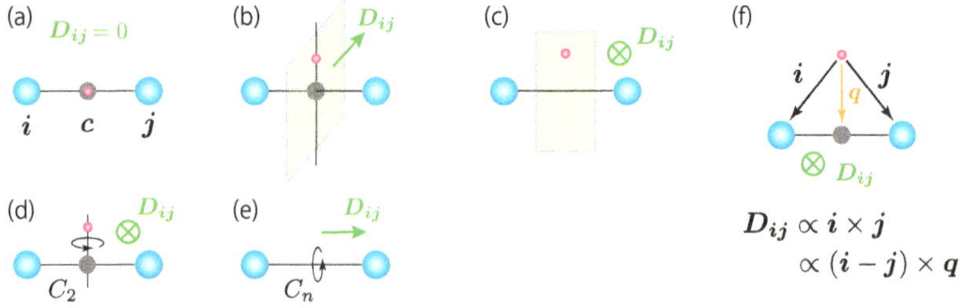

図 4.3　守谷の規則. (a) 反転中心, (b) 垂直鏡映面, (c) 平行鏡映面, (d) 垂直 2 回軸, (e) 平行 n 回軸. (f) リガンドイオン (赤点) を介した超交換相互作用が DM 相互作用の起源であるとき, リガンドと磁性イオンの幾何学的配置から DM 相互作用の向きが決まり, (a)〜(d) の規則をまとめて表す.

$$\sum_{\mu\nu}\sum_{\xi}\epsilon_{\mu\nu\xi}D_{ij}^{\xi}S_i^{\mu}S_j^{\nu} = \boldsymbol{D}_{ij}\cdot(\boldsymbol{S}_i \times \boldsymbol{S}_j) \tag{4.11}$$

のように表すことができる. $\boldsymbol{D}_{ij} = -\boldsymbol{D}_{ji}$ である. この反対称交換相互作用を **Dzyaloshinskii-守谷 (DM) 相互作用**という. この相互作用はスピンを相対的に傾ける働きをする. ボンド $\boldsymbol{R} \equiv \boldsymbol{i} - \boldsymbol{j}$ を考えるとき, ボンド中心を $\boldsymbol{c} \equiv (\boldsymbol{i}+\boldsymbol{j})/2$ として, $\boldsymbol{D}_{ij}$ の向きに関して**守谷の規則**が成り立つ (図 4.3).

(a) $\boldsymbol{c}$ が反転中心: $\boldsymbol{D}_{ij} = 0$

(b) $\boldsymbol{R}$ に垂直で $\boldsymbol{c}$ を通る鏡映面が存在: $\boldsymbol{D}_{ij} \perp \boldsymbol{R}$

(c) $\boldsymbol{R}$ を含む鏡映面が存在: $\boldsymbol{D}_{ij} \perp$ 鏡映面

(d) $\boldsymbol{c}$ を通り $\boldsymbol{R}$ に垂直な 2 回軸が存在: $\boldsymbol{D}_{ij} \perp 2$ 回軸

(e) $\boldsymbol{R}$ を軸とする n 回軸 $(n \geqq 2)$ が存在: $\boldsymbol{D}_{ij} \parallel \boldsymbol{R}$

これらの規則は, リガンドイオンを介した超交換相互作用を考えることで具体的に導くことができる. 1 つのリガンドイオンを介して DM 相互作用が生じる場合, (a)〜(d) の規則は図 4.3(f) に示すような規則にまとめることができる. すなわち

$$\boldsymbol{D}_{ij} \propto \boldsymbol{i} \times \boldsymbol{j} \propto \boldsymbol{R} \times \boldsymbol{q} \tag{4.12}$$

ここで, $\boldsymbol{q}$ はリガンドイオンとボンド中心 $\boldsymbol{c}$ を結ぶベクトルである. 磁性イオンとリガンドイオンの電荷は通常異なるので, $\boldsymbol{q}$ は電気双極子モーメントに比例する. したがって, 相対的に傾いたスピン配置 [*3] は DM 相互作用を通

[*3] $\boldsymbol{C}_{ij} = \boldsymbol{S}_i \times \boldsymbol{S}_j$ を**スピンカイラリティ**という.

じて，局所電場 $\boldsymbol{E}(\boldsymbol{c})$ と $H_{\mathrm{EC}} \propto (\boldsymbol{R}\times\boldsymbol{E}(\boldsymbol{c}))\cdot(\boldsymbol{S}_i\times\boldsymbol{S}_j)$ のように結合する．

スピン軌道相互作用がない場合，スピン空間は等方的である．したがって，スピン軌道相互作用が他のエネルギーに比べて小さい限り，等方的なスピン系に対してスピン軌道相互作用を摂動的に取り入れることで，異方性エネルギーや交換相互作用の (DM 相互作用を含む) 異方性 $J_{ij}^{\mu\nu} - J_{ij}\delta_{\mu,\nu}$ を評価することができる．

4.2 局在スピン系の秩序

系の熱平衡状態は自由エネルギー $F = E - TS$ が最小になるように決まる．スピン間の相互作用エネルギーの期待値 E に比べて十分高温では，スピンの向きをなるべくバラバラにして第 2 項のエントロピー S を大きくすることで自由エネルギーを下げる．一方，低温ではエントロピー増大によるエネルギー利得は小さいので，第 1 項のスピン間の相互作用エネルギーの期待値 E を下げるようにスピンを整列した状態が実現しやすくなる．このようなエネルギーバランスによって，ある温度 (転移温度) で結晶全体にわたってスピンが配列した秩序状態が発生する．

スピンが整列した秩序状態は，熱による錯乱や秩序状態が系の固有状態ではないことによる量子的な揺らぎによって乱される．一般に，このような秩序を破壊する揺らぎは，相互作用する相手が多い高次元や相互作用の到達距離が長いほど小さくなる．一方，スピンの成分が多いほどスピンの向きを変える方向が増えるため，揺らぎは大きくなる．本節では，このような相転移を揺らぎを無視する平均場近似によって取り扱ってみよう．

4.2.1 磁気秩序の平均場近似

相互作用する系は多体問題であり，特殊な場合を除いて近似なしに解くことはできない．相互作用する系を，自己無撞着に決まる平均的な外場 (平均場，分子場) の下での 1 体問題として取り扱うのが**平均場近似**である．(4.9) に磁場による Zeeman 項を加えた模型を考えよう．

$$H = -\frac{1}{2}\sum_{ij}\sum_{\mu\nu} J_{ij}^{\mu\nu} S_i^{\mu} S_j^{\nu} + \sum_i \left[H_{\mathrm{CEF}}(\boldsymbol{S}_i) - \boldsymbol{S}_i\cdot\boldsymbol{h}_i\right] \tag{4.13}$$

ここで，便宜上，外部磁場 $\boldsymbol{h}_j$ はサイト j に依存するものとした．$J_{ii}^{\mu\nu} \equiv 0$, $J_{ij}^{\mu\nu} = J_{ji}^{\nu\mu}$ である．

平均場近似では，第 1 項のような相互作用項を，熱平均値 $\langle A \rangle$ と揺らぎ $\delta A \equiv A - \langle A \rangle$ に分離して

$$AB = (\delta A + \langle A \rangle)(\delta B + \langle B \rangle) = \langle A \rangle \delta B + \delta A \langle B \rangle + \langle A \rangle \langle B \rangle + \delta A \delta B$$
$$\simeq \langle A \rangle \delta B + \delta A \langle B \rangle + \langle A \rangle \langle B \rangle = A \langle B \rangle + B \langle A \rangle - \langle A \rangle \langle B \rangle$$

のように揺らぎの 2 乗項 $\delta A \, \delta B$ を無視することで，1 体問題として近似する．この近似によって，各サイトのスピンの平均値を $m_{\boldsymbol{i}}^{\mu} \equiv \langle S_{\boldsymbol{i}}^{\mu} \rangle$ として，平均場を $g_{\boldsymbol{i}}^{\mu}[\{ m_{\boldsymbol{i}}^{\mu} \}] \equiv \sum_{\boldsymbol{j}\nu} J_{\boldsymbol{ij}}^{\mu\nu} m_{\boldsymbol{j}}^{\nu}$ のように導入すると

$$H_{\mathrm{MF}} = \sum_{\boldsymbol{i}} \Big[H_{\mathrm{CEF}}(\boldsymbol{S}_{\boldsymbol{i}}) - \boldsymbol{h}_{\boldsymbol{i}}^{\mathrm{eff}} \cdot \boldsymbol{S}_{\boldsymbol{i}} \Big] + \frac{1}{2} \sum_{\boldsymbol{ij}} J_{\boldsymbol{ij}}^{\mu\nu} m_{\boldsymbol{i}}^{\mu} m_{\boldsymbol{j}}^{\nu} \tag{4.14}$$

のような有効磁場 $\boldsymbol{h}_{\boldsymbol{i}}^{\mathrm{eff}} \equiv \boldsymbol{h}_{\boldsymbol{i}} + \boldsymbol{g}_{\boldsymbol{i}}$ の下での 1 サイト問題となる．最後の項は定数項であり，エネルギーの値そのものを議論するとき以外は無視して構わない．

定数項を除いて $H_{\mathrm{MF}} \equiv \sum_{\boldsymbol{i}} H_{\mathrm{MF}}^{\boldsymbol{i}}$ とすると，ハミルトニアン $H_{\mathrm{MF}}^{\boldsymbol{i}}$ の 1 サイト問題は 2.9 節で取り扱った磁場中の問題と形式的に同じである．各サイト $\boldsymbol{i}$ で，$H_{\mathrm{MF}}^{\boldsymbol{i}}$ の固有値 $E_n^{\boldsymbol{i}}$ と固有状態 $|n\rangle_{\boldsymbol{i}} = \sum_M U_{Mn}^{\boldsymbol{i}} |M\rangle_{\boldsymbol{i}}$ を求め，それらを用いて熱平均値 $m_{\boldsymbol{i}}^{\mu}$ を求めることができる．この熱平均値が平均場 $\boldsymbol{g}_{\boldsymbol{i}}$ において仮定した値と一致するように自己無撞着な解を求めればよい．一旦，解が求められると，その熱平均値を用いて，自由エネルギー F，エネルギー E，エントロピー S，比熱 C などの熱力学量を求めることができる．

転移温度を T_{c} として，$T \lesssim T_{\mathrm{c}}$，外部磁場 $\boldsymbol{h}_{\boldsymbol{i}} = 0$ の状況を考えてみよう．$T \to T_{\mathrm{c}}$ に向かって，熱平均値 $m_{\boldsymbol{i}}^{\mu}$ が連続的にゼロとなる場合を **2 次の相転移**とよび，$m_{\boldsymbol{i}}^{\mu}$ を**秩序変数**という [*4]．2 次転移では $T \to T_{\mathrm{c}}$ で熱平均値 $m_{\boldsymbol{i}}^{\mu}$ および平均場 $g_{\boldsymbol{i}}^{\mu}$ は連続的にゼロとなるため，相互作用のない系の $\boldsymbol{i}$ サイトの等温感受率 $\chi_{0,\boldsymbol{i}}^{\mu\nu}(T) \equiv \langle\langle S_{\boldsymbol{i}}^{\mu}; S_{\boldsymbol{i}}^{\nu} \rangle\rangle$ を用いて

$$m_{\boldsymbol{i}}^{\mu} = \sum_{\nu} \chi_{0,\boldsymbol{i}}^{\mu\nu}(T) g_{\boldsymbol{i}}^{\nu} = \sum_{\nu} \chi_{0,\boldsymbol{i}}^{\mu\nu}(T) \sum_{\boldsymbol{j}\eta} J_{\boldsymbol{ij}}^{\nu\eta} m_{\boldsymbol{j}}^{\eta} \quad (T \to T_{\mathrm{c}})$$

の関係を得る．この式を整理すると

---

*4 秩序変数と結合する共役な外場がゼロであっても秩序変数が有限となる場合，秩序が自発的に発生して対称性の破れた状態となっている．例えば，反強磁性は一様磁場の有無に関わらず，交替磁場がゼロの場合に交替磁化が生じるかどうかによって決まる．より正確には，無限小の共役な外場をかけて秩序変数の熱力学極限を求めた後に外場をゼロとしたときに，秩序変数が有限に留まるか否かによって判定する．この操作を**準平均**という．

$$\sum_{j\nu}\Big(\delta_{i,j}\delta_{\mu,\nu}-K_{ij}^{\mu\nu}(T)\Big)m_j^{\nu}=0,\quad K_{ij}^{\mu\nu}(T)\equiv\sum_{\eta}\chi_{0,i}^{\mu\eta}(T)J_{ij}^{\eta\nu}\tag{4.15}$$

となるが，これは固有値方程式に他ならない．したがって，$K_{ij}^{\mu\nu}(T)$ を $(i\mu, j\nu)$ 要素とする行列 $K(T)$ の最大固有値が 1 となる温度 T が転移温度 T_c であり，そのときの固有ベクトルは秩序変数 m_i^{μ} の相対的な比 (自発磁化の向き) を与える．

秩序変数がゼロの常磁性状態で並進対称性がある場合，$\chi_{0,i}^{\mu\nu}(T)\equiv\chi_0^{\mu\nu}(T)$ は i によらず，$J_{ij}^{\eta\nu}$ は $i-j$ にのみ依存するので，(4.15) を Fourier 変換して

$$\sum_{\nu}\left(\delta_{\mu,\nu}-K_{q}^{\mu\nu}(T)\right)m_{q}^{\nu}=0,\quad K_{q}^{\mu\nu}(T)=\sum_{\eta}\chi_0^{\mu\eta}J_{q}^{\eta\nu}\tag{4.16}$$

したがって，$K_{q}^{\mu\nu}$ の最大固有値が 1 となる温度が T_c であり，そのときの $q=Q$ が秩序の空間変調を決める波数となり，これを**秩序ベクトル**と呼ぶ．T_c を決める条件は，行列式 $|I-K_{q}(T_c)|=0$ とも書ける．波数 q の平均磁化 m_{q}^{μ} が生じたとき，その平均場の q 成分は $g_{q}^{\mu}=\sum_{\nu}J_{q}^{\mu\nu}m_{q}^{\nu}$ である．

4.2.2 感受率

常磁性状態での等温感受率を平均場近似の範囲で求めておこう．微小な外部磁場 h_i をかけると，スピンの熱平均値 m_i^{μ} は外場に比例して有限値を取る．この熱平均値は相互作用を通じた平均場としても働くことに注意すると，相互作用のない系の等温感受率 $\chi_{0,i}^{\mu\nu}(T)$ を用いて

$$\begin{aligned}
&m_i^{\mu}=\sum_{\nu}\chi_{0,i}^{\mu\nu}(T)h_i^{\mathrm{eff},\nu}=\sum_{\nu}\chi_{0,i}^{\mu\nu}(T)(h_i^{\nu}+\sum_{\eta}J_{ij}^{\nu\eta}m_j^{\eta})\\
\to\quad &m_i^{\mu}=\sum_{j\nu}\sum_{\eta}\left[(I-K(T))^{-1}\right]_{ij}^{\mu\eta}\chi_{0,j}^{\eta\nu}(T)h_j^{\nu}
\end{aligned}\tag{4.17}$$

よって，平均場近似による常磁性状態での等温感受率は

$$\chi_{ij}^{\mu\nu}(T)=\sum_{\eta}\left[(I-K(T))^{-1}\right]_{ij}^{\mu\eta}\chi_{0,j}^{\eta\nu}(T)\tag{4.18}$$

となる．逆行列 $(I-K(T))^{-1}$ は，行列式 $|I-K(T)|$ の逆数に比例する．$K(T)$ の固有値 λ_i を用いると $|I-K(T)|=(1-\lambda_1)(1-\lambda_2)\cdots$ と表されるから，最大固有値が 1 となる $T=T_c$ で等温感受率は発散する．常磁性状態で並進対称性がある場合は

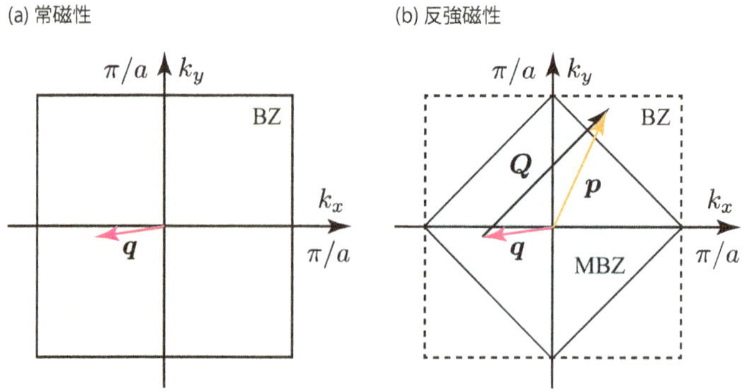

図 4.4　正方格子の Brillouin 域．(a) 常磁性状態，(b) 反強磁性状態．常磁性状態の BZ 内の波数は，反強磁性状態の MBZ 内の $\boldsymbol{q}$ と $\boldsymbol{p} \equiv \boldsymbol{q} + \boldsymbol{Q}$ によって表すことができる．

$$\chi^{\mu\nu}(\boldsymbol{q}) = \sum_{\eta} \left[(I - K_{\boldsymbol{q}}(T))^{-1} \right]^{\mu\eta} \chi_0^{\eta\nu} \tag{4.19}$$

$J_{\boldsymbol{q}}^{\mu\nu}$, $\chi_0^{\mu\nu} \propto \delta_{\mu,\nu}$ であれば，次のように簡潔な式となる．

$$\chi^{\mu}(\boldsymbol{q}) = \frac{\chi_0^{\mu}}{1 - \chi_0^{\mu} J_{\boldsymbol{q}}^{\mu}} \tag{4.20}$$

次に，常磁性状態で並進対称性がある系に秩序ベクトル $\boldsymbol{Q}$ $(\neq \boldsymbol{0})$ の秩序状態 $m_{\boldsymbol{Q}}^{\mu} \equiv \langle S_{\boldsymbol{Q}}^{\mu} \rangle / N_0$ が生じた場合を考えよう．ここで，$m_{\boldsymbol{Q}}^{\mu}$ は格子点あたりのスピン演算子の Fourier 成分の期待値である．このとき，波数 $\boldsymbol{q}$ の波とその高調波 $\boldsymbol{q} \pm \boldsymbol{Q}$, $\boldsymbol{q} \pm 2\boldsymbol{Q}$, $\cdots$ は混ざり合う [*5]．Brillouin 域のうち，高調波を除いた最小の領域を**磁気 Brillouin 域** (MBZ) と呼ぶ (図 4.4)．以下では簡単のため，反強磁性のように $\boldsymbol{q} = \boldsymbol{0}$ と $2\boldsymbol{Q}$ は等価な波数とし [*6]，$J_{\boldsymbol{q}}^{\mu\nu}$ や感受率は成分 (μ, ν) について対角的であるとする．一様な外部磁場 h^{μ} の下では，$m_{\boldsymbol{Q}}^{\mu}$ に加えて，$m_{\boldsymbol{0}}^{\mu}$ も誘起される．

このような状況に，さらに $\boldsymbol{q}$ で空間的に変調する微小な外部磁場 $\phi_{\boldsymbol{i}}^{\mu} = \phi_{\boldsymbol{q}}^{\mu} e^{i\boldsymbol{q}\cdot\boldsymbol{i}}$ を加えたとき，平均値 $m_{\boldsymbol{Q}}^{\mu}$ および $m_{\boldsymbol{0}}^{\mu}$ は変化しないとした「自由な」応答は $\delta m_{\boldsymbol{i}}^{\mu} \equiv (\chi_{01}^{\mu} + \chi_{02}^{\mu} e^{i\boldsymbol{Q}\cdot\boldsymbol{i}}) \phi_{\boldsymbol{i}}^{\mu}$ であり，その Fourier 変換は

---

*5 複雑な磁気秩序を表す際には，複数の秩序ベクトルが必要な場合もあり，double-$\boldsymbol{q}$, triple-$\boldsymbol{q}$ などという．

*6 ここでは $2\boldsymbol{Q}$ と $\boldsymbol{0}$ が等価な波数としたため，$\boldsymbol{q}$ と $\boldsymbol{q} + \boldsymbol{Q}$ のみが登場したが，一般の $\boldsymbol{Q}$ では，$\boldsymbol{q}$, $\boldsymbol{q} \pm \boldsymbol{Q}$, $\boldsymbol{q} \pm 2\boldsymbol{Q}$, $\cdots$ と高調波が混ざる．**整合秩序** (commensurate order) では，$n\boldsymbol{Q}$ が $\boldsymbol{0}$ と等しくなる整数 n が存在するが，**非整合秩序** (incommensurate order) ではそのような整数は存在しない．

$$\delta m^\mu_{\boldsymbol{q}} = \chi^\mu_{01}\phi^\mu_{\boldsymbol{q}} + \chi^\mu_{02}\phi^\mu_{\boldsymbol{q}+\boldsymbol{Q}} \tag{4.21}$$

となる．秩序ベクトル $\boldsymbol{Q}$ の秩序があるために，一般に χ^μ_{02} の項が生じる．χ_{01} および χ_{02} は，平均値 $m^\mu_{\boldsymbol{Q}}$ および $m^\mu_{\boldsymbol{0}}$ が存在するとして求めた $\chi^\mu_{0,\boldsymbol{i}}(T)$ の一様および交替成分である．$\boldsymbol{p} \equiv \boldsymbol{q} + \boldsymbol{Q}$ 成分もまとめて

$$\begin{pmatrix} \delta m^\mu_{\boldsymbol{q}} \\ \delta m^\mu_{\boldsymbol{p}} \end{pmatrix} = \begin{pmatrix} \chi^\mu_{01} & \chi^\mu_{02} \\ \chi^\mu_{02} & \chi^\mu_{01} \end{pmatrix} \begin{pmatrix} \phi^\mu_{\boldsymbol{q}} \\ \phi^\mu_{\boldsymbol{p}} \end{pmatrix} \equiv \chi^\mu_0 \begin{pmatrix} \phi^\mu_{\boldsymbol{q}} \\ \phi^\mu_{\boldsymbol{p}} \end{pmatrix} \tag{4.22}$$

のように書ける．

$\phi^\mu_{\boldsymbol{i}}$ によって生じた $\delta m^\mu_{\boldsymbol{i}}$ が平均場を通じて与える影響を考慮するには，$\phi^\mu_{\boldsymbol{q}} \to \phi^\mu_{\boldsymbol{q}} + J^\mu_{\boldsymbol{q}}\delta m^\mu_{\boldsymbol{q}}$ と置き換えればよい．(4.22) にこの置き換えを行った式を整理すると，$K^\mu_{\boldsymbol{q}} \equiv \chi^\mu_{01}J^\mu_{\boldsymbol{q}}$, $L^\mu_{\boldsymbol{p}} \equiv \chi^\mu_{02}J^\mu_{\boldsymbol{p}}$ として

$$\begin{pmatrix} \delta m^\mu_{\boldsymbol{q}} \\ \delta m^\mu_{\boldsymbol{p}} \end{pmatrix} = \begin{pmatrix} 1 - K^\mu_{\boldsymbol{q}} & -L^\mu_{\boldsymbol{p}} \\ -L^\mu_{\boldsymbol{p}} & 1 - K^\mu_{\boldsymbol{p}} \end{pmatrix}^{-1} \begin{pmatrix} \chi^\mu_{01} & \chi^\mu_{02} \\ \chi^\mu_{02} & \chi^\mu_{01} \end{pmatrix} \begin{pmatrix} \phi^\mu_{\boldsymbol{q}} \\ \phi^\mu_{\boldsymbol{p}} \end{pmatrix} \equiv \chi^\mu_{\boldsymbol{q}} \begin{pmatrix} \phi^\mu_{\boldsymbol{q}} \\ \phi^\mu_{\boldsymbol{p}} \end{pmatrix} \tag{4.23}$$

となる．秩序下における平均場近似の感受率 $\chi^\mu_{\boldsymbol{q}}$ を具体的に書き下すと

$$\chi^\mu_{\boldsymbol{q}} = \begin{pmatrix} \chi^\mu_{1\boldsymbol{q}} & \chi^\mu_{2\boldsymbol{q}} \\ \chi^\mu_{2\boldsymbol{p}} & \chi^\mu_{1\boldsymbol{p}} \end{pmatrix}$$
$$\chi^\mu_{1\boldsymbol{q}} = \frac{1}{D^\mu_{\boldsymbol{q}}}\left[(1 - \chi^\mu_{01}J^\mu_{\boldsymbol{p}})\chi^\mu_{01} + J^\mu_{\boldsymbol{p}}(\chi^\mu_{02})^2\right], \quad \chi^\mu_{2\boldsymbol{q}} = \frac{\chi^\mu_{02}}{D^\mu_{\boldsymbol{q}}} = \chi^\mu_{2\boldsymbol{p}}$$
$$D^\mu_{\boldsymbol{q}} = (1 - \chi^\mu_{01}J^\mu_{\boldsymbol{q}})(1 - \chi^\mu_{01}J^\mu_{\boldsymbol{p}}) - (\chi^\mu_{02})^2 J^\mu_{\boldsymbol{q}}J^\mu_{\boldsymbol{p}} = D^\mu_{\boldsymbol{p}} \tag{4.24}$$

となり，$\chi^\mu_{\mathrm{u}} \equiv \chi^\mu_{1\boldsymbol{0}}$ が一様感受率，$\chi^\mu_{\mathrm{s}} \equiv \chi^\mu_{1\boldsymbol{Q}}$ が交替感受率を表す．常磁性状態では $\chi^\mu_{02} = 0$, $\chi^\mu_{01} = \chi^\mu_0$ であり，$\chi^\mu_{2\boldsymbol{q}} = 0$，$\chi^\mu_{1\boldsymbol{q}}$ は (4.20) に帰着する．

4.2.3 強磁性と反強磁性

以上の例として，結晶場がなく等方的な相互作用 $J^{\mu\nu}_{\boldsymbol{q}} = J_{\boldsymbol{q}}\delta_{\mu,\nu}$ の場合を考えよう．常磁性状態では，(2.44) で $-g_J\mu_{\mathrm{B}} \to 1$ として，$\chi_0(T) = S(S+1)/3k_{\mathrm{B}}T$ であり，$K^{\mu\nu}_{\boldsymbol{q}}(T) = \chi_0 J_{\boldsymbol{q}}\delta_{\mu,\nu}$ であるから，相互作用の Fourier 変換 $J_{\boldsymbol{q}} = \sum_{\boldsymbol{R}} J_{\boldsymbol{R}}e^{-i\boldsymbol{q}\cdot\boldsymbol{R}}$ が正の最大値を取る $\boldsymbol{q} = \boldsymbol{Q}$ の秩序が，

$T_c = J_{\boldsymbol{Q}} S(S+1)/3k_B$ 以下で発生する．

1辺 a の単純立方格子で最近接相互作用 J のみを考えた場合

$$J_{\boldsymbol{q}} = J \sum_{\boldsymbol{R}}^{\text{n.n.}} e^{-i\boldsymbol{q}\cdot\boldsymbol{R}} = \frac{zJ}{3}(\cos q_x a + \cos q_y a + \cos q_z a) \quad (z=6) \quad (4.25)$$

であり，$J > 0$ の強磁性的な相互作用の場合，$\boldsymbol{q} = (0,0,0) \equiv \boldsymbol{0}$ で最大値を取るので，強磁性が発生する．**Curie 温度**は $T_c = zJS(S+1)/3k_B$，$z = 6$ は最近接サイトの個数である．1サイトあたりの自発磁化 $m_{\boldsymbol{0}}$ の向きを z 軸に取ると，平均場は $g^z_{\boldsymbol{0}} = m_{\boldsymbol{0}} J_{\boldsymbol{0}} = m_{\boldsymbol{0}} zJ$ である．自由なスピンの磁場中での磁化の表式 (2.41) を用いると，自己無撞着方程式は

$$m_{\boldsymbol{0}} = SB_S(\beta S g^z_{\boldsymbol{0}}) = SB_S(\beta S z J m_{\boldsymbol{0}}) \quad (4.26)$$

$m_{\boldsymbol{0}} \to 0$ では，この式の右辺は $\chi_0(T) m_{\boldsymbol{0}} J_{\boldsymbol{0}} = K_{\boldsymbol{0}}(T) m_{\boldsymbol{0}}$ に帰着するので，T_c を決める式はやはり $K_{\boldsymbol{0}}(T_c) = 1$ となる．

秩序下では，$g^z_{\boldsymbol{0}}$ の平均場がかかっているので，自由な感受率は (4.26) と (2.45) より

$$\chi^{\parallel}_{01}(T) = \beta S^2 B'_S(\beta S g^z_{\boldsymbol{0}}), \quad \chi^{\perp}_{01}(T) = \frac{SB_S(\beta S g^z_{\boldsymbol{0}})}{g^z_{\boldsymbol{0}}} = \frac{1}{J_{\boldsymbol{0}}} \quad (4.27)$$

ここで，Brillouin 関数の微分は

$$B'_S(x) = -\frac{(2S+1)^2}{4S^2}\mathrm{csch}^2\left(\frac{2S+1}{2S}x\right) + \frac{1}{4S^2}\mathrm{csch}^2\left(\frac{x}{2S}\right) \quad (4.28)$$

$\chi^{\parallel}_{01}$ の温度依存性は，T に直接依存するものの他に秩序変数 $m_{\boldsymbol{0}}$ の温度変化からも生じる．また，$\chi^{\perp}_{01}$ は温度によらないことに注意しよう．よって平均場近似の一様感受率は

$$\chi^{\parallel}_{u}(T) = \frac{\chi^{\parallel}_{01}(T)}{1 - \chi^{\parallel}_{01}(T) J_{\boldsymbol{0}}}, \quad \chi^{\perp}_{u} = \frac{\chi^{\perp}_{01}}{1 - \chi^{\perp}_{01} J_{\boldsymbol{0}}} = \infty \quad (4.29)$$

縦感受率 ($\parallel$) は T_c で発散，横感受率 ($\perp$) は秩序状態で常に発散する．一般に2次転移では，秩序変数に関する感受率は転移温度で常に発散する．また，秩序状態で横成分が発散するのは，異方性エネルギーがなく，自発磁化の向きが異なる秩序状態がエネルギー的に縮退していることの現れである．以上の例では，結晶場による異方性エネルギーを考慮していないため各方向の転

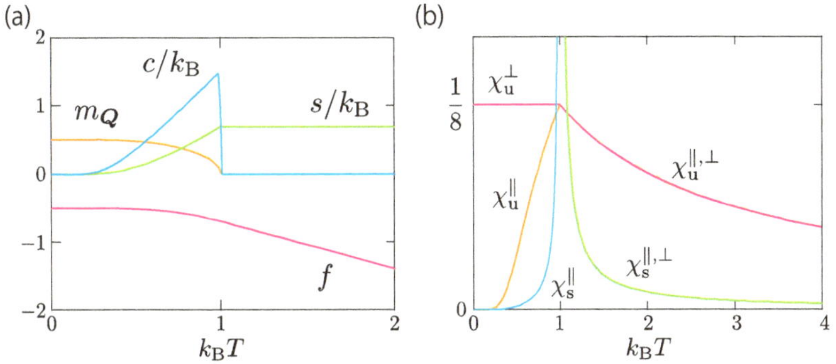

図 4.5　単純立方格子上の最近接反強磁性 $S = 1/2$ Heisenberg 模型の平均場近似．$m_{\boldsymbol{Q}} = \langle S_{\boldsymbol{Q}}^z \rangle \neq 0$．$T < T_N = 3|J|/2k_B \equiv 1/k_B$ で，秩序変数に垂直な一様感受率 (磁化率) $\chi_u^\perp(T)$ は一定値，交替感受率 $\chi_s^\perp(T)$ は常に発散する．

移温度は縮退し，自発磁化の向きは一意には定まらない．異方性エネルギーがあると，よりエネルギーが下がる方向の秩序が安定化する．

次に，$J < 0$ の反強磁性的な場合について考えよう．このとき，$\boldsymbol{Q} = (\pi, \pi, \pi)/a$ で $J_{\boldsymbol{q}}$ が最大値 $J_{\boldsymbol{Q}} = z|J|$ となる．この波数は逆格子基本ベクトルを単位とした還元座標で $(1/2, 1/2, 1/2)$ の秩序とも表現される．自発磁化の向きを z 軸として，その空間依存性は $m_{\boldsymbol{i}}^z = m_{\boldsymbol{Q}} e^{i\boldsymbol{Q}\cdot\boldsymbol{i}}$ であり，この波数は隣り合うサイトでスピンが逆向きの反強磁性秩序を表している．このような状態を **Néel 状態**，$m_{\boldsymbol{Q}}$ を 1 サイトあたりの交替自発磁化という．**Néel 温度**は，$T_N = z|J|S(S+1)/3k_B$ である．平均場は $g_{\boldsymbol{Q}}^z = m_{\boldsymbol{Q}} z|J|$ であり，$B_S(x)$ は奇関数だから，自己無撞着方程式は

$$m_{\boldsymbol{Q}} = SB_S(\beta Sz|J|m_{\boldsymbol{Q}}) \tag{4.30}$$

$m_{\boldsymbol{Q}} \to 0$ で右辺は $m_{\boldsymbol{Q}} K_{\boldsymbol{Q}}(T)$ に帰着するので，$K_{\boldsymbol{Q}}(T_N) = 1$ となる．

外部磁場がない場合，$B'_S(x)$ が偶関数であることから秩序状態であっても $\chi_{02}^\mu = 0$ であり，自由な感受率は強磁性の場合と同様に

$$\chi_{01}^\parallel(T) = \beta S^2 B'_S(\beta zJSm_{\boldsymbol{Q}}), \quad \chi_{01}^\perp = \frac{1}{J_{\boldsymbol{Q}}} \tag{4.31}$$

となる．したがって，平均場近似の一様および交替感受率は

$$\chi_u^\parallel(T) = \frac{\chi_{01}^\parallel(T)}{1 - \chi_{01}^\parallel(T)J_0}, \quad \chi_u^\perp = \frac{\chi_{01}^\perp}{1 - \chi_{01}^\perp J_0} = \frac{1}{J_{\boldsymbol{Q}} - J_0} \tag{4.32}$$

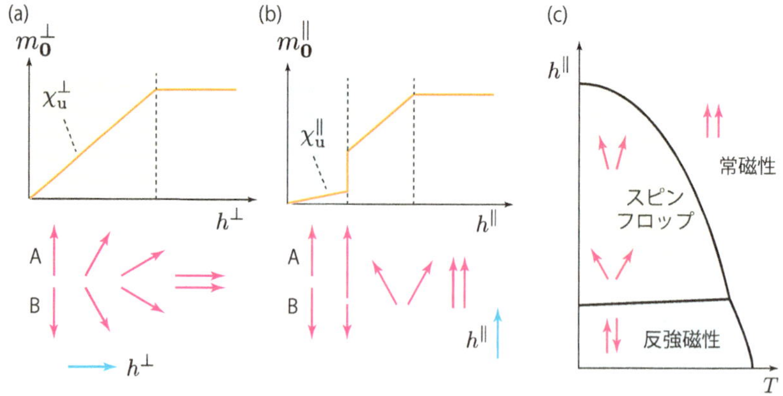

図 4.6　反強磁性体におけるスピンフロップ転移. (a) 低温 $T \ll T_{\mathrm{N}}$ での垂直磁場による磁化過程, (b) $T \ll T_{\mathrm{N}}$ での平行磁場による磁化過程, (c) 温度・磁場相図. ゼーマンエネルギーが異方性エネルギーと同程度になったとき, 交替磁化の向きが磁場に垂直な方向へ回転する.

$$\chi_{\mathrm{s}}^{\parallel}(T) = \frac{\chi_{01}^{\parallel}(T)}{1 - \chi_{01}^{\parallel}(T) J_{\boldsymbol{Q}}}, \quad \chi_{\mathrm{s}}^{\perp} = \frac{\chi_{01}^{\perp}}{1 - \chi_{01}^{\perp} J_{\boldsymbol{Q}}} = \infty \tag{4.33}$$

強磁性の場合と同様に, $\chi_{\mathrm{s}}^{\parallel,\perp}$ は転移温度で発散する. また, $\chi_{\mathrm{s}}^{\perp}$ が秩序状態で常に発散するのは, 異方性エネルギーがゼロであるためである. 一様磁化率の横成分 $\chi_{\mathrm{u}}^{\perp}$ は秩序相では温度によらず一定である.

単純立方格子上の最近接反強磁性 $S = 1/2$ Heisenberg 模型について, $m_{\boldsymbol{Q}} \neq 0$ の平均場近似の結果を図 4.5 に示す. 1 サイトあたりのエントロピー s は常磁性状態の値 $s = k_{\mathrm{B}} \ln 2$ より, $T < T_{\mathrm{N}}$ で秩序の発生によって減少する. エントロピーの折れ曲がりを反映して, 比熱 c は $T = T_{\mathrm{N}}$ で不連続性を示す. 秩序変数に平行な一様感受率 (磁化率) $\chi_{\mathrm{u}}^{\parallel}(T)$ は $T < T_{\mathrm{N}}$ で減少するのに対して, 秩序変数に垂直な $\chi_{\mathrm{u}}^{\perp}(T)$ は一定値を示す. 交替感受率 $\chi_{\mathrm{s}}^{\parallel,\perp}(T)$ は $T \to T_{\mathrm{N}}$ に向かって発散し, $T < T_{\mathrm{N}}$ では, 縦成分 $(\parallel)$ は減少し, 横成分 $(\perp)$ は常に発散する.

最後に異方性エネルギーがある場合の振る舞いについて簡単に述べておこう. 図 4.6(a) に示すように, 外部磁場が交替磁化と垂直な場合, A サイトと B サイトの両方に磁場と平行な磁化成分が生じて, 自発磁化は磁場方向へ徐々に傾いていき, 反強磁性秩序によるエネルギー利得とゼーマンエネルギーが同程度になる磁場で磁化は飽和値に到達する. 一方, 磁場の向きが交替磁化と平行な場合, ゼーマンエネルギーと異方性エネルギーが同程度となるまでは，片方のスピンは増加してもう一方のスピンは減少していく．この場合，異方性エネルギーの利得はあるが，$\chi_{\mathrm{u}}^{\parallel} < \chi_{\mathrm{u}}^{\perp}$ のために，ゼーマンエネルギーによる利得はより小さい．異方性エネルギーをゼーマンエネルギーが上回ると，異方性エネルギーによる利得を失ってもゼーマンエネルギーの利得を得るように交替磁化の向きが外部磁場と垂直になるように回転する．この転移を**スピンフロップ転移**という．温度磁場相図は図 4.6(c) のようになる．異方性エネルギーがゼロの場合，無限小の平行磁場でスピンフロップ転移が起こるので，交替磁化は磁場と常に垂直になる．

4.2.4 変分原理

平均場近似の導出法にはいくつかの方法があるが，ここでは変分原理との関係を述べておこう．厳密なハミルトニアン H とその自由エネルギー F に対して，パラメータ ϕ に依存する近似的な試行ハミルトニアン $H_0(\phi)$ を考える．その自由エネルギーを $F_0(\phi) = -\beta^{-1} \ln Z_0(\phi)$ とする．このとき，導出は省略するが，一般に次の不等式が成り立つ [*7]．

$$F \leqq F_0(\phi) + \langle H - H_0(\phi) \rangle \equiv F(\phi) \tag{4.34}$$

ここで，$\langle \cdots \rangle = \mathrm{Tr}\, e^{-\beta H_0} (\cdots)/Z_0$ は $H_0(\phi)$ に関する統計平均を表す．$F(\phi)$ が最小となるように ϕ を選べば，ϕ に依存する試行ハミルトニアン $H_0(\phi)$ のうちで最も自由エネルギーが低い近似ハミルトニアンを得ることができる．この方法を **Feynman の変分法**という．

(4.13) のハミルトニアンに対して

$$H_0 = \sum_{\boldsymbol{j}} [H_{\mathrm{CEF}}(\boldsymbol{S_j}) - \boldsymbol{S_j} \cdot \boldsymbol{\phi_j}] \equiv \sum_{\boldsymbol{j}} H_{0\boldsymbol{j}} \tag{4.35}$$

の試行ハミルトニアンを考えよう．このハミルトニアンはサイト $\boldsymbol{j}$ ごとに独立なので，$\boldsymbol{j}$ サイトの統計平均を $\langle \cdots \rangle_{\boldsymbol{j}} = \mathrm{Tr}\, e^{-\beta H_{0\boldsymbol{j}}} (\cdots)/Z_{0\boldsymbol{j}}$，$m_{\boldsymbol{i}}^{\mu} \equiv \langle S_{\boldsymbol{i}}^{\mu} \rangle_{\boldsymbol{i}}$ として

$$\langle H - H_0(\phi) \rangle = -\frac{1}{2} \sum_{\boldsymbol{ij}} \sum_{\mu\nu} J_{\boldsymbol{ij}}^{\mu\nu} m_{\boldsymbol{i}}^{\mu} \cdot m_{\boldsymbol{j}}^{\nu} - \sum_{\boldsymbol{j}} m_{\boldsymbol{j}} \cdot (\boldsymbol{h_j} - \boldsymbol{\phi_j}) \tag{4.36}$$

である．これを $\phi_{\boldsymbol{j}}^{\xi}$ について偏微分すると，$\partial F_0 / \partial \phi_{\boldsymbol{j}}^{\xi} = -m_{\boldsymbol{j}}^{\xi}$ に注意して

[*7] 例えば，R.P. Feynman, 統計力学 (丸善出版, 2009).

$$\frac{\partial F(\phi)}{\partial \phi_j^\xi} = -m_j^\xi - \sum_\nu \left[\sum_{i\mu} J_{ij}^{\mu\nu} m_i^\mu + (h_j^\nu - \phi_j^\nu) \right] \frac{\partial m_j^\nu}{\partial \phi_j^\xi} + m_j^\xi$$
$$= -\sum_\nu \left[\sum_{i\mu} J_{ij}^{\mu\nu} m_i^\mu + (h_j^\nu - \phi_j^\nu) \right] \frac{\partial m_j^\nu}{\partial \phi_j^\xi}$$

となるが，停留値条件より最右辺の $[\cdots]$ 内がゼロ，すなわち

$$\phi_j^\nu = h_j^\nu + \sum_{i\mu} J_{ij}^{\mu\nu} m_i^\mu \tag{4.37}$$

を得る．$\boldsymbol{\phi}_j$ は (4.14) における $\boldsymbol{h}_j^{\mathrm{eff}}$ であり，$H_0(\phi)$ は定数項を除いた H_{MF} に他ならない．したがって，平均場近似によって得られた解は (4.35) の試行ハミルトニアンの中で自由エネルギー極小 (停留値) であることが保証される．

4.3 局在スピン系の集団励起

自発的に対称性が破れて長距離秩序が発生すると，系に「剛性」が生じて，基底状態からのずれに対して復元力が働く．この復元力が系全体にわたる集団励起を作り出す．ここでは，局在スピン系に対して転移温度より十分低温でよい近似である **Holstein-Primakoff 法**を用いた集団励起について述べる．

4.3.1 Bose 粒子表示

$T = 0$ の平均場解が求まっているものとしよう．$\boldsymbol{i}$ サイトの平均場固有状態をエネルギーの低い順に $|m\rangle_{\boldsymbol{i}}$ $(m = 0, 1, \cdots, 2S \equiv M)$ と表し，固有エネルギーを $E_{\boldsymbol{i}m}$ とする．基底状態は縮退していないものとしよう．すなわち

$$\left[H_{\mathrm{CEF}}(S_{\boldsymbol{i}}) - \sum_\mu \left(h_{\boldsymbol{i}}^\mu + \sum_{\boldsymbol{j}\nu} J_{\boldsymbol{ij}}^{\mu\nu} \langle 0|S_{\boldsymbol{j}}^\nu|0\rangle \right) S_{\boldsymbol{i}}^\mu \right] |m\rangle_{\boldsymbol{i}} = E_{\boldsymbol{i}m} |m\rangle_{\boldsymbol{i}} \tag{4.38}$$

例えば，強磁性状態であれば $|m\rangle_{\boldsymbol{i}}$ は $\boldsymbol{i}$ によらず共通の基底で，m が増加するにつれて $|0\rangle$ に対応する自発磁化の方向からより傾いた励起状態を表す．

図 4.7 のように，状態 $|m\rangle_{\boldsymbol{i}}$ を Bose 粒子が 1 ついる状態と考え，その生成演算子を $a_{\boldsymbol{i}m}^\dagger$ とする [*8]．交換関係は $[a_{\boldsymbol{i}m}, a_{\boldsymbol{j}n}^\dagger] = \delta_{m,n}\delta_{\boldsymbol{i},\boldsymbol{j}}$．この Bose 粒

[*8] 本節で紹介する方法は，通常の Holstein-Primakoff (HP) 法を拡張したものである．HP 法では 1 種類の Bose 粒子 $b_{\boldsymbol{i}}$ を用いて，$S_{\boldsymbol{i}}^+ = b_{\boldsymbol{i}}^\dagger\sqrt{2S - n_{\boldsymbol{i}}}$, $S_{\boldsymbol{i}}^- = S_{\boldsymbol{i}}^{+\dagger}$, $S^z = S - n_{\boldsymbol{i}}$ とし，$0 \leqq n_{\boldsymbol{i}} \leqq 2S$ の条件を課す．ここで，$n_{\boldsymbol{i}} = b_{\boldsymbol{i}}^\dagger b_{\boldsymbol{i}}$ である．

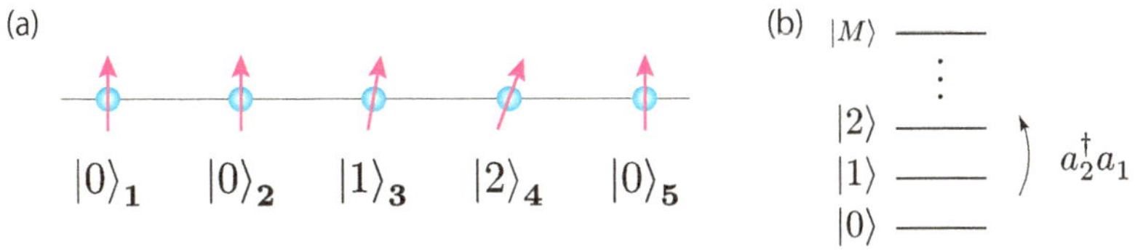

図 4.7　磁気励起の Bose 粒子による表現．(a) サイト依存性，(b) Bose 粒子のホッピングによる遷移の様子．

子を用いて任意の 1 サイト演算子は

$$X_i = \sum_{mn} X^i_{mn} a^\dagger_{im} a_{in}, \quad X^i_{mn} \equiv \langle m|X_i|n\rangle_i \tag{4.39}$$

と表すことができる．ただし，$|m\rangle_i$ の完全性より

$$\sum_m a^\dagger_{im} a_{im} = 1 \tag{4.40}$$

の条件を満たす必要がある．

基底状態ではすべてのサイトの Bose 粒子が $m=0$ 状態を占有しており，転移温度に比べて十分低温では，基底状態の占有数に比べて励起状態の平均占有数は十分に小さい．そこで，基底状態の演算子 $a^\dagger_{i0}$, a_{i0} を c 数 g_i で近似する．このとき，(4.40) より $m=0$ の項を分離して

$$g_i = \left(1 - \sum_{m=1}^{M} a^\dagger_{im} a_{im}\right)^{1/2} \simeq 1 - \frac{1}{2}\sum_{m=1}^{M} a^\dagger_{im} a_{im} + \cdots \tag{4.41}$$

この展開式を $m=0$ 項を分離した (4.39) に代入すると，$a^\dagger_{im}$, a_{im} の 2 次まで残す近似で

$$\begin{aligned}
X_i &= X^i_{00} g_i^2 + \sum_{m=1}^{M}\left(X^i_{0m} a_{im} + \text{H.c.}\right) g_i + \sum_{mn=1}^{M} X^i_{mn} a^\dagger_{im} a_{in} \\
&\simeq X^i_{00} + \sum_{m=1}^{M}\left(X^i_{0m} a_{im} + \text{H.c.}\right) + \sum_{mn=1}^{M} \widetilde{X}^i_{mn} a^\dagger_{im} a_{in} \\
X_i Y_j &\simeq X^i_{00} Y^j_{00} + \sum_{m=1}^{M}\left(X^i_{0m} Y^j_{00} a_{im} + X^i_{00} Y^j_{0m} a_{jm} + \text{H.c.}\right) \\
&\quad + \sum_{mn=1}^{M}\left(\widetilde{X}^i_{mn} Y^j_{00} a^\dagger_{im} a_{in} + X^i_{00} \widetilde{Y}^j_{mn} a^\dagger_{jm} a_{jn}\right.
\end{aligned}$$

$$+ X^{\boldsymbol{i}}_{m0} Y^{\boldsymbol{j}}_{0n} a^{\dagger}_{\boldsymbol{i}m} a_{\boldsymbol{j}n} + X^{\boldsymbol{i}}_{0m} Y^{\boldsymbol{j}}_{n0} a_{\boldsymbol{i}m} a^{\dagger}_{\boldsymbol{j}n}$$
$$+ X^{\boldsymbol{i}}_{m0} Y^{\boldsymbol{j}}_{n0} a^{\dagger}_{\boldsymbol{i}m} a^{\dagger}_{\boldsymbol{j}n} + X^{\boldsymbol{i}}_{0m} Y^{\boldsymbol{j}}_{0n} a_{\boldsymbol{i}m} a_{\boldsymbol{j}n} \Big) \tag{4.42}$$

のようになる．ここで，$\widetilde{X}^{\boldsymbol{i}}_{mn} = X^{\boldsymbol{i}}_{mn} - X^{\boldsymbol{i}}_{00}\delta_{m,n}$ とした．この関係を (4.13) に代入して，2 次項までを残すと

$$H = \sum_{\boldsymbol{ij}} \sum_{mn=1}^{M} \left[\Omega^{mn}_{\boldsymbol{ij}} a^{\dagger}_{\boldsymbol{i}m} a_{\boldsymbol{j}n} + \frac{1}{2} \left(\Lambda^{mn}_{\boldsymbol{ij}} a^{\dagger}_{\boldsymbol{i}m} a^{\dagger}_{\boldsymbol{j}n} + \text{H.c.} \right) \right] + E_{\text{c}} \tag{4.43}$$

$$\Omega^{mn}_{\boldsymbol{ij}} = (E_{\boldsymbol{i}m} - E_{\boldsymbol{i}0})\delta_{\boldsymbol{i},\boldsymbol{j}}\delta_{m,n} - \sum_{\mu\nu} J^{\mu\nu}_{\boldsymbol{ij}} S^{\boldsymbol{i}\mu}_{m0} S^{\boldsymbol{j}\nu}_{0n}$$

$$\Lambda^{mn}_{\boldsymbol{ij}} = -\sum_{\mu\nu} J^{\mu\nu}_{\boldsymbol{ij}} S^{\boldsymbol{i}\mu}_{m0} S^{\boldsymbol{j}\nu}_{n0} \tag{4.44}$$

$$E_{\text{c}} = -\frac{1}{2} \sum_{\boldsymbol{ij}} \sum_{\mu\nu} J^{\mu\nu}_{\boldsymbol{ij}} S^{\boldsymbol{i}\mu}_{00} S^{\boldsymbol{j}\nu}_{00} + \sum_{\boldsymbol{i}} \left[\langle 0 | H_{\text{CEF}}(\boldsymbol{S_i}) | 0 \rangle - \boldsymbol{S}^{\boldsymbol{i}}_{00} \cdot \boldsymbol{h_i} \right] \tag{4.45}$$

となる．E_{c} は古典論における基底エネルギーであり，1 次の項は $|m\rangle_{\boldsymbol{i}}$ が平均場の解であるという条件 (4.38) より消える．このような近似を線形スピン波近似という．

行列要素が一様成分と交替成分をもつとして $\boldsymbol{S}^{\boldsymbol{i}}_{mn} = \boldsymbol{S}^{\boldsymbol{0}}_{mn} + \boldsymbol{S}^{\boldsymbol{Q}}_{mn} e^{i\boldsymbol{Q}\cdot\boldsymbol{i}}$ のように表そう．簡単のため $2\boldsymbol{Q} = \boldsymbol{0}$ を満たすものとする．(4.43) と (4.44) を Fourier 成分で表すと，$\boldsymbol{p} \equiv \boldsymbol{q} + \boldsymbol{Q}$ および

$$A^{\dagger}_{\boldsymbol{q}} \equiv (a^{\dagger}_{\boldsymbol{q}1} \ \cdots \ a^{\dagger}_{\boldsymbol{q}M} \ a^{\dagger}_{\boldsymbol{p}1} \ \cdots \ a^{\dagger}_{\boldsymbol{p}M} \ a_{-\boldsymbol{q}1} \ \cdots \ a_{-\boldsymbol{q}M} \ a_{-\boldsymbol{p}1} \ \cdots \ a_{-\boldsymbol{p}M}) \tag{4.46}$$

と略記して [*9]

$$H = \frac{1}{2} \sum_{\boldsymbol{q}}^{\text{MBZ}} A^{\dagger}_{\boldsymbol{q}} \hat{K}_{\boldsymbol{q}} A_{\boldsymbol{q}} + E_{\text{c}} - \frac{1}{2} \sum_{\boldsymbol{i}} \sum_{m=1}^{M} \Omega^{mm}_{\boldsymbol{ii}}$$

$$\hat{K}_{\boldsymbol{q}} = \left(\begin{array}{cc:cc} \Omega_{\boldsymbol{q}} & \Omega'_{\boldsymbol{q}} & \Lambda_{\boldsymbol{q}} & \Lambda'_{\boldsymbol{q}} \\ \Omega'_{\boldsymbol{p}} & \Omega_{\boldsymbol{p}} & \Lambda'_{\boldsymbol{p}} & \Lambda_{\boldsymbol{p}} \\ \hdashline \Lambda_{-\boldsymbol{q}} & \Lambda'_{-\boldsymbol{q}} & \Omega^{*}_{-\boldsymbol{q}} & \Omega'^{*}_{-\boldsymbol{q}} \\ \Lambda'_{-\boldsymbol{p}} & \Lambda_{-\boldsymbol{p}} & \Omega'^{*}_{-\boldsymbol{p}} & \Omega^{*}_{-\boldsymbol{p}} \end{array} \right) \quad (\text{各要素は } M \times M \text{ 行列})$$

*9 $\boldsymbol{q}$ と $\boldsymbol{p}$ で要素数が 2 倍になっていることに注意.

$$\Omega_{\boldsymbol{q}}^{mn} = (E_m^{\mathbf{0}} - E_0^{\mathbf{0}})\delta_{m,n} - \sum_{\mu\nu}\left[J_{\boldsymbol{q}}^{\mu\nu} S_{m0}^{\mathbf{0}\mu} S_{0n}^{\mathbf{0}\nu} + J_{\boldsymbol{q}'}^{\mu\nu} S_{m0}^{\boldsymbol{Q}\mu} S_{0n}^{\boldsymbol{Q}\nu}\right]$$

$$\Omega_{\boldsymbol{q}}^{'mn} = (E_m^{\boldsymbol{Q}} - E_0^{\boldsymbol{Q}})\delta_{m,n} - \sum_{\mu\nu}\left[J_{\boldsymbol{q}}^{\mu\nu} S_{m0}^{\mathbf{0}\mu} S_{0n}^{\boldsymbol{Q}\nu} + J_{\boldsymbol{q}'}^{\mu\nu} S_{m0}^{\boldsymbol{Q}\mu} S_{0n}^{\mathbf{0}\nu}\right]$$

$$\Lambda_{\boldsymbol{q}}^{mn} = -\sum_{\mu\nu}\left[J_{\boldsymbol{q}}^{\mu\nu} S_{m0}^{\mathbf{0}\mu} S_{n0}^{\mathbf{0}\nu} + J_{\boldsymbol{q}'}^{\mu\nu} S_{m0}^{\boldsymbol{Q}\mu} S_{n0}^{\boldsymbol{Q}\nu}\right]$$

$$\Lambda_{\boldsymbol{q}}^{'mn} = -\sum_{\mu\nu}\left[J_{\boldsymbol{q}}^{\mu\nu} S_{m0}^{\mathbf{0}\mu} S_{n0}^{\boldsymbol{Q}\nu} + J_{\boldsymbol{q}'}^{\mu\nu} S_{m0}^{\boldsymbol{Q}\mu} S_{n0}^{\mathbf{0}\nu}\right] \tag{4.47}$$

となる．ここで，$E_{\boldsymbol{i}m} = E_m^{\mathbf{0}} + E_m^{\boldsymbol{Q}} e^{i\boldsymbol{Q}\cdot\boldsymbol{i}}$ とした．$\Omega_{\boldsymbol{q}}^{[']mn} = \Omega_{\boldsymbol{q}}^{[']nm*}$ および $\Lambda_{\boldsymbol{q}}^{[']mn} = \Lambda_{-\boldsymbol{q}}^{[']nm}$ が成り立つことに注意しよう．

A.6 節に示すように，Bogoliubov 変換 ($\beta \equiv \alpha + M$)

$$\begin{pmatrix} a_{\boldsymbol{q}m} \\ a_{\boldsymbol{p}m} \\ a_{-\boldsymbol{q}m}^{\dagger} \\ a_{-\boldsymbol{p}m}^{\dagger} \end{pmatrix} = \sum_{\alpha=1}^{M} \left(\begin{array}{cc|cc} U_{\boldsymbol{q}}^{m\alpha} & U_{\boldsymbol{q}}^{m\beta} & V_{\boldsymbol{q}}^{m\alpha} & V_{\boldsymbol{q}}^{m\beta} \\ U_{\boldsymbol{q}}^{'m\alpha} & U_{\boldsymbol{q}}^{'m\beta} & V_{\boldsymbol{q}}^{'m\alpha} & V_{\boldsymbol{q}}^{'m\beta} \\ \hline V_{-\boldsymbol{q}}^{m\alpha*} & V_{-\boldsymbol{q}}^{m\beta*} & U_{-\boldsymbol{q}}^{m\alpha*} & U_{-\boldsymbol{q}}^{m\beta*} \\ V_{-\boldsymbol{q}}^{'m\alpha*} & V_{-\boldsymbol{q}}^{'m\beta*} & U_{-\boldsymbol{q}}^{'m\alpha*} & U_{-\boldsymbol{q}}^{'m\beta*} \end{array}\right) \begin{pmatrix} \gamma_{\boldsymbol{q}\alpha} \\ \gamma_{\boldsymbol{q}\beta} \\ \gamma_{-\boldsymbol{q}\alpha}^{\dagger} \\ \gamma_{-\boldsymbol{q}\beta}^{\dagger} \end{pmatrix} \tag{4.48}$$

を用いると

$$H = \sum_{\boldsymbol{q}}^{\mathrm{MBZ}} \sum_{\alpha=1}^{2M} \epsilon_{\boldsymbol{q}\alpha}\left(\gamma_{\boldsymbol{q}\alpha}^{\dagger}\gamma_{\boldsymbol{q}\alpha} + \frac{1}{2}\right) + E_{\mathrm{c}} - \frac{1}{2}\sum_{\boldsymbol{i}}\sum_{m=1}^{M} \Omega_{\boldsymbol{ii}}^{mm} \tag{4.49}$$

のようにハミルトニアンを対角的に変形できる．このような自由 Bose 粒子で表される集団励起を**スピン波**といい，その分散関係は $\epsilon_{\boldsymbol{q}\alpha}$ で与えられる [*10]．以上の線形スピン波近似は，各励起 Bose 粒子の占有数が十分小さい場合にのみ正当化されることに注意しよう．

4.3.2 物理量への集団励起からの寄与

基底状態は $\gamma_{\boldsymbol{q}\alpha}$ 準粒子の存在しない真空であり，量子揺らぎに由来するゼロ点振動を含めた基底状態のエネルギーは

$$E_{\mathrm{g}} = E_{\mathrm{c}} - \frac{1}{2}\sum_{\boldsymbol{q}}^{\mathrm{MBZ}}\left(2\sum_{m=1}^{M}(E_m^{\mathbf{0}} - E_0^{\mathbf{0}}) - \sum_{\alpha=1}^{2M}\epsilon_{\boldsymbol{q}\alpha}\right) \tag{4.50}$$

[*10] $\alpha = 1, \cdots 2M$ には $\boldsymbol{q}$ と $\boldsymbol{p}$ が混成した寄与が含まれていることに注意しよう．

となる．第 2 項が量子揺らぎによるエネルギーの低下分を表す．

転移温度より十分低温では，励起 Bose 粒子数の平均値は化学ポテンシャル $\mu=0$ の Bose-Einstein 分布関数 $n(x)=1/(e^{\beta x}-1)$ に従うから，平均エネルギー E および比熱 C は

$$E(T)=\sum_{\boldsymbol{q}}^{\mathrm{MBZ}}\sum_{\alpha=1}^{2M}\epsilon_{\boldsymbol{q}\alpha}n(\epsilon_{\boldsymbol{q}\alpha})+E_{\mathrm{g}},\quad C(T)=\sum_{\boldsymbol{q}}^{\mathrm{MBZ}}\sum_{\alpha=1}^{2M}\frac{k_{\mathrm{B}}(\beta\epsilon_{\boldsymbol{q}\alpha}/2)^2}{\sinh^2(\beta\epsilon_{\boldsymbol{q}\alpha}/2)} \tag{4.51}$$

と表される．比較的温度が高くなると，上述のような Bose 粒子の線形近似では不十分であり，Bose 粒子間の相互作用を表す高次項の寄与を考慮しなければならない．

スピン波近似を用いて動的スピン感受率やスピンの期待値などを求めるために，Bose 粒子の Green 関数行列 $(4M\times 4M)$ を導入しておこう (詳細は A.6 節を参照のこと)．

$$\hat{G}^T(\boldsymbol{q},\omega_n)=-\frac{1}{\hbar}\int_0^{\beta\hbar}d\tau\, e^{i\omega_n\tau}\left\langle T_\tau A_{\boldsymbol{q}}(\tau)A_{\boldsymbol{q}}^\dagger\right\rangle \tag{4.52}$$

ここで，ω_n は Bose 粒子の松原振動数である．

$T=0$ の平均場近似の解 $\boldsymbol{S}_{00}^{\boldsymbol{i}}$ から測ったスピン演算子は

$$\delta\boldsymbol{S}_{\boldsymbol{i}}\equiv\boldsymbol{S}_{\boldsymbol{i}}-\boldsymbol{S}_{00}^{\boldsymbol{i}}\simeq\sum_{m=1}^{M}\Big(\boldsymbol{S}_{0m}^{\boldsymbol{i}}a_{\boldsymbol{i}m}+\mathrm{H.c.}\Big)+\sum_{mn=1}^{M}\widetilde{\boldsymbol{S}}_{mn}^{\boldsymbol{i}}a_{\boldsymbol{i}m}^\dagger a_{\boldsymbol{i}n} \tag{4.53}$$

であり，その Fourier 変換は Bose 粒子の生成消滅演算子の 1 次までで

$$\begin{aligned}\delta\boldsymbol{S}_{\boldsymbol{i}}&\simeq\sum_{\boldsymbol{q}}\sum_{m-1}^{M}\frac{e^{i\boldsymbol{q}\cdot\boldsymbol{i}}}{\sqrt{N_0}}\left[S_{0m}^{\boldsymbol{0}}a_{\boldsymbol{q}m}+S_{0m}^{\boldsymbol{Q}}a_{\boldsymbol{p}m}+S_{0m}^{\boldsymbol{0}*}a_{-\boldsymbol{q}m}^\dagger+S_{0m}^{\boldsymbol{Q}*}a_{-\boldsymbol{p}m}^\dagger\right]\\&=\frac{1}{N_0}\sum_{\boldsymbol{q}}e^{i\boldsymbol{q}\cdot\boldsymbol{i}}\delta\boldsymbol{S}_{\boldsymbol{q}},\quad\delta\boldsymbol{S}_{\boldsymbol{q}}=\sqrt{N_0}\sum_{r=1}^{4M}\boldsymbol{F}_rA_{\boldsymbol{q}r}\\\boldsymbol{F}&\equiv(\boldsymbol{S}_{01}^{\boldsymbol{0}}\ \cdots\ \boldsymbol{S}_{0M}^{\boldsymbol{0}}\ \boldsymbol{S}_{01}^{\boldsymbol{Q}}\ \cdots\ \boldsymbol{S}_{0M}^{\boldsymbol{Q}}\ \boldsymbol{S}_{01}^{\boldsymbol{0}*}\ \cdots\ \boldsymbol{S}_{0M}^{\boldsymbol{0}*}\ \boldsymbol{S}_{01}^{\boldsymbol{Q}*}\ \cdots\ \boldsymbol{S}_{0M}^{\boldsymbol{Q}*})\end{aligned} \tag{4.54}$$

と表すことができる．これを用いると，動的スピン感受率に対応する松原 Green 関数は $\hat{G}^T(\boldsymbol{q},\omega_n)$ を用いて

$$\chi_{\mathrm{s}}^{T\mu\nu}(\boldsymbol{q},\omega_n)\equiv\frac{1}{N_0\hbar}\int_0^{\hbar\beta}d\tau\, e^{-i\omega_n\tau}\left\langle T_\tau\delta S_{\boldsymbol{q}}^{\mu}(\tau)\delta S_{-\boldsymbol{q}}^{\nu}\right\rangle$$

$$= -F^{\mu}\hat{G}^T(\boldsymbol{q},\omega_n)F^{\nu\dagger} = -\sum_{rs=1}^{4M} F^{\mu}_r[\hat{G}^T(\boldsymbol{q},\omega_n)]_{rs}F^{\nu *}_s \tag{4.55}$$

と書ける．これを $i\omega_n \to \omega + i\delta$ として解析接続すると，動的スピン感受率 $\chi_{\mathrm{s}}^{\mathrm{R}\mu\nu}(\boldsymbol{q},\omega)$ が得られる．$\chi_{\mathrm{s}}^{\mathrm{R}\mu\nu}(\boldsymbol{q},\omega)$ の虚部は，(3.75) に示したように中性子散乱実験で測定される動的構造因子 $\mathcal{S}_{\mu\nu}(\boldsymbol{q},\omega)$ と関係がある．

量子揺らぎによってスピンの期待値は平均場近似の値 $\boldsymbol{S}^{\boldsymbol{i}}_{00}$ より減少する．(4.53) の期待値を評価すると，$\langle a_{\boldsymbol{i}m}\rangle = \langle a^{\dagger}_{\boldsymbol{i}m}\rangle = 0$ に注意して

$$\langle \delta \boldsymbol{S}_{\boldsymbol{i}}\rangle \simeq \sum_{mn=1}^{M} \widetilde{\boldsymbol{S}}^{\boldsymbol{i}}_{mn}\langle a^{\dagger}_{\boldsymbol{i}m}a_{\boldsymbol{i}n}\rangle \equiv \langle \delta\boldsymbol{S}^{\boldsymbol{0}}\rangle + \langle \delta\boldsymbol{S}^{\boldsymbol{Q}}\rangle e^{i\boldsymbol{Q}\cdot\boldsymbol{i}}$$

$$\langle \delta\boldsymbol{S}^{\boldsymbol{0}}\rangle = \frac{1}{N_0}\sum_{\boldsymbol{q}}\sum_{mn=1}^{M}\left[\widetilde{\boldsymbol{S}}^{\boldsymbol{0}}_{mn}\langle a^{\dagger}_{\boldsymbol{q}m}a_{\boldsymbol{q}n}\rangle + \widetilde{\boldsymbol{S}}^{\boldsymbol{Q}}_{mn}\langle a^{\dagger}_{\boldsymbol{q}m}a_{\boldsymbol{p}n}\rangle\right]$$

$$\langle \delta\boldsymbol{S}^{\boldsymbol{Q}}\rangle = \frac{1}{N_0}\sum_{\boldsymbol{q}}\sum_{mn=1}^{M}\left[\widetilde{\boldsymbol{S}}^{\boldsymbol{Q}}_{mn}\langle a^{\dagger}_{\boldsymbol{q}m}a_{\boldsymbol{q}n}\rangle + \widetilde{\boldsymbol{S}}^{\boldsymbol{0}}_{mn}\langle a^{\dagger}_{\boldsymbol{q}m}a_{\boldsymbol{p}n}\rangle\right] \tag{4.56}$$

上式中の統計平均 $\langle a^{\dagger}_{\boldsymbol{q}_1 m}a_{\boldsymbol{q}_2 n}\rangle$ は，A.6 節に示したように $\hat{G}^T(\boldsymbol{q},\omega_n)$ の成分を用いて求めることができる．

4.3.3 スピン波の古典的描像

$\gamma^{\dagger}_{\boldsymbol{q}\alpha}$ によって生成されたエネルギー $\epsilon_{\boldsymbol{q}\alpha} \equiv \hbar\omega_{\boldsymbol{q}\alpha}$ のスピン波の古典的描像を考えよう．一般に，調和モードの古典的描像は時刻 t の**コヒーレント状態**

$$|\boldsymbol{q}\alpha, t\rangle \equiv A_{\alpha}\sum_{n=0}^{\infty} e^{-i\omega_{\boldsymbol{q}\alpha}(n+1/2)t}\frac{(\gamma\gamma^{\dagger}_{\boldsymbol{q}\alpha})^n}{n!}|0\rangle \tag{4.57}$$

で表される (A.7 節)．A_{α} は規格化因子．ここで，$\gamma \equiv re^{i\phi}$ は任意の複素数であり，コヒーレント状態に関する演算子 A の期待値を $\langle A(t)\rangle \equiv \langle \boldsymbol{q}\alpha, t|A|\boldsymbol{q}\alpha, t\rangle$ のように表すと

$$\langle \gamma_{\boldsymbol{q}\alpha}(t)\rangle = re^{i(\phi-\omega_{\boldsymbol{q}\alpha}t)}, \quad \langle \gamma^{\dagger}_{\boldsymbol{q}\alpha}(t)\rangle = re^{-i(\phi-\omega_{\boldsymbol{q}\alpha}t)} \tag{4.58}$$

である．この関係と Bogoliubov 変換 (4.48) より，$\boldsymbol{q} \in \mathrm{MBZ}$ に対して

$$\langle a_{\boldsymbol{q}m}(t)\rangle = re^{i(\phi-\omega_{\boldsymbol{q}\alpha}t)}U^{m\alpha}_{\boldsymbol{q}}, \quad \langle a_{-\boldsymbol{q}m}(t)\rangle = re^{-i(\phi-\omega_{\boldsymbol{q}\alpha}t)}V^{m\alpha}_{-\boldsymbol{q}}$$
$$\langle a_{\boldsymbol{p}m}(t)\rangle = re^{i(\phi-\omega_{\boldsymbol{q}\alpha}t)}U'^{m\alpha}_{\boldsymbol{q}}, \quad \langle a_{-\boldsymbol{p}m}(t)\rangle = re^{-i(\phi-\omega_{\boldsymbol{q}\alpha}t)}V'^{m\alpha}_{-\boldsymbol{q}} \tag{4.59}$$

を得る．したがって，スピンの縮みの演算子 (4.54) のコヒーレント状態 $|\boldsymbol{q}\alpha, t\rangle$ に関する期待値は

$$\langle \delta \boldsymbol{S}_{\boldsymbol{i}}(t)\rangle = \mathrm{Re}\left(\boldsymbol{A}^{\boldsymbol{i}}_{\boldsymbol{q}\alpha} e^{i(\boldsymbol{q}\cdot\boldsymbol{i} - \omega_{\boldsymbol{q}\alpha} t + \phi)} + \boldsymbol{B}^{\boldsymbol{i}}_{\boldsymbol{q}\alpha} e^{-i(\boldsymbol{q}\cdot\boldsymbol{i} - \omega_{-\boldsymbol{q}\alpha} t + \phi)}\right) \tag{4.60}$$

となる．ここで，複素振幅を

$$\begin{aligned}
\boldsymbol{A}^{\boldsymbol{i}}_{\boldsymbol{q}\alpha} &\equiv \frac{2r}{\sqrt{N_0}} \sum_{m=1}^{M} \left[\boldsymbol{S}^{\boldsymbol{0}}_{0m}\left(U^{m\alpha}_{\boldsymbol{q}} + U'^{m\alpha}_{\boldsymbol{q}} e^{\boldsymbol{Q}\cdot\boldsymbol{i}}\right) + \boldsymbol{S}^{\boldsymbol{Q}}_{0m}\left(U'^{m\alpha}_{\boldsymbol{q}} + U^{m\alpha}_{\boldsymbol{q}} e^{\boldsymbol{Q}\cdot\boldsymbol{i}}\right)\right] \\
\boldsymbol{B}^{\boldsymbol{i}}_{\boldsymbol{q}\alpha} &\equiv \frac{2r}{\sqrt{N_0}} \sum_{m=1}^{M} \left[\boldsymbol{S}^{\boldsymbol{0}}_{0m}\left(V^{m\alpha}_{-\boldsymbol{q}} + V'^{m\alpha}_{-\boldsymbol{q}} e^{\boldsymbol{Q}\cdot\boldsymbol{i}}\right) + \boldsymbol{S}^{\boldsymbol{Q}}_{0m}\left(V'^{m\alpha}_{-\boldsymbol{q}} + V^{m\alpha}_{-\boldsymbol{q}} e^{\boldsymbol{Q}\cdot\boldsymbol{i}}\right)\right]
\end{aligned} \tag{4.61}$$

とおいた．この表式がスピン運動の古典的描像を与える *11．

4.3.4 強磁性の場合

スピン波近似の具体的な例として，次のハミルトニアンで表されるスピン S の Heisenberg 模型の強磁性を考えよう．

$$H = -\frac{1}{2}\sum_{\boldsymbol{ij}} J_{\boldsymbol{ij}} \boldsymbol{S}_{\boldsymbol{i}} \cdot \boldsymbol{S}_{\boldsymbol{j}} - \sum_{\boldsymbol{i}} \boldsymbol{S}_{\boldsymbol{i}} \cdot \boldsymbol{h} + D \sum_{\boldsymbol{i}} S^{z2}_{\boldsymbol{i}} \tag{4.62}$$

D は異方性エネルギーである．$J_{\boldsymbol{ij}}$ の Fourier 変換 $J_{\boldsymbol{q}}$ は $\boldsymbol{q} = \boldsymbol{0}$ で最大値を取るものとし，その値を $J_{\boldsymbol{0}}$ とする．$+z$ 軸方向に自発磁化が生じているとすれば，全サイトで共通に取った基底 $|S_z\rangle$ を用いて，$|m\rangle_{\boldsymbol{i}} = |S - m\rangle$ $(m = 0, 1, \cdots, 2S)$ である．外部磁場は $\boldsymbol{h} = (0, 0, h)$ とする．この基底で

$$E^{\boldsymbol{0}}_{\boldsymbol{i}m} - E^{\boldsymbol{0}}_{\boldsymbol{i}0} = [SJ_{\boldsymbol{0}} + h - D(2S - m)]m \equiv \tilde{E}_m \tag{4.63}$$

$$S^{\boldsymbol{i}-}_{mn} = \sqrt{m(2S + 1 - m)}\delta_{m,n+1}, \quad S^{\boldsymbol{i}z}_{mn} = (S - m)\delta_{m,n} \tag{4.64}$$

である．演算子を露わに書くと (4.42) より

$$\begin{aligned}
S^x_{\boldsymbol{i}} &\simeq \sqrt{\frac{S}{2}}(a_{\boldsymbol{i}1} + a^\dagger_{\boldsymbol{i}1}), \quad S^y_{\boldsymbol{i}} \simeq -\sqrt{\frac{S}{2}} i(a_{\boldsymbol{i}1} - a^\dagger_{\boldsymbol{i}1}) \\
S^z_{\boldsymbol{i}} &\simeq S - \sum_m m\, a^\dagger_{\boldsymbol{i}m} a_{\boldsymbol{i}m}
\end{aligned} \tag{4.65}$$

---

*11 コヒーレント状態を用いた古典的描像については松本正茂氏にご教示いただいた．

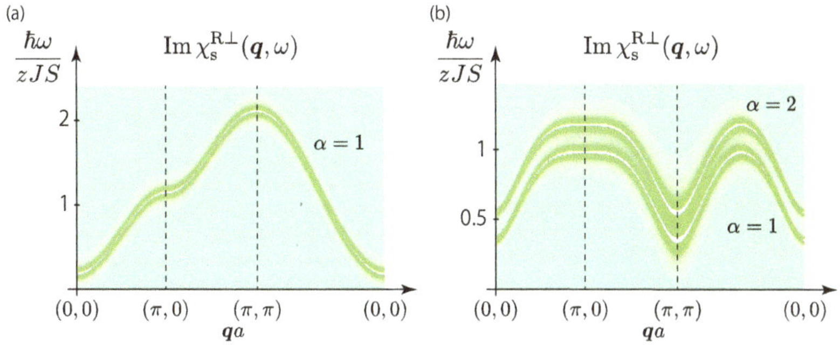

図 4.8　2 次元正方格子の横スピン感受率の強度 ($T = 0$). (a) 強磁性 ($[h-D(2S-1)]/zSJ = 0.2$), (b) 反強磁性 ($D(2S-1)/zSJ = -0.1$, $h/zSJ = 0.1$). 強度の強い曲線が分散関係を表す.

(4.47) に従って Bose 粒子表示のハミルトニアン行列を求めると，$m, n \geqq 2$ の成分は非対角要素がなく分離するので [*12]，$m = 1$ 成分だけを書くと

$$\hat{K}_{\boldsymbol{q}} = \left(\begin{array}{c:c} \Omega_{\boldsymbol{q}} & 0 \\ \hdashline 0 & \Omega^*_{-\boldsymbol{q}} \end{array}\right), \quad \Omega_{\boldsymbol{q}} = S(J_{\boldsymbol{0}} - J_{\boldsymbol{q}}) + h - D(2S-1) \tag{4.66}$$

$\hat{K}_{\boldsymbol{q}}$ は既に対角的だから，スピン波の分散関係は

$$\epsilon_{\boldsymbol{q}1} = \Omega_{\boldsymbol{q}}, \quad \epsilon_{\boldsymbol{q}\alpha} = \tilde{E}_\alpha \ (\alpha \geqq 2) \tag{4.67}$$

以上のように，線形スピン波近似では $(S, S-1)$ 状態の混成から分散が生じる．$\alpha \geqq 2$ の分岐は線形スピン波近似の範囲では分散をもたず，より高次の近似を考慮することで分散が生じる．$h = D = 0$ のとき，$\boldsymbol{q} \to 0$ で $\epsilon_{\boldsymbol{q}1} \propto q^2 \to 0$ となるが，これは常磁性状態で系がスピン空間の回転対称性 (SU(2) 対称性) をもっていたことの現れであり，**南部-Goldstone モード**と呼ばれる．$h < 0$ または $D > 0$ のときは，$\epsilon_{\boldsymbol{q}1} < 0$ となる場合が生じる．このことは，最初に仮定した強磁性状態が基底状態として安定な解ではないことを意味しており，正しい基底状態を取り直して議論する必要がある．

以下，$\alpha \geqq 2$ の励起モードは無視し，$D = h = 0$，1 辺 a の d 次元単純格子において最近接格子点のみ相互作用 J ($J > 0$) が働く場合を考えよう (A.2.2 節)．このとき，分散関係は $\epsilon_{\boldsymbol{q}1} = zJS(1 - \gamma_{\boldsymbol{q}})$ となる．スピンがす

*12 結晶場 H_{CEF} や横磁場 $\boldsymbol{h}$ が存在すると，低エネルギー状態 $|0\rangle$, $|1\rangle$ 等は $|S_z\rangle$ の線形結合で表されて分離しないため，もう少し複雑になる．

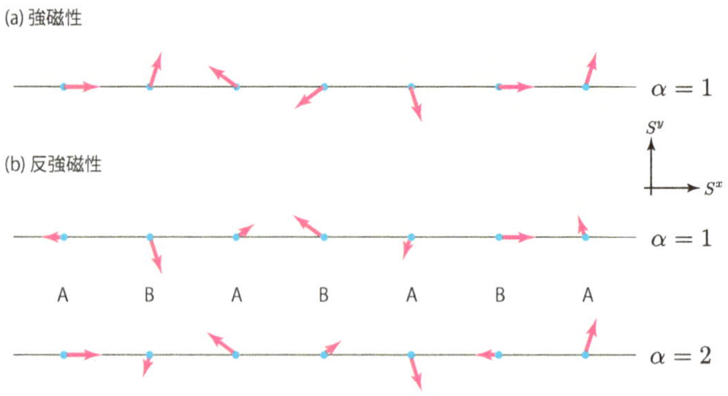

図 4.9　スピン波の古典的描像 ($q_x = 2\pi/5a$). (a) 強磁性: $\alpha = 1$ は正方向. (b) 反強磁性: $\alpha = 1$ は逆方向, $\alpha = 2$ は正方向.

べて 1 方向に揃った状態が強磁性の厳密な固有状態であるためゼロ点振動が存在せず, 基底状態のエネルギーは古典的な値 $E_{\rm g} = -N_0 zJS^2/2$ で与えられる.

(4.66) から Green 関数行列 $\hat{G}^T(\boldsymbol{q}, \omega_n)$ を求め, (4.55) に従って動的スピン感受率を求めると, $F^x = \sqrt{S/2}(1\ 1)$, $F^y = \sqrt{S/2}(-i\ i)$, $F^z = 0$ より, xx 成分と yy 成分 ($\perp$ 成分) は等しく

$$\chi_{\rm s}^{{\rm R}\perp}(\boldsymbol{q}, \omega) = -\frac{S}{2}\left[\frac{1}{\hbar(\omega + i\delta) - \epsilon_{\boldsymbol{q}1}} - \frac{1}{\hbar(\omega + i\delta) + \epsilon_{\boldsymbol{q}1}}\right] \tag{4.68}$$

となり, zz 成分 ($\parallel$ 成分) はゼロとなる. したがって, スペクトル強度は ω について奇関数であり, $\omega > 0$ に対して

$$\mathrm{Im}\,\chi_0^{{\rm R}\perp}(\boldsymbol{q}, \omega) = \frac{\pi S}{2}\delta(\hbar\omega - \epsilon_{\boldsymbol{q}1}) \tag{4.69}$$

横スピン感受率の強度を図 4.8(a) に示す. 分散関係は発散する強度から読み取ることができる.

(4.60) より古典的描像を求めると, $\omega_{\boldsymbol{q}} \equiv \epsilon_{\boldsymbol{q}1}/\hbar$, $C = \sqrt{2S/N_0}r$, 初期位相を $\phi = 0$ として

$$\langle S_{\boldsymbol{i}}^x(t)\rangle = C\cos(\boldsymbol{q}\cdot\boldsymbol{i} - \omega_{\boldsymbol{q}}t), \quad \langle S_{\boldsymbol{i}}^y(t)\rangle = C\sin(\boldsymbol{q}\cdot\boldsymbol{i} - \omega_{\boldsymbol{q}}t) \tag{4.70}$$

となる. 図 4.9(a) にスピン波の変調の様子を示す.

低エネルギーの分散関係は $|\boldsymbol{q}|a \ll 1$ の領域で $\epsilon_{\boldsymbol{q}} = A(|\boldsymbol{q}|a)^n$ ($A = JS$,

$n = 2$) である．このとき，状態密度は A.2.2 節より

$$\rho(\epsilon) = D_d^2 \epsilon^{d/2-1}, \quad D_d^2 = \frac{N_0 d}{2\Gamma(d/2+1)}(4\pi JS)^{-d/2} \tag{4.71}$$

であり，エネルギー期待値の温度変化は

$$\begin{aligned} E(T) - E_{\rm g} &= \sum_{\boldsymbol{q}} \epsilon_{\boldsymbol{q}1} n(\epsilon_{\boldsymbol{q}1}) = D_d^2 (k_{\rm B}T)^{d/2+1} \zeta(d/2+1)\Gamma(d/2+1) \\ &= \frac{N_0 d}{2}\zeta(d/2+1) k_{\rm B}T \left(\frac{k_{\rm B}T}{4\pi JS}\right)^{d/2} \end{aligned} \tag{4.72}$$

ここで，$\zeta(x)$ および $\Gamma(x)$ はツェータ関数およびガンマ関数である．これより，比熱は

$$\frac{C(T)}{N_0 k_{\rm B}} = \frac{d}{2}\zeta(d/2+1)\left(\frac{k_{\rm B}T}{4\pi JS}\right)^{d/2} \tag{4.73}$$

同様にして，スピン期待値の $T = 0$ の値 S からの縮みを評価してみると

$$\begin{aligned} \delta S \equiv S - \frac{1}{N_0}\langle S_{\boldsymbol{i}}^z \rangle &= \frac{1}{N_0}\sum_{\boldsymbol{q}} \langle a_{\boldsymbol{q}1}^\dagger a_{\boldsymbol{q}1} \rangle = \frac{1}{N_0}\sum_{\boldsymbol{q}} n(\epsilon_{\boldsymbol{q}1}) \\ &= \zeta(d/2)\left(\frac{k_{\rm B}T}{4\pi JS}\right)^{d/2} \end{aligned} \tag{4.74}$$

このように，温度による比熱やスピンの縮みへの寄与は S が小さいほど大きい．

4.3.5 反強磁性の場合

次に反強磁性の場合を考えよう．このとき，$J_{\boldsymbol{q}}$ は $\boldsymbol{q} = \boldsymbol{Q}$ で最大値 $J_{\boldsymbol{Q}}$ を取る．自発磁化は副格子上のサイト A と B で交替的だから $p_{\boldsymbol{i}} = e^{i\boldsymbol{Q}\cdot\boldsymbol{i}}$ とすれば，$p_{\rm A} = +1, p_{\rm B} = -1$ である．各副格子サイトの自発磁化の方向をスピン量子化軸に選ぶと，基底 $|m\rangle_{\boldsymbol{i}}$ は全サイトで共通の座標系 $|S_z\rangle$ を用いて，$|m\rangle_{\boldsymbol{i}} = |p_{\boldsymbol{i}}(S-m)\rangle$ と表される．したがって

$$E_{\boldsymbol{i}m}^{\boldsymbol{0}} - E_{\boldsymbol{i}0} = [SJ_{\boldsymbol{Q}} - D(2S-m)]m + hmp_{\boldsymbol{i}} \equiv \tilde{E}_m^{\boldsymbol{0}} + \tilde{E}_m^{\boldsymbol{Q}} p_{\boldsymbol{i}} \tag{4.75}$$

である．S^x は一様成分のみ，S^y, S^z は交替成分のみをもち，その表式は強磁性の場合と同じである．演算子を露わに書くと

$$S_{\boldsymbol{i}}^x \simeq \sqrt{\frac{S}{2}}(a_{\boldsymbol{i}1} + a_{\boldsymbol{i}1}^\dagger), \quad S_{\boldsymbol{i}}^y \simeq -\sqrt{\frac{S}{2}} i(a_{\boldsymbol{i}1} - a_{\boldsymbol{i}1}^\dagger) p_{\boldsymbol{i}}$$

$$S_{\boldsymbol{i}}^z \simeq \left(S - \sum_m m \, a_{\boldsymbol{i}m}^\dagger a_{\boldsymbol{i}m} \right) p_{\boldsymbol{i}} \tag{4.76}$$

Bose 粒子表示のハミルトニアン行列において $m, n \geqq 2$ の成分は非対角要素がなく分離するので，以下では省略する．$m = 1$ 成分のみの $\hat{K}_{\boldsymbol{q}}$ は

$$\hat{K}_{\boldsymbol{q}} = \left(\begin{array}{cc|cc} \Omega_{\boldsymbol{q}} & h & \Lambda_{\boldsymbol{q}} & 0 \\ h & \Omega_{\boldsymbol{q}} & 0 & -\Lambda_{\boldsymbol{q}} \\ \hline \Lambda_{\boldsymbol{q}} & 0 & \Omega_{\boldsymbol{q}} & h \\ 0 & -\Lambda_{\boldsymbol{q}} & h & \Omega_{\boldsymbol{q}} \end{array} \right) \tag{4.77}$$

$$\Omega_{\boldsymbol{q}} = \Omega_{\boldsymbol{p}} = S(J_{\boldsymbol{Q}} - L_{\boldsymbol{q}}^+) - D(2S - 1)$$

$$\Lambda_{\boldsymbol{q}} = -\Lambda_{\boldsymbol{p}} = -SL_{\boldsymbol{q}}^- \tag{4.78}$$

である．ここで，$L_{\boldsymbol{q}}^\pm \equiv (J_{\boldsymbol{q}} \pm J_{\boldsymbol{q}+\boldsymbol{Q}})/2$ とした．

Bogoliubov 変換

$$\begin{pmatrix} a_{\boldsymbol{q}1} \\ a_{\boldsymbol{p}1} \\ a_{-\boldsymbol{q}1}^\dagger \\ a_{-\boldsymbol{p}1}^\dagger \end{pmatrix} = \frac{1}{\sqrt{2}} \left(\begin{array}{cc|cc} c_{\boldsymbol{q}} & c_{\boldsymbol{q}} & -s_{\boldsymbol{q}} & -s_{\boldsymbol{q}} \\ -c_{\boldsymbol{q}} & c_{\boldsymbol{q}} & -s_{\boldsymbol{q}} & s_{\boldsymbol{q}} \\ \hline -s_{\boldsymbol{q}} & -s_{\boldsymbol{q}} & c_{\boldsymbol{q}} & c_{\boldsymbol{q}} \\ -s_{\boldsymbol{q}} & s_{\boldsymbol{q}} & -c_{\boldsymbol{q}} & c_{\boldsymbol{q}} \end{array} \right) \begin{pmatrix} \gamma_{\boldsymbol{q}1} \\ \gamma_{\boldsymbol{q}2} \\ \gamma_{-\boldsymbol{q}1}^\dagger \\ \gamma_{-\boldsymbol{q}2}^\dagger \end{pmatrix} \tag{4.79}$$

を用いると，ハミルトニアンは

$$H = \sum_{\boldsymbol{q}}^{\mathrm{MBZ}} \sum_{\alpha=1}^{2} \epsilon_{\boldsymbol{q}\alpha} \gamma_{\boldsymbol{q}\alpha}^\dagger \gamma_{\boldsymbol{q}\alpha} + E_{\mathrm{g}} \tag{4.80}$$

と対角的にできる．ここで，$S_{\boldsymbol{q}} = \sqrt{\Omega_{\boldsymbol{q}}^2 - \Lambda_{\boldsymbol{q}}^2}$ として

$$c_{\boldsymbol{q}} = \sqrt{\frac{1}{2}\left(\frac{\Omega_{\boldsymbol{q}}}{S_{\boldsymbol{q}}} + 1 \right)}, \quad s_{\boldsymbol{q}} = \mathrm{sgn}(\Lambda_{\boldsymbol{q}}) \sqrt{\frac{1}{2}\left(\frac{\Omega_{\boldsymbol{q}}}{S_{\boldsymbol{q}}} - 1 \right)}$$

$$\epsilon_{\boldsymbol{q}1} = S_{\boldsymbol{q}} - h, \quad \epsilon_{\boldsymbol{q}2} = S_{\boldsymbol{q}} + h \tag{4.81}$$

である．

強磁性の場合と同様に動的スピン感受率を求めると，$F^x = \sqrt{S/2}(1\ 0\ 1\ 0)$，$F^y = \sqrt{S/2}(0\ \ -i\ 0\ i)$，$F^z = 0$ より，縦成分はゼロ，横成分は xx と yy で等しく，$z_\pm = \hbar(\omega + i\delta) \pm h$ として次のようになる．

$$\chi_{\rm s}^{{\rm R}\perp}(\boldsymbol{q},\omega) = -\frac{S(\Omega_{\boldsymbol{q}} - \Lambda_{\boldsymbol{q}})}{2}\left[\frac{1}{z_-^2 - S_{\boldsymbol{q}}^2} + \frac{1}{z_+^2 - S_{\boldsymbol{q}}^2}\right] \tag{4.82}$$

$\chi_{\rm s}^{{\rm R}\perp}(\boldsymbol{q},\omega) \neq \chi_{\rm s}^{{\rm R}\perp}(\boldsymbol{q}+\boldsymbol{Q},\omega)$ であることに注意しよう．スペクトル強度は ω に関して奇関数であり，$\omega > 0$ に対して

$$\mathrm{Im}\,\chi_{\rm s}^{{\rm R}\perp}(\boldsymbol{q},\omega) = \frac{\pi S}{4}\sqrt{\frac{\Omega_{\boldsymbol{q}} - \Lambda_{\boldsymbol{q}}}{\Omega_{\boldsymbol{q}} + \Lambda_{\boldsymbol{q}}}}\left[\delta(\hbar\omega - \epsilon_{\boldsymbol{q}1}) + \delta(\hbar\omega - \epsilon_{\boldsymbol{q}2})\right] \tag{4.83}$$

である．

(4.60) より，励起モードの古典的描像は，$\omega_{\boldsymbol{q}\alpha} = \epsilon_{\boldsymbol{q}\alpha}/\hbar$，$C = 2r\sqrt{2S/N_0}$，$\phi = 0$，$S_{\boldsymbol{i}}^+(t) \equiv \langle S_{\boldsymbol{i}}^x(t)\rangle + i\,\langle S_{\boldsymbol{i}}^x(t)\rangle$ として

$$\begin{aligned}
S_{\boldsymbol{i}}^+(t) &= -Cs_{\boldsymbol{q}}e^{-i(\boldsymbol{q}\cdot\boldsymbol{i} - \omega_{\boldsymbol{q}\alpha}t)} \quad (\boldsymbol{i} \in \mathrm{A}, \alpha = 1)\\
S_{\boldsymbol{i}}^+(t) &= +Cc_{\boldsymbol{q}}e^{-i(\boldsymbol{q}\cdot\boldsymbol{i} - \omega_{\boldsymbol{q}\alpha}t)} \quad (\boldsymbol{i} \in \mathrm{B}, \alpha = 1)\\
S_{\boldsymbol{i}}^+(t) &= +Cc_{\boldsymbol{q}}e^{+i(\boldsymbol{q}\cdot\boldsymbol{i} - \omega_{\boldsymbol{q}\alpha}t)} \quad (\boldsymbol{i} \in \mathrm{A}, \alpha = 2)\\
S_{\boldsymbol{i}}^+(t) &= -Cs_{\boldsymbol{q}}e^{+i(\boldsymbol{q}\cdot\boldsymbol{i} - \omega_{\boldsymbol{q}\alpha}t)} \quad (\boldsymbol{i} \in \mathrm{B}, \alpha = 2)
\end{aligned} \tag{4.84}$$

となる．指数の符号が歳差運動の方向を表している．

磁場 $h = 0$ のとき，$\epsilon_{\boldsymbol{q}1}$ と $\epsilon_{\boldsymbol{q}2}$ は縮退する．一方，異方性エネルギー $D = 0$ のとき，スペクトル強度のデルタ関数の係数は $\boldsymbol{q} = \boldsymbol{Q}$ で発散する．また，$h = D = 0$ のとき，縮退した分散関係は $\boldsymbol{q} \to 0$ で $\epsilon_{\boldsymbol{q}\alpha} \propto |\boldsymbol{q}| \to 0$ となる南部-Goldstone モードとなる．

例えば，1 辺 a の d 次元単純格子において最近接格子点のみ相互作用 J $(J < 0)$ が働く場合を考えよう．このとき，$\Omega_{\boldsymbol{q}} = z|J|S\gamma_{\boldsymbol{q}} - D(2S-1)$，$\Lambda_{\boldsymbol{q}} = -z|J|S\gamma_{\boldsymbol{q}}$ である．スペクトル強度を図 4.8(b) に示す．スペクトル強度は，$\boldsymbol{q} = \boldsymbol{Q}$ でが最大値，$\boldsymbol{q} = \boldsymbol{0}$ で最小値を取る．図 4.9(b) にスピン波の変調の様子を示す．$D = h = 0$ のとき，$\boldsymbol{q} \sim \boldsymbol{0}, \boldsymbol{Q}$ 近傍で，$\epsilon_{\boldsymbol{q}\alpha} \sim A(|\boldsymbol{q}|a)$ $(A = \sqrt{2}z|J|S)$ の線形分散となる．

ゼロ点振動による基底状態エネルギーの古典的な値 $E_{\rm c} = -N_0 z|J|S^2/2$ からの補正は

$$\frac{E_{\rm g}}{E_{\rm c}} - 1 = -\frac{1}{E_{\rm c}}\sum_{\boldsymbol{q}}^{\rm MBZ}(\tilde{E}_1 - \epsilon_{\boldsymbol{q}1}) = -\frac{1}{S}\left(1 - \frac{1}{N_0}\sum_{\boldsymbol{q}}\sqrt{1 - \gamma_{\boldsymbol{q}}^2}\right) \tag{4.85}$$

表 4.2 d 次元単純格子の等方的 Heisenberg 模型の反強磁性に対するスピン波近似の結果．基底状態エネルギーの補正，交替磁化の縮み，および比熱の温度依存性 ($z = 2d$).

d	$E_\mathrm{g}/E_\mathrm{c} - 1$	δS_0	$\delta S(T)$	$C(T)/N_0 k_\mathrm{B}$
1	$-(1-2/\pi)/S$	発散	発散	$\dfrac{2\pi}{3}\left(\dfrac{k_\mathrm{B}T}{z\lvert J\rvert S}\right)$
2	$-0.158/S$	0.197	発散	$\dfrac{12\zeta(3)}{\pi}\left(\dfrac{k_\mathrm{B}T}{z\lvert J\rvert S}\right)^2$
3	$-0.097/S$	0.078	$\dfrac{\sqrt{3}}{2}\left(\dfrac{k_\mathrm{B}T}{z\lvert J\rvert S}\right)^2$	$\dfrac{4\sqrt{3}\pi^2}{5}\left(\dfrac{k_\mathrm{B}T}{z\lvert J\rvert S}\right)^3$

より求められる．S が小さく次元が低いほど量子性が高く，エネルギーの下がりは大きくなる．

自発磁化が交替的に整列した Néel 状態はハミルトニアンの厳密な固有状態ではないためゼロ点振動が生じ，これによって基底状態の 1 サイトあたりの交替磁化は古典的な値 S から

$$\delta S \equiv S - \frac{1}{N_0}\sum_{\boldsymbol{i}} \langle S_{\boldsymbol{i}}^z \rangle p_{\boldsymbol{i}} \simeq \frac{1}{N_0}\sum_{\boldsymbol{q}} \langle a_{\boldsymbol{q}1}^\dagger a_{\boldsymbol{q}1} \rangle$$

だけ縮む．ここで，Bogoliubov 変換 (4.79) を用い，$\langle \gamma_{\boldsymbol{q}\alpha}^\dagger \gamma_{\boldsymbol{q}\alpha} \rangle$, $\langle \gamma_{-\boldsymbol{q}\alpha} \gamma_{-\boldsymbol{q}\alpha}^\dagger \rangle$ だけが有限に残り α によらないことに注意すると

$$\begin{aligned}
\delta S &= \frac{1}{2N_0}\sum_{\boldsymbol{q}}\sum_{\alpha}\left[c_{\boldsymbol{q}}^2 \langle \gamma_{\boldsymbol{q}\alpha}^\dagger \gamma_{\boldsymbol{q}\alpha} \rangle + s_{\boldsymbol{q}}^2 \langle \gamma_{-\boldsymbol{q}\alpha} \gamma_{-\boldsymbol{q}\alpha}^\dagger \rangle\right] \\
&= \frac{1}{N_0}\sum_{\boldsymbol{q}}\left[s_{\boldsymbol{q}}^2 + (c_{\boldsymbol{q}}^2 + s_{\boldsymbol{q}}^2) \langle \gamma_{\boldsymbol{q}1}^\dagger \gamma_{\boldsymbol{q}1} \rangle\right] \\
&= \frac{1}{2N_0}\sum_{\boldsymbol{q}}\left(\frac{1}{\sqrt{1-\gamma_{\boldsymbol{q}}^2}} - 1\right) + \frac{1}{N_0}\sum_{\boldsymbol{q}} \frac{n(\epsilon_{\boldsymbol{q}1})}{\sqrt{1-\gamma_{\boldsymbol{q}}^2}} \equiv \delta S_0 + \delta S(T)
\end{aligned} \tag{4.86}$$

だけ減少する．1 次元では δS_0 は発散するが，このことは 1 次元では長距離秩序が量子揺らぎによって破壊されてしまうことを意味している．また，第 2 項は，十分低温では低エネルギーの励起のみが重要となるので $\epsilon_{\boldsymbol{q}1} \simeq A(|\boldsymbol{q}|a)$ と近似して

$$\delta S(T) = \frac{2z|J|S}{N_0}\sum_{\boldsymbol{q}}^{\mathrm{MBZ}} \epsilon_{\boldsymbol{q}1}^{-1} n(\epsilon_{\boldsymbol{q}1})$$

$$\simeq \left(\frac{z}{8\pi}\right)^{d/2} \frac{2d\,\Gamma(d-1)\zeta(d-1)}{\Gamma(d/2+1)} \left(\frac{k_{\mathrm{B}}T}{z|J|S}\right)^{d-1} \tag{4.87}$$

と評価される．$\delta S(T)$ は $d \to 2$ で発散するので，2 次元では温度揺らぎによって長距離秩序は破壊される．

比熱の温度変化は，2 重縮退した線形分散からの寄与のみを考慮して

$$\frac{C(T)}{k_{\mathrm{B}}N_0} = \frac{d}{d(k_{\mathrm{B}}T)}\left[\frac{2}{N_0}\sum_{\boldsymbol{q}}^{\mathrm{MBZ}} \epsilon_{\boldsymbol{q}1}\, n(\epsilon_{\boldsymbol{q}1})\right]$$

$$\simeq \left(\frac{z}{8\pi}\right)^{d/2} \frac{2d\,\Gamma(d+2)\zeta(d+1)}{\Gamma(d/2+1)} \left(\frac{k_{\mathrm{B}}T}{z|J|S}\right)^{d} \tag{4.88}$$

となる．$d = 1, 2, 3$ に対して評価した値を表 4.2 にまとめておく．

4.4 遍歴電子系の秩序

本節では，遍歴電子系の Coulomb 斥力の効果と秩序について平均場近似を用いて議論する．

4.4.1 ジェリウム模型

まず，一様な正電荷を背景とした自由電子系 (**ジェリウム模型**という) を考える．外場がないとき，電子密度は一定であり，電子の負電荷は背景のイオンが作る一様な正電荷の寄与と打ち消し合って系は中性である．

電子と背景正イオンの密度をそれぞれ $n(\boldsymbol{r})$ および $\rho(\boldsymbol{r})$ とし，正イオンの有効電荷を Z^* とすれば，Coulomb 斥力相互作用を $V(\boldsymbol{r}) = e^2/|\boldsymbol{r}|$ として

$$H_{\mathrm{C}} = \frac{1}{2}\int d\boldsymbol{r}d\boldsymbol{r}' V(\boldsymbol{r}-\boldsymbol{r}')\left[n(\boldsymbol{r})n(\boldsymbol{r}') + Z^{*2}\rho(\boldsymbol{r})\rho(\boldsymbol{r}') - 2Z^* n(\boldsymbol{r})\rho(\boldsymbol{r}')\right]$$

である．$V(\boldsymbol{r})$ の Fourier 変換 $V_{\boldsymbol{q}} = 4\pi e^2/|\boldsymbol{q}|^2\Omega_0$ は $\boldsymbol{q} = \boldsymbol{0}$ で発散するが，形式的に Fourier 変換すると

$$H_{\mathrm{C}} = \frac{1}{2N_0}\sum_{\boldsymbol{q}} V_{\boldsymbol{q}}\left[n_{\boldsymbol{q}}n_{-\boldsymbol{q}} + Z^{*2}\rho_{\boldsymbol{q}}\rho_{-\boldsymbol{q}} - 2Z^* n_{\boldsymbol{q}}\rho_{-\boldsymbol{q}}\right]$$

となる．$\rho(\boldsymbol{r})$ は一様で $\boldsymbol{r}$ によらないので $\rho_{\boldsymbol{q}} = \rho_{\boldsymbol{0}}\delta_{\boldsymbol{q},\boldsymbol{0}}$ である．よって

$$H_{\mathrm{C}} = \frac{1}{2N_0}\sum_{\boldsymbol{q}}^{\neq \boldsymbol{0}} V_{\boldsymbol{q}} n_{\boldsymbol{q}} n_{-\boldsymbol{q}} + \frac{V_{\boldsymbol{q}=\boldsymbol{0}}}{2N_0}(n_{\boldsymbol{q}=\boldsymbol{0}} - Z^*\rho_{\boldsymbol{0}})^2$$

となり，第 2 項は電荷中性条件 $n_{\boldsymbol{q}=\boldsymbol{0}} = Z^*\rho_{\boldsymbol{0}}$ より消える．以上の考察より，電子間に働く Coulomb 斥力相互作用を扱う際には $\boldsymbol{q} = \boldsymbol{0}$ 成分は落としてよい．以下では，背景正イオンの寄与は露わに書かず $\boldsymbol{q} = \boldsymbol{0}$ 成分は除くものと約束する．

この系の第 2 量子化表示のハミルトニアンは

$$H = \sum_{\sigma} \int d\boldsymbol{r}\, \psi_{\sigma}^{\dagger}(\boldsymbol{r}) \frac{-\hbar^2 \boldsymbol{\nabla}^2}{2m} \psi_{\sigma}(\boldsymbol{r}) + H'_{\mathrm{C}}$$

$$H'_{\mathrm{C}} = \frac{1}{2} \sum_{\sigma\sigma'} \int d\boldsymbol{r} d\boldsymbol{r}'\, \psi_{\sigma}^{\dagger}(\boldsymbol{r}) \psi_{\sigma'}^{\dagger}(\boldsymbol{r}') \frac{e^2}{|\boldsymbol{r} - \boldsymbol{r}'|} \psi_{\sigma'}(\boldsymbol{r}') \psi_{\sigma}(\boldsymbol{r}) \tag{4.89}$$

であり，その Fourier 変換は自由電子のエネルギー $\epsilon_{\boldsymbol{k}} = \hbar^2 \boldsymbol{k}^2/2m$ を用いて

$$H = \sum_{\boldsymbol{k}\sigma} \left(\epsilon_{\boldsymbol{k}} - \frac{1}{2N_0} \sum_{\boldsymbol{q}}^{\neq 0} V_{\boldsymbol{q}} \right) a_{\boldsymbol{k}\sigma}^{\dagger} a_{\boldsymbol{k}\sigma} + H_{\mathrm{int}}$$

$$H_{\mathrm{int}} = \frac{1}{2N_0} \sum_{\boldsymbol{q}}^{\neq \boldsymbol{0}} V_{\boldsymbol{q}} n_{\boldsymbol{q}} n_{-\boldsymbol{q}}, \quad n_{\boldsymbol{q}} \equiv \sum_{\boldsymbol{k}\sigma} a_{\boldsymbol{k}+\boldsymbol{q}\sigma}^{\dagger} a_{\boldsymbol{k}\sigma} \tag{4.90}$$

と表される．1 行目の $V_{\boldsymbol{q}}$ を含む項は，Coulomb 相互作用において生成消滅演算子の順序を入れ替える際に生じたもので，化学ポテンシャル μ に吸収できるため無視してよい．

4.4.2 Hartree-Fock 近似

一般的な 2 体相互作用を含むハミルトニアン

$$H = \sum_{12} t_{12} a_1^{\dagger} a_2 + H_{\mathrm{int}}, \quad H_{\mathrm{int}} = \frac{1}{2} \sum_{1234} V_{12;34} a_1^{\dagger} a_2^{\dagger} a_4 a_3 \tag{4.91}$$

を 4.2.4 節で紹介した Feynman の変分法を用いて取り扱ってみよう．試行ハミルトニアンとして

$$H_0 = \sum_{12} \widetilde{t}_{12} a_1^{\dagger} a_2 \tag{4.92}$$

を考える．$\widetilde{t}_{12}$ が変分パラメータである．試行ハミルトニアンに対する統計平均は，Wick の定理を用いて [*13]

[*13] 超伝導状態を考える際は $\langle a_1^{\dagger} a_2^{\dagger} \rangle \langle a_4 a_3 \rangle$ 項も考慮する．

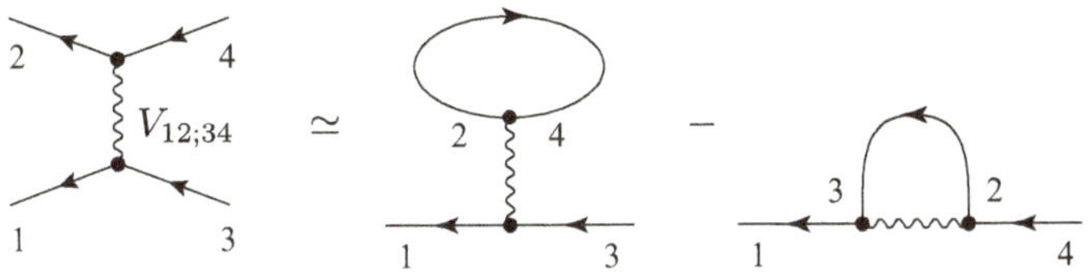

図 4.10　2 体相互作用の Hartree-Fock 近似．右辺第 1 項が Hartree 項，第 2 項が Fock 項．

$$
\begin{aligned}
\langle H - H_0 \rangle &= \sum_{12} (t_{12} - \widetilde{t}_{12}) \langle a_1^\dagger a_2 \rangle \\
&\quad + \frac{1}{2} \sum_{1234} V_{12;34} \left[\langle a_1^\dagger a_3 \rangle \langle a_2^\dagger a_4 \rangle - \langle a_1^\dagger a_4 \rangle \langle a_2^\dagger a_3 \rangle \right] \qquad (4.93)
\end{aligned}
$$

$F(\widetilde{t}_{12})$ を偏微分すると，$\partial F_0 / \partial \widetilde{t}_{12} = \langle a_1^\dagger a_2 \rangle$，$\partial \langle a_1^\dagger a_2 \rangle / \partial \langle a_3^\dagger a_4 \rangle = \delta_{1,3}\delta_{2,4}$，$V_{12;34} = V_{21;43}$ 等に注意して

$$
\begin{aligned}
&\frac{\partial F_0}{\partial \widetilde{t}_{56}} = \langle a_5^\dagger a_6 \rangle - \langle a_5^\dagger a_6 \rangle \\
&+ \sum_{12} \frac{\partial \langle a_1^\dagger a_2 \rangle}{\partial \widetilde{t}_{56}} \left[(t_{12} - \widetilde{t}_{12}) + \sum_{34} \Big(V_{13;24} \langle a_3^\dagger a_4 \rangle - V_{13;42} \langle a_3^\dagger a_4 \rangle \Big) \right]
\end{aligned}
$$

となるので，停留値条件は

$$
\begin{aligned}
&\widetilde{t}_{12} = t_{12} + V_{12}^{\mathrm{H}} - V_{12}^{\mathrm{F}} \\
&\quad V_{12}^{\mathrm{H}} \equiv \sum_{34} V_{13;24} \langle a_3^\dagger a_4 \rangle, \quad V_{12}^{\mathrm{F}} \equiv \sum_{34} V_{13;42} \langle a_3^\dagger a_4 \rangle \qquad (4.94)
\end{aligned}
$$

V_{12}^{H} と V_{12}^{F} を含む項をそれぞれ **Hartree 項** (直接項)，**Fock 項** (交換項) といい，この近似を **Hartree-Fock 近似**とよぶ．Hartree-Fock 近似は平均場近似の一種であり，各項は図 4.10 に示すようなファインマンダイアグラムに対応している．

ユニタリー行列 U によって $\widetilde{t}_{12}$ を対角化する基底に移ろう．すなわち，$\sum_{12} U_{1k'}^* \widetilde{t}_{12} U_{2k} = \epsilon_k \delta_{k,k'}$ が成り立つものとする．$a_2 = \sum U_{2k} c_k$ によって新しい基底の消滅演算子 c_k を導入すれば，$H_0 = \sum_k \epsilon_k c_k^\dagger c_k$ となる [*14]．Hartree-Fock 項に現れた期待値は，このユニタリー行列を用いて

*14 ϵ_k は N 個の電子系から k 状態の電子を取り除くために必要なエネルギー (残された $N-1$ 個の電子状態には影響を及ぼさないとして) という意味がある．このことを **Koopmans の定理**という．

$$\langle a_3^\dagger a_4 \rangle = \sum_{kk'} U_{3k}^* U_{4k'} \langle c_k^\dagger c_{k'} \rangle = \sum_k U_{3k}^* U_{4k} f(\epsilon_k - \mu) \tag{4.95}$$

であり，電子数の期待値が与えられた全電子数 N_e に一致する条件から化学ポテンシャル μ が決定される．

$$N_\mathrm{e} = \sum_1 \langle a_1^\dagger a_1 \rangle = \sum_k f(\epsilon_k - \mu) \tag{4.96}$$

(4.92), (4.94), (4.95), (4.96) を自己無撞着に解けば，Hartree-Fock 近似における解が求められる．

ジェリウム模型 (4.89) の場合を考えてみよう．このとき，$1 = 3 \to (\boldsymbol{r}\sigma)$, $2 = 4 \to (\boldsymbol{r}'\sigma')$, $V_{12;34} \to V(\boldsymbol{r} - \boldsymbol{r}')$ と読み替えればよい．平均場ポテンシャルは

$$\begin{aligned}
V_{12}^\mathrm{H} \to V(\boldsymbol{r}) &= \int d\boldsymbol{r}'\, V(\boldsymbol{r} - \boldsymbol{r}') \sum_{\sigma'} \langle \psi_{\sigma'}^\dagger(\boldsymbol{r}') \psi_{\sigma'}(\boldsymbol{r}') \rangle \\
&= \int d\boldsymbol{r}'\, V(\boldsymbol{r} - \boldsymbol{r}') \langle n(\boldsymbol{r}') \rangle \\
V_{12}^\mathrm{F} \to V_\sigma^\mathrm{ex}(\boldsymbol{r}, \boldsymbol{r}') &= V(\boldsymbol{r} - \boldsymbol{r}') \langle \psi_\sigma^\dagger(\boldsymbol{r}) \psi_\sigma(\boldsymbol{r}') \rangle \quad (\sigma = \sigma')
\end{aligned} \tag{4.97}$$

となる．直接項は局所的で電子密度の汎関数として表される古典的ポテンシャルであり，Hartree ポテンシャルと呼ばれる．一方，交換項 $V_\sigma^\mathrm{ex}(\boldsymbol{r}, \boldsymbol{r}')$ は Fock ポテンシャルと呼ばれ，非局所的かつ一般にスピンに依存する．Fock 項は電子密度の汎関数として表現できないため，実際上の取り扱いを難しくする要因となっている．また，両者とも瞬間的に伝わる (instantaneous で振動数によらない) ポテンシャルである．試行ハミルトニアンは，これらのポテンシャルを用いて

$$\begin{aligned}
H_0 = \sum_\sigma \int d\boldsymbol{r} d\boldsymbol{r}'\, \psi_\sigma^\dagger(\boldsymbol{r}) \Bigg[\delta(\boldsymbol{r} - \boldsymbol{r}') \left\{ -\frac{\hbar^2 \boldsymbol{\nabla}^2}{2m} + V(\boldsymbol{r}) \right\} \\
- V_\sigma^\mathrm{ex}(\boldsymbol{r}, \boldsymbol{r}') \Bigg] \psi_\sigma(\boldsymbol{r}')
\end{aligned} \tag{4.98}$$

4.4.3 誘電遮蔽

多電子系では Coulomb 斥力によって電子の再配置が起こり，Coulomb 相互作用の長距離性は遮蔽される．このような効果を取り扱ってみよう．

波数 $\boldsymbol{q}$，振動数 ω で変化する静電ポテンシャル $\phi_\mathrm{ex}(\boldsymbol{r}, t) = \phi_{\boldsymbol{q}} e^{i(\boldsymbol{q}\cdot\boldsymbol{r} - \omega t)}$

に対する線形応答を考える．外場との相互作用は $H_{\text{ex}} = -n_{-\boldsymbol{q}}\phi_{\boldsymbol{q}}e^{-i\omega t}$ であり，(4.90) の相互作用を Fock 項を無視する平均場近似

$$H_{\text{int}} \simeq \frac{1}{N_0}\sum_{\boldsymbol{q}} V_{\boldsymbol{q}} n_{-\boldsymbol{q}} \langle n_{\boldsymbol{q}} \rangle - \frac{1}{2N_0}\sum_{\boldsymbol{q}} V_{\boldsymbol{q}} \langle n_{\boldsymbol{q}} \rangle \langle n_{-\boldsymbol{q}} \rangle$$

で取り扱う．第 2 項の定数項を無視すると，外場と平均場の寄与を合わせた正味の静電ポテンシャルは

$$\phi(\boldsymbol{q},\omega) = \phi_{\boldsymbol{q}} - \frac{V_{\boldsymbol{q}}}{N_0}\langle n_{\boldsymbol{q}} \rangle \tag{4.99}$$

である．時間に依存した外場を考えているので，$\langle n_{\boldsymbol{q}} \rangle$ も ω に依存することに注意する．$\phi(\boldsymbol{q},\omega)$ によって誘起される電子密度は，(3.70) の電荷感受率を用いて，$\langle n_{\boldsymbol{q}} \rangle = 2\chi_0^{\text{R}}(\boldsymbol{q},\omega)\phi(\boldsymbol{q},\omega)$ のように求められる．これらの関係から $\langle n_{\boldsymbol{q}} \rangle$ を消去すると

$$\phi(\boldsymbol{q},\omega) = \frac{1}{1 + 2(V_{\boldsymbol{q}}/N_0)\chi_0^{\text{R}}(\boldsymbol{q},\omega)}\phi_{\boldsymbol{q}} \tag{4.100}$$

の関係が得られる．誘電率 ϵ は $\boldsymbol{D} = \epsilon\boldsymbol{E}$ の関係を満たすが，$\boldsymbol{D} = -i\boldsymbol{q}\phi_{\boldsymbol{q}}$，$\boldsymbol{E} = -i\boldsymbol{q}\phi(\boldsymbol{q},\omega)$ より，$\phi_{\boldsymbol{q}} = \epsilon(\boldsymbol{q},\omega)\phi(\boldsymbol{q},\omega)$ の関係に等しい．よって，誘電率は

$$\epsilon(\boldsymbol{q},\omega) = 1 + 2\frac{V_{\boldsymbol{q}}}{N_0}\chi_0^{\text{R}}(\boldsymbol{q},\omega) \tag{4.101}$$

Lindhard 関数の極限 (3.79) を用いて誘電率を評価してみよう．温度 T が Fermi エネルギー ϵ_{F} に比べて十分低く ($T \ll \epsilon_{\text{F}}/k_{\text{B}}$)，$q/k_{\text{F}} < \hbar\omega/\epsilon_{\text{F}}$ かつ $q/k_{\text{F}} \ll 1$ の場合は，$\rho_{\text{F}} = 3N_{\text{e}}/4\epsilon_{\text{F}}$，$v_{\text{F}} = \sqrt{2\epsilon_{\text{F}}/m}$ を用いて

$$\chi_0^{\text{R}} \simeq -\frac{q^2}{8\pi e}\frac{\omega_{\text{p}}^2}{\omega^2}\left[1 + \frac{3}{5}\left(\frac{v_{\text{F}}q}{\omega}\right)^2\right], \quad \omega_{\text{p}} \equiv \sqrt{\frac{4\pi e^2 N_{\text{e}}}{mV}}$$
$$\to \quad \epsilon(\boldsymbol{q},\omega) = 1 - \frac{\omega_{\text{p}}^2}{\omega^2}\left[1 + \frac{3}{5}\left(\frac{v_{\text{F}}q}{\omega}\right)^2\right] \tag{4.102}$$

となる．$\epsilon(\boldsymbol{q},\omega) = 0$ を満たす $\omega(\boldsymbol{q})$ は $v_{\text{F}}q/\omega_{\text{p}}$ の 2 次までで

$$\omega(\boldsymbol{q}) \simeq \omega_{\text{p}}\left[1 + \frac{3}{5}\left(\frac{v_{\text{F}}q}{\omega_{\text{p}}}\right)^2\right]^{1/2} \simeq \omega_{\text{p}}\left[1 + \frac{3}{10}\left(\frac{v_{\text{F}}q}{\omega_{\text{p}}}\right)^2\right] \tag{4.103}$$

であり，$\omega = \omega(\boldsymbol{q})$ のとき外場 $\phi_{\boldsymbol{q}}$ なしに電子密度 $\langle n_{\boldsymbol{q}} \rangle$ の振動が生じるこ

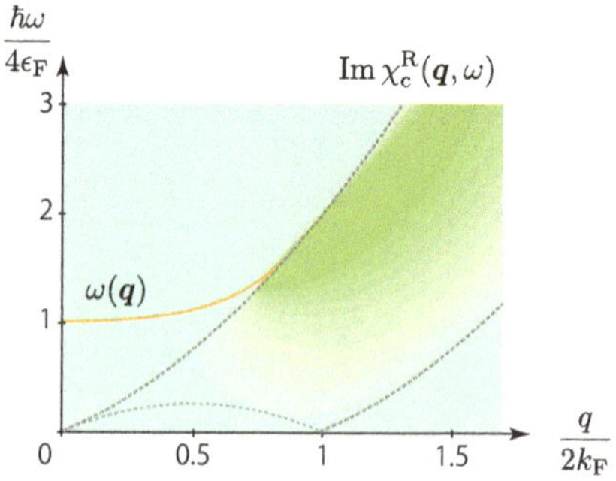

図 4.11　電荷感受率 (RPA) のスペクトル強度とプラズマ振動 ($\hbar\omega_p/4\epsilon_F = 1$ の場合)．粒子ホール対が可能な個別励起領域 (点線で囲まれた領域) で強度は有限となる．孤立したプラズマ振動の集団励起モードは，個別励起領域に入ると個別励起に崩壊して急速に減衰する．そのような領域で，電荷感受率のスペクトル強度は増大する．

とになる *15．一般に，相互作用に起因する励起を集団励起といい，上記の Coulomb 相互作用によって生じる電子密度の粗密波 (縦波) は**プラズマ振動**と呼ばれる．ω_p は**プラズマ振動数**である．$\omega < \omega(\boldsymbol{q})$ では誘電率は負になるので，電磁波は全反射されて物質内に侵入しない．これが金属光沢の原因である．q の大きい集団励起モードは，粒子ホール対が生成可能な個別励起領域に入ると，粒子ホール対に崩壊して急速に減衰する (図 4.11)．この現象を **Landau 減衰**という．

(4.100) の関係は，平均場近似 *16 の電荷感受率 $\chi_c^R(\boldsymbol{q},\omega)$ を用いて次のようにも表現できる．

$$\langle n_{\boldsymbol{q}}\rangle = \chi_c^R(\boldsymbol{q},\omega)\phi_{\boldsymbol{q}}, \quad \chi_c^R(\boldsymbol{q},\omega) \equiv \frac{2\chi_0^R(\boldsymbol{q},\omega)}{1+2(V_{\boldsymbol{q}}/N_0)\chi_0^R(\boldsymbol{q},\omega)} \tag{4.104}$$

すなわち，$\epsilon(\boldsymbol{q},\omega) = 0$ により決まる集団励起の分散関係は，電荷感受率の極に対応していることが分かる．$\chi_c^R(\boldsymbol{q},\omega)$ のスペクトル強度を図 4.11 に示す．

一方，$\hbar\omega/\epsilon_F < q/k_F \ll 1$ の場合は $\chi_0^R \simeq \rho_F$ より

$$\epsilon(\boldsymbol{q},0) = 1 + (q\lambda)^{-2}, \quad \lambda \equiv (6\pi e^2 N_e/\epsilon_F V)^{-1/2} \tag{4.105}$$

*15 この導出から分かるように Coulomb 相互作用の長距離性 $V_{\boldsymbol{q}} \propto q^{-2}$ により，プラズマ振動数は $q \ll k_F$ 領域で q に依存しない比較的高い振動数 ω_p となる．短距離力では $V_{\boldsymbol{q}}\chi_0^R \propto (q/\omega)^2$ となり，$\omega \propto q$ のギャップのない線形分散 (音波) 励起モードとなる．これを**ゼロ音波**という．中性粒子や引力相互作用ではプラズマモードは生じない．

*16 この節で導入した平均場は時間変化を伴い ω に依存するので，正確には **RPA(乱雑位相近似)** (Random Phase Approximation) という．

である．試験電荷 Q が作る Coulomb ポテンシャル $\phi_0(\boldsymbol{q}) = 4\pi Q/q^2$ は，この誘電率によって $\phi(\boldsymbol{q}) = \phi_{\boldsymbol{q}}(\boldsymbol{q})/\epsilon(\boldsymbol{q}, 0)$ となるが，これを Fourier 変換すると

$$\phi(\boldsymbol{r}) = \int \frac{d\boldsymbol{q}}{(2\pi)^3} e^{i\boldsymbol{q}\cdot\boldsymbol{r}} \frac{4\pi Q}{q^2 + \lambda^{-2}} = \frac{Q}{r} e^{-r/\lambda} \tag{4.106}$$

の**湯川型ポテンシャル**となる．$r \ll \lambda$ では，元の Coulomb ポテンシャルであるが，$r \gg \lambda$ では指数関数的にゼロとなる．λ を **Thomas-Fermi の遮蔽距離**という．試験電荷が作るポテンシャルは，周囲の電子が分極することによって遮蔽され短距離型になるのだが，この静電遮蔽は低エネルギーの粒子ホール対生成によって起こるため，金属において特に重要である．

高温 $T \gg \epsilon_{\mathrm{F}}/k_{\mathrm{B}}$ では，$\chi_0^{\mathrm{R}} \simeq \sum_{\boldsymbol{k}}(-df_{\boldsymbol{k}}/d\xi_{\boldsymbol{k}}) \simeq \beta \sum_{\boldsymbol{k}} f_{\boldsymbol{k}} = N_{\mathrm{e}}/2k_{\mathrm{B}}T$ と評価されるので，遮蔽距離は

$$\lambda = \left(\frac{4\pi e^2 N_{\mathrm{e}}}{k_{\mathrm{B}} T V} \right)^{-1/2} \tag{4.107}$$

となる．これを，**Debye-Hückel の遮蔽距離**という．

4.4.4 磁気不安定性

前節でみたように，金属では静電遮蔽により Coulomb 相互作用は有効的に短距離力となるため，局所的な相互作用を用いることが多い．このような遮蔽された電子間相互作用を，Wannier 軌道を用いたサイト表示で一般的に表すと

$$H_{\mathrm{int}} = \frac{1}{2} \sum_{\boldsymbol{ij}} V_{\boldsymbol{i}-\boldsymbol{j}} n_{\boldsymbol{i}} n_{\boldsymbol{j}}, \quad n_{\boldsymbol{i}} \equiv \sum_{\sigma} a_{\boldsymbol{i}\sigma}^{\dagger} a_{\boldsymbol{i}\sigma} \tag{4.108}$$

この Fourier 変換は

$$H_{\mathrm{int}} = \frac{1}{2N_0} \sum_{\boldsymbol{q}} V_{\boldsymbol{q}} n_{\boldsymbol{q}} n_{-\boldsymbol{q}}, \quad V_{\boldsymbol{q}} = \sum_{\boldsymbol{R}} V_{\boldsymbol{R}} e^{-i\boldsymbol{q}\cdot\boldsymbol{R}} \tag{4.109}$$

である．以下では，$V_{\boldsymbol{i}-\boldsymbol{j}} = U\delta_{\boldsymbol{i},\boldsymbol{j}}$ とし，1 粒子ホッピング項も考慮した最も簡単な **Hubbard 模型**を考えよう．

$$H = \sum_{\boldsymbol{k}\sigma} \xi_{\boldsymbol{k}} a_{\boldsymbol{k}\sigma}^{\dagger} a_{\boldsymbol{k}\sigma} + U \sum_{\boldsymbol{i}} n_{\boldsymbol{i}\uparrow} n_{\boldsymbol{i}\downarrow}, \quad n_{\boldsymbol{i}\sigma} \equiv a_{\boldsymbol{i}\sigma}^{\dagger} a_{\boldsymbol{i}\sigma} \tag{4.110}$$

$\boldsymbol{i}$ サイトの相互作用項は，粒子数 $n_{\boldsymbol{i}} \equiv n_{\boldsymbol{i}\uparrow} + n_{\boldsymbol{i}\downarrow}$ とスピン分極の z 成分 $S_{\boldsymbol{i}}^z \equiv (n_{\boldsymbol{i}\uparrow} - n_{\boldsymbol{i}\downarrow})/2$ または横成分 $S_{\boldsymbol{i}}^+ = a_{\boldsymbol{i}\uparrow}^\dagger a_{\boldsymbol{i}\downarrow}$, $S_{\boldsymbol{i}}^- = a_{\boldsymbol{i}\downarrow}^\dagger a_{\boldsymbol{i}\uparrow}$ を用いて

$$n_{\boldsymbol{i}\uparrow} n_{\boldsymbol{i}\downarrow} = \frac{1}{4} n_{\boldsymbol{i}}^2 - S_{\boldsymbol{i}}^{z2} = -\frac{1}{2}(S_{\boldsymbol{i}}^+ S_{\boldsymbol{i}}^- + S_{\boldsymbol{i}}^- S_{\boldsymbol{i}}^+) + \frac{1}{2} n_{\boldsymbol{i}} \tag{4.111}$$

と表されるので，$U > 0$ の Hubbard 型相互用は電荷については斥力，磁気については引力として働くことが分かる．

Hubbard 模型の磁気秩序を RPA 近似で取り扱ってみよう．(4.111) の最初の表式を用いて

$$U \sum_{\boldsymbol{i}} n_{\boldsymbol{i}\uparrow} n_{\boldsymbol{i}\downarrow} = \frac{U}{N_0} \sum_{\boldsymbol{q}} \left(\frac{1}{4} n_{\boldsymbol{q}} n_{-\boldsymbol{q}} - S_{\boldsymbol{q}}^z S_{-\boldsymbol{q}}^z \right) \simeq -\frac{2U}{N_0} \sum_{\boldsymbol{q}} S_{-\boldsymbol{q}}^z m_{\boldsymbol{q}} \tag{4.112}$$

のように近似する [*17]．ここで，$m_{\boldsymbol{q}} = \langle S_{\boldsymbol{q}}^z \rangle$ とした．

波数 $\boldsymbol{q}$, 振動数 ω で変化する磁場 $h_{\boldsymbol{i}}(t) = h_{\boldsymbol{q}} e^{i(\boldsymbol{q}\cdot\boldsymbol{i} - \omega t)}$ に対して，$H_{\rm ex} = -m_{-\boldsymbol{q}} h_{\boldsymbol{q}} e^{-i\omega t}$ であり，外場と平均場の和に対する線形応答は，(3.72) を用いて

$$\begin{aligned} m_{\boldsymbol{q}} &= \frac{1}{2} \chi_0^{\rm R}(\boldsymbol{q}, \omega)[h_{\boldsymbol{q}} + 2(U/N_0) m_{\boldsymbol{q}}] \\ \to \quad m_{\boldsymbol{q}} &= \chi_{\rm s}^{\rm R}(\boldsymbol{q}, \omega) h_{\boldsymbol{q}}, \quad \chi_{\rm s}^{\rm R}(\boldsymbol{q}, \omega) \equiv \frac{1}{2} \frac{\chi_0^{\rm R}(\boldsymbol{q}, \omega)}{1 - (U/N_0)\chi_0^{\rm R}(\boldsymbol{q}, \omega)} \end{aligned} \tag{4.113}$$

自発的な磁気秩序の発生は，$\chi_{\rm s}^{\rm R}(\boldsymbol{q}, 0)$ が発散する条件から決定される．

通常，$\chi_0^{\rm R}(\boldsymbol{q}, 0)$ は降温とともに単調に増加するので，$\chi_0^{\rm R}(\boldsymbol{q}, 0)$ が最大値を取る波数を $\boldsymbol{Q}$ として，$\chi_0^{\rm R}(\boldsymbol{Q}, 0) U/N_0 \geqq 1$ の条件を満たすとき，磁気秩序が発生する．例えば，$\boldsymbol{Q} = \boldsymbol{0}$ の強磁性の場合，$\chi_0^{\rm R}(\boldsymbol{0}, 0)$ は $T = 0$ で最大値 $\rho_{\rm F}$ に達するので，有限温度で強磁性が発生する条件は $\rho_{\rm F} U/N_0 > 1$ ということになる．この条件を **Stoner 条件**といい，Fermi 準位での状態密度が大きいほど強磁性が実現しやすいと言える [*18]．(4.113) におけるスピン感受率 $\chi_{\rm s}^{\rm R}(\boldsymbol{0}, 0)$ を増強させる分母の因子を **Stoner 因子**という．

[*17] 相互作用の分解の仕方は多数あり，厳密な取り扱いではどの分解を用いても結果はもちろん変わらないが，平均場近似ではどの分解を用いるかで結果は異なるので注意が必要である．例えば，(4.111) の最後の表式では電荷秩序は議論できない．

[*18] 短距離力の場合は揺らぎの寄与が無視できない場合が多い．揺らぎの効果を T 行列近似で評価した**金森理論**によると，揺らぎの効果は U を実効値 $U_{\rm eff} \simeq U/(1 + \rho_{\rm F} U/N_0)$ に置き換えることで取り込まれる．U が大きい極限でも $U_{\rm eff} \simeq N_0/\rho_{\rm F}$ であり，Stoner 条件は単純なバンド構造では満たされず，特殊なバンド構造が必要である．

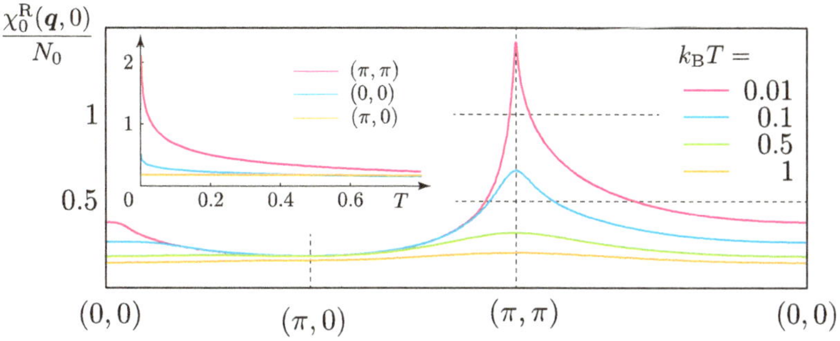

図 4.12　2 次元正方格子の $\chi_0^{\mathrm{R}}(\boldsymbol{q},0)$ の $\boldsymbol{q}$ および T 依存性 $(t=a=1)$.

$\chi_0^{\mathrm{R}}(\boldsymbol{q},\omega)$ の構造は，エネルギーバンド構造 $\epsilon_{\boldsymbol{k}}$ と電子数密度 $n=N_{\mathrm{e}}/N_0$ に依存する．例えば，2 次元正方格子 (格子定数 a) の最近接ホッピング $(-t)$ のみのエネルギーバンド $\epsilon_{\boldsymbol{k}}=-2t(\cos k_x a+\cos k_y a)$ では，$n=1$ (half-filling: $\mu=0$) で強いネスティングに起因して状態密度 ρ_{F} が対数発散 $(\propto -\ln\epsilon)$ する．また，$\chi_0(\boldsymbol{q},0)$ は $\boldsymbol{Q}=(\pi/a,\pi/a)$ で最大値を取り，$(\ln T)^2$ に比例して対数発散する (図 4.12)．したがって，平均場近似の範囲では，無限小の U であっても有限温度で $\boldsymbol{Q}$ に対応する反強磁性が発生することになる．

4.4.5 磁気秩序

前節でみたように，常磁性状態の $\chi_{\mathrm{s}}^{\mathrm{R}}(\boldsymbol{q},0)$ がある波数 $\boldsymbol{Q}$, 転移温度 T_0 で発散したとする．T_0 以下では，自発的な秩序が発生する．

まず，$\boldsymbol{Q}=\boldsymbol{0}$ の z 方向の強磁性状態を考える．格子点あたりの平均磁化を $m_{\boldsymbol{0}}$ とすると，平均場ハミルトニアンは

$$H_{\mathrm{MF}}=\sum_{\boldsymbol{k}\sigma}(\xi_{\boldsymbol{k}}-Um_{\boldsymbol{0}}\sigma)a_{\boldsymbol{k}\sigma}^{\dagger}a_{\boldsymbol{k}\sigma} \tag{4.114}$$

であり，温度 Green 関数は $G_\sigma^T(\boldsymbol{k},\omega_n)=1/(i\omega_n-\xi_{\boldsymbol{k}}+Um_{\boldsymbol{0}}\sigma)$ となるので，自己無撞着方程式は

$$\begin{aligned} m_{\boldsymbol{0}} &= \frac{1}{2N_0}\sum_{\boldsymbol{k}\sigma}\sigma\left\langle a_{\boldsymbol{k}\sigma}^{\dagger}a_{\boldsymbol{k}\sigma}\right\rangle=\frac{1}{2\beta N_0}\sum_{n\boldsymbol{k}\sigma}\sigma G_\sigma^T(\boldsymbol{k},\omega_n)e^{i\omega_n 0_+} \\ &= \frac{1}{N_0}\sum_{\boldsymbol{k}}\frac{f(\xi_{\boldsymbol{k}}-Um_{\boldsymbol{0}})-f(\xi_{\boldsymbol{k}}+Um_{\boldsymbol{0}})}{2} \end{aligned} \tag{4.115}$$

である．Curie 温度 T_{c} を決める方程式は，$T\to T_{\mathrm{c}}$ で $m_{\boldsymbol{0}}\to 0$ より

$$1 = \frac{U}{N_0}\sum_{\boldsymbol{k}}\left(-\frac{\partial f}{\partial \xi_{\boldsymbol{k}}}\right)_{T=T_{\mathrm{c}}} \tag{4.116}$$

$T \to 0$ で右辺は $\rho_{\mathrm{F}}U/N_0$ と評価されるので，有限温度で強磁性が生じる条件は前述の Stoner 条件に一致する．

$\sum_{\boldsymbol{k}}(-\partial f/\partial \xi_k) = \chi_0^{\mathrm{R}}(\boldsymbol{q} \to \boldsymbol{0}, 0)$ の関係に注意すれば，(4.116) の条件は (4.113) の分母がゼロ，すなわち $\chi_{\mathrm{s}}^{\mathrm{R}}(\boldsymbol{q} \to \boldsymbol{0}, 0)$ が $T = T_{\mathrm{c}}$ で発散する条件に一致する．したがって，常磁性状態の磁化率が発散する条件から決めた T_{c} と強磁性状態が消失する条件から決めた T_{c} は一致する．このことは自明のように思えるが，あらゆる近似で両者の条件が一致する保証はない．両者が一致する条件は保存近似として知られており，平均場近似は保存近似である．

遍歴電子系では与えられた電子数密度 $n \equiv N_{\mathrm{e}}/N_0$ になるように，$\xi_{\boldsymbol{k}} = \epsilon_{\boldsymbol{k}} - \mu$ に含まれる化学ポテンシャル μ を (T, U, n) ごとに決める必要がある．その条件は

$$n = \frac{1}{N_0}\sum_{\boldsymbol{k}\sigma}\langle a_{\boldsymbol{k}\sigma}^{\dagger}a_{\boldsymbol{k}\sigma}\rangle = \frac{1}{\beta N_0}\sum_{n\boldsymbol{k}\sigma}G_{\sigma}^{T}(\boldsymbol{k}, \omega_n) = \frac{1}{N_0}\sum_{\boldsymbol{k}\sigma}f(\xi_{\boldsymbol{k}} - Um_{\boldsymbol{0}}\sigma) \tag{4.117}$$

一般的な電子構造 $\epsilon_{\boldsymbol{k}}$ の場合は解析的に解くことはできないので，(4.115) と (4.117) を数値的に解く必要がある [*19]．

次に反強磁性の場合を考えよう．秩序ベクトルを $\boldsymbol{Q} \neq \boldsymbol{0}$ とし，簡単のため $2\boldsymbol{Q}$ と $\boldsymbol{0}$ は等価な点であるとする．格子点あたりの平均交替磁化を $m_{\boldsymbol{Q}}$ とする．平均場ハミルトニアンは，$\boldsymbol{p} \equiv \boldsymbol{k} + \boldsymbol{Q}$ として

$$H_{\mathrm{MF}} = \sum_{\boldsymbol{k}\sigma}^{\mathrm{MBZ}}\begin{pmatrix} a_{\boldsymbol{k}\sigma}^{\dagger} & a_{\boldsymbol{p}\sigma}^{\dagger}\end{pmatrix}\begin{pmatrix} \xi_{\boldsymbol{k}} & -Um_{\boldsymbol{Q}}\sigma \\ Um_{\boldsymbol{Q}}\sigma & \xi_{\boldsymbol{p}}\end{pmatrix}\begin{pmatrix} a_{\boldsymbol{k}\sigma} \\ a_{\boldsymbol{p}\sigma}\end{pmatrix} \tag{4.118}$$

反強磁性の場合，MBZ は元の BZ の体積の半分であるから，和の内容が MBZ に関して周期的であれば $\sum_{\boldsymbol{k}}^{\mathrm{MBZ}} = (1/2)\sum_{\boldsymbol{k}}$ と置き換えてよい．このハミルトニアンから Green 関数は

$$G_{\sigma}^{T}(\boldsymbol{k}, \omega_n) = \begin{pmatrix} i\omega_n - \xi_{\boldsymbol{k}} & Um_{\boldsymbol{Q}}\sigma \\ Um_{\boldsymbol{Q}}\sigma & i\omega_n - \xi_{\boldsymbol{p}}\end{pmatrix}^{-1} \tag{4.119}$$

[*19] 複数のバンドがある場合や $\boldsymbol{Q} \neq \boldsymbol{0}$ の複雑な秩序の場合は，秩序変数を計算する際に平均場ハミルトニアンの固有値と固有ベクトルを知る必要がある．松原 Green 関数を用いて松原振動数の和を数値的に取れば，固有値と固有関数を求めるプロセスは不要である．

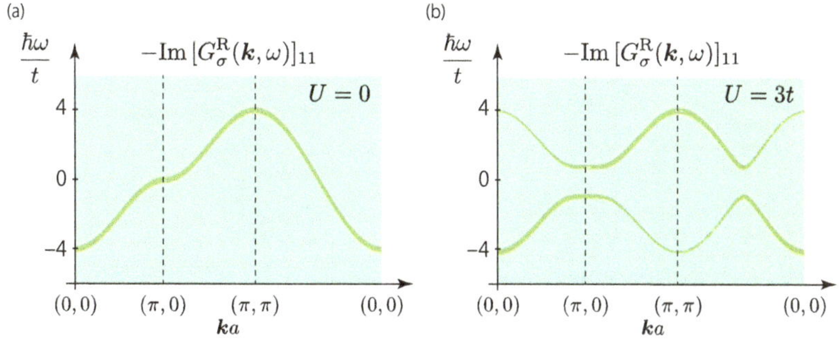

図 4.13　2 次元正方格子の模型 $\epsilon_{\boldsymbol{k}} = -2t(\cos(k_x a) + \cos(k_y a))$ に対する遅延 Green 関数 $G^{\mathrm{R}}_{\sigma}(\boldsymbol{k}, \omega)$ のスペクトル強度．(a) 常磁性 $(U = 0)$，(b) 反強磁性 $(U = 3t)$．強度の強い曲線が分散関係を表す．

であり，自己無撞着方程式は

$$
\begin{aligned}
m_{\boldsymbol{Q}} &= \frac{1}{2N_0} \sum_{\boldsymbol{k}\sigma} \sigma \left\langle a^{\dagger}_{\boldsymbol{p}\sigma} a_{\boldsymbol{k}\sigma} \right\rangle \\
&= \frac{1}{2N_0} \sum_{\boldsymbol{k}\sigma}^{\mathrm{MBZ}} \sigma \left[\left\langle a^{\dagger}_{\boldsymbol{p}\sigma} a_{\boldsymbol{k}\sigma} \right\rangle + \left\langle a^{\dagger}_{\boldsymbol{k}\sigma} a_{\boldsymbol{p}\sigma} \right\rangle \right] \\
&= \frac{1}{2\beta N_0} \sum_{n\boldsymbol{k}\sigma}^{\mathrm{MBZ}} \sigma \left\{ [G^{T}_{\sigma}(\boldsymbol{k}, \omega_n)]_{12} + [G^{T}_{\sigma}(\boldsymbol{k}, \omega_n)]_{21} \right\} e^{i\omega_n 0_+} \\
&= m_{\mathrm{Q}} \frac{U}{N_0} \sum_{\boldsymbol{k}} \frac{f(\xi^{-}_{\boldsymbol{k}}) - f(\xi^{+}_{\boldsymbol{k}})}{2S_{\boldsymbol{k}}}
\end{aligned}
\tag{4.120}
$$

ここで，$\xi^{\pm}_{\boldsymbol{k}} = (\xi_{\boldsymbol{k}} + \xi_{\boldsymbol{p}})/2 \pm S_{\boldsymbol{k}}$，$S_{\boldsymbol{k}} \equiv \sqrt{(\xi_{\boldsymbol{k}} - \xi_{\boldsymbol{p}})^2/4 + U^2 m^2_{\boldsymbol{Q}}}$ とおいた (詳しくは A.4 節を参照のこと)．図 4.13 に 2 次元正方格子模型の常磁性および反強磁性状態における遅延 Green 関数のスペクトル強度を示す．反強磁性状態では，$\xi_{\boldsymbol{k}}$ と $\xi_{\boldsymbol{k}+\boldsymbol{Q}}$ の分散関係が混ざるため，$\xi_{\boldsymbol{k}} = \xi_{\boldsymbol{k}+\boldsymbol{Q}}$ を満たす $\boldsymbol{k}$ 付近にギャップが生じる．また，(1, 1) 成分は $a_{\boldsymbol{k}}$ 粒子に対する強度に対応するので，$\hbar\omega = \xi_{\boldsymbol{k}}$ で強く，$\hbar\omega = \xi_{\boldsymbol{k}+\boldsymbol{Q}}$ で弱い．(2, 2) 成分は $a_{\boldsymbol{p}}$ 粒子の強度であり，(1, 1) 成分の場合と逆になる．

Néel 温度 T_{N} を決める自己無撞着方程式は，$T \to T_{\mathrm{N}}$ で $m_{\boldsymbol{Q}} \to 0$ より

$$
1 = \frac{U}{N_0} \sum_{\boldsymbol{k}} \frac{f(\xi_{\boldsymbol{k}+\boldsymbol{Q}}) - f(\xi_{\boldsymbol{k}})}{\xi_{\boldsymbol{k}-\xi_{\boldsymbol{k}+\boldsymbol{Q}}}} = \frac{U}{N_0} \chi^{\mathrm{R}}_{0}(\boldsymbol{Q}, 0) \tag{4.121}
$$

この場合も (4.113) の $\chi^{\mathrm{R}}_{\mathrm{s}}(\boldsymbol{Q}, 0)$ が $T = T_{\mathrm{N}}$ で発散する条件に一致している．

また，粒子数密度 n を決める条件は

$$
\begin{aligned}
n &= \frac{1}{N_0}\sum_{\boldsymbol{k}\sigma}\langle a^\dagger_{\boldsymbol{k}\sigma}a_{\boldsymbol{k}\sigma}\rangle = \frac{1}{N_0}\sum_{\boldsymbol{k}\sigma}^{\mathrm{MBZ}}\left(\langle a^\dagger_{\boldsymbol{k}\sigma}a_{\boldsymbol{k}\sigma}\rangle + \langle a^\dagger_{\boldsymbol{p}\sigma}a_{\boldsymbol{p}\sigma}\rangle\right) \\
&= \frac{1}{\beta N_0}\sum_{n\boldsymbol{k}\sigma}^{\mathrm{MBZ}}\left\{[G^T_\sigma(\boldsymbol{k},\omega_n)]_{11} + [G^T_\sigma(\boldsymbol{k},\omega_n)]_{22}\right\}e^{i\omega_n 0_+} \\
&= \frac{1}{N_0}\sum_{\boldsymbol{k}}\left[f(\xi^-_{\boldsymbol{k}}) + f(\xi^+_{\boldsymbol{k}})\right]
\end{aligned}
\tag{4.122}
$$

$\epsilon_{\boldsymbol{k}} = -\epsilon_{\boldsymbol{k}+\boldsymbol{Q}}$ の関係があり half-filling ($n=1$) の場合，$\mu = 0$ であり，自己無撞着方程式は

$$
1 = \frac{U}{N_0}\sum_{\boldsymbol{k}}\frac{\tanh(\beta S_{\boldsymbol{k}}/2)}{2S_{\boldsymbol{k}}}, \quad S_{\boldsymbol{k}} = \sqrt{\xi^2_{\boldsymbol{k}} + U^2 m^2_{\boldsymbol{Q}}} \tag{4.123}
$$

となる．

4.4.6 電荷秩序

Hubbard 型のオンサイト斥力では電荷秩序は期待できない．しかし，より長距離の電子間斥力が優勢になると，電荷秩序が発生する可能性が生じる．例えば，1 辺 a の単純立方格子の最近接格子点間に斥力 V が働く場合

$$
V_{\boldsymbol{q}} = 2V(\cos q_x a + \cos q_y a + \cos q_z a) \tag{4.124}
$$

であり，$\boldsymbol{Q} = (\pi/a, \pi/a, \pi/a)$ で最大の引力が働くことが分かる．実際，(4.104) の電荷感受率は $V_{\boldsymbol{q}}$ が負で絶対値が最大となる波数 $\boldsymbol{Q}$ で発散する可能性がある．

同様に多軌道系では，m_1 と m_2 軌道間のオンサイト斥力

$$
H_{\mathrm{int}} = U_{12}\sum_{\boldsymbol{i}} n_{\boldsymbol{i}m_1}n_{\boldsymbol{i}m_2}, \quad n_{\boldsymbol{i}m} \equiv \sum_\sigma a^\dagger_{\boldsymbol{i}m\sigma}a_{\boldsymbol{i}m\sigma} \tag{4.125}
$$

を $\boldsymbol{i}$ サイトの電子数演算子 $n_{\boldsymbol{i}} = n_{\boldsymbol{i}m_1} + n_{\boldsymbol{i}m_2}$ と軌道占有数の差を表す演算子 $d_{\boldsymbol{i}} = n_{\boldsymbol{i}m_1} - n_{\boldsymbol{i}m_2}$ を用いて変形すると

$$
H_{\mathrm{int}} = \frac{U_{12}}{4}\sum_{\boldsymbol{i}}(n_{\boldsymbol{i}}n_{\boldsymbol{i}} - d_{\boldsymbol{i}}d_{\boldsymbol{i}}) \tag{4.126}
$$

となるので，この相互作用は軌道秩序 (軌道占有数の差の秩序) を引き起こす

原因となることが分かる．

4.5 遍歴電子系の磁気秩序下の励起

この節では，遍歴電子系における反強磁性秩序の下での磁気励起を RPA 法によって議論する．

4.5.1 反強磁性相における横スピン感受率

まず，反強磁性秩序の下での「自由な」横スピン応答について考える．局在スピン系で，平均場が変化しないとして求めた自由な応答 (4.22) と同様の議論により，振動数 ω で空間的に $\boldsymbol{q}$ で変調する微小な横磁場 $\phi_{\boldsymbol{i}}^+ = \phi_{\boldsymbol{q}}^+ e^{i(\boldsymbol{q}\cdot\boldsymbol{i}-\omega t)}$ に対する応答は [*20]，$q \equiv (\boldsymbol{q}, \omega)$，$p \equiv (\boldsymbol{q}+\boldsymbol{Q}, \omega)$ 等と略記して

$$\begin{pmatrix} \delta m_q^+ \\ \delta m_p^+ \end{pmatrix} = \begin{pmatrix} \chi_{01}(q) & \chi_{02}(q) \\ \chi_{02}(p) & \chi_{01}(p) \end{pmatrix} \begin{pmatrix} \phi_q^+ \\ \phi_p^+ \end{pmatrix} \equiv \chi_0^{\mathrm{R}+-}(q) \begin{pmatrix} \phi_q^+ \\ \phi_p^+ \end{pmatrix} \tag{4.127}$$

電子間相互作用は (4.111) の最後の表式を平均場近似して

$$H_{\mathrm{int}} \simeq -\frac{U}{N_0}\sum_{\boldsymbol{q}} S_{\boldsymbol{q}}^- m_{\boldsymbol{q}}^+ \tag{4.128}$$

(4.113) と同様の議論を繰り返すと，(4.127) において $\phi_q^+ \to \phi_q^+ + (U/N_0)\delta m_q^+$ と置き換えて，平均場を通じた変化も考慮した感受率は

$$\begin{pmatrix} \delta m_q^+ \\ \delta m_p^+ \end{pmatrix} = \chi_{\mathrm{s}}^{\mathrm{R}+-}(q) \begin{pmatrix} \phi_q^+ \\ \phi_p^+ \end{pmatrix}$$
$$\chi_{\mathrm{s}}^{\mathrm{R}+-}(q) \equiv \begin{pmatrix} 1-(U/N_0)\chi_{01}(q) & -(U/N_0)\chi_{02}(q) \\ -(U/N_0)\chi_{02}(p) & 1-(U/N_0)\chi_{01}(p) \end{pmatrix}^{-1} \chi_0^{\mathrm{R}+-}(q) \tag{4.129}$$

各成分を求めると

$$\chi_{\mathrm{s}}^{\mathrm{R}+-}(q) = \begin{pmatrix} \chi_1(q) & \chi_2(q) \\ \chi_2(p) & \chi_1(p) \end{pmatrix}$$

[*20] $A^{\pm} = A^x \pm iA^y$ に対して，$\delta m^+ = \chi^{+-}\phi^+$ および $\chi^{\perp} = \chi^{xx} = \chi^{yy} = \chi^{+-}/2$.

$$
\begin{aligned}
\chi_1(q) &= \frac{\chi_{01}(q)[1-(U/N_0)\chi_{01}(p)]+(U/N_0)\chi_{02}(q)\chi_{02}(p)}{D(q)} \\
\chi_2(q) &= \frac{\chi_{02}(q)}{D(q)} \\
D(q) &\equiv [1-(U/N_0)\chi_{01}(q)][1-(U/N_0)\chi_{01}(p)] \\
&\qquad\qquad -(U/N_0)^2\chi_{02}(q)\chi_{02}(p) = D(p)
\end{aligned} \tag{4.130}
$$

一方，(3.61) と (3.62) の処方箋によれば，自由な感受率は Green 関数の行列積から求められる．Hubbard 模型の反強磁性秩序下での Green 関数行列は (4.119) に求められており，$k_n \equiv (\boldsymbol{k}, \omega_n)$, $p_n \equiv (\boldsymbol{k}+\boldsymbol{Q}, \omega_n)$ として

$$
G_\sigma^T(k_n) = \begin{pmatrix} g_1(k_n) & g_2(k_n)\sigma \\ g_2(p_n)\sigma & g_1(p_n) \end{pmatrix} \tag{4.131}
$$

のような構造をもっている．ここで

$$
\begin{aligned}
g_1(k_n) &= \sum_m^{\pm} \frac{A_{\boldsymbol{k}}^m}{i\omega_n - \xi_{\boldsymbol{k}}^m}, \quad A_{\boldsymbol{k}}^{\pm} = \frac{1}{2}\left(1 \pm \frac{\xi_{\boldsymbol{k}} - \xi_{\boldsymbol{p}}}{2S_{\boldsymbol{k}}}\right) \\
g_2(k_n) &= \sum_m^{\pm} \frac{B_{\boldsymbol{k}}^m}{i\omega_n - \xi_{\boldsymbol{k}}^m} = g_2(p_n), \quad B_{\boldsymbol{k}}^{\pm} = \mp\frac{Um_{\boldsymbol{Q}}}{2S_{\boldsymbol{k}}}
\end{aligned} \tag{4.132}
$$

$\chi(q)$ の計算に必要なバブルダイアグラムの計算を

$$
\langle\langle g_i, g_j \rangle\rangle (q_m) \equiv -\frac{1}{\beta}\sum_{n\boldsymbol{k}} g_i(\boldsymbol{k}, \omega_n) g_j(\boldsymbol{k}+\boldsymbol{q}, \omega_n + \epsilon_m)
$$

と略記すると

$$
\begin{aligned}
\langle\langle G_\sigma^T, G_{-\sigma}^T \rangle\rangle (q_m) &= \begin{pmatrix} \chi_{01}(q_m) & \sigma\,\chi_{02}(q_m) \\ \sigma\,\chi_{02}(q_m) & \chi_{01}(q_m) \end{pmatrix} \\
\chi_{01}(q_m) &= \langle\langle g_1, g_1 \rangle\rangle (q_m) - \langle\langle g_2, g_2 \rangle\rangle (q_m) \\
\chi_{02}(q_m) &= \langle\langle g_2, \tilde{g}_1 \rangle\rangle (q_m) - \langle\langle g_1, g_2 \rangle\rangle (q_m)
\end{aligned} \tag{4.133}
$$

となる．ここで，$\chi_{02}(\boldsymbol{q}, \epsilon_m) = \chi_{02}(\boldsymbol{q}+\boldsymbol{Q}, \epsilon_m)$ である．この行列を解析接続 $i\epsilon_m \to \hbar(\omega + i\delta)$ したものは，(4.127) に現れた行列とは若干異なるが，共通の関数を含むことに注意しよう．具体的に求めると

$$\chi_{01}(q) = \sum_{mn}^{\pm}\sum_{\boldsymbol{k}}[A_{\boldsymbol{k}}^m A_{\boldsymbol{k}+\boldsymbol{q}}^n - B_{\boldsymbol{k}}^m B_{\boldsymbol{k}+\boldsymbol{q}}^n]\frac{f(\xi_{\boldsymbol{k}+\boldsymbol{q}}^n) - f(\xi_{\boldsymbol{k}}^m)}{\hbar(\epsilon + i\delta) - \xi_{\boldsymbol{k}+\boldsymbol{q}}^n + \xi_{\boldsymbol{k}}^m}$$

$$\chi_{02}(q) = \sum_{mn}^{\pm}\sum_{\boldsymbol{k}}[B_{\boldsymbol{k}}^m A_{\boldsymbol{k}+\boldsymbol{q}}^n - A_{\boldsymbol{k}}^m B_{\boldsymbol{k}+\boldsymbol{q}}^n]\frac{f(\xi_{\boldsymbol{k}+\boldsymbol{q}}^n) - f(\xi_{\boldsymbol{k}}^m)}{\hbar(\epsilon + i\delta) - \xi_{\boldsymbol{k}+\boldsymbol{q}}^n + \xi_{\boldsymbol{k}}^m} \tag{4.134}$$

常磁性相では，$m_{\boldsymbol{Q}} = 0$ であるから，$g_2(k) = 0$ であり，$\chi_{02}(q) = 0$，$\chi_{01}(q)$ は (3.72) の $\chi_0^{\mathrm{R}}(q)$ となる．このとき

$$\chi_{\mathrm{s}}^{\mathrm{R}\perp} = \frac{1}{2}\begin{pmatrix}\chi_1(q) & 0 \\ 0 & \tilde{\chi_1}(q)\end{pmatrix}, \quad \chi_1(q) = \frac{\chi_0^{\mathrm{R}}(q)}{1 - (U/N_0)\chi_0^{\mathrm{R}}(q)} \tag{4.135}$$

となり，(4.113) に帰着する．

反強磁性相でも，(4.133) より常に $\chi_{02}(\boldsymbol{Q}, 0) = 0$ である．したがって，$\chi_2(\boldsymbol{Q}, 0) = 0$，$\chi_1(\boldsymbol{Q}, 0) = \chi_{01}(\boldsymbol{Q}, 0)/[1 - (U/N_0)\chi_{01}(\boldsymbol{Q}, 0)]$ である．$\chi_{01}(\boldsymbol{Q}, 0)$ を具体的に求めてみると，$\xi_{\boldsymbol{k}+\boldsymbol{Q}}^{\pm} = \xi_{\boldsymbol{k}}^{\pm}$，$A_{\boldsymbol{k}+\boldsymbol{Q}}^{\pm} = A_{\boldsymbol{k}}^{\mp}$，$B_{\boldsymbol{k}+\boldsymbol{Q}}^{\pm} = B_{\boldsymbol{k}}^{\pm}$ に注意して

$$\chi_{01}(\boldsymbol{Q}, 0) = \sum_{\boldsymbol{k}}\frac{f(\xi_{\boldsymbol{k}}^-) - f(\xi_{\boldsymbol{k}}^+)}{2S_{\boldsymbol{k}}} \tag{4.136}$$

となるが，これは (4.120) より N_0/U に等しい．したがって，反強磁性相では常に $\chi_1(\boldsymbol{Q}, 0) = \infty$ である．横感受率 $\chi_1(\boldsymbol{Q}, 0)$ が反強磁性相で発散することは，異方性エネルギーがなく常磁性相でスピン空間に回転対称性があったことの帰結である．しかしながら，あらゆる近似がこの性質を保証するわけではない．平均場近似では，2 粒子の感受率 $\chi_1(\boldsymbol{Q}, 0)$ の発散は 1 粒子の関係式である自己無撞着方程式 (4.115) により保証されており，このような近似を保存近似という．2 次元正方格子模型 $\epsilon_{\boldsymbol{k}} = -2t(\cos(k_x a) + \cos(k_y a))$ に対する横スピン感受率 $\chi_1(\boldsymbol{q}, \omega)$ のスペクトル強度を図 4.14 に示す．

4.5.2 強相関極限

粒子数密度 $n = 1$ の強相関極限 $U \gg |\xi_{\boldsymbol{k}}|$ を考えてみよう．このとき $\mu = 0$ である．$\Delta = 2m_{\boldsymbol{Q}}U$，$z = \hbar(\omega + i\delta)$ として，$1/\Delta^3$ の項まで残すと

$$\chi_{01}(q) \simeq \frac{1}{\Delta}\left(1 + \frac{z^2}{\Delta^2} + \frac{2(\alpha_{\boldsymbol{Q}} - \alpha_{\boldsymbol{q}}) - \beta}{\Delta^2}\right), \quad \chi_{02}(q) \simeq \frac{z}{\Delta^2}$$

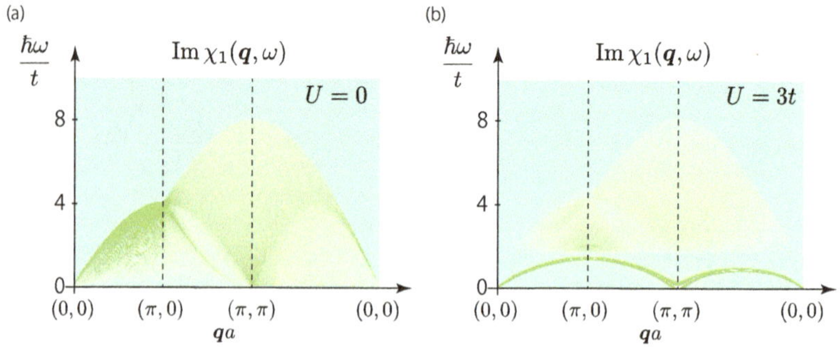

図 4.14　2 次元正方格子模型に対する横スピン感受率 $\chi_1(\boldsymbol{q},\omega)$ のスペクトル強度 $(n=1, T=0)$．(a) 常磁性 $(U=0)$，(b) 反強磁性 $(U=3t)$．強度の強い孤立した曲線がスピン波の分散関係を表す．

$$\alpha_{\boldsymbol{q}} \equiv \frac{1}{N_0}\sum_{\boldsymbol{k}} \xi_{\boldsymbol{k}}\xi_{\boldsymbol{k}+\boldsymbol{q}}, \quad \beta \equiv \frac{1}{N_0}\sum_{\boldsymbol{k}} \xi_{\boldsymbol{k}}(\xi_{\boldsymbol{k}} - \xi_{\boldsymbol{k}+\boldsymbol{Q}}) \tag{4.137}$$

となる．また，自己無撞着方程式 (4.120) は

$$\frac{1}{U} \simeq \frac{1}{\Delta}\left(1 - \frac{\beta}{\Delta^2}\right) \quad \rightarrow \quad m_{\boldsymbol{Q}} \simeq \frac{1}{2}\left(1 - \frac{\beta}{U^2}\right) \tag{4.138}$$

となるので，これを用いて β を消去すると，$|\beta|/\Delta \ll 1$ に注意して

$$\chi_{01}(q) \simeq \frac{1}{U}\left[1 - \frac{J_{\boldsymbol{Q}} - J_{\boldsymbol{q}}}{2U} + \left(\frac{z}{U}\right)^2\right], \quad \chi_{02}(q) \simeq \frac{z}{U^2}$$
$$J_{\boldsymbol{q}} \equiv -\frac{4\alpha_{\boldsymbol{q}}}{U} = -\frac{4}{U}\sum_{\boldsymbol{R}} t_{\boldsymbol{R}} t_{-\boldsymbol{R}} e^{-i\boldsymbol{q}\cdot\boldsymbol{R}} \tag{4.139}$$

となる．このとき

$$D(q) \simeq -\frac{1}{U^2}[z^2 - \epsilon_{\boldsymbol{q}}^2], \quad \epsilon_{\boldsymbol{q}} \equiv \frac{1}{2}\sqrt{(J_{\boldsymbol{Q}} - J_{\boldsymbol{q}})(J_{\boldsymbol{Q}} - J_{\boldsymbol{q}+\boldsymbol{Q}})} \tag{4.140}$$

であり

$$\chi_1(q) \simeq -\frac{1}{2}\frac{J_{\boldsymbol{Q}} - J_{\boldsymbol{q}+\boldsymbol{Q}}}{(\hbar\omega + i\delta)^2 - \epsilon_{\boldsymbol{q}}^2}, \quad \chi_2(q) \simeq -\frac{\hbar\omega}{(\hbar\omega + i\delta)^2 - \epsilon_{\boldsymbol{q}}^2} \tag{4.141}$$

d 次元単純格子で，最近接格子点 $(z=2d)$ のホッピング $-t$ のみを考えると $J = -4t^2/U$ として

$$J_{\boldsymbol{q}} = -z|J|\gamma_{\boldsymbol{q}}, \quad \gamma_{\boldsymbol{q}} = \frac{1}{d}\sum_{i=1}^{d}\cos(q_i a), \quad \epsilon_{\boldsymbol{q}} = z|J|\sqrt{1 - \gamma_{\boldsymbol{q}}^2}$$
$$\chi_1(q) = -\frac{1}{2}\frac{z|J|(1 - \gamma_{\boldsymbol{q}})}{(\hbar\omega + i\delta)^2 - \epsilon_{\boldsymbol{q}}^2}, \quad \chi_2(q) = -\frac{-\hbar\omega}{(\hbar\omega + i\delta)^2 - \epsilon_{\boldsymbol{q}}^2} \tag{4.142}$$

となり，$S = 1/2$ のスピン波近似の結果 (4.82) に一致する．

第5章
遍歴と局在

前章までに，原子に束縛された電子による局在磁性と結晶全体に拡がった電子波による遍歴磁性を扱ってきた．本章では，局在と遍歴のはざまにある現象について概観する．

5.1 モット絶縁体

4.1.2 節の 2 サイト Hubbard 模型で見たように，電子間の短距離斥力相互作用 U が大きい場合，U 程度のエネルギースケールと U より十分小さいエネルギースケールに分離する．こうした電子間の相互作用 (電子相関) が重要となる系は**強相関電子系**と呼ばれる．

強相関電子系では, 運動エネルギーと相互作用エネルギーを含むハミルトニアンを取り扱う．相互作用が運動エネルギーに比して小さいときは，相互作用を自由電子系からの低次の摂動で取り扱えばよいし，逆に相互作用が大きい場合は，相互作用のみを厳密に取り入れた無摂動状態から摂動を行えばよい．両者が拮抗する状況はどちらの極限からの展開も難しいが，非自明な現象が期待されるため多くの研究者の興味を惹き付けている [*1]．

このようなエネルギースケールの分離は，1 粒子の状態密度にも現れる．例えば，以下のハバード模型を考えてみよう，

$$H = \sum_{\boldsymbol{k}\sigma} \epsilon_{\boldsymbol{k}} c^{\dagger}_{\boldsymbol{k}\sigma} c_{\boldsymbol{k}\sigma} + U \sum_{i} n_{i\uparrow} n_{i\downarrow}, \quad (n_{i\sigma} = c^{\dagger}_{i\sigma} c_{i\sigma}). \tag{5.1}$$

この模型は電子相関を考える上で最も基本的な模型である．第 1 項の運動エネルギーは，電子が結晶全体に拡がろうとする波動性 (遍歴性) を表してい

---

*1 P.W. Anderson は，マクロな系の相互作用による創発現象の妙味を “More is different” という標語によって明快に論じた (P.W. Anderson, *Basic Notions of Condensed Matter Physics*, CRC Press, 1997).

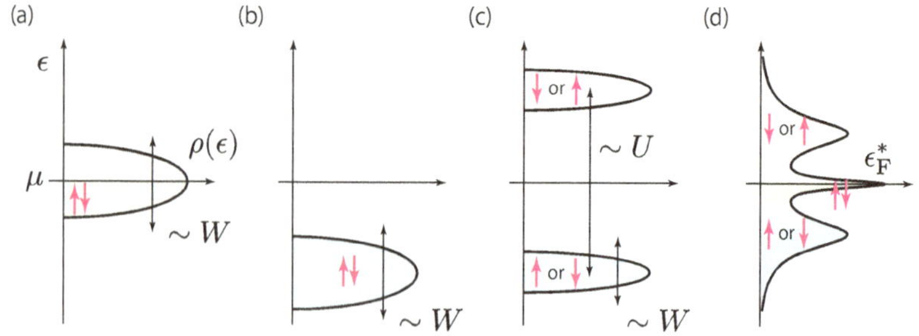

図 5.1 電子系の状態密度．(a) バンド金属，(b) バンド絶縁体，(c) Mott 絶縁体，(d) 強相関金属．W は相互作用のない系のバンド幅程度，ϵ_F^* は電子相関によって繰り込まれた Fermi エネルギー．

る．このエネルギーバンドに↑, ↓スピンの電子を低いエネルギーから詰めていくとスピン自由度 (エントロピー) は失われる．これが Fermi 縮退した状態である．一方，第 2 項は各サイトの粒子性とスピン自由度を引き出そうとする相互作用である．顕在化したスピン自由度は，低温で自発的に整列することで磁気秩序を起こしてエントロピーを放出する．各サイトのスピン自由度を顕在化する相互作用は電子の遍歴性を奪い，特に各サイトに電子が 1 個あるような状況 (half-filling) では完全に絶縁化する．このような電子相関によって生じる絶縁体を **Mott 絶縁体**と呼び，バンド絶縁体と区別する．4.1.2 節で論じた 2 サイト Hubbard 模型は，Mott 絶縁体の状況を最も簡単に取り扱ったもので，U よりも十分に低エネルギーの状態のみを取り出した模型が局在スピン系を記述する．磁性絶縁体は基本的に Mott 絶縁体である．

電子相関の効果の違いによって生じる様々な電子状態の 1 粒子状態密度を図 5.1 に示す．バンド金属では，Fermi 縮退によって 1 電子あたりのエントロピーは $S/k_BN_e \sim (k_BT/\epsilon_F)\ln 2 \ll 1$ (ϵ_F は Fermi エネルギー) と見積もられ，バンド金属やバンド絶縁体のエントロピーは実質ゼロである．一方，Mott 絶縁体では，スピン自由度が顕在化したために $S/k_BN_e \sim \ln 2$ とマクロな大きさのエントロピーが残っている．

電子間相互作用と運動エネルギーが拮抗する強相関金属では，Mott 絶縁体とバンド金属の両側面を併せもつ電子状態が現れる．遍歴的な電子状態は繰り込まれた Fermi エネルギー ϵ_F^* ($\ll \epsilon_F$) で特徴づけられ，$k_BT, \epsilon \ll \epsilon_F^*$ の状況で生じる．このような状況を取り扱う代表的な理論が **Fermi 液体論**である．一方，ϵ_F^* より大きいエネルギースケールは Mott 絶縁体的で，その状

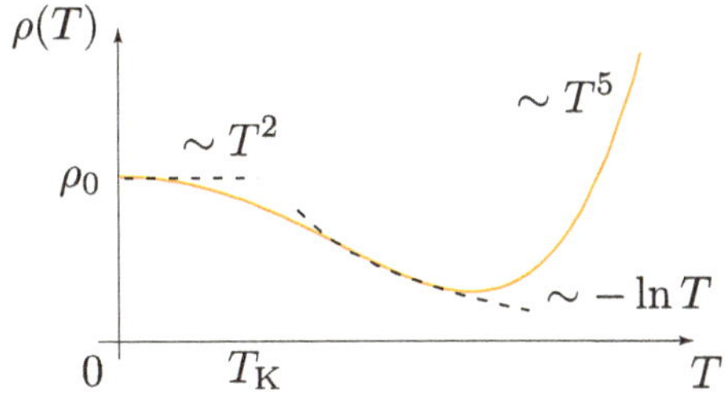

図 5.2　電気抵抗極小現象の典型的振る舞い．

態がもつ大きなエントロピーは，ϵ_{F}^* より十分低温で急速に失われる．このような小さいエネルギースケールは磁場，圧力などの外場や温度変化で容易にアクセスできる点も強相関電子系の魅力の 1 つである．

5.2 近藤効果

前節で述べた Fermi 準位近傍の低エネルギー電子状態が生じる物理的機構には近藤効果が関係している．非磁性金属中に磁性不純物が少量含まれる系において，図 5.2 に示すような電気抵抗が降温とともに対数的に増大する抵抗極小現象が古くより知られていたが，その本質を近藤淳が明らかにしたことから**近藤効果**と呼ばれるようになった．近藤理論は抵抗極小現象を解明しただけでなく，その背後にある多体効果の重要性を認識させる契機となり，その後の活発な研究を促した．現在では，伝導電子と磁性不純物のスピンが打ち消し合った近藤・芳田 1 重項が基底状態であり，高温において活性であった磁性不純物の局在スピンがどのように失われていくか，ということが明らかになっている．このように，近藤効果は磁気的な自由度の発生と消失および低エネルギーの Fermi 液体的な電子状態の形成機構に関わる本質的事項であり，本節ではそのような視点から近藤効果の概略を紹介する．

5.2.1　不純物 Anderson 模型とスピン自由度

近藤効果の舞台は少量の磁性不純物を含んだ金属である．このような状況を記述する最も簡単な不純物 Anderson 模型を考えよう．

$$H = \sum_{\boldsymbol{k}\sigma} \left(\xi_{\boldsymbol{k}} c_{\boldsymbol{k}\sigma}^\dagger c_{\boldsymbol{k}\sigma} + \frac{V_{\boldsymbol{k}}}{\sqrt{N_0}} (c_{\boldsymbol{k}\sigma}^\dagger f_\sigma + \mathrm{h.c.}) \right) + \epsilon_f \sum_\sigma n_{f\sigma} + U n_{f\uparrow} n_{f\downarrow} \tag{5.2}$$

ここで，$c_{\boldsymbol{k}\sigma}$ は波数 $\boldsymbol{k}$，スピン σ の伝導電子の消滅演算子，f_σ は磁性不純物の局在電子の消滅演算子を表す．$n_{f\sigma} = f_\sigma^\dagger f_\sigma$ は局在電子の数演算子である．第1項は伝導電子の運動エネルギーを表し，そのエネルギーを化学ポテンシャル $\mu \equiv 0$ から測る．第2, 3項は伝導電子と局在電子の間の混成効果と局在電子のエネルギー準位を表す．最後の項は，局在電子間に働く Hubbard 型の Coulomb 斥力を表す．

磁性不純物があるために並進対称性は失われており，局在電子 f はあらゆる波数 $\boldsymbol{k}$ の伝導電子 c と混成する．そこで，局在電子と各波数の伝導電子を基底とする遅延 Green 関数行列を考えると，$z = \hbar\omega + i\delta$ として

$$\hat{G}_\sigma^{\mathrm{R}}(\omega) = \begin{pmatrix} z - \epsilon_f - \Sigma_{f\sigma}^{\mathrm{R}}(\omega) & -\dfrac{V_{\boldsymbol{k}_1}}{\sqrt{N_0}} & -\dfrac{V_{\boldsymbol{k}_2}}{\sqrt{N_0}} & \cdots \\ -\dfrac{V_{\boldsymbol{k}_1}^*}{\sqrt{N_0}} & z - \xi_{\boldsymbol{k}_1} & 0 & \cdots \\ -\dfrac{V_{\boldsymbol{k}_2}^*}{\sqrt{N_0}} & 0 & z - \xi_{\boldsymbol{k}_2} & \cdots \\ \vdots & \vdots & \vdots & \ddots \end{pmatrix}^{-1} \begin{matrix} f \\ \boldsymbol{k}_1 \\ \boldsymbol{k}_2 \\ \vdots \end{matrix} \tag{5.3}$$

となる．ここで，$\Sigma_{f\sigma}^{\mathrm{R}}(\omega)$ は U の多体効果を取り込んだ自己エネルギーである．$(1,1)$ 成分を求めれば局在電子の情報が得られるので，余因子展開を用いて逆行列の $(1,1)$ 成分を求めれば

$$G_{\sigma,11}^{\mathrm{R}}(\omega) = \frac{1}{z - \epsilon_f - \Sigma_{f\sigma}^{\mathrm{R}}(\omega) + \Delta^{\mathrm{R}}(\omega)}, \quad \Delta^{\mathrm{R}}(\omega) = -\frac{1}{N_0}\sum_{\boldsymbol{k}} \frac{|V_{\boldsymbol{k}}|^2}{z - \xi_{\boldsymbol{k}}} \tag{5.4}$$

となる．伝導電子のバンド幅が $\hbar|\omega|$ に比べて十分大きければ，$\langle \cdots \rangle$ を $\boldsymbol{k}$ に関する角度平均として，$\Delta^{\mathrm{R}}(\omega) \sim i\Delta_0$, $\Delta_0 = \pi\rho_{\mathrm{F}} \langle |V_{\boldsymbol{k}}|^2 \rangle / N_0$ のように評価される．これより，$U = 0$ $(\Sigma_{f\sigma}^{\mathrm{R}} = 0)$ に対する局在電子の状態密度は

$$\rho_f(\epsilon) = -\frac{1}{\pi}\mathrm{Im}\, G_{\sigma,11}^{\mathrm{R}}(\epsilon/\hbar) = \frac{\Delta_0/\pi}{(\epsilon - \epsilon_f)^2 + \Delta_0^2} \tag{5.5}$$

の Lorentz 型となる．$U = 0$ であっても，伝導電子との混成があるために f 準位は有限の幅 Δ_0 (寿命 $\hbar/\Delta_0$) をもつ (図 5.3(a))．

まず，$U = 0$，$\epsilon_f = 0$ の場合を考えよう．このとき，f 準位は Fermi 準位に等しいので，↑スピンと↓スピンの電子が等確率で存在する．f 電子のスピンを反転させるためには伝導電子と混成することが必要で，スピン反転

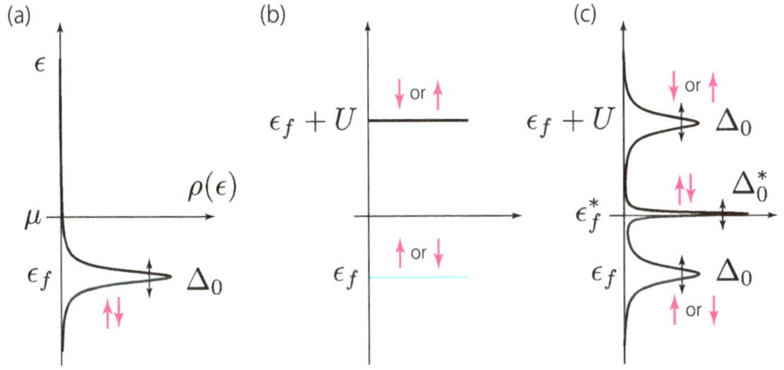

図 5.3　不純物 Anderson 模型の状態密度．(a) $U=0,\ V_{\boldsymbol{k}}\neq 0$，(b) $U\neq 0,\ V_{\boldsymbol{k}}=0$，(c) $U,\ V_{\boldsymbol{k}}\neq 0$.

に要する時間のスケールが $\hbar/\Delta_0$ である．これより速い時間スケール，エネルギーに換算すれば $k_{\rm B}T\gg\Delta_0$ の高温では，スピン反転に要する時間より速い目で見ているため↑や↓のスピン状態のスナップショットが見えることになる．したがって，系は Curie 帯磁率 $\chi\sim\mu_{\rm eff}^2/k_{\rm B}T$ で特徴づけられる局在磁性状態のように振る舞う．一方，$\hbar/\Delta_0$ より長い時間スケール，すなわち $k_{\rm B}T\ll\Delta_0$ の低温で見れば，↑と↓は平均化され局在スピンは失われたように見える．この場合，上記の Curie 帯磁率において $k_{\rm B}T\to\Delta_0$ と置き換わり $\chi\sim\mu_{\rm eff}^2/\Delta_0$ のように振る舞う．

一方，$U\neq 0,\ V_{\boldsymbol{k}}=0$ の場合，f 電子の Green 関数を定義どおり求めると

$$G^{\rm R}_{\sigma,11}(\omega)=\frac{1-\langle n_{f-\sigma}\rangle}{z-\epsilon_f}+\frac{\langle n_{f-\sigma}\rangle}{z-(\epsilon_f+U)} \tag{5.6}$$

となる．局在軌道が空の状況 ($\langle n_{f-\sigma}\rangle\sim 0$) に f 電子を加えるエネルギーは ϵ_f，既に 1 個占有している ($\langle n_{f-\sigma}\rangle\sim 1$) ときにもう 1 つ電子を加えるエネルギーは ϵ_f+U であることから，$G^{\rm R}_{\sigma,11}(\omega)$ の極とその重みが決まっている．状態密度には，図 5.3(b) に示すようなデルタ関数型のピークが 2 本現れる．

$V_{\boldsymbol{k}}\neq 0$ かつ U が有限で ϵ_f が Fermi 準位より十分深い位置にあっても，多体効果によって $\epsilon_f\to\epsilon_f^*$，$\Delta_0\to\Delta_0^*\ll\Delta_0$ のように繰り込まれ，ϵ_f^* が Fermi 準位近傍に位置するようになる，というのが近藤効果によって得られる基底状態である (図 5.3(c))．このことを見るために，自己エネルギーを $\omega=\mu\ (\equiv 0)$ 付近で展開しよう．常磁性状態を考えてスピン σ 依存性は無視し，$\Sigma^{\rm R}_{f\sigma}(\omega)\sim\Sigma^{\rm R}_f(0)+\frac{\partial\Sigma^{\rm R}_f}{\partial\omega}\omega+i\,{\rm Im}\,\Sigma^{\rm R}_f(\omega)$ の展開を Green 関数に代入

して整理すると[*2]

$$
\begin{aligned}
G^{\mathrm{R}}_{\sigma,11}(\omega) &= \frac{a}{z-\epsilon^*_f + i\Delta^*_0}, \quad a \equiv \left(1 - \frac{\partial \Sigma^{\mathrm{R}}_f}{\partial \omega}\right)^{-1} \\
\epsilon^*_f &\equiv a\left(\epsilon_f + \Sigma^{\mathrm{R}}_f(0)\right), \quad \Delta^*_0 \equiv a\left(\Delta_0 - \mathrm{Im}\,\Sigma^{\mathrm{R}}_f(\omega)\right)
\end{aligned}
\tag{5.7}
$$

となる．f 準位とスピン反転のエネルギースケールが $\epsilon^*_f \sim 0$，$\Delta_0 \to \Delta^*_0 \ll \Delta_0$ のように繰り込まれるとき，$\hbar\omega, k_{\mathrm{B}}T \ll \Delta^*_0$ である限り，↑と↓スピンは平均化され，基底状態ではスピン 1 重項が実現する．Δ^*_0 は後ほど述べる近藤温度 T_{K} に相当するエネルギーに他ならない．また，状態密度には Fermi 準位近傍に重み (繰り込み因子) a の鋭い共鳴ピーク (近藤共鳴) が現れる．この描像は $\hbar\omega$, $k_{\mathrm{B}}T \ll \Delta^*_0$ の状況でのみ有効である．

状態密度における $\epsilon = \epsilon_f$ と $\epsilon_f + U$ のピークは，局在準位に由来していて局在的な性質をもっている．一方，Δ^*_0 より高温では存在しない電子状態が，十分低温において Fermi 準位近傍に多体効果によって繰り込まれた状態として現れる．相互作用が強く働く磁性イオンが不純物としてではなく格子状に整列した系では，(5.2) の不純物模型の代わりに f 軌道が各サイトにある**周期 Anderson 模型**を考えればよい．この場合も多体効果によって繰り込まれた低エネルギー状態が低温で Fermi 準位近傍に現れる．この低エネルギー状態は，局在準位が混成を通じて結晶中を遍歴する電子状態であると解釈される．このように，強く相互作用する電子系では，高エネルギーの局在的な電子状態と遍歴的な低エネルギー状態がどちらも局在軌道に由来して現れ，観測するエネルギー領域や温度領域に応じて遍歴的な性質や局在的な性質を示すという二面性をもっている．このことを**遍歴局在双対性**といい，強相関電子系の重要な特性である．

5.2.2 磁気モーメントの発生と揺らぎ

ϵ_f が Fermi 準位より十分深い位置にあり，$\epsilon_f + U$ が Fermi 準位より十分上にあれば，f 準位を電子が 1 つだけ占有した状況 (スピンあたり 1/2) が実現する．すなわち，局在電子の電子数は一定であり電荷の自由度は凍結している．電荷の揺らぎの特徴的エネルギーは U $(\sim 2|\epsilon_f|)$ であり，それより低温 (長い時間スケール) では U の効果は長時間平均として取り扱えばよい．平均場近似の自己エネルギー $\Sigma^{\mathrm{R}}_{f\sigma}(\omega) = U\langle n_{f-\sigma}\rangle$ は，どの時間スケールより

[*2] 解析性の要請から常に $\mathrm{Im}\,\Sigma^{\mathrm{R}}_f(\omega) < 0$.

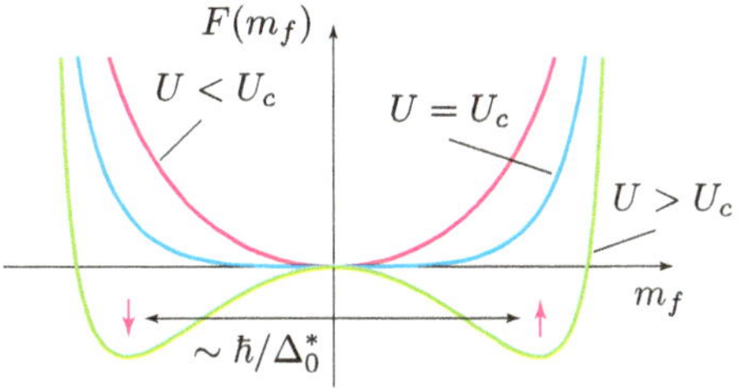

図 5.4 局在スピンの発生を記述する Landau 自由エネルギー．$U > U_c$ で局在スピンが発生する．発生したスピンは $\hbar/\Delta_0^*$ 程度の時間スケールでスピンを反転する．

も短い instantaneous な振動数によらない寄与であり，f 準位のエネルギーシフトを与える．繰り込まれた f 準位は $\epsilon_f^* = \epsilon_f + U\langle n_{f-\sigma}\rangle \sim 0$ であり，これが $\mu = 0$ 近傍に近藤共鳴準位が現れた理由である．

そこで，局在スピンが発生する条件を平均場近似で調べてみよう．相互作用項を $Un_{f\uparrow}n_{f\downarrow} \to U(\langle n_{f\downarrow}\rangle n_{f\uparrow} + \langle n_{f\uparrow}\rangle n_{f\downarrow} - \langle n_{f\uparrow}\rangle\langle n_{f\downarrow}\rangle)$ とすれば，平均場近似での自己エネルギーは $\Sigma_{f\sigma}^{\mathrm{R}} = U\langle n_{f-\sigma}\rangle$ となる．f 電子数を $\langle n_{f\sigma}\rangle = \int d\epsilon\, f(\epsilon)\rho_f(\epsilon)$ によって求めると，$T = 0$ で

$$\langle n_{f\sigma}\rangle = \frac{1}{\pi}\cot^{-1}\left(\frac{\epsilon_f + U\langle n_{f-\sigma}\rangle}{\Delta_0}\right) \tag{5.8}$$

となり，$\langle n_{f\sigma}\rangle$ を決める自己無撞着方程式を得る．

簡単のため $-\epsilon_f = \epsilon_f + U$ の対称条件の場合を考えよう．このとき，電子ホール対称性があるので，$\langle n_f\rangle = \langle n_{f\uparrow}\rangle + \langle n_{f\downarrow}\rangle = 1$ が成り立つ．平均磁化を $m_f = (\langle n_{f\uparrow}\rangle - \langle n_{f\downarrow}\rangle)/2$ と定義すれば，$\langle n_{f\sigma}\rangle = 1/2 + m_f\sigma$ であり，これを (5.8) に代入すれば自己無撞着方程式は

$$\Delta_0 \tan(\pi m_f) - Um_f = 0 \tag{5.9}$$

となる．Δ_0 はスピン反転によって局在スピンを消失させる役割を，U は逆にスピンを顕在化させる役割を果たすので，$U > U_c = \pi\Delta_0$ で $m_f \neq 0$ の解が安定となり平均磁化が発生する．この事情は，次の「自由エネルギー」

$$F(m_f) = -\frac{U_c}{\pi^2}\ln\cos(\pi m_f) - \frac{U}{2}m_f^2 \tag{5.10}$$

を考えると分かりやすい *3．$F(m_f)$ の停留点を求める方程式 $dF/dm_f = 0$

*3 後述する Landau 理論の自由エネルギーに相当する．

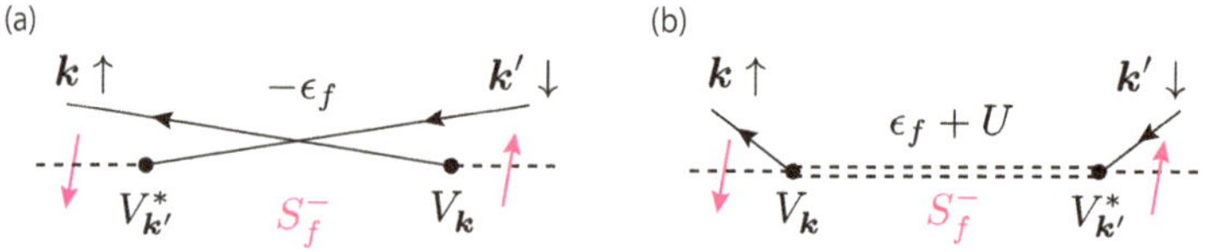

図 5.5　s-d 交換相互作用を導く 2 次過程の一部．

が自己無撞着方程式 (5.9) に一致することに注意しよう．$|m_f| \ll 1$ として展開すれば

$$F(m_f)/U_c \sim \frac{1}{2}\left(1-\frac{U}{U_c}\right)m_f^2 + \frac{\pi^2}{12}m_f^4 \tag{5.11}$$

となるので，図 5.4 のように $U > U_c$ で $m_f \neq 0$ の解が安定となる．

以上は平均場近似の結果であり，平均値 $\langle n_{f\sigma}\rangle$ からの揺らぎを無視している．揺らぎを無視する近似は，揺らぎの特徴的な時間 $\hbar/\Delta_0^*$ よりも短い時間スケールで正当化される [*4]．つまり，平均場近似は $\Delta_0^*/k_{\mathrm{B}}$ より高温の描像を与えるものと理解される．高温で発生した局在スピンは，$T \ll \Delta_0^*/k_{\mathrm{B}}$ の温度領域では，揺らいでいるスピンの長時間平均に対応して消失してしまう．このような結果を得るためには，平均場近似を超えてスピンの揺らぎを正しく取り扱う必要がある．以上の事情を図 5.4 に示した．

5.2.3　s-d 交換相互作用模型と近藤効果

前述のような f 電子の電荷自由度が凍結してスピン自由度 $\boldsymbol{S}_f \equiv \sum_{\sigma\sigma'} f_\sigma^\dagger(\boldsymbol{\sigma}_{\sigma\sigma'}/2)f_{\sigma'}$ だけが問題となる場合を考えよう．f 電子数を 1 に固定した Hilbert 空間における有効ハミルトニアンは $V_{\boldsymbol{k}}$ の 2 次摂動から導くことができる (図 5.5)．計算の詳細は省略し結果のみを示すと

$$\begin{aligned} H &= \sum_{\boldsymbol{k}\sigma}\xi_{\boldsymbol{k}} c^\dagger_{\boldsymbol{k}\sigma}c_{\boldsymbol{k}\sigma} + \sum_{\boldsymbol{k}\boldsymbol{k}'}\sum_{\sigma\sigma'} c^\dagger_{\boldsymbol{k}\sigma}c_{\boldsymbol{k}'\sigma'}\left(V_0\delta_{\sigma\sigma'} - J_0\frac{\boldsymbol{\sigma}_{\sigma\sigma'}}{2}\cdot\boldsymbol{S}_f\right) \\ V_0 &= \frac{\langle|V_{\boldsymbol{k}}|^2\rangle}{2}\left(\frac{1}{|\epsilon_f|}-\frac{1}{\epsilon_f+U}\right) \\ J_0 &= -2\left\langle|V_{\boldsymbol{k}}|^2\right\rangle\left(\frac{1}{|\epsilon_f|}+\frac{1}{\epsilon_f+U}\right) \end{aligned} \tag{5.12}$$

---

*4 平均場近似はマクロな粒子系で揺らぎが無視できる場合のみよい近似である．本節のように不純物 1 サイトが議論の対象である場合は，揺らぎの効果は常に無視できない．したがって，局在スピンが生じた解 $m_f \neq 0$ は，どちらかの向きの平均磁化が発生していると言うよりは，局在スピンの自由度が活性化したと考えるべきである．

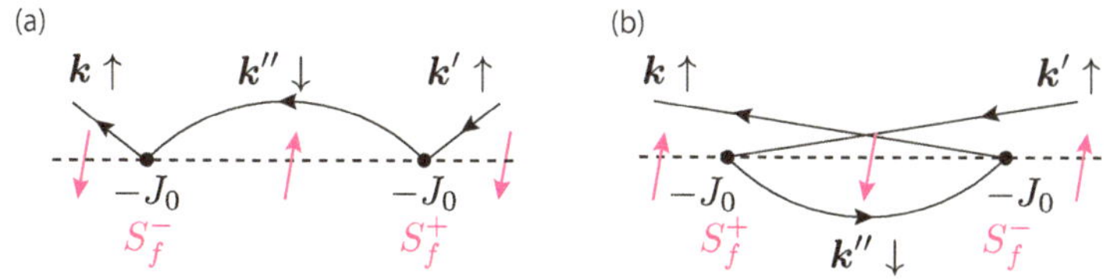

図 5.6　$-\ln T$ 依存性を与える散乱の 2 次過程の一部.

となる [*5]. ここで, 混成相互作用の $\boldsymbol{k}$ 依存性をその角度平均で置き換え, $\xi_{\boldsymbol{k}}$ を U や $|\epsilon_f|$ に比べて無視した. J_0 を含む項は, (4.6) の交換相互作用に他ならない. 対称条件 $\epsilon_f = -U/2$ の場合, $V_0 = 0$, $J_0 = -8\left\langle |V_{\boldsymbol{k}}|^2 \right\rangle / U < 0$ となる.

上記の交換模型に基づいて近藤理論を紹介しよう. 磁性不純物を少量含む金属における電気抵抗の温度依存性の典型的な振る舞いを図 5.2 に示す. 降温とともに電気抵抗率は減少し, その後 $-\ln T$ 的に増大して低温極限で残留抵抗値 ρ_0 に T^2 的に近づく. 高温の T^5 の振る舞いは格子振動による散乱から生じる電気抵抗である. $-\ln T$ 的な増大の原因が近藤理論が提出されるまでの 30 年間謎であった.

電気抵抗の振る舞いを決める $\boldsymbol{k}' \to \boldsymbol{k}$ の電子の散乱振幅 $T(\boldsymbol{k}, \boldsymbol{k}')$ を交換相互作用模型に基づき計算すると, J_0 について最低次の Born 近似では $T(\boldsymbol{k}, \boldsymbol{k}') = J_0$ となり, 温度によらない. 近藤は, J_0 の 2 次過程 (第 2 Born 近似) において $-\ln T$ 依存性を与える散乱過程を見出した. そのような散乱過程の一部を図 5.6 に示す. それぞれの散乱振幅は, $S_f^{\pm} = S_f^x \pm i S_f^y$ として

$$T_a = \frac{J_0^2}{4} \sum_{\boldsymbol{k}''} \frac{\langle \boldsymbol{k}\uparrow | S_f^- c_{\boldsymbol{k}\uparrow}^\dagger c_{\boldsymbol{k}''\downarrow} | \boldsymbol{k}''\downarrow \rangle \langle \boldsymbol{k}''\downarrow | S_f^+ c_{\boldsymbol{k}''\downarrow}^\dagger c_{\boldsymbol{k}'\uparrow} | \boldsymbol{k}'\uparrow \rangle}{-|\xi_{\boldsymbol{k}''}|} \tag{5.13}$$

$$T_b = \frac{J_0^2}{4} \sum_{\boldsymbol{k}''} \frac{\langle \boldsymbol{k}\uparrow | S_f^+ c_{\boldsymbol{k}''\downarrow}^\dagger c_{\boldsymbol{k}\uparrow} | \boldsymbol{k}''\downarrow \rangle \langle \boldsymbol{k}''\downarrow | S_f^- c_{\boldsymbol{k}'\uparrow}^\dagger c_{\boldsymbol{k}''\downarrow} | \boldsymbol{k}'\uparrow \rangle}{|\xi_{\boldsymbol{k}''}|} \tag{5.14}$$

と評価され, 両方の寄与を合わせると

$$T_{\uparrow\uparrow}(\boldsymbol{k}, \boldsymbol{k}') = \frac{J_0^2}{4} \left[S_f^+, S_f^- \right] \sum_{\boldsymbol{k}''} \frac{\langle c_{\boldsymbol{k}''\downarrow} c_{\boldsymbol{k}''\downarrow}^\dagger \rangle}{|\xi_{\boldsymbol{k}''}|} \sim \frac{\rho_{\mathrm{F}} J_0^2}{4} \left[S_f^+, S_f^- \right] \ln \frac{D}{k_{\mathrm{B}} T} \tag{5.15}$$

となる. $\boldsymbol{k}''$ の和を区間 $[-D, +D]$ で一定の状態密度 ρ_{F} によって評価すると,

[*5] 導出は, 例えば, 近藤淳, 金属電子論 (裳華房, 1983).

$\langle c_{\boldsymbol{k}''\downarrow}c^\dagger_{\boldsymbol{k}''\downarrow}\rangle = 1-f(\xi''_{\boldsymbol{k}})$ のように Fermi 分布関数を含むため $-\ln(k_\mathrm{B}T/D)$ の因子が生じる．$f(\xi''_{\boldsymbol{k}})$ の存在は散乱の中間過程で他の電子の分布が関与する多体問題であることを意味し，Fermi 準位近傍に温度 T 程度で励起される連続的な電子状態があることから対数項が生じている．また，局在スピンが内部自由度をもつ量子スピンであるため $[S_f^+, S_f^-] \neq 0$ である．一般のスピン $S_f = S$ の場合について，第 2 Born 近似で評価した電気抵抗の表式を与えておく．

$$\rho(T) = \rho_\mathrm{B}\left(1 - 2\rho_\mathrm{F}|J_0|\ln\frac{k_\mathrm{B}T}{D}\right) \tag{5.16}$$

ここで，$\rho_\mathrm{B} = \rho_s(\pi\rho_\mathrm{F}|J_0|/2)^2 S(S+1)$ は Born 近似による電気抵抗率，$\rho_s = 4\pi/n_e e^2 k_\mathrm{F}$ は s 波散乱から生じる最大の電気抵抗値で，ユニタリティ極限の抵抗値と呼ばれる．

第 2 Born 近似によって電気抵抗における $-\ln(k_\mathrm{B}T/D)$ 項の起源は理解された．しかしながら，$\rho_\mathrm{F}|J_0| \ll 1$ であっても対数項のために降温とともに 2 次項の寄与が増大し，J_0 に関する摂動論は破綻する．第 2 Born 近似の結果は，最低次の Born 近似の表式において $J_0 \to J_\mathrm{eff}(T) = J_0[1+\rho_\mathrm{F}J_0\ln(k_\mathrm{B}T/D)]$ とすれば得られることに注意すると，**近藤温度**

$$T_\mathrm{K} = \frac{D}{k_\mathrm{B}}e^{-1/\rho_\mathrm{F}|J_0|} \tag{5.17}$$

で $-\rho_\mathrm{F}|J_0|\ln(k_\mathrm{B}T/D) = 1$ となり，高次項の寄与が重要となってくる [*6]．Abrikosov は高次項の中で最も発散の強い項だけを考慮して

$$J_\mathrm{eff}(T) = \frac{J_0}{1-\rho_\mathrm{F}J_0\ln(k_\mathrm{B}T/D)} \tag{5.18}$$

の結果を得た．有効交換相互作用 $J_\mathrm{eff}(T)$ は $T = T_\mathrm{K}$ で発散するが，このことは有効相互作用が文字どおり発散することを意味するのではなく，近似において無視した効果が重要であることを示唆している．芳田らは，有効相互作用の発散的傾向を局在スピンと伝導電子がスピン 1 重項を作って消失することの現れと捉え，基底 1 重項の理論を展開した．それによると，局在スピンは $\xi_0 \sim \hbar v_\mathrm{F}/T_\mathrm{K}$ 程度の広がりをもった伝導電子のスピン偏極によって遮蔽されて 1 重項を形成する．

[*6] 近藤温度の表式は $J_0 = 0$ の真性特異点を含んでおり，J_0 に関する摂動論が困難を伴うことを暗示している．

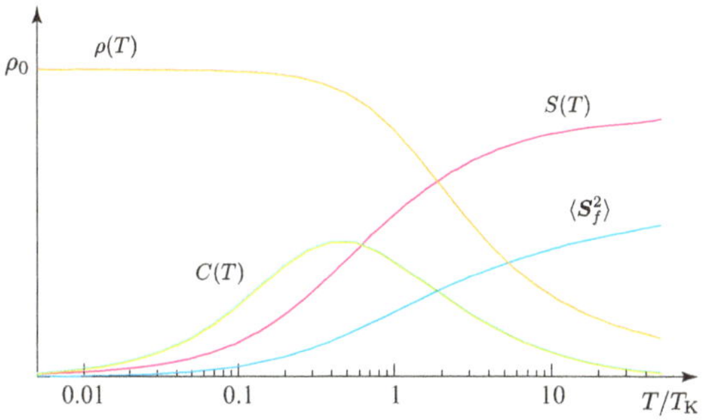

図 5.7 低温における近藤効果の典型的な振る舞い．電気抵抗率 ρ，エントロピー S，比熱 C，有効磁気モーメントの大きさ $\langle \boldsymbol{S}_f^2 \rangle$.

上記の議論は $J_0 < 0$ の反強磁性的な交換相互作用の場合である．$J_0 > 0$ の強磁性的な交換相互作用の場合，$T \to 0$ で $J_{\mathrm{eff}}(T) \to 0$ となって，局在スピンは低温極限で自由スピンとして振る舞うという結論が得られている．ただし，温度依存性には $-1/\rho_{\mathrm{F}} \ln(k_{\mathrm{B}}T/D)$ の対数補正がある．反強磁性的な交換相互作用 $J_0 < 0$ に対する近藤効果の低温での典型的な振る舞いを図 5.7 に示す．

5.3 量子臨界点

5.3.1 強相関電子系の低エネルギー電子状態

前述したように，強相関電子系では局所的な電子間斥力 U はスピン自由度を顕在化して磁気秩序を引き起こす原因となる．弱相関領域で安定であった遍歴的な金属状態は，U の増加とともにエネルギースケールが小さく繰り込まれた Fermi 液体へと移行し，磁気秩序相へと移っていく．相関のない電子系のバンド幅 W に対する斥力 U の増大による低エネルギー電子状態の典型的な変化の様子を図 5.8 に示す．U/W の変化は，静水圧の印加や元素置換による化学的圧力 (通常は負圧) によって引き起こされる．

U/W の変化によって磁気転移温度が連続的にゼロとなる点が出現する．このように系のパラメータ変化によって引き起こされる絶対零度の相転移を**量子相転移**，その転移点を**量子臨界点**という．有限温度で生じる通常の相転移では空間揺らぎが重要であるが，量子相転移では空間揺らぎに加えて量子揺らぎも重要な役割を果たす．量子臨界点近傍では，その特異な揺らぎを介

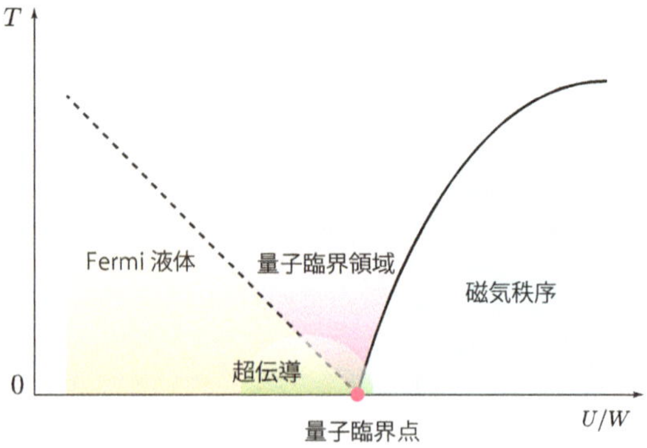

図 5.8　局所電子間斥力 U による低エネルギー電子状態の移り変わり．W は相関のない電子系のバンド幅．磁気秩序が絶対零度 $T=0$ で消失する量子臨界点近傍では，特異な臨界現象が現れ，超伝導相を導く一因となる．

して風変わりな超伝導状態を示す物質が数多く発見されている．

前節の周期的 Anderson 模型で記述される局在的な電子と遍歴的な電子からなる系では，図 5.8 のような相図は局在スピンを遮蔽する近藤効果と磁気秩序を生み出す RKKY 相互作用の競合として理解されており，**Doniach 相図**と呼ばれている．また，高温で局在的な性格をもつ f 電子が，多体効果によって低温で遍歴的に振る舞うようになった Fermi 液体状態を**重い電子系**という [*7]．

5.3.2　臨界現象の現象論

臨界現象の現象論について，そのあらすじを紹介しよう．より本格的な議論については専門書を参照していただくとして [*8]，ここでは議論の流れを汲み取ってほしい．

平均場近似の例で見たように，2 次の相転移を特徴づける量は秩序変数 M である．空間揺らぎおよび量子揺らぎを考慮するために，秩序変数が熱平衡値から揺らぐことを許し，空間および虚時間に依存する変数 $M(\boldsymbol{r},\tau)$ で表すと，分配関数 Z と自由エネルギー F は次のように与えられる．

$$Z=\int\mathcal{D}M\,e^{-\beta\mathcal{F}[M]},\quad F=-\beta^{-1}\ln Z \tag{5.19}$$

ここで，$\mathcal{F}[M]$ は $M(\boldsymbol{r},\tau)$ に依存した自由エネルギー汎関数であり，$\int\mathcal{D}M$

*7 繰り込み因子 a が小さく，その逆数に比例する有効質量 $m^*\propto 1/a$ が大きいことが，その名の由来である．

*8 例えば，永長直人，電子相関における場の量子論 (岩波書店, 1998)．

は $M(\boldsymbol{r},\tau)$ のあらゆる寄与にわたっての汎関数積分を表す．この表式は，熱平衡値からの揺らぎが生じる確率が Gibbs 分布 $\propto e^{-\beta\mathcal{F}[M]}$ に従い，小さい $\mathcal{F}[M]$ ほど分配関数 Z に大きく寄与することを意味している．簡単のため秩序変数は 1 成分とし，必要に応じて $x \equiv (\boldsymbol{r},\tau)$ と略記する．

2 次の転移点近傍では小さい $M(x)$ の寄与が重要となるので，$\mathcal{F}[M]$ を $M(x)$ について

$$\mathcal{F}[M] = F_0 + \frac{1}{2\beta}\int dx\, \chi^{-1}(x)M(x)M(0) + \frac{b}{4\beta}\int dx\, M^4(x) + \cdots \tag{5.20}$$

のように展開する．ここで，M は磁化のような時間反転について奇の量を想定し，自由エネルギー密度は時間反転について偶であることから偶数次のみを残した．また，4 次項に現れる x の 4 重積分は同じ点 $x = x' = x'' = x'''$ の寄与のみで近似した．M に関する汎関数積分が収束するためには $b > 0$ でなければならない．2 次の係数には複素感受率 $\chi(\boldsymbol{r},\tau)$ の逆数が現れることに注意しよう [*9]．並進対称性を仮定し，χ は座標の差 x のみの関数とした．この表式を Fourier 成分で表示すると，$q \equiv (\boldsymbol{q},\epsilon_m)$ ($\epsilon_m = 2\pi m/\beta\hbar$ は Bose 粒子の松原振動数) として

$$\mathcal{F}[M] = F_0 + \frac{1}{2}\sum_q \chi^{-1}(q)M_q M_{-q} + \frac{b}{4}\sum_{q_1,q_2,q_3} M_{q_1}M_{q_2}M_{q_3}M_{-q_1-q_2-q_3} + \cdots \tag{5.21}$$

となる．4 次の項は揺らぎの間の相互作用を表し，**モード結合項**と呼ばれる．

$\mathcal{F}[M]$ が小さいほど分配関数 Z に大きく寄与するので，最も簡単な近似として汎関数積分を実行する代わりに最小の $\mathcal{F}$ を与える M_q で近似してみよう．この近似を**鞍点近似**という．例えば，$\boldsymbol{q} = \boldsymbol{Q}$，$\epsilon_m = 0$ の成分が最小の $\mathcal{F}$ を与える場合，汎関数積分を $M_q = M_{\boldsymbol{Q}}\delta_{\boldsymbol{q},\boldsymbol{Q}}\delta_{m,0}$ によって評価して，自由エネルギーは

$$F \simeq \mathcal{F}[M_q] = F_0 + \frac{1}{2}\chi_{\mathrm{L}}^{-1}(\boldsymbol{Q},0)M_{\boldsymbol{Q}}^2 + \frac{b}{4}M_{\boldsymbol{Q}}^4 \equiv F_{\mathrm{L}}(M_{\boldsymbol{Q}}) \tag{5.22}$$

となる．最小の F_{L} を与える条件は，$\partial F_{\mathrm{L}}/\partial M_{\boldsymbol{Q}} = 0$ である．このような手

[*9] 変数 M に共役な外場 ϕ の関数としての自由エネルギー $G(\phi)$ を考えると，$\phi = \phi(M)$ として $F = G + M\phi$ の関係がある．$M = -\partial G/\partial\phi$, $\chi = -\partial^2 G/\partial\phi^2$ の関係に注意すると，$\partial F/\partial M = \phi$, $\partial^2 F/\partial M^2 = \chi^{-1}$ の関係が示される．

続きで熱平衡状態の秩序変数 $M_{\boldsymbol{Q}}$ を決定する処方箋は，**Landau 理論**と呼ばれる．$\chi_{\rm L}(\boldsymbol{Q},0)$ は転移温度 T_0 で発散するため，転移点近傍で $a>0$ として $\chi_{\rm L}^{-1}(\boldsymbol{Q},0)=a(T-T_0)$ の構造をもつ [*10]．

5.3.3 Landau 理論と物理量

自由エネルギー汎関数 $\mathcal{F}[M]$ または Landau の自由エネルギー $F_{\rm L}$ の表式は秩序の有無に関わらず成り立つので，(5.20) や (5.22) の展開形は，より対称性の高い無秩序相の対称性を満たす必要がある．例えば，強磁性の相転移を想定して，秩序変数を一様磁化 M，それと結合する外部磁場を h とすると，単位体積あたりの Landau の自由エネルギーは

$$F_{\rm L}(T,h;M)=F_0(T,h)+\frac{a}{2}(T-T_c)M^2+\frac{b}{4}M^4-Mh \qquad (5.23)$$

のように取ればよいだろう．

秩序変数の熱平衡値は極小条件

$$a(T-T_c)M+bM^3-h=0 \qquad (5.24)$$

より決定される．$h=0$ のとき，極小条件を満たす解は $T>T_c$ では $M=0$，$T<T_c$ では $M(T)=\pm\sqrt{a(T_c-T)/b}$ となる．外部磁場がない $h=0$ のとき，$M\leftrightarrow -M$ の対称性があるために正負 2 つの解が生じるが，どちらか一方の解が偶発的に選ばれて自発的に対称性が破れる．外部磁場があれば，対称性は元から失われているため，最低自由エネルギーの解は 1 つである．秩序変数は T_c 以下で $(T_c-T)^{1/2}$ に比例して急速に増大する．

(5.24) を h で微分し $h\to 0$ とすれば，$\chi=\partial M/\partial h|_{h\to 0}$ として

$$\chi(T)=\frac{1}{a(T-T_c)+3bM^2}=\begin{cases}\dfrac{1}{a(T-T_c)} & (T>T_c)\\[2mm] \dfrac{1}{2a(T_c-T)} & (T<T_c)\end{cases} \qquad (5.25)$$

を得る．$\chi(T)$ は T_c の上下で非対称であるが，ともに $T\to T_c$ で $|T-T_c|^{-1}$ のように発散する．これは Curie-Weiss 則である．$T=T_c$ での秩序変数の h 依存性は (5.24) より $M(T_c)=(h/b)^{1/3}$ である．

$h=0$ のエントロピーと比熱は，それぞれ $S=-\partial F_{\rm L}/\partial T$ および

*10 空間的に非一様な $M(\boldsymbol{r})$ を扱う場合は，$\int dx\,\chi^{-1}(x)M(x)M(0)\to\int_V d\boldsymbol{r}\,[a(T-T_0)M^2+D(\boldsymbol{\nabla}M)^2]$ とする．これを **Landau-Ginzburg 理論**という．

$C = T\partial S/\partial T$ より求められる．$T > T_c$ の S と C は秩序変数とは無関係の $F_0(T)$ より生じ，それぞれ $S_0(T)$，$C_0(T)$ とする．$T < T_c$ では，$\partial F_\mathrm{L}/\partial M = 0$ より T に露わに依存する部分だけ T 微分を実行して

$$S = S_0(T) - \frac{a}{2}M^2 = S_0(T) - \frac{a^2}{2b}(T_c - T) \tag{5.26}$$

$$C = C_0(T) + \frac{a^2 T}{2b} \tag{5.27}$$

となる．エントロピーは $T = T_c$ で連続であり，転移の際に潜熱を伴わない．エントロピーの $T = T_c$ での傾きの不連続な変化より，比熱は $T = T_c$ で跳び $\Delta C = a^2 T_c/2b$ の不連続性がある．

以上のように Landau 理論は，対称性といくつかの物理的仮定だけから相転移現象を一般的に議論できる．より複雑な秩序変数や複数の秩序変数が共存・競合する場合にも対称性を考慮して一般化できる優れた現象論であり，磁性や超伝導など様々な分野の相転移を解析するための有用な道具として用いられている [*11]．

5.3.4 自己無撞着繰り込み理論

Landau 理論では揺らぎの寄与を無視したが，実際には相転移近傍では揺らぎの寄与が重要となり，場合によっては (5.20) の展開そのものが破綻する．そこで，揺らぎの寄与を考慮する最も簡単な近似法である **Gauss 近似**について述べる．Gauss 近似では，鞍点近似の解 $M_\mathrm{L}(x)$ を用いて $M(x) = M_\mathrm{L}(x) + \delta M(x)$ とし，$\mathcal{F}[M]$ を $\delta M(x)$ の 2 次まで展開する．以下，簡単のため $\delta M(x) \to M(x)$ と書くと，$\mathcal{F}[M]$ は (5.20) で $b = 0$，$F_0 \to F_\mathrm{L}$ としたものになる．このとき，$\mathcal{F}[M]$ は Fourier 成分表示で独立な固有モードの和となるので，M に関する汎関数積分は各モードの Gauss 積分の積となる．実部と虚部を分けて $M_q = M^*_{-q} = M'_q + i M''_q$ とおくと，モード q と $-q$ の Gauss 積分は

$$\int_{-\infty}^{\infty} \frac{dM'_q dM''_q}{2\pi} e^{-\beta\chi_\mathrm{L}^{-1}(q)(M_q'^2 + M_q''^2)/2} = \beta^{-1}\chi_\mathrm{L}(q) \tag{5.28}$$

であり，Gauss 近似での分配関数と自由エネルギーは

$$Z_\mathrm{G} = e^{-\beta F_\mathrm{L}} \prod_q^{\text{半分}} [\beta^{-1}\chi_\mathrm{L}(q)], \quad F_\mathrm{G} = F_\mathrm{L} - \frac{1}{2\beta}\sum_q \ln[\beta^{-1}\chi_\mathrm{L}(q)] \tag{5.29}$$

*11 Landau 理論は鞍点近似によって揺らぎの寄与を無視しているため，平均場近似と同レベルの結果を与える．

と評価される．

次に，$\mathcal{F}[M]$ における 4 次項の寄与を考える．4 次項の寄与を Gauss 近似からの b に関する摂動として取り扱うと，$\epsilon_m = 0$ 成分の $\boldsymbol{q}$ 積分に $\int d\boldsymbol{q}\,(\delta_0+q^2)^{-2} \propto \int_0^{q_c} dq\, q^{d-1}(\delta_0+q^2)^{-2}$ のような項が現れる．この積分は，臨界点 $\delta_0 = 0$ で空間次元が $d \leqq 4$ 以下のとき下限側で発散し，摂動論が破綻する．境目の次元 $d_c = 4$ を**上部臨界次元**という．$d > d_c$ の空間次元では摂動論は収束し，摂動的な取り扱いがよい近似となる．臨界点から離れると上記の取り扱いがよくなり，Landau 理論の結果が正当化される．Landau 理論の適用範囲を判定する基準を **Ginzburg の判定条件**という．

このように単純な摂動論は $d \leqq d_c$ の臨界点で破綻するが，そもそも揺らぎの効果を考慮すれば，臨界点は Laudau 理論によって得られる値からずれるはずである．そこで，繰り込まれた臨界点を表すパラメータ δ によって特徴づけられる繰り込まれた $\chi_{\rm L}^*(q;\delta)$ を導入し，これによって決まる Gauss 分布について揺らぎの効果を 4 次項も含めて評価し，その自由エネルギーが極小となるように δ を決定するという変分的なアプローチを試みよう．この方法を**自己無撞着繰り込み理論** (SCR: Self-Consistent Renormalization) という．

繰り込まれた Gauss 分布による統計平均を

$$\langle\cdots\rangle = \frac{\int \mathcal{D}M\, e^{-\beta\mathcal{F}^*}(\cdots)}{\int \mathcal{D}M\, e^{-\beta\mathcal{F}^*}}, \quad \mathcal{F}^* = \frac{1}{2}\sum_q \chi_{\rm L}^{*-1}(q)|M_q|^2 \tag{5.30}$$

のように表すと，4.2.4 節の Feynman の変分法において，$\phi \to \delta$，$H_0 \to \mathcal{F}^*$ と読み替えて

$$F(\delta) = F_0(\delta) + \langle \mathcal{F} - \mathcal{F}^*(\delta)\rangle = F_0 + F_2 + F_4 \tag{5.31}$$

$$\begin{aligned} F_0 &= \frac{1}{2\beta}\sum_q \ln[\beta\chi_{\rm L}^{*-1}] \\ F_2 &= \frac{1}{2}\sum_q \left[\chi_{\rm L}^{-1} - \chi_{\rm L}^{*-1}\right]\langle |M_q|^2\rangle = \frac{1}{2\beta}\sum_q \left[\chi_{\rm L}^{-1} - \chi_{\rm L}^{*-1}\right]\chi_{\rm L}^* \\ F_4 &= \frac{b}{4}\sum_{q_1,q_2,q_3}\langle M_{q_1}M_{q_2}M_{q_3}M_{-q_1-q_2-q_3}\rangle = \frac{3b}{4\beta^2}\left(\sum_q \chi_{\rm L}^*\right)^2 \end{aligned} \tag{5.32}$$

となる [*12]．δ に関する停留値条件より

[*12] Gauss 積分 $\int_{-\infty}^{\infty}\frac{dx}{\sqrt{2\pi}}e^{-ax^2/2} = a^{-1/2}$ より，$\langle x^2\rangle = a^{-1}$，$\langle x^4\rangle = 3\langle x^2\rangle^2$ である．

表 5.1　量子臨界点 $\delta(0)=0$ 直上の温度依存性．$\chi_{\mathrm{u}} \equiv \chi_{\mathrm{L}}^{*}(\mathbf{0},0)$，$\chi_{\mathrm{s}} \equiv \chi_{\mathrm{L}}^{*}(\boldsymbol{Q},0)$．

物理量	強磁性	$(z=3)$	反強磁性	$(z=2)$	Fermi 液体
	3 次元	2 次元	3 次元	2 次元	
δ	$T^{4/3}$	$-T\ln T$	$T^{3/2}$	$\frac{-T\ln\|\ln T\|}{\ln T}$	—
χ_{u}	$T^{-4/3}$	$\frac{-1}{T\ln T}$	—	—	const.
χ_{s}	—	—	$T^{-3/2}$	$\frac{-\ln T}{T\ln\|\ln T\|}$	—
C/T	$-\ln T$	$T^{-1/3}$	$-T^{1/2}$	$-\ln T$	const.
$1/T_1T$	χ_{u}	$\chi_{\mathrm{u}}^{3/2}$	$\chi_{\mathrm{s}}^{1/2}$	χ_{s}	const.
ρ	$T^{5/3}$	$T^{4/3}$	$T^{3/2}$	T	T^2

$$0=\frac{\partial F}{\partial \delta}=-\frac{1}{2\beta}\sum_q \frac{\partial \chi_{\mathrm{L}}^{*-1}}{\partial \delta}\chi_{\mathrm{L}}^{*2}\left[(\chi_{\mathrm{L}}^{-1}-\chi_{\mathrm{L}}^{*-1})+\frac{3b}{\beta}\sum_{q'}\chi_{\mathrm{L}}^{*}(q')\right] \tag{5.33}$$

を得る．これが，$\delta(T)$ を決定する自己無撞着方程式である．

この理論を量子臨界点近傍の遍歴電子系に適用してみよう．例えば，Hubbard 模型の平均場 (RPA) 近似による $\chi_{\mathrm{L}}(q)$ は，Lindhard 関数を $\chi_0(q)$ として

$$\chi_{\mathrm{L}}^{-1}(q)=\chi_0^{-1}(q)-U$$

と表されるが，転移点近傍で重要となる長波長かつ低振動数の展開形は

$$\chi_{\mathrm{L}}^{-1}(q)\simeq \delta_0+A\boldsymbol{q}^2+|\epsilon_m|/\Gamma_q \tag{5.34}$$

のような構造をもつ．ここで，$\Gamma_q=\Gamma|\boldsymbol{q}|^{z-2}$ の $\boldsymbol{q}$ 依存性をもち，3 次元の $\boldsymbol{Q}=0$ (強磁性) まわりの展開の場合 $z=3$，反強磁性の場合 $z=2$ となることが知られている [*13]．z を**動的指数**とよび，量子臨界点近傍では有効的に次元が z だけ増えて，$d+z$ 次元の臨界現象のように振る舞う．$\delta_0=0$ が平均場近似における臨界点を決定する条件であり，$\delta_0>0$ が無秩序相，$\delta_0<0$ が秩序相である．この展開形は $q=(\boldsymbol{Q},0)$ 近傍でのみ有効であるため，q の積分は適当な上限 q_c を設ける必要がある．$\chi_{\mathrm{L}}(\boldsymbol{q},0)$ を Fourier 変換すると $\chi_{\mathrm{L}}(\boldsymbol{r},0)\propto e^{-|\boldsymbol{r}|/\xi}$ $(\xi=A/\delta_0^2)$ となるので，**相関長** ξ は δ_0^{-2} に比例す

[*13] Lindhard 関数を実際に展開すれば確かめられる．

る [*14].

揺らぎによって転移温度が繰り込まれることを考慮して，(5.34) において $\chi_{\mathrm{L}}^*(q;\delta) = \chi_{\mathrm{L}}(q;\delta_0 \to \delta)$ としよう．このとき，(5.33) の自己無撞着方程式は

$$\delta = \delta_0 + \frac{3b}{\beta} \sum_q \chi_{\mathrm{L}}^*(q) \tag{5.35}$$

となり，この式から $\delta(T)$ すなわち繰り込まれた臨界点と相関長 ξ^* が決定される．$\delta(0) = 0$ が SCR 理論における真の量子臨界点である．自己無撞着方程式の解 $\delta(T)$ を用いて量子臨界点直上の物理量の温度依存性が求められる．それらを表 5.1 にまとめておく．

---

*14 転移点に向かって相関長は発散する．このことは，χ_{L} の $|\boldsymbol{r}|$ に関する減衰が指数関数からべき関数へと変化することを意味する．

第6章 微視的多極子

これまでは，電子のもつ自由度のうち磁性の源となる磁気双極子を中心に取り扱ってきた．しかしながら，第2章で取り扱ったように，孤立原子内に束縛された電子の軌道自由度に由来して，局在電子や第3章で述べた遍歴電子は軌道の自由度ももっている．本章では，電子のもつ電荷・スピン・軌道を統合的に扱う際に重要となる微視的な多極子について紹介する．

6.1 電子自由度の多極子表現

6.1.1 多極子モーメントと異方性

電子のもつ自由度を表現する方法を紹介するために，まずは，球対称な場におかれた1つの f 電子を例に取ろう．Ce^{3+} イオンは $(4f)^1$ 配置をとり，そのような例になっている．スピン軌道相互作用を考慮すると，f^1 配置における基底多重項は $^2F_{5/2}$ $(L=3,\ S=1/2,\ J=5/2)$ であり，$J_z=\pm5/2$, $\pm3/2$, $\pm1/2$ の6重に縮退している．角度依存性に着目して，それぞれの波動関数を視覚化すると図6.1のようになる．形状が電荷分布を，色が磁荷分布の角度依存性を表す [*1]．J_z が大きいほど対応する z 軸まわりの渦電流が大きいため，波動関数はより平たいものになる．同じ列の波動関数は時間反転操作で関係づけられる Kramers ペアであり，同じ電荷分布をもち磁荷分布は逆符号である．この図から見て取れるように，各々の波動関数は電荷・磁荷分布ともに異方的であり，その線形結合から得られる状態も異方的な電荷・磁荷分布となる可能性がある．しかし，時間反転対称性のある球対称な場におかれた状況では，6つの状態はエネルギー的に縮退していて熱的に等確率で現れるので，電荷分布の熱平均は等方的となり，磁荷分布の熱平均は打ち消し合ってゼロとなる．

[*1] 永久磁石にならって，赤はN極，青はS極とした．

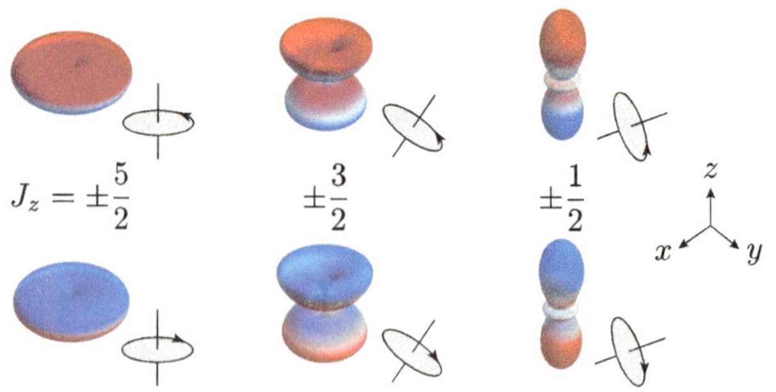

図 6.1　$J = 5/2$ の波動関数．形状は電荷分布を，色 (赤: N 極，青: S 極) は磁荷分布の角度依存性を表す．矢印付きの楕円は対応する渦電流を表す．

そこで，なんらかの外場または分子場によって時間反転対称性や球対称性が (自発的に) 失われて縮退が解かれた場合を考えよう．このとき，適当な線形結合がより低いエネルギー状態を与える．例えば，$S = 1/2$ のスピンに x 軸方向の磁場をかけた場合，$|\pm\rangle = (|+1/2\rangle \pm |-1/2\rangle)/\sqrt{2}$ が新たな固有状態となり，$|+\rangle$ は磁場方向を向いていてエネルギーが低い．同様に，なんらかの外場によって $J = 5/2$ 多重項のエネルギー縮退が解け，$|l\rangle_c \equiv (|l/2\rangle + |-l/2\rangle)/\sqrt{2}$ が基底状態になったとしよう．$|1\rangle_c$，$|3\rangle_c$，$|5\rangle_c$ の波動関数を図 6.2 に示す．$|1\rangle_c$ の磁荷分布は，$S = 1/2$ の例と同じように右向きの双極子を表している (電荷分布は $J_z = \pm 1/2$ と同じ)．一方，$|3\rangle_c$ や $|5\rangle_c$ は，磁荷分布の符号が 3 回または 5 回振動している．これらが正に，高次の磁気多極子を有する状態を表しているのである [*2]．以上の例で見たように，系の対称性が自発的または外場によって低下すると，適当な線形結合がエネルギーの異なる新たな固有状態となる．このとき，電子が潜在的にもっていた電荷・磁荷分布の異方性が顕在化し，その状態は多極子によって特徴づけられる．

波動関数が作り出す偏極の度合いを定量的に扱うには，電荷分布 $\rho(\boldsymbol{r})$ と磁荷分布 $\rho_{\mathrm{m}}(\boldsymbol{r})$ を球面調和関数 $Y_{lm}(\hat{\boldsymbol{r}})$ に射影して，その歪み具合を計ればよい．すなわち，**電気多極子**モーメント Q_{lm} および**磁気多極子**モーメント M_{lm} を以下のように定義する．

$$Q_{lm} \equiv \int d\boldsymbol{r}\, O_{lm}(\boldsymbol{r})\, \rho(\boldsymbol{r}), \quad M_{lm} \equiv \int d\boldsymbol{r}\, O_{lm}(\boldsymbol{r})\, \rho_{\mathrm{m}}(\boldsymbol{r}) \tag{6.1}$$

$$O_{lm}(\boldsymbol{r}) \equiv \sqrt{\frac{4\pi}{2l+1}} r^l Y_{lm}(\hat{\boldsymbol{r}}) \tag{6.2}$$

[*2] 電荷分布も異方的だから，電気多極子も伴った状態である．一般に，磁気多極子が生じると，スピン軌道相互作用を通じて電荷分布も球対称性を失う．

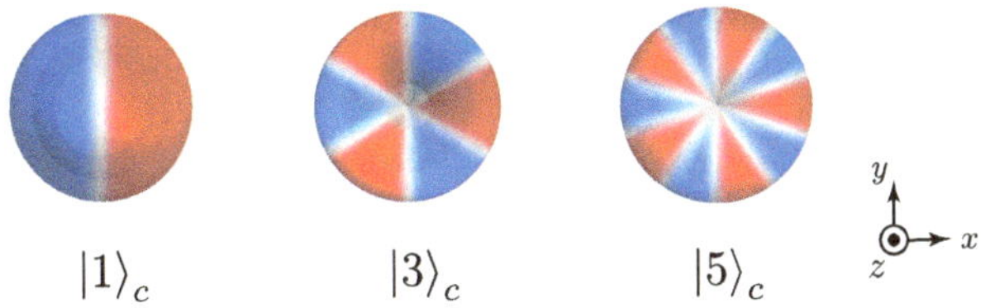

図 6.2 $|l\rangle_c \equiv (|+l/2\rangle + |-l/2\rangle)/\sqrt{2}$ 状態の波動関数．それぞれ，2^l 極の磁気多極子 (の 1 成分) に対応する．

l は多極子のランクを，m はその成分を表す．多極子の規格化定数の選び方には任意性があるが，Q_{00} が全電荷に，M_{1m} が磁気双極子に一致するような定義を採用した．

考えている系に空間反転操作を行うと，$\rho(\boldsymbol{r}) \rightarrow \rho(-\boldsymbol{r})$，$\rho_{\rm m}(\boldsymbol{r}) \rightarrow -\rho_{\rm m}(-\boldsymbol{r})$ となるので *3，$Y_{lm}(-\hat{\boldsymbol{r}}) = (-1)^l Y_{lm}(\hat{\boldsymbol{r}})$ を用いれば，電気多極子 Q_{lm} の偶奇性は $(-1)^l$，磁気多極子 M_{lm} の偶奇性は $(-1)^{l+1}$ であることが分かる．したがって，空間反転対称性があるとき，偶パリティの多極子，すなわち，偶数ランクの電気多極子および奇数ランクの磁気多極子のみが有限になり得る．ランク 6 以下の多極子の名称は，$l=0$: 単極子 (monopole)，$l=1$: 双極子 (dipole)，$l=2$: 四極子 (quadrupole)，$l=3$: 八極子 (octupole)，$l=4$: 16 極子 (hexadecapole)，$l=5$: 32 極子 (dotriacontapole)，$l=6$: 64 極子 (tetrahexacontapole) である．

通常，磁性イオンは結晶場の下にあり，球対称性は失われている．その場合は，多極子の成分を結晶点群の対称性に基づいて既約表現により分類すればよい．結晶点群は回転群の部分群であり，その既約表現は球面調和関数の線形結合で表現できる．(2.48) や (2.50) で導入した実数の方域調和関数や立方調和関数などがその一例である．この線形結合によって多極子の時間反転および空間反転に対する偶奇性は変化しないことに注意しよう *4．このように，電子のもつ多様な自由度を結晶点群の対称性に基づいて整理できる点が，電子自由度を多極子によって表現することの最大の利点である．多極子自由度が活性か不活性かは，現象に関与する低エネルギーの電子波動関数に

*3 磁化密度 $\boldsymbol{M}(\boldsymbol{r})$ を用いて $\rho_{\rm m} = -\boldsymbol{\nabla}\cdot\boldsymbol{M}$ であり，$\boldsymbol{M}$ は軸性ベクトル場 $\boldsymbol{M}(\boldsymbol{r}) \rightarrow \boldsymbol{M}(-\boldsymbol{r})$ であることから示される．すなわち，$\rho(\boldsymbol{r})$ が (真性) スカラー場であるのに対して，$\rho_{\rm m}(\boldsymbol{r})$ は擬スカラー場である．

*4 ただし，例えば空間反転対称性が失われると，偶奇性はよい量子数ではなくなり，偶パリティと奇パリティの多極子が共存することになる．同様に時間反転対称性が破れると電気と磁気の多極子が共存する．

よって決まるので，対称性から決まる選択則以上の多くの情報を含んでいる．様々な物性応答を記述する上で，微視的多極子は最も適した表現法である．

電荷および磁荷分布を動径方向の波動関数 $R(r)$ を用いて

$$\rho(\boldsymbol{r}) = -e\frac{R^2(r)}{4\pi}\bar{\rho}(\hat{\boldsymbol{r}}), \quad \rho_{\mathrm{m}}(\boldsymbol{r}) = -\mu_{\mathrm{B}}\frac{R^2(r)}{4\pi r}\bar{\rho}_{\mathrm{m}}(\hat{\boldsymbol{r}}) \tag{6.3}$$

のように動径方向部分と角度部分 $\bar{\rho}(\hat{\boldsymbol{r}})$, $\bar{\rho}_{\mathrm{m}}(\hat{\boldsymbol{r}})$ に分けると，球面調和関数の完全性 $\sum_{lm} Y_{lm}^*(\hat{\boldsymbol{r}})Y_{lm}(\hat{\boldsymbol{r}}') = \delta(\hat{\boldsymbol{r}} - \hat{\boldsymbol{r}}')$ より

$$\begin{aligned}\bar{\rho}(\hat{\boldsymbol{r}}) &= \sum_{\ell m}\sqrt{4\pi(2l+1)}\frac{Q_{lm}}{-e\langle r^l\rangle}Y_{lm}(\hat{\boldsymbol{r}}) \\ \bar{\rho}_{\mathrm{m}}(\hat{\boldsymbol{r}}) &= \sum_{\ell m}\sqrt{4\pi(2l+1)}\frac{M_{lm}}{-\mu_{\mathrm{B}}\langle r^{l-1}\rangle}Y_{lm}(\hat{\boldsymbol{r}})\end{aligned} \tag{6.4}$$

を得る．ここで，$\langle\cdots\rangle = \int_0^\infty dr\, r^2 R^2(r)(\cdots)$ は動径方向の平均を表す．これまでに示した波動関数の図は，多極子モーメント Q_{lm} および M_{lm} から電荷分布と磁荷分布の角度依存性を求めるこれらの式を用いて得たものである．例えば，図 6.2(c) は，$M_{55}^{(\mathrm{c})} \neq 0$ より得られたもので，$\bar{\rho}_{\mathrm{m}}(\hat{\boldsymbol{r}}) \propto Y_{55}^{(\mathrm{c})} \propto \sin^5\theta\cos(5\phi)$ のような角度依存性をもつ．

多極子モーメントが存在するとき，$\boldsymbol{\nabla}\cdot\boldsymbol{A} = 0$ の Coulomb ゲージで静電ポテンシャル $\phi(\boldsymbol{r})$ とベクトル・ポテンシャル $\boldsymbol{A}(\boldsymbol{r})$ はそれぞれ

$$\phi(\boldsymbol{r}) = \sum_{lm}\frac{Q_{lm}}{r^{l+1}}\sqrt{\frac{4\pi}{2l+1}}Y_{lm}(\hat{\boldsymbol{r}}), \tag{6.5}$$

$$\boldsymbol{A}(\boldsymbol{r}) = \sum_{lm}\frac{M_{lm}}{ir^{l+1}}\sqrt{\frac{l+1}{l}}\sqrt{\frac{4\pi}{2l+1}}\boldsymbol{Y}_{lm}^{(l)}(\hat{\boldsymbol{r}}) \tag{6.6}$$

と表すことができる [*5]．また，電場と磁場は多極子モーメントを用いて

$$\begin{aligned}\boldsymbol{E}(\boldsymbol{r}) &= -\boldsymbol{\nabla}\phi(\boldsymbol{r}) = -\sum_{lm}\frac{Q_{lm}}{r^{l+2}}\sqrt{4\pi(l+1)}\boldsymbol{Y}_{lm}^{(l+1)}(\hat{\boldsymbol{r}}) \\ \boldsymbol{B}(\boldsymbol{r}) &= \boldsymbol{\nabla}\times\boldsymbol{A}(\boldsymbol{r}) = -\sum_{lm}\frac{M_{lm}}{r^{l+2}}\sqrt{4\pi(l+1)}\boldsymbol{Y}_{lm}^{(l+1)}(\hat{\boldsymbol{r}})\end{aligned} \tag{6.7}$$

のように表すことができる．ここで，$\boldsymbol{Y}_{lm}^{(l')}(\hat{\boldsymbol{r}})$ $(l' = l, l\pm 1)$ は**ベクトル球面調和関数**と呼ばれるものであり，角運動量 1 の単位ベクトル $\boldsymbol{e}_0 = \boldsymbol{e}_z$,

---

[*5] 後述するように，$\boldsymbol{A}(\boldsymbol{r})$ の展開には $\boldsymbol{Y}_{lm}^{(l+1)}(\hat{\boldsymbol{r}})$ を含む項も現れるが，ここでは省略した．

$\boldsymbol{e}_{\pm 1} = \mp(\boldsymbol{e}_x \pm i\boldsymbol{e}_y)/\sqrt{2}$ と角運動量 l' の $Y_{l'm'}(\hat{\boldsymbol{r}})$ の合成によって次のように定義される [*6].

$$\boldsymbol{Y}_{lm}^{(l')}(\hat{\boldsymbol{r}}) = \sum_{m'} \langle l', m'; 1, m-m' | l, m\rangle\, Y_{l'm'}(\hat{\boldsymbol{r}}) \boldsymbol{e}_{m-m'} \tag{6.8}$$

定義から明らかなように，$\boldsymbol{Y}_{lm}^{(l')}$ は軌道角運動量の 2 乗 $\boldsymbol{l}^2$ の固有値 $l'(l'+1)$ の固有関数である．また，空間反転に関して $(-1)^{l'}$ の偶奇性をもっている．各成分は，$(\boldsymbol{r}, \boldsymbol{l}, Y_{lm})$ の組み合わせによって

$$\begin{aligned}
\boldsymbol{Y}_{lm}^{(l)}(\hat{\boldsymbol{r}}) &= \frac{(\boldsymbol{l}Y_{lm})}{\sqrt{l(l+1)}} \\
\boldsymbol{Y}_{lm}^{(l+1)}(\hat{\boldsymbol{r}}) &= -\frac{1}{r}\frac{(l+1)\boldsymbol{r}Y_{lm} + i\boldsymbol{r}\times(\boldsymbol{l}Y_{lm})}{\sqrt{(l+1)(2l+1)}} \\
\boldsymbol{Y}_{lm}^{(l-1)}(\hat{\boldsymbol{r}}) &= \frac{1}{r}\frac{l\boldsymbol{r}Y_{lm} - i\boldsymbol{r}\times(\boldsymbol{l}Y_{lm})}{\sqrt{l(2l+1)}}
\end{aligned} \tag{6.9}$$

のように表現できる [*7].

6.1.2 多極子の量子力学的表現

前節では，電子の偏極を表す量として，多極子モーメント Q_{lm}, M_{lm} を導入した．これらは対応する量子力学的演算子 $\hat{Q}_{lm}$, $\hat{M}_{lm}$ の量子統計平均として得られるものであり，これらの演算子は平均値よりも根源的な物理量である．例えば，電気多極子について考えてみよう．(6.1) の定義に現れる電荷分布 $\rho_{\mathrm{e}}(\boldsymbol{r})$ の対応する演算子は，n 個の電子からの寄与を合わせて

$$\hat{\rho}_{\mathrm{e}}(\boldsymbol{r}) = -e\sum_{j=1}^{n} \delta(\boldsymbol{r} - \boldsymbol{r}_j) \tag{6.10}$$

と書けることから，電気多極子の対応する演算子は

$$\hat{Q}_{lm} = \int d\boldsymbol{r}\, O_{lm}(\boldsymbol{r})\hat{\rho}_{\mathrm{e}}(\boldsymbol{r}) = -e\sum_{j=1}^{n} O_{lm}(\boldsymbol{r}_j) \tag{6.11}$$

と定義すればよい．同様にして，磁気多極子の演算子は

---

*6 詳しくは，H. Kusunose, J. Phys. Soc. Jpn. **77**, 064710 (2008). の Appendix A を参照されたい．

*7 これらのベクトルは互いに直交していない．そこで，$\boldsymbol{Y}_{lm}^{(l\pm1)}$ の線形結合から $\boldsymbol{Y}_{lm}^{(\pm)} \equiv i(\sqrt{l}\boldsymbol{Y}_{lm}^{(l\pm1)} \pm \sqrt{l+1}\boldsymbol{Y}_{lm}^{(l\mp1)})/\sqrt{2l+1}$, $\boldsymbol{Y}_{lm}^{(0)} \equiv \boldsymbol{Y}_{lm}^{(l)}$ を考えると，$\boldsymbol{Y}_{lm}^{(\pm)}$ と $\boldsymbol{Y}_{lm}^{(0)}$ は互いに直交する．これらを **Hansen ベクトル球面調和関数**という．

$$\hat{M}_{lm} = -\mu_{\rm B}\sum_{j=1}^{n}[\boldsymbol{\nabla}_j O_{lm}(\boldsymbol{r}_j)]\cdot\hat{\boldsymbol{m}}_l(\boldsymbol{r}_j), \quad \hat{\boldsymbol{m}}_l(\boldsymbol{r}_j) \equiv \frac{2\boldsymbol{l}_j}{l+1}+\boldsymbol{\sigma}_j \tag{6.12}$$

で与えられる (詳しくは A.8 節を参照). ここで, $\boldsymbol{l}_j$ と $\boldsymbol{\sigma}_j/2$ は電子 j に作用する軌道角運動量およびスピン演算子である. 第 2 量子化表示では, 適当な基底 $\{\,|\,n\rangle\}$ を用いて

$$\hat{Q}_{lm} = -e\sum_{nm}\langle n|O_{lm}|m\rangle\, a_n^\dagger a_m \tag{6.13}$$

$$\hat{M}_{lm} = -\mu_{\rm B}\sum_{nm}\langle n|(\boldsymbol{\nabla}O_{lm})\cdot\boldsymbol{m}_l|m\rangle\, a_n^\dagger a_m \tag{6.14}$$

様々な物理量を求めるときには, Hund 則によって決まる基底 J 多重項に状態を限ったとしても, n 個の電子の多体波動関数 $\psi_{JM}(\boldsymbol{r}_1,\cdots,\boldsymbol{r}_n)$ に関する多極子演算子の行列要素

$$Q_{lm}^{MM'} \equiv \langle\psi_{JM}(\boldsymbol{r}_1,\cdots,\boldsymbol{r}_n)|\hat{Q}_{lm}|\psi_{JM'}(\boldsymbol{r}_1,\cdots,\boldsymbol{r}_n)\rangle \tag{6.15}$$

$$M_{lm}^{MM'} \equiv \langle\psi_{JM}(\boldsymbol{r}_1,\cdots,\boldsymbol{r}_n)|\hat{M}_{lm}|\psi_{JM'}(\boldsymbol{r}_1,\cdots,\boldsymbol{r}_n)\rangle \tag{6.16}$$

が必要になる. これらの行列要素を愚直に求めるのは大変な労力が必要であるが, 2.6.3 節で紹介した等価演算子の方法を用いれば, 全角運動量 (J_x, J_y, J_z) の行列要素を組み合わせるだけで, 多極子演算子の行列要素を求めることができる. すなわち, 偶数次の $\hat{Q}_{lm}$ や奇数次の $\hat{M}_{lm}$ は, $O_{lm}(\boldsymbol{r})$ の表式において $\boldsymbol{r}$ を $\boldsymbol{J}$ の対称和で置き換えた球テンソル演算子 $\hat{J}_{lm} \equiv O_{lm}(\boldsymbol{J})$ と回転および時間・空間反転操作に対して共通の対称性をもっているため, Wigner-Eckart の定理より $\hat{Q}_{lm}$, $\hat{M}_{lm}$ の行列要素と $\hat{J}_{lm}$ の行列要素は比例関係にある. その比例係数は座標軸の取り方に依存するような方向を定める量子数 M, M', m に依らないので

$$Q_{lm}^{MM'} = -e\,\langle r^l\rangle\, g_n^{(l)}\,\langle JM|\hat{J}_{lm}|JM'\rangle\,, \quad (l=\text{偶数}) \tag{6.17}$$

$$M_{lm}^{MM'} = -\mu_{\rm B}\,\langle r^{l-1}\rangle\, g_n^{(l)}\,\langle JM|\hat{J}_{lm}|JM'\rangle\,, \quad (l=\text{奇数}) \tag{6.18}$$

が成り立つ [*8]. 角度依存性以外の多体波動関数の情報は, 無次元の比例定数 $g_n^{(l)}$ に吸収されており, 基底 J 多重項に関する値はすべて求められている [*9].

---

*8 パリティの異なる状態間では, 奇数ランクの電気多極子および偶数ランクの磁気多極子が有限になり得る. これらは時間反転対称性が異なるため等価演算子では表せない. 例えば, 電気双極子は座標 $\boldsymbol{r}$ に比例し, 全角運動量 $\boldsymbol{J}$ で表せないことは明らかである.

*9 H. Kusunose, J. Phys. Soc. Jpn. **77**, 064710 (2008).

$g_n^{(l)}$ を一般化された Stevens 因子と呼ぶ．l=偶数の Stevens 因子は，2.6 節で紹介した結晶場の理論でお馴染みのものである．一方，$l = 1$ の Stevens 因子は Landé の g 因子 (2.20) に他ならない．

球テンソル演算子の行列要素は $3j$ 記号を用いて

$$\langle JM|\hat{J}_{lm}|JM'\rangle = \frac{(-1)^{J+M'-l}}{2^l}\sqrt{\frac{(2J+l+1)!}{(2J-l)!}}\begin{pmatrix} J & J & l \\ -M & M' & m \end{pmatrix} \tag{6.19}$$

のように表される．この式から多極子演算子はすべて Hermite 演算子であり，$l = 0$ 以外の対角和はゼロになることが示される．

これまでの説明は磁性イオンに局在した電子の多極子自由度を対象としていたが，軌道自由度をもつ遍歴電子系に対しても同様にして多極子自由度を扱うことができる．

6.1.3 結晶場中の多極子の例

多極子演算子の例として，立方対称下 (点群 O_h) におかれた f^2 配置の基底 $J = 4$ 多重項を考えてみよう．$J = 4$ 多重項は結晶場によって，$\Gamma_1(1)$, $\Gamma_3(2)$, $\Gamma_4(3)$, $\Gamma_5(3)$ に分裂するが (括弧内は縮退度)，このうち Γ_3 が基底結晶場準位，Γ_4 が第 1 励起結晶場準位で他の準位はエネルギー的に十分離れていて無視できるような状態を例として考えてみよう．このような状況は実際，電気四極子秩序を示す $\mathrm{PrIr_2Zn_{20}}$ 化合物などで実現している[*10]．偶数電子配置では Kramers の定理は適用できず，Γ_3 や Γ_4 は時間反転とは無関係の非 Kramers 多重項である．結晶場固有状態は $\hat{J}_z$ の固有状態 $|J_z\rangle$ を用いて次のように表される．

$$\Gamma_3 : |3_u\rangle = \sqrt{\frac{21}{72}}(|+4\rangle + |-4\rangle) - \sqrt{\frac{15}{36}}|0\rangle, \quad |3_v\rangle = \frac{-1}{\sqrt{2}}(|+2\rangle + |-2\rangle)$$

$$\Gamma_4 : |4_\pm\rangle = \mp\frac{\sqrt{2}}{4i}(|\mp 3\rangle + \sqrt{7}|\pm 1\rangle), \quad |4_0\rangle = \frac{1}{\sqrt{2}i}(|+4\rangle - |-4\rangle)$$

磁荷分布がゼロの波動関数は常に実数に取ることができることに注意しよう．

この $\Gamma_3 \oplus \Gamma_4$ に制限された状態空間で，磁気双極子 $M_z = M_{10}^{(\mathrm{c})}$，磁気八極子 $M_{xyz} = M_{32}^{(\mathrm{s})}$，電気四極子 $Q_u = Q_{20}^{(\mathrm{c})}$，$Q_v = Q_{22}^{(\mathrm{c})}$，電気 16 極子

*10 正確には，$\mathrm{Pr^{3+}}$ サイト (8a) の局所対称性は T_d であるが，ここでの議論と本質は変わらない．

$Q_{4u}=(\sqrt{5}Q_{40}^{(\mathrm{c})}-\sqrt{7}Q_{44}^{(\mathrm{c})})/2\sqrt{3}$, $Q_{4v}=-Q_{42}^{(\mathrm{c})}$ 等の演算子を等価演算子の方法で求めると，$(|3_u\rangle, |3_v\rangle : |4_+\rangle, |4_0\rangle, |4_-\rangle)$ の基底順で

$$M_z \propto \left(\begin{array}{cc|ccc} 0 & 0 & 0 & -4\sqrt{21}i & 0 \\ 0 & 0 & 0 & 0 & 0 \\ \hline 0 & 0 & 3 & 0 & 0 \\ 4\sqrt{21}i & 0 & 0 & 0 & 0 \\ 0 & 0 & 0 & 0 & -3 \end{array}\right), \quad M_{xyz} \propto \left(\begin{array}{cc|ccc} 0 & -i & 0 & 0 & 0 \\ i & 0 & 0 & 0 & 0 \\ \hline 0 & 0 & 0 & 0 & 0 \\ 0 & 0 & 0 & 0 & 0 \\ 0 & 0 & 0 & 0 & 0 \end{array}\right)$$

$$Q_u, Q_v \propto \left(\begin{array}{cc|ccc} 4 & 0 & 0 & 0 & 0 \\ 0 & -4 & 0 & 0 & 0 \\ \hline 0 & 0 & -7 & 0 & 0 \\ 0 & 0 & 0 & 14 & 0 \\ 0 & 0 & 0 & 0 & -7 \end{array}\right), \quad \left(\begin{array}{cc|ccc} 0 & 4 & 0 & 0 & 0 \\ 4 & 0 & 0 & 0 & 0 \\ \hline 0 & 0 & 0 & 0 & -7\sqrt{3} \\ 0 & 0 & 0 & 0 & 0 \\ 0 & 0 & -7\sqrt{3} & 0 & 0 \end{array}\right)$$

$$Q_{4u}, Q_{4v} \propto \left(\begin{array}{cc|ccc} 32 & 0 & 0 & 0 & 0 \\ 0 & -32 & 0 & 0 & 0 \\ \hline 0 & 0 & -7 & 0 & 0 \\ 0 & 0 & 0 & 14 & 0 \\ 0 & 0 & 0 & 0 & -7 \end{array}\right), \quad \left(\begin{array}{cc|ccc} 0 & 32 & 0 & 0 & 0 \\ 32 & 0 & 0 & 0 & 0 \\ \hline 0 & 0 & 0 & 0 & -7\sqrt{3} \\ 0 & 0 & 0 & 0 & 0 \\ 0 & 0 & -7\sqrt{3} & 0 & 0 \end{array}\right)$$

のようになる．これらはすべて互いに独立な演算子であるが，状態空間を Γ_3 に限ると M_z はゼロであり，この状態空間では磁気双極子は不活性であることが分かる．また，電気四極子や磁気八極子は Pauli 行列を用いて，$(Q_u, Q_v) \propto (\sigma^z, \sigma^x)$, $M_{xyz} \propto \sigma^y$ のように表すことができる．一方，電気 16 極子 (Q_{4u}, Q_{4v}) は Γ_3 の状態空間では電気四極子 (Q_u, Q_v) と比例関係にあり，独立でない．

これらの多極子の既約表現はそれぞれ T_{1g}^- (M_z), E_g^+ (Q_u, Q_v), A_{2g}^- (M_{xyz}), E_g^+ (Q_{4u}, Q_{4v}) であり [*11]，同じ既約表現 E_g^+ に属する電気四極子と電気 16 極子は，Γ_3 の状態空間では互いに独立ではなくなったというわけである．このことは，任意の 2×2 の Hermite 行列を表現するためには，単位行列の他に独立な 3 つの行列，すなわち，Pauli 行列を用いれば十分であるということを反映している．一方，$\Gamma_3 \oplus \Gamma_4$ の状態空間を考える場合は，$5\times 5=25$ 個の独立な Hermite 行列が必要であり，同じ既約表現 E_g^+ の電気四極子と電気 16 極子は独立な演算子となっている．上記の例では 6 個の多極子を取り扱ったが，この状態空間を表現するには，他に 19 個の独立な多極子演算子が必要である．

---

*11 上付添字は時間反転の偶奇性 (+: 電気，−: 磁気) を表す．

群論の知識を用いると (A.9 参照), 具体的な行列要素を計算せずとも, どの多極子が活性であるかを知ることができる. 例えば, Γ_3 の状態空間では, 既約分解 $\Gamma_3 \otimes \Gamma_3 = \mathrm{A}_{1g}^{+} \oplus \mathrm{E}_g^{+} \oplus \mathrm{A}_{2g}^{-}$ より [*12], E_g^{+} 型の電気多極子 (四極子または16極子) と A_{2g}^{-} 型の磁気多極子 (八極子) のみが活性であり, その他の既約表現に属する多極子はすべて不活性であることが分かる [*13]. $\Gamma_3 \oplus \Gamma_4$ の状態空間の場合, $(\Gamma_3 \oplus \Gamma_4) \otimes (\Gamma_3 \oplus \Gamma_4) = 2\mathrm{A}_{1g}^{+} \oplus 2\mathrm{E}_g^{+} \oplus \mathrm{T}_{1g}^{+} \oplus 2\mathrm{T}_{2g}^{+} \oplus \mathrm{A}_{2g}^{-} \oplus 2\mathrm{T}_{1g}^{-} \oplus \mathrm{T}_{2g}^{-}$ であり, 電気多極子 15 個, 磁気多極子 10 個が活性である.

Γ_3 状態空間を表現する多極子演算子は, Pauli 行列で表現されてはいるものの, そのうちの 2 成分は電気多極子, 1 成分は磁気多極子であり, その物理的性質や外場に対する応答は当然異なることに注意されたい. $|3_u\rangle$, $|3_v\rangle$ は実関数だから, 実数の行列は電気的な自由度に, 純虚数の行列は磁気的な自由度に対応する.

6.2 多極子の秩序

前節では, 結晶場準位の低エネルギー部分空間において多くの多極子成分が不活性となり, 活性な多極子自由度が選択されることをみた. これら残った自由度に適当なサイト間相互作用を考えて解析すれば多極子の秩序が議論できる.

6.2.1 多極子相互作用と秩序

多極子演算子の間に働く相互作用は, 4.1 節で議論した過程と本質的に同じ過程, すなわち, $\boldsymbol{i}$ サイトの状態 m を占める電子が他の $\boldsymbol{j}$ サイトに移動して軌道 n' を占有し, $\boldsymbol{j}$ サイトの軌道 n の電子が $\boldsymbol{i}$ サイトの軌道 m' に戻って来るといった仮想的な過程によって生じる. 絶縁体では, この過程はリガンドの局在軌道を介した超交換相互作用, 金属では伝導電子を介する RKKY 相互作用によって多極子間相互作用が生じる.

いずれにせよ, 電子の占める状態を交換する相互作用は, おおまかには

$$H_{\mathrm{ex}} = -\frac{1}{2}\sum_{\boldsymbol{ij}}^{\boldsymbol{i}\neq\boldsymbol{j}} \sum_{mnm'n'} D_{\boldsymbol{ij}}(m', m; n', n) \big(|m'\rangle\langle m|\big)_{\boldsymbol{i}} \big(|n'\rangle\langle n|\big)_{\boldsymbol{j}}$$

---

*12 整数 (半整数) 角運動量の基底の場合, 対称積 (反対称積) が電気 (磁気) 多極子に対応する. A_{1g}^{+} は電気単極子 (電荷) の演算子に対応する単位行列である.

*13 群論だけでは多極子のランクを決めることはできない. 通常, 同じ既約表現に属する最も低次または最大重みをもつランクの名称で呼ばれることが多い.

$$D_{ij}(m', m; n', n) \sim \frac{\langle m'|J_0|m\rangle_i \langle n'|J_0|n\rangle_j}{\Delta} \tag{6.20}$$

のように表すことができる．Δ は中間状態の励起エネルギー程度，J_0 は各サイトで軌道を入れ替える相互作用である．一方，μ 成分の多極子演算子 X_i^μ は適当な線形結合 $\sum_{mm'} c^\mu_{m'm}\left(|m'\rangle\langle m|\right)_i$ によって表されるので，この関係を逆に用いて (6.20) を X_i^μ によって書き直すと

$$H_{\rm ex} = -\frac{1}{2}\sum_{ij}^{i\neq j}\sum_{\mu\nu} D_{ij}^{\mu\nu} X_i^\mu X_j^\nu \tag{6.21}$$

のような多極子間の交換相互作用となる．上記の量子力学的な起源を考えると，相互作用の大きさは成分に依らずおよそ同じ大きさ J_0^2/Δ 程度になると考えられ，しばしば誤解されているように高次の多極子になるほど相互作用が弱くなるわけではない [*14]．$D_{ij}^{\mu\nu}$ の構造は，i-j ボンドに関する対称操作に関して相互作用が不変という要請から決まる．一般に，多極子間の相互作用を微視的な立場から定量的に導くことは難しいが，第一原理電子状態計算を駆使した方法が着実に進展している [*15]．磁性イオンの非磁性置換効果によく見られるように，磁気転移温度よりも四極子転移温度の低下の方がより顕著であることが知られている．このことは，電気多極子間に働く相互作用の方が希釈による格子の乱れの影響を受けやすいためと考えられている [*16]．

(6.21) は，局在スピン系の議論で用いた相互作用 (4.9) において $S_i^\mu \to X_i^\mu$ と置き換えたものである．したがって，局在スピン系で用いた平均場近似や集団励起の方法などはすべて S_i^μ の行列要素を多極子 X_i^μ の行列要素に置き換えれば同様に用いることができる．ただし，複数の多極子自由度は 1 つの波動関数を通じて互いに絡み合っているため，特に秩序下では絡み合った自由度を見落とすことなく解析することが必要である．

例えば，多極子の α 成分 X_i^α が磁気双極子 $\boldsymbol{M}_i$ の α 成分であれば，多極子感受率の (α, β) 成分 $\chi^{\alpha\beta}$ が磁場 h^β に対する M^α の応答 (帯磁率) を表す．一方，歪みの場 $\varepsilon_{\alpha\beta}$ は電気四極子 $Q_{\alpha\beta}$ と結合するため (磁化の場合の Zeeman 項に対応，電荷やより高次の電気 16 極子とも結合する)，電気四極子の感受率 $\chi^{\alpha\beta,\gamma\delta}$ が歪みに対する応答を表す．$O_{\rm h}$ 群の歪み，電気多極子，弾性定数の対応関係を表 6.1 にまとめておく．

[*14] 純粋な古典電磁気学的起源の場合，高次の多極子間相互作用ほど弱くなる．

[*15] J. Otsuki, K. Yoshimi, H. Shinaoka, Y. Nomura, Phys. Rev. B**99**, 165134 (2019).

[*16] Kramers の定理のような時間反転対称性に関する要請がないことに起因すると思われる．

表 6.1 O_h 群における対称歪み $\varepsilon_{\alpha\beta}$，電気多極子 $Q_{\alpha\beta}$，弾性定数 $C_{\alpha\beta,\gamma\delta}$ の対応関係．成分は $1=(xx)$, $2=(yy)$, $3=(zz)$, $4=(xy)$, $5=(yz)$, $6=(zx)$ のように略記される．

既約表現	歪み	電気多極子	弾性定数
A_{1g}	$\varepsilon_\mathrm{B}\equiv\varepsilon_{xx}+\varepsilon_{yy}+\varepsilon_{zz}$	Q_0 (電荷)	$(C_{11}+2C_{12})/3$
E_g	$\varepsilon_u\equiv(2\varepsilon_{zz}-\varepsilon_{xx}-\varepsilon_{yy})/2$	Q_u	$(C_{11}-C_{12})/2$
	$\varepsilon_v\equiv\sqrt{3}(\varepsilon_{xx}-\varepsilon_{yy})/2$	Q_v	
T_{2g}	$\sqrt{3}\varepsilon_{yz}$, $\sqrt{3}\varepsilon_{zx}$, $\sqrt{3}\varepsilon_{xy}$	Q_{yz}, Q_{zx}, Q_{xy}	C_{44}

6.2.2 多極子秩序の Landau 理論

微視的な模型ハミルトニアン (4.9) と (6.21) が与えられれば，平均場近似は多くの解析に有用である．しかし，最初の段階では模型の正確なパラメータを導入せずに，現象をもう少しおおまかに考察したいこともあるだろう．このような目的に威力を発揮するのが 5.3.3 節で紹介した Landau 理論である．Landau 理論では自由エネルギーというスカラー量を秩序変数の組み合わせで表現する．結晶点群では，スカラー量は時間反転偶の恒等表現 (A_{1g}^{+} 等) を意味する．

自由エネルギー F_L を，既約表現で分類された多極子モーメント (秩序変数の候補) $X_{\boldsymbol{i}}^{\alpha}$ により 4 次まで展開すると

$$F_\mathrm{L}=-\sum_{\boldsymbol{i}\alpha}h_{\boldsymbol{i}}^{\alpha}X_{\boldsymbol{i}}^{\alpha}+\frac{1}{2}\sum_{\boldsymbol{ij}\alpha\beta}g_{\boldsymbol{ij}}^{\alpha\beta}X_{\boldsymbol{i}}^{\alpha}X_{\boldsymbol{j}}^{\beta}+\frac{1}{3}\sum_{\boldsymbol{i}\alpha\beta\gamma}g^{\alpha\beta\gamma}X_{\boldsymbol{i}}^{\alpha}X_{\boldsymbol{i}}^{\beta}X_{\boldsymbol{i}}^{\gamma}+\frac{1}{4}\sum_{\boldsymbol{i}\alpha\beta\gamma\delta}g^{\alpha\beta\gamma\delta}X_{\boldsymbol{i}}^{\alpha}X_{\boldsymbol{i}}^{\beta}X_{\boldsymbol{i}}^{\gamma}X_{\boldsymbol{i}}^{\delta} \quad (6.22)$$

となる．結合定数 g は添字の入れ替えについて対称であり，3 次以上の多極子の結合定数 g はサイト $\boldsymbol{i}$ によらず局所的であるとした．$h_{\boldsymbol{i}}^{\alpha}$ は秩序変数 $X_{\boldsymbol{i}}^{\alpha}$ に共役な外場である．Fourier 変換すると

$$F_\mathrm{L}=-\sum_{\boldsymbol{q}\alpha}h_{\boldsymbol{q}}^{\alpha}X_{-\boldsymbol{q}}^{\alpha}+\frac{1}{2}\sum_{\boldsymbol{q}\alpha\beta}g_{\boldsymbol{q}}^{\alpha\beta}X_{-\boldsymbol{q}}^{\alpha}X_{\boldsymbol{q}}^{\beta}+\frac{1}{3}\sum_{\boldsymbol{qp}\alpha\beta\gamma}g^{\alpha\beta\gamma}X_{-\boldsymbol{q}}^{\alpha}X_{\boldsymbol{p}}^{\beta}X_{\boldsymbol{q}-\boldsymbol{p}}^{\gamma}+\frac{1}{4}\sum_{\boldsymbol{qpk}\alpha\beta\gamma\delta}g^{\alpha\beta\gamma\delta}X_{-\boldsymbol{q}}^{\alpha}X_{\boldsymbol{p}}^{\beta}X_{\boldsymbol{k}}^{\gamma}X_{\boldsymbol{q}-\boldsymbol{p}-\boldsymbol{k}}^{\delta} \quad (6.23)$$

この自由エネルギーの極小条件から秩序変数の熱平衡値が決まるというのが Landau 理論である．すなわち，$\partial F_\mathrm{L}/\partial X_{-\boldsymbol{q}}^{\alpha}=0$ から

$$h_{\boldsymbol{q}}^{\alpha} = \sum_{\beta} g_{\boldsymbol{q}}^{\alpha\beta} X_{\boldsymbol{q}}^{\beta} + \sum_{\boldsymbol{p}\beta\gamma} g^{\alpha\beta\gamma} X_{\boldsymbol{p}}^{\beta} X_{\boldsymbol{q}-\boldsymbol{p}}^{\gamma} + \sum_{\boldsymbol{p}\boldsymbol{k}\beta\gamma\delta} g^{\alpha\beta\gamma\delta} X_{\boldsymbol{p}}^{\beta} X_{\boldsymbol{k}}^{\gamma} X_{\boldsymbol{q}-\boldsymbol{p}-\boldsymbol{k}}^{\delta} \tag{6.24}$$

の状態方程式を得る．すべての $X_{\boldsymbol{q}}^{\alpha}$ がゼロの極限で $h_{\boldsymbol{q}}^{\alpha} \to 0$ であり，$X_{\boldsymbol{q}}^{\alpha} = \sum_{\beta}[g_{\boldsymbol{q}}^{-1}]^{\alpha\beta} h_{\boldsymbol{q}}^{\beta}$ の関係を得る．つまり，$g_{\boldsymbol{q}}^{-1}$ は多極子感受率

$$\chi(\boldsymbol{q}) = g_{\boldsymbol{q}}^{-1} \quad \Leftrightarrow \quad \chi^{\alpha\beta}(\boldsymbol{q}) = \sum_{\gamma}[(I - \sum_{\delta} \chi_0^{\alpha\delta} D_{\boldsymbol{q}}^{\delta\beta})^{-1}]^{\alpha\gamma} \chi_0^{\gamma\beta} \tag{6.25}$$

に対応する［後者は平均場近似の表式 (4.19)］[*17]．転移温度で感受率が発散すると，Landau 自由エネルギーの 2 次の係数がゼロになり，転移温度以下では 2 次の係数が負になるので，対応する $X_{\boldsymbol{q}}^{\alpha}$ が有限の値で自由エネルギー極小となり，自発的秩序が現れる．

自発的な秩序または外場によって，X^{α}, X^{β} が同時に有限の値をもつとき，3 次項を通じて X^{γ} が誘起される．時間反転対称性から，3 次項には磁気多極子が偶数個含まれる必要があるので，磁気的な自由度しかない場合 3 次項は存在しない．また，2 次転移で電気と磁気の多極子が共存する場合は，磁気多極子が第 1 秩序変数 (primary)，電気多極子が第 2 秩序変数 (secondary) であることが分かる．

自由エネルギーは恒等表現でなければならないので，各次数における多極子の組み合わせが恒等表現を含まない項の結合定数 g はゼロである．例えば，$O_{\rm h}$ 群の場合，磁気的な多極子を含む 3 次項として

$$\begin{aligned} &\mathrm{T}_{2g}^{+} \otimes \mathrm{T}_{1g}^{-} \otimes \mathrm{T}_{1g}^{-}, \quad \mathrm{E}_{g}^{+} \otimes \mathrm{T}_{1g}^{-} \otimes \mathrm{T}_{1g}^{-}, \quad \mathrm{E}_{g}^{+} \otimes \mathrm{T}_{1g}^{-} \otimes \mathrm{T}_{2g}^{-} \\ &\mathrm{T}_{2g}^{+} \otimes \mathrm{T}_{1g}^{-} \otimes \mathrm{T}_{2g}^{-}, \quad \mathrm{T}_{2g}^{+} \otimes \mathrm{A}_{2g}^{-} \otimes \mathrm{T}_{1g}^{-} \end{aligned} \tag{6.26}$$

の組み合わせだけが既約分解したとき A_{1g}^{+} を含む．例えば最後の組み合わせについて，多極子の結合項を書き下すと

$$F_{\rm L}^{(3)} = g\, M_{xyz}\,(M_x Q_{yz} + M_y Q_{zx} + M_z Q_{xy}) \tag{6.27}$$

である．ここで，$Q_{\alpha\beta}$ は T_{2g}^{+} 型の電気四極子，M_{α} は T_{1g}^{-} 型の磁気双極子，M_{xyz} は A_{2g}^{-} 型の磁気八極子を表す．多極子を座標に読み替えると，すべて $x^2y^2z^2$ となって恒等表現 (の一部) であることが見て取れる．

[*17] Landau 理論は平均場近似と同じレベルの近似理論であるため，この関係式は多極子揺らぎのモード結合などを無視した場合に成り立つ．

表 6.2　点群 O_{h} における電気四極子秩序下における印加磁場方向と誘起秩序変数の関係 [R. Shiina, H. Shiba, and P. Thalmeier, J. Phys. Soc. Jpn. **66**, 1741 (1997).].

磁場方向	秩序変数	誘起多極子	Γ	次元
[111]	$Q_{xy}+Q_{yz}+Q_{zx}$	$M_x+M_y+M_z$, M_{xyz}	A_1	1
$C_{3\mathrm{v}}$		$M_x^\beta+M_y^\beta+M_z^\beta$	A_2	1
	(Q_u, Q_v), $(Q_{zx}-Q_{yz}$, $2Q_{xy}-Q_{zx}-O_{yz})$	$(M_x-M_y, 2M_z-M_x-M_y)$ $(2M_z^\beta-M_x^\beta-M_y^\beta, M_x^\beta-M_y^\beta)$	E	2
[110]	Q_u, Q_{xy}	M_x+M_y $M_x^\beta-M_y^\beta$	A_1	1
$C_{2\mathrm{v}}$	Q_v	M_x-M_y, $M_x^\beta+M_y^\beta$	B_2	1
	$Q_{zx}+Q_{yz}$	M_z, M_{xyz}	A_2	1
	$Q_{zx}-Q_{yz}$	M_z^β	B_1	1
[001]	Q_u	M_z	A_1	1
$C_{4\mathrm{v}}$	Q_v	M_z^β	B_1	1
	Q_{xy}	M_{xyz}	B_2	1
	(Q_{yz}, Q_{zx})	(M_x, M_y), (M_x^β, M_y^β)	E	2

組み合わせ (6.26) に対して，式 (6.24) を適用すれば，M_z が T_{1g}^- に属することに注意して，一様磁場 H_z に対し

$$H_z = g_1 M_z + g_2 Q_u M_z + g_3 Q_{xy} M_{xyz} + g_4 Q_v M_x^\beta + g_5 (Q_{yz} M_y^\beta - Q_{zx} M_x^\beta) + g_6 (M_y Q_{yz} + M_x Q_{zx}) \quad (6.28)$$

の関係を得る．ここで，M_α^β は T_{2g}^- 型の磁気八極子を表す．波数ベクトルは省略したが，各項に現れる多極子モーメントの波数を合計するとゼロ (一様) になる組み合わせはすべて許される．この式から逆に，z 方向に磁場をかけると一様な M_z および右辺第 2 項から一様な Q_u が誘起されることが分かる．このことは，磁場を z 方向にかけたために対称性が低下して，Q_u と M_z が同じ既約表現 ($C_{4\mathrm{v}}$ 群の A_1) に属するようになったためと考えてもよい．これらの情報をまとめたものを表 6.2 に示す．

さらに，例えば $Q_{xy}(\boldsymbol{Q})$ の交替（反強）的な自発秩序がある場合には，第 3 項を通じて $M_{xyz}(\boldsymbol{Q})$ の反強磁気八極子が誘起される．逆に $M_{xyz}(\boldsymbol{Q})$ の自発秩序がある場合には，$Q_{xy}(\boldsymbol{Q})$ の反強四極子が誘起される．このような特異な磁場効果 (交差相関応答の一種) は多極子秩序の特徴の 1 つであり，逆にこれらの特徴を利用して，転移温度の磁場変化や NMR/NQR の共鳴周波数の分裂に関する選択則などから，マクロ物性測定では捉えにくい (高次の)

反強多極子秩序の情報を得ることができる.

6.2.3 Landau 理論の例

多極子自由度の絡み合いの例として，$Ce_{1-x}La_xB_6$ の IV 相について紹介しよう．Ce^{3+} の $J = 5/2$ 多重項は O_h 群の結晶場によって 2 重項の Γ_7 と 4 重項の Γ_8 に分裂し，基底結晶場準位の 4 重項において活性な 16 個の多極子自由度が様々な秩序を引き起こすことが知られている．そのなかでも，IV 相の秩序変数は T_{2g}^- 型の反強磁気八極子と考えられている．T_{2g}^- 型八極子の容易軸は [111] 方向 (とそれに等価な方向) であり，第 1 秩序変数として

$$M_{3\boldsymbol{Q}} \equiv \frac{1}{\sqrt{3}}\left[M_x^\beta(\boldsymbol{Q}) + M_y^\beta(\boldsymbol{Q}) + M_z^\beta(\boldsymbol{Q})\right] \tag{6.29}$$

を考える．この多極子の角度依存性は $(x-y)(y-z)(z-x)$ である．この秩序変数と結合する自由度のみを残した自由エネルギーは

$$F_{\mathrm{L}} = \frac{a}{2}(T - T_{\mathrm{IV}})M_{3\boldsymbol{Q}}^2 + \frac{b}{4}M_{3\boldsymbol{Q}}^4 + \frac{a'}{2}Q_{\boldsymbol{0}}^2 + g\,M_{3\boldsymbol{Q}}^2 Q_{\boldsymbol{0}} \tag{6.30}$$

と書ける．ここで，$M_{3\boldsymbol{Q}}$ と結合する一様な電気四極子を導入した．

$$Q_{\boldsymbol{0}} \equiv \frac{1}{\sqrt{3}}\left[Q_{yz}(\boldsymbol{0}) + Q_{zx}(\boldsymbol{0}) + Q_{xy}(\boldsymbol{0})\right] \tag{6.31}$$

この多極子の角度依存性は $yz + zx + xy$ である．定数は $a, a', b > 0$ であり，転移温度 T_{IV} 近傍を考えるので a, a', b, g の温度変化を無視した．

$T < T_{\mathrm{IV}}$ で反強八極子秩序が発生すると，3 次項によって反強八極子秩序が強的 (一様) 四極子秩序を誘起し，その結果，[111] 方向の格子歪みが生じる，この歪みは実際に観測されている．自由エネルギーの極小条件から，秩序変数の温度依存性は $A = aa'/(a'b - 2g^2) > 0$ として

$$M_{3\boldsymbol{Q}} = \sqrt{A(T_{\mathrm{IV}} - T)}, \quad Q_{\boldsymbol{0}} = -\frac{g}{a}A(T_{\mathrm{IV}} - T) \propto M_{3\boldsymbol{Q}}^2 \tag{6.32}$$

となる．誘起された第 2 秩序変数 $Q_{\boldsymbol{0}}$ は，第 1 秩序変数 $M_{3\boldsymbol{Q}}$ の温度依存性よりベキが大きい．この秩序により Γ_8 の 4 重項が 1 重, 2 重, 1 重に分裂し，最低エネルギー準位に縮退がないことを反映して一様磁化率の温度依存性に反強磁性秩序に似たカスプ的な振る舞いが生じる．

F_{L} の 2 次項の係数が秩序変数に対する感受率の逆行列であるから，$M_{3\boldsymbol{Q}}$ および $Q_{\boldsymbol{0}}$ に対する感受率は次のようになる．

$$\chi_{M_3}(\boldsymbol{Q}) = \begin{cases} \frac{1}{2a(T_{\rm IV}-T)} & (T < T_{\rm IV}) \\ \frac{1}{a(T-T_{\rm IV})} & (T > T_{\rm IV}) \end{cases}, \quad \chi_Q(\boldsymbol{0}) = \begin{cases} \frac{bA}{aa'} & (T < T_{\rm IV}) \\ \frac{1}{a'} & (T > T_{\rm IV}) \end{cases}$$

第 1 秩序変数の感受率 $\chi_{M_3}(\boldsymbol{Q})$ は通常どおり発散するが，第 2 秩序変数の感受率 $\chi_Q(\boldsymbol{0})$ は転移温度 $T_{\rm IV}$ で相関長が有限に留まるため発散しない．ただし，非線形感受率に異常が生じる可能性はある．$\chi_Q(\boldsymbol{0})$ の転移温度での跳びは

$$\Delta\chi_Q \equiv \chi_Q(T_{\rm IV}-0) - \chi_Q(T_{\rm IV}+0) = \frac{2g^2A}{aa'^2} > 0 \qquad (6.33)$$

と評価されるが，これは実験で観測される転移温度以下での弾性定数の急激なソフト化に対応する．以上のように，背景にある磁気八極子秩序を介して多極子自由度は絡み合って，電気と磁気にまたがる非自明な応答をもたらすのである．

6.3 多極子の観測手段

高次多極子モーメントを直接観測する手法は未だ発展途上であるが，間接的には，様々な手法と綿密な解析が行われて多くの知見が蓄えられている．よく知られているように磁気双極子モーメントはベクトル量であり，磁場や中性子・原子核・ミューオンの磁気双極子モーメントと結合するので，観測は容易である．

電気四極子はランク 2 のテンソル量で平均電荷密度からの局所的歪みを表す．このため，1 軸性の圧力を加えたり，超音波によって長波長の微小な格子歪みを作り出すと，対応する歪み場は電気四極子と結合し，電気四極子モーメントを誘起したり弾性定数に応答が現れる．また，原子核の作り出す電場勾配とも結合するので，NQR，NMR を用いて観測可能である．偏極中性子散乱を用いて軌道秩序を直接観測した先駆的な例もある．

磁気八極子はランク 3 のテンソルで，その本質は (スピンからの寄与も含めた広義の) 局所的な渦電流である．したがって，局所的に発生した渦電流は互いに打ち消し合ってベクトル的な磁気双極子モーメントが発生しないため磁気双極子とは直接結合しない．しかし，短波長の中性子を用いた磁気散乱因子の解析や，共鳴遷移を用いた X 線散乱による観測例がある．その他，渦電流によって磁性イオンの間に発生した局所的な内部磁場は μSR や NMR

表 6.3　多極子自由度と観測手段.

多極子	実験手法・結合場
磁気双極子	磁場，中性子散乱，NMR，μSR，$\cdots$
電気四極子	1 軸圧，弾性定数 (超音波)，NMR/NQR，偏極中性子散乱，共鳴 X 線散乱
磁気八極子	局所磁場，μSR，NMR，共鳴 X 線散乱，中性子散乱
電気 16 極子	弾性定数 (超音波)，X 線散乱 (格子歪み)，非弾性中性子散乱 (結晶場)

を用いて原理的には観測可能で，対称性による選択則を活用して解析されている．

電気 16 極子は超音波による観測の可能性が議論されている．また，結晶の局所対称性を破らない擬スカラー型の反強的 16 極子秩序はサイトごとに異なる結晶場分裂を引き起こし，これを非弾性中性子散乱で確認した例がある．主だった多極子の観測手段を表 6.3 にまとめておく．

電気四極子自由度を観測するための代表的な実験手法は超音波測定である．音速測定から得られる弾性定数を解析することで，一様な四極子感受率を知ることができる．音波は格子間隔に比べて波長が十分に長い長波長モード ($\boldsymbol{q} \simeq \boldsymbol{0}$) であり，測定された弾性定数は一様な四極子感受率 $\chi_{\rm u}^{\alpha\beta}$ と次のような関係がある．

$$C_{\alpha\beta}(T) = C_{\alpha\beta}^{(0)}(T) - g_\alpha g_\beta \chi_{\rm u}^{\alpha\beta}, \quad (\alpha, \beta = \text{電気四極子}) \tag{6.34}$$

ここで，$C_{\alpha\beta}^{(0)}(T)$ は局在電子以外の寄与，g_α は歪みと電気四極子の結合定数 (磁化の場合の g 因子に対応) である．右辺第 2 項に負符号があるので，四極子感受率が Curie-Weiss 的に増大すると弾性定数が減少 (ソフト化) する．

これまでに見てきたように，多極子モーメントの実体は，磁性イオン付近に局所的に発生した平均電荷分布からのずれや渦電流などである．強力な放射光 X 線によって内殻電子を外殻にたたき上げる吸収端の共鳴過程を利用すると，この微細構造からの信号は増大して観測しやすくなる．このような手法を共鳴 X 線散乱といい，原理的には電気双極子 (E1) 遷移はランク 2 以下の多極子を，電気四極子 (E2) 遷移はランク 4 以下の多極子を観測することができる．希土類化合物では，L_3 吸収端の $2p \to 4f \to 2p$ 遷移過程が利用される．アクチノイド化合物では，M_2, M_3 吸収端を用いる．この場合 E2 遷移が $3p \leftrightarrow 5f$ の遷移過程に対応するからである．これに対して，M_4, M_5

吸収端からの E1 遷移も $3d \leftrightarrow 5f$ で，$5f$ 電子の状態を直接反映するが，ランク 3 以上を見ることはできない．

あるサイトの共鳴 X 線散乱の振幅は Fermi の黄金律より

$$F_{\mathrm{reso}} = -\frac{e^2}{\hbar\omega}\left[\frac{\Delta_1^3 W_1}{\hbar\omega - \Delta_1 + i\Gamma/2} + \frac{\Delta_2^3 W_2}{\hbar\omega - \Delta_2 + i\Gamma/2}\right] \tag{6.35}$$

と表される．ここでは簡単のため，中間状態のエネルギーや幅 Γ の分布を無視した．共鳴 X 線散乱では入射 X 線のエネルギー $\hbar\omega$ を E1 吸収端 Δ_1 付近に調節し，共鳴過程によって振幅を増幅する．E2 遷移は，通常 Δ_1 より数 eV 低い位置にあり，散乱強度は E1 遷移より遙かに弱い．原子散乱因子 W_1，W_2 は多極子秩序変数の対称性や入射 X 線と反射 X 線の偏光方向に応じて変化するため，偏光の組み合わせを変えて散乱強度を解析することで多極子秩序の対称性を同定することができる．散乱角 θ は入射 X 線のエネルギーを決めると固定されるが，運動量遷移ベクトル $\boldsymbol{Q} = \boldsymbol{k}' - \boldsymbol{k}$ まわりに試料を回転させて，散乱強度の角度 (アジマス角 ψ) 依存性を測定すれば，多極子の対称性に関する情報を得ることができる．

6.4 拡張多極子

6.4.1 多極子と時空反転の偶奇性

これまでの議論では，f 軌道などの軌道角運動量 L および全角運動量 J が定まった単一軌道の状態空間における電子自由度を考えてきた．このような状況では，基底関数の空間反転に関する偶奇性は $(-1)^L$ のように定まっているため，そのような状態空間で活性となる多極子は偶数ランクの電気多極子および奇数ランクの磁気多極子といった偶パリティの多極子に限られていた．では，奇パリティの多極子はどのような状況で活性化するのであろうか？ また，ランク l の電気多極子は空間反転に関して $(-1)^l$ の偶奇性をもつ極性テンソル，磁気多極子は $(-1)^{l+1}$ の偶奇性をもつ軸性テンソルだが，軸性の電気自由度または極性の磁気自由度といったものは存在しないのであろうか？

実は，電子自由度を考える状態空間を拡げると，これらすべての種類の多極子が活性となる状況が現れる．電気多極子 Q_{lm} や磁気多極子 M_{lm} とは空間反転の偶奇性が反転した多極子を**電気トロイダル多極子** G_{lm} および**磁気トロイダル多極子** T_{lm} という．これら 4 種の多極子を用いると，以下で述べるように電子のもつあらゆる自由度を過不足なく記述することができる．多極子の空間および時間反転に関する偶奇性を図 6.3 にまとめた．

タイプ	記号	空間反転	時間反転	単極子	双極子	四極子	八極子
E	Q_{lm}	$(-1)^l$ 極性	$+$	$(+,+)$			
M	M_{lm}	$(-1)^{l+1}$ 軸性	$-$	$(-,-)$			
MT	T_{lm}	$(-1)^l$ 極性	$-$	$(+,-)$			
ET	G_{lm}	$(-1)^{l+1}$ 軸性	$+$	$(-,+)$			

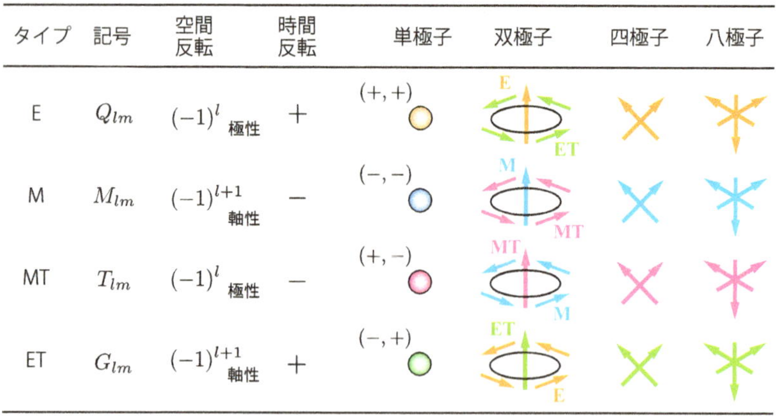

図 6.3 4 種類の多極子の性質. 単極子の符号は基本「電荷」の空間・時間反転の偶奇性を表す. 双極子は空間反転の異なる双極子の渦状配置によっても表現できる.

これらのトロイダル多極子のうち磁気トロイダル双極子は, トロイダルコイルのようなトーラスの表面上を渦巻く電流密度を表す量として知られている. また, 核物理の分野では, パリティの破れた状況において発現する新しい電気磁気モーメントとして研究され, アナポールと呼ばれている. マクロな古典電磁気学ではトロイダル多極子の概念は広く用いられており, 電気トロイダル多極子の重要性は 1980 年代頃より議論されている. 最近では, マルチフェロイクスの分野で, 電気磁気応答や非相反応答現象などのマクロ物性を対称性の観点から理解するために, 磁気トロイダル双極子の概念が用いられている. 電気や磁気のトロイダル双極子モーメント G, T は, 古典的な電気双極子モーメント Q_j や磁気双極子 (スピン) モーメント M_j の渦巻き構造として, $G \propto \sum_j R_j \times Q_j$ や $T \propto \sum_j R_j \times M_j$ のように表される. ここで, R_j は双極子モーメントをもつサイトの位置ベクトルである. $R_j \times$ は多極子のランクを変えずに空間反転の偶奇性を反転するので, 極性と軸性の性質が入れ替わる. 同様にして, より高次のトロイダル多極子も系統的に定義することができる.

6.4.2 トロイダル多極子の演算子表現

以上のような古典的描像では, トロイダル多極子には常に電気双極子や磁気双極子など他の多極子自由度が付随している. 一方, これらの 4 種の多極

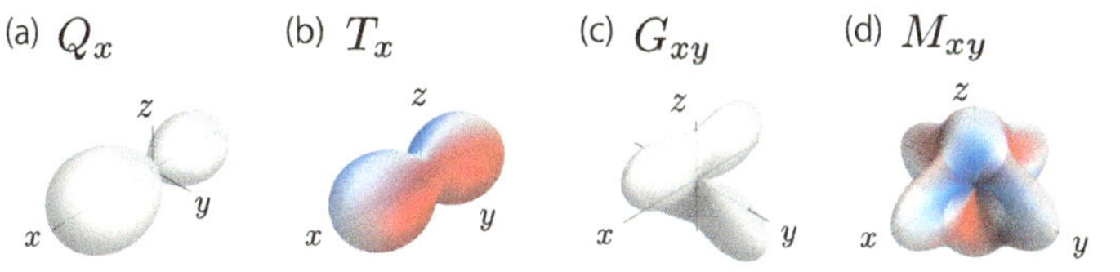

図 6.4 奇パリティ多極子を有する状態の波動関数. (a) Q_x 状態, (b) T_x 状態, (c) G_{xy} 状態, (d) M_{xy} 状態. 形状は電荷の角度依存性 $\rho(\boldsymbol{r})$ を, 色は l_z の角度依存性 $\phi(\boldsymbol{r})$ を表す.

子には対応する量子力学的な演算子表現があり, その表式はつい最近になって得られた. これらの演算子の固有状態は, 古典的描像のような付随する他の多極子はなく, 純粋なトロイダルモーメントのみが発現した状態である. 電気多極子および磁気多極子の演算子表現は既に (6.11) と (6.12) に示したが, 残りの磁気および電気トロイダル多極子の演算子表現は

$$\hat{T}_{lm} = -\mu_{\mathrm{B}} \sum_j [\boldsymbol{\nabla} O_{lm}(\boldsymbol{r}_j)] \cdot \hat{\boldsymbol{t}}_l(\boldsymbol{r}_j), \quad \hat{\boldsymbol{t}}_j(\boldsymbol{r}_j) = \frac{\boldsymbol{r}_j}{l+1} \times \left(\frac{2\boldsymbol{l}_j}{l+2} + \boldsymbol{\sigma}_j \right) \tag{6.36}$$

$$\hat{G}_{lm} = -e \sum_j \sum_{\alpha\beta} [\nabla_\alpha \nabla_\beta O_{lm}(\boldsymbol{r}_j)] \hat{t}_l^{\alpha}(\boldsymbol{r}_j) \hat{m}_l^{\beta}(\boldsymbol{r}_j) \tag{6.37}$$

のように与えられる. その導出の概略は A.8 節に示した.

微視的なトロイダル多極子の様子を知るために, 演算子 (6.11), (6.12), (6.36), (6.37) の定義を用いて行列要素と固有状態を具体的に求めてみよう. まず, 電気双極子 Q_x と磁気トロイダル双極子 T_x を考える. これらは奇パリティの多極子であり, 軌道角運動量の偶奇性が異なる基底の間に行列要素をもつ. 例えば, スピン状態は無視して, s 軌道 $\psi_s(\boldsymbol{r}) \propto 1$ および p_x 軌道 $\psi_x(\boldsymbol{r}) \propto x$ の状態空間における行列要素は

$$Q_x \propto \left(\begin{array}{c:c} 0 & 1 \\ \hdashline 1 & 0 \end{array} \right), \quad T_x \propto \left(\begin{array}{c:c} 0 & -i \\ \hdashline i & 0 \end{array} \right) \quad \begin{array}{c} s \\ p_x \end{array} \tag{6.38}$$

となり, 固有状態はそれぞれ

$$\psi_{\pm Q_x}(\boldsymbol{r}) = \frac{1}{\sqrt{2}}(\psi_s \pm \psi_x) \tag{6.39}$$

$$\psi_{\pm T_x} = \frac{1}{\sqrt{2}}(\psi_s \pm i\psi_x) \tag{6.40}$$

である．電荷と軌道角運動量 l_z の角度分布を $\rho(\boldsymbol{r}) = \psi^*(\boldsymbol{r})\psi(\boldsymbol{r})$ と $\phi(\boldsymbol{r}) = \psi^*(\boldsymbol{r})l_z\psi(\boldsymbol{r})$ のように定義し，形状と色で図示すると，$+Q_x$ 状態と $+T_x$ 状態は図 6.4(a), (b) のようになる．Q_x は x 軸方向に反転対称性が破れた極性をもつ状態，T_x は 1 つの波動関数内部で軌道角運動量が x 軸まわりの渦巻き状に分布した磁気トロイダル状態となっていることが見て取れる．また，(6.38) のように，Q_x と T_x の行列要素が $\pm i$ だけ異なる双対関係がある．

同様にして，G_{xy} および M_{xy} の演算子を p_z と $d_{x^2-y^2}$ の状態空間で求めると

$$G_{xy} \propto \left(\begin{array}{c|c} 0 & 1 \\ \hline 1 & 0 \end{array}\right), \quad M_{xy} \propto \left(\begin{array}{c|c} 0 & -i \\ \hline i & 0 \end{array}\right) \quad \begin{array}{c} p_z \\ d_{x^2-y^2} \end{array} \tag{6.41}$$

となるので，同じように図示すると図 6.4(c), (d) のようになる．電気トロイダル四極子 G_{xy} は yz または zx の電気四極子を z 軸まわりにひねったような状態，磁気四極子 M_{xy} は l_z の角度分布が xyz (磁荷分布は xy) のような状態であり，(Q_x, T_x) と同様の双対関係がある．

6.4.3 状態空間と活性多極子

前節の例で見たように，電子の自由度を考える状態空間を拡げると，奇パリティの多極子やトロイダル多極子が活性となる状況が現れる．もともと微視的な多極子は，1 原子 (サイト) 上の 1 種類の軌道内の自由度を表すために導入された．これは，原子の量子数 (n, l, m, σ) のうち，(m, σ) についての電子自由度を記述することにあたる．一方，前節の例で見たように，電子自由度を考える状態空間を拡げると，様々なタイプの多極子が活性となる．例えば，s 軌道と p 軌道のような 1 サイト上の異なる軌道角運動量 (L_1, L_2) における自由度を記述する**ハイブリッド多極子**，トロイダル双極子の古典描像で紹介した双極子の渦巻き状整列のようなクラスター内の複数サイト (A,B,C,$\cdots$) 上の自由度をまとめて取り扱う**クラスター多極子**，クラスター内のサイト間 (ボンド) のホッピング自由度の変調を記述する**ボンド多極子**，というように電子自由度の記述に関する多極子概念の拡張を考えることができる．状態空間のサイズと拡張された多極子の概念を図 6.5 にまとめておく．

ハイブリッド多極子は異なる軌道角運動量の状態空間にまたがる多極子であり，その状態空間の非対角成分として現れる．軌道角運動量が奇数だけ異なる場合は奇パリティ多極子が，偶数だけ異なる場合は偶パリティ多極子が活性とな

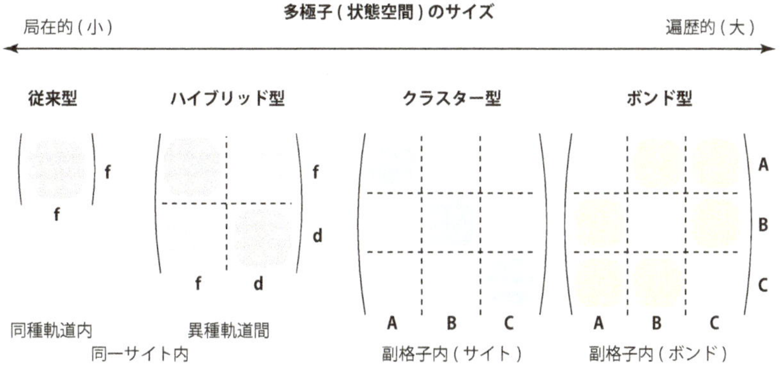

図 6.5 状態空間のサイズと拡張された多極子．ハイブリッド型は複数軌道 (例えば f, d 軌道) の状態空間で定義される．クラスター型およびボンド型は単位格子内の複数サイト (副格子, 例えば A, B, C) の状態空間で定義され，それぞれサイト上の自由度とボンドの自由度を表現できる．

る．スピンレス基底関数 $(Y_{L_1M_1} \oplus Y_{L_2M_2})$ の場合，活性な多極子は，非対角要素の数 $2(2L_1+1)(2L_2+1)$ 個あり，そのランク l は $|L_1-L_2| \leqq l \leqq L_1+L_2$ を満たす．そのうちの半分は実数行列で電気的な多極子を，もう半分は虚数行列で磁気的な多極子を表す．これらは空間反転に関して同じ偶奇性をもつため，電気多極子と磁気トロイダル多極子 (電気トロイダル多極子と磁気多極子) が対になって現れる．前節で見た $(Q_x, T_x)[(G_{xy}, M_{xy})]$ がその例である．このようなハイブリッド多極子が自発的な秩序を示す物質は未だ発見されていないが，電流磁気効果 (Edelstein 効果) を示す Te などの半導体や，強い p-f 混成が期待される U 系化合物 *18，異なる種類の軌道からなる電子・ホールバンドをまたいで生じる励起子絶縁体などでは，ハイブリッド多極子自由度が重要な役割を果たすと期待される．また，結晶中の電子に限らず，有機分子や量子ドットなどの少数クラスター系にもその概念は適用できる．

クラスター多極子は複数サイトにまたがる電子自由度を記述する多極子である．これは，適切に設定されたクラスター内の各サイトに配置された (従来型の) 多極子からなる自由度をまとめて 1 つの多極子自由度と見なしたものである．例えば図 6.6(a) に示すように，ジクザグ鎖上の交替的な磁気秩序は磁気トロイダル双極子や磁気四極子と見なすことができる．また，パイロクロア構造に含まれる正四面体の頂点に放射状にスピンが並んだ all-in/all-out

*18 正確には，ここでの p 軌道と f 軌道は異なる原子に属するので，ハイブリッドとクラスターの両方のカテゴリーに属する．

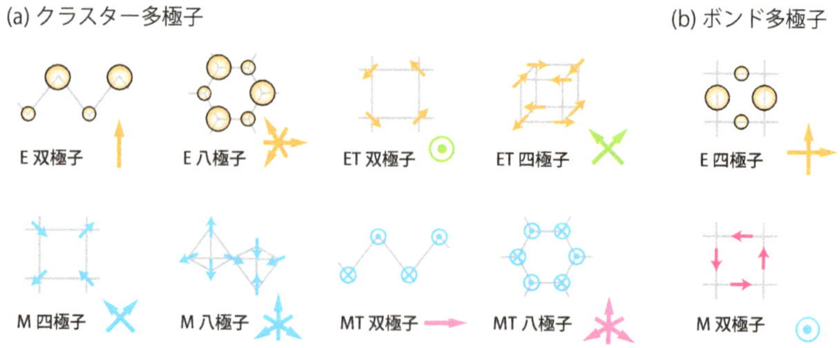

図 6.6　拡張多極子の例．(a) 電荷 (上段) または磁気双極子 (下段) の整列からなるクラスター多極子，(b) 実数ホッピング (上段) または虚数ホッピング (下段) からなるボンド多極子．

磁気構造は，クラスター多極子の観点では磁気八極子に対応する．もちろん，クラスター多極子の概念は磁性体以外の電気的な秩序にも適用可能である．

磁気双極子モーメント $\boldsymbol{M}_j$ をクラスター内のサイト $\boldsymbol{\alpha}_j$ に配置することで得られるクラスター磁気多極子や磁気トロイダル多極子の表式は，(6.12) と (6.36) において，$\boldsymbol{r}_j \to \boldsymbol{\alpha}_j$, $\boldsymbol{l}_j \to 0$, $-\mu_{\mathrm{B}}\boldsymbol{\sigma}_j \to \boldsymbol{M}_j$ と置き換えることで得られる．同様にして，電荷 Q_j をクラスター内のサイト $\boldsymbol{\alpha}_j$ に配置して得られるクラスター電気多極子の表式は，(6.11) において $\boldsymbol{r}_j \to \boldsymbol{\alpha}_j$，$-e \to Q_j$ と置き換えれば得られる．

クラスター内のサイト間にホッピングがある電子に対しては，図 6.6(b) に示すように，ホッピング強度の変調の自由度 (ボンド自由度) を記述するボンド多極子というものを考えることができる．ボンド多極子演算子を実空間のサイト表示で表すとホッピングの変調として非対角成分に要素が現れ，対角成分で表現される上記のクラスター多極子と相補的に状態空間の完全基底を成している．対称性の観点からは，i-j ボンドの実数ホッピング変調 t'_{ij} の自由度は，ボンド中心 $\boldsymbol{\alpha}_{ij} = (\boldsymbol{\alpha}_i + \boldsymbol{\alpha}_j)/2$ に電荷 $Q_{ij} = t'_{ij}$ を配置してできる多極子自由度と等価である．同様に，虚数ホッピング変調 it''_{ij} の自由度はボンド中心 $\boldsymbol{\alpha}_{ij}$ に磁気トロイダル双極子モーメント $\boldsymbol{T}_{ij} = i|t''_{ij}|(\boldsymbol{\alpha}_i - \boldsymbol{\alpha}_j)/|\boldsymbol{\alpha}_i - \boldsymbol{\alpha}_j|$ を配置してできる多極子自由度と等価である．この対応関係を用いると，上記のクラスター多極子の表式と同様にして，ボンド多極子と副格子のホッピング模型とを関係づけることができる [*19]．

*19 ボンド中心が原点となる場合はクラスター多極子が定義できないので，元々の定義に立ち戻る必要がある．

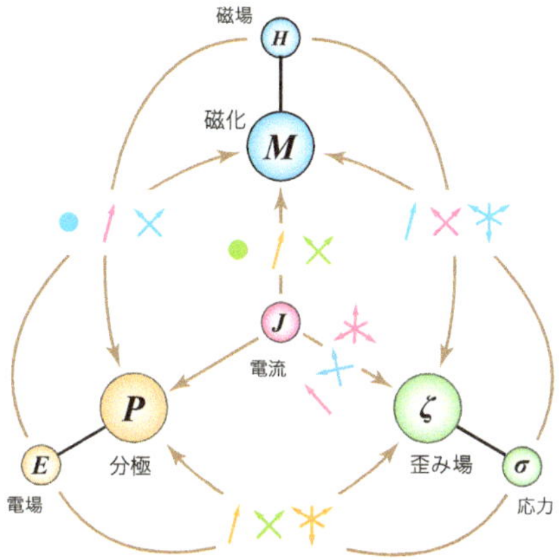

図 6.7 交差相関応答の関係を表す Heckmann ダイアグラムと関与する多極子のタイプとランク (色・記号は図 6.3 と対応).

クラスター間にもホッピングがあると電子は遍歴的になり，これらの多極子自由度に波数依存性が加わった波数空間の多極子自由度となる．波数空間の多極子自由度は形状因子の自由度を記述し，波数に依存するスピン軌道相互作用や Fermi 面の異方的な不安定性によって生じる Pomeranchuk 不安定性，フラックス秩序および異方的密度波などの秩序変数を統一的に記述できる．このような波数空間で異方的な秩序は，超伝導体ではよく議論されているものである．同じ既約表現に属する局在的な多極子と波数空間の多極子は結合し，反対称スピン分裂などの対称性に基づく特徴的なバンド構造の変形をもたらす．

以上のように，複雑な磁気構造やホッピング変調をハイブリッド・クラスター・ボンドまたは波数空間の多極子によって記述することにより，反強磁性のようなありふれた秩序やボンド秩序に磁気トロイダル双極子や電気双極子の秩序といった拡張多極子が付随していることが明白となる．従来の自由度を介して，それらの自由度を対称性に基づき制御することも可能である．

6.4.4 多極子と交差相関応答

前節までに導入した 4 種類の多極子を用いると，種々の物性応答を系統的に見通しよく記述することができる．特に，電場 (磁場) により磁化 (電気分極) を誘起する線形の電気磁気効果や，圧力によって電気分極を誘起する圧電効果 (ピエゾ効果)，さらに，(スピン) ホール効果や電流・熱流誘起磁化な

表 6.4　交差相関応答の例．$\boldsymbol{E}$, $\boldsymbol{H}$, $-\boldsymbol{\nabla}T$, ε_{ij} は電場，磁場，温度勾配，歪みを，Q, $\boldsymbol{j}$, $\boldsymbol{j}_{\mathrm{h}}$, $j_{\mathrm{s}}^{ij} = [j^i\sigma^j/2]_{\mathrm{s}}$ は熱量，電流，熱流，スピン流を表す．$[\cdots]_{\mathrm{s}}$ は (i, j) の入れ替えに対して対称な成分を意味する．ランク 1, 2, 3 の成分数はそれぞれ 3, 9, 15 である．下段の交差相関応答の発現には空間反転対称性の破れが，磁気的な多極子が関与する応答 (**c テンソル**) は時間反転対称性の破れが必要である．電気的な多極子が関与する物性テンソルを **i テンソル**という．

応答係数	時空反転	ランク	入力	出力	関与する多極子
磁気熱量係数	軸性 (c)	1	$\boldsymbol{H}$	Q	M_{1m}
Seebeck 効果	極性 (i)	2	$-\boldsymbol{\nabla}T$	$\boldsymbol{E}$	Q_0, G_{1m}, Q_{2m}
スピン伝導率	軸性 (i)	3	$\boldsymbol{E}$	j_{s}^{ij}	G_{1m}, Q_{2m}, G_{3m}
磁気歪み効果 (磁歪)	軸性 (c)	3	$\boldsymbol{H}$	ε_{ij}	M_{1m}, T_{2m}, M_{3m}
Nernst 係数	軸性 (i)	3	$[H^i j_{\mathrm{h}}^j]_{\mathrm{s}}$	$\boldsymbol{E}$	G_{1m}, Q_{2m}, G_{3m}
電気熱量係数	極性 (i)	1	$\boldsymbol{E}$	Q	Q_{1m}
電気磁気効果	軸性 (c)	2	$\boldsymbol{E}$	$\boldsymbol{M}$	M_0, T_{1m}, M_{2m}
電流磁気効果	軸性 (i)	2	$\boldsymbol{j}$	$\boldsymbol{M}$	G_0, Q_{1m}, G_{2m}
圧電効果	極性 (i)	3	ε_{ij}	$\boldsymbol{E}$	Q_{1m}, G_{2m}, Q_{3m}
電流誘起歪み効果	極性 (c)	3	$\boldsymbol{j}$	ε_{ij}	T_{1m}, M_{2m}, T_{3m}

ど，入力と出力の時間・空間反転の偶奇性が異なる非対角な応答 (**交差相関応答**) の記述に適している．なぜなら，これらの応答を表す物性テンソルのうち有限となり得る要素は点群の対称性によって決定されるが，上記の多極子モーメントの発現と系の対称性は密接に関係しているからである．このことを電気磁気効果を例に取って紹介してみよう．

線形の電気磁気効果を電気磁気テンソル α_{ij} を用いて $M_i = \sum_j \alpha_{ij}E_j$ $(i, j = x, y, z)$ と表すとき，α_{ij} は入力 3 成分，出力 3 成分の組み合わせより 9 つの独立な成分をもつ．電場と磁場はそれぞれ空間と時間の反転操作に対して符号を変えるため，時間反転と空間反転の両方の対称性が破れているとき有限となり得る軸性テンソルである．電場と磁場はベクトル量であり，ランク 1 の双極子自由度と結合するため，両者を結ぶ電気磁気テンソルはランク $1-1=0$ から $1+1=2$ の多極子で表すことができる．実際，ランク 0 から 2 の多極子の総数は 9 であり，物性テンソルの独立な成分と等しい．また，時間・空間反転対称性がともに奇の多極子がこの応答に関与するので，結局，磁気単極子 M_0，磁気トロイダル双極子 $\boldsymbol{T}$，磁気四極子 M_{ij} が電気磁気テンソル α_{ij} の各成分と対応することになる．具体的には

$$\alpha = \begin{pmatrix} M_0 - M_u + M_v & M_{xy} + T_z & M_{zx} - T_y \\ M_{xy} - T_z & M_0 - M_u - M_v & M_{yz} + T_x \\ M_{zx} + T_y & M_{yz} - T_x & M_0 + 2M_u \end{pmatrix} \tag{6.42}$$

と表され ($M_u = 2M_{zz} - M_{xx} - M_{yy}$, $M_v = M_{xx} - M_{yy}$)，関与する低エネルギーの波動関数に依存して，点群の対称性に基づき有限となる成分が決まる [*20]．同様にして，種々の物性テンソルと多極子を関係づけることができ，その結果をまとめたものを図 6.7 および表 6.4 に示す．物性テンソルは(空間群ではなく) 結晶点群の対称性によって規定されるという **Neumann の原理**により，種々の物性を記述するためには結晶点群により分類された 4 種の多極子を用いれば十分であることが保証される．

*20 すべての結晶点群に対する関係式の導出と結果は，例えば，S. Hayami, M. Yatsushiro, Y. Yanagi, and H. Kusunose, Phys. Rev. B **98**, 165110 (2018) を参照．

第7章 空間反転対称性の破れ

空間反転対称性は物質を支配する物理法則に元々備わる性質の 1 つだが，外場，結晶構造，自発的な秩序の発生等によって，その対称性が失われる場合がある．このとき，ある方向と反対方向とは等価ではなくなり，非相反な方向性が現れる．本章では，空間反転対称性とその破れに関する事項について議論する．

7.1 反対称相互作用

結晶の周期ポテンシャル中を運動する電子は (3.7) のような Bloch 状態 $\psi_{n\sigma\boldsymbol{k}}(\boldsymbol{r})$ で表され，波数ベクトル $\boldsymbol{k}$，スピン $\sigma(=\uparrow,\downarrow)$ およびバンド指標 n によって特徴づけられる [*1]．基底 $\psi_{n\sigma\boldsymbol{k}}(\boldsymbol{r})$ の対応する消滅演算子を $c_{\boldsymbol{k}n\sigma}$ とすると，1 体のハミルトニアンは一般に第 2 量子化表示で次のように書ける．

$$H=\sum_{\boldsymbol{k}}\sum_{nm\sigma\sigma'}[\epsilon_{n\sigma\boldsymbol{k}}\delta_{m,n}\delta_{\sigma,\sigma'}+h_{nm}^{\sigma\sigma'}(\boldsymbol{k})]c_{\boldsymbol{k}n\sigma}^{\dagger}c_{\boldsymbol{k}m\sigma'} \tag{7.1}$$

基底として，1 体ハミルトニアンの固有状態を取れば，$h_{nm}^{\sigma\sigma'}(\boldsymbol{k})=0$ であるが，外場・分子場の効果や摂動的議論を行うために，任意の基底に対する表式としておく [*2]．

このハミルトニアンを，波数ベクトル $\boldsymbol{k}$ に関して対称成分と反対称成分に分解し，$\delta_{\sigma,\sigma'}$ と Pauli 行列 $\boldsymbol{\sigma}_{\sigma\sigma'}$ を用いて展開すると

$$\epsilon_{n\sigma\boldsymbol{k}}\delta_{m,n}\delta_{\sigma,\sigma'}+h_{nm}^{\sigma\sigma'}(\boldsymbol{k})\equiv[\xi_{nm}(\boldsymbol{k})+\zeta_{nm}(\boldsymbol{k})]\delta_{\sigma,\sigma'}$$

[*1] 一般には，↑と↓のスピン状態の任意の線形結合の 2 状態 (Kramers ペア) を区別するラベル．

[*2] ただし，後述するように時間反転操作に対して Kramers ペアの関係にある状態や空間反転で移り変わる状態は，同じバンド指標となるようにラベル n を割り振る．

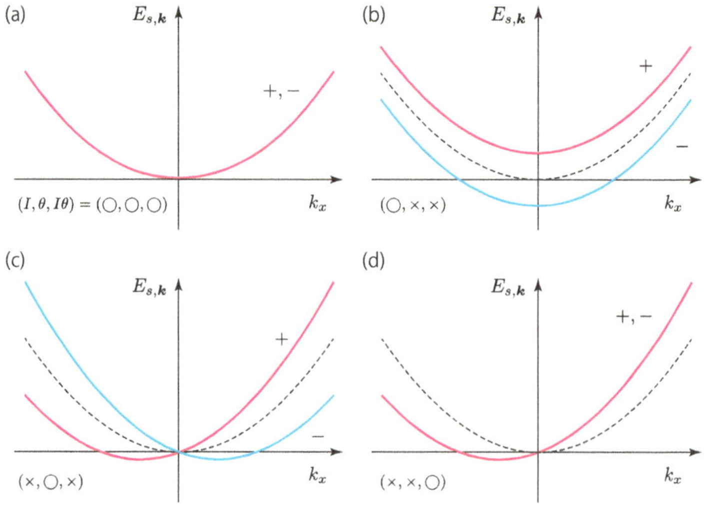

図 7.1　反対称相互作用とエネルギーバンドの変形．(a) $\boldsymbol{T}=\boldsymbol{M}=\boldsymbol{Q}=0$, (b) $\boldsymbol{M}=(0,M_y,0)$, (c) $\boldsymbol{Q}=(0,0,Q_z)$, (d) $\boldsymbol{T}=(T_x,0,0)$.

$$+\left[\boldsymbol{h}_{nm}(\boldsymbol{k})+\boldsymbol{g}_{nm}(\boldsymbol{k})\right]\cdot\boldsymbol{\sigma}_{\sigma\sigma'} \quad (7.2)$$

ここで，$\xi_{nm}(\boldsymbol{k})$, $\boldsymbol{h}_{nm}(\boldsymbol{k})$ は $\boldsymbol{k}$ に関して偶関数，$\zeta_{nm}(\boldsymbol{k})$, $\boldsymbol{g}_{nm}(\boldsymbol{k})$ は $\boldsymbol{k}$ に関して奇関数である．$\zeta_{nm}(\boldsymbol{k})$ を含む項を**反対称スカラー相互作用**，$\boldsymbol{g}_{nm}(\boldsymbol{k})$ を含む項を**反対称スピン軌道相互作用**という．

空間反転操作 I および時間反転操作 θ に対して，Bloch 関数は $I\psi_{n,\sigma,\boldsymbol{k}}(\boldsymbol{r})=\psi_{n,\sigma,-\boldsymbol{k}}(\boldsymbol{r})$, $\theta\psi_{n,\sigma,\boldsymbol{k}}(\boldsymbol{r})=\sigma\psi_{n,-\sigma,-\boldsymbol{k}}(\boldsymbol{r})$ のように変換される ($\sigma=\pm1$). また，$I\theta\psi_{n,\sigma,\boldsymbol{k}}(\boldsymbol{r})=\sigma\psi_{n,-\sigma,\boldsymbol{k}}(\boldsymbol{r})$ より $I\theta$ はスピン反転操作である．Pauli 行列は $\theta\boldsymbol{\sigma}\theta^{-1}=-\boldsymbol{\sigma}$ のように変換される．物性物理学で用いる物理法則は時間・空間反転に対して不変であるから，(7.2) 全体は常に時間反転および空間反転操作に関して不変である．対称性の破れは，電子の自由度に対してのみ対称操作を行ったときに不変でない状況を指すことに注意しよう．例えば，Zeeman 相互作用 $\boldsymbol{\sigma}\cdot\boldsymbol{h}$ は，時間反転操作 ($\boldsymbol{\sigma}\to-\boldsymbol{\sigma}$，$\boldsymbol{h}\to-\boldsymbol{h}$) に対して不変であるが，電子系のみの操作 $\boldsymbol{\sigma}\to-\boldsymbol{\sigma}$ に対しては不変でない．以上より，時間・空間反転操作に対して，$\delta_{\sigma,\sigma'}$ は電気的な極性スカラー，$\boldsymbol{\sigma}_{\sigma\sigma'}$ は磁気的な軸性ベクトルであるから，$\xi_{nm}(\boldsymbol{k})$, $\zeta_{nm}(\boldsymbol{k})$ は波数空間の電気的な極性スカラー場，$\boldsymbol{h}_{nm}(\boldsymbol{k})$, $\boldsymbol{g}_{nm}(\boldsymbol{k})$ は磁気的な軸性ベクトル場であることが分かる．$\xi_{nm}(\boldsymbol{k})$, $\zeta_{nm}(\boldsymbol{k})$, $\boldsymbol{h}_{nm}(\boldsymbol{k})$, $\boldsymbol{g}_{nm}(\boldsymbol{k})$ は結晶構造から決まる周期ポ

表 7.1 波数空間 (Γ 点近傍) の多極子の表式．(偶/奇) は波数に関する偶奇性を表す．

タイプ	$l=0$		$l=2,4,6,\cdots$		$l=1,3,5,\cdots$	
$Q_{lm}(\boldsymbol{k})$	1	(偶)	$O_{lm}(\boldsymbol{k})$	(偶)	$[\boldsymbol{k}\times\boldsymbol{\nabla}_{\boldsymbol{k}}O_{lm}(\boldsymbol{k})]\cdot\boldsymbol{\sigma}$	(奇)
$M_{lm}(\boldsymbol{k})$	—		—		$[\boldsymbol{\nabla}_{\boldsymbol{k}}O_{lm}(\boldsymbol{k})]\cdot\boldsymbol{\sigma}$	(偶)
$T_{lm}(\boldsymbol{k})$	—		$[\boldsymbol{k}\times\boldsymbol{\nabla}_{\boldsymbol{k}}O_{lm}(\boldsymbol{k})]\cdot\boldsymbol{\sigma}$	(偶)	$O_{lm}(\boldsymbol{k})$	(奇)
$G_{lm}(\boldsymbol{k})$	$\boldsymbol{k}\cdot\boldsymbol{\sigma}$	(奇)	$[\boldsymbol{\nabla}_{\boldsymbol{k}}O_{lm}(\boldsymbol{k})]\cdot\boldsymbol{\sigma}$	(奇)	—	

テンシャル，スピン軌道相互作用，外場，分子場によって，その構造が決定される．

例えば，1 バンド ($n=m$) の簡単な例として

$$\xi_{nn}(\boldsymbol{k})=\frac{\hbar^2\boldsymbol{k}^2}{2m},\quad \zeta_{nn}(\boldsymbol{k})=\boldsymbol{T}\cdot\boldsymbol{k}$$
$$\boldsymbol{h}_{nn}(\boldsymbol{k})=\boldsymbol{M},\quad \boldsymbol{g}_{nn}(\boldsymbol{k})=\boldsymbol{k}\times\boldsymbol{Q} \tag{7.3}$$

の場合を考えてみよう [*3]．$(\boldsymbol{k}\times\boldsymbol{Q})\cdot\boldsymbol{\sigma}$ は I に対して符号を変えるので，$\boldsymbol{Q}\neq0$ のとき空間反転対称性が破れる．同様にして，$\boldsymbol{M}\neq0$ のとき時間反転対称性が，$\boldsymbol{T}\neq0$ のときスピン反転対称性を保って時間と空間の反転対称性が破れる．$\boldsymbol{M}$ は磁気的な軸性ベクトル (磁気双極子モーメント) で $\boldsymbol{M}\cdot\boldsymbol{\sigma}$ はスピンに対する Zeeman 相互作用である．一方，$\boldsymbol{Q}$ は電場や電気双極子モーメントと同じ電気的な極性ベクトルであり，$(\boldsymbol{k}\times\boldsymbol{Q})\cdot\boldsymbol{\sigma}$ を **Rashba (反対称) スピン軌道相互作用**という．$\boldsymbol{T}$ は磁気的な極性ベクトル (磁気トロイダル双極子モーメント) で，反対称スカラー相互作用 $\boldsymbol{T}\cdot\boldsymbol{k}$ は波数ベクトルのシフトをもたらす．これらの対称性の破れは，エネルギー固有値

$$E_{s,\boldsymbol{k}}=\frac{\hbar^2\boldsymbol{k}^2}{2m}+\boldsymbol{T}\cdot\boldsymbol{k}+s|\boldsymbol{M}+\boldsymbol{k}\times\boldsymbol{Q}|\quad(s=\pm) \tag{7.4}$$

に反映される．例えば，$\boldsymbol{T}=(T_x,0,0)$, $\boldsymbol{M}=(0,M_y,0)$, $\boldsymbol{Q}=(0,0,Q_z)$ として，エネルギーバンドを図示すると図 7.1 のようになる．

以上の議論は，波数空間の多極子を導入すると容易に一般化できる [*4]．$\boldsymbol{k}$ が磁気的な極性ベクトル，$\boldsymbol{\sigma}$ が磁気的な軸性ベクトルであることを考慮すると，(6.2) で導入した関数 $O_{lm}(\boldsymbol{r})$ を用いて，1 バンド ($n=m$) の 4 種の多

[*3] 結晶の周期性を満たしていないが，Γ 点 ($\boldsymbol{k}=0$) まわりを議論しているものとする．

[*4] 多バンドの場合，波数空間の多極子は様々な表式が考えられる．例えば，$\boldsymbol{l}\cdot\boldsymbol{\sigma}$ も電気単極子である．

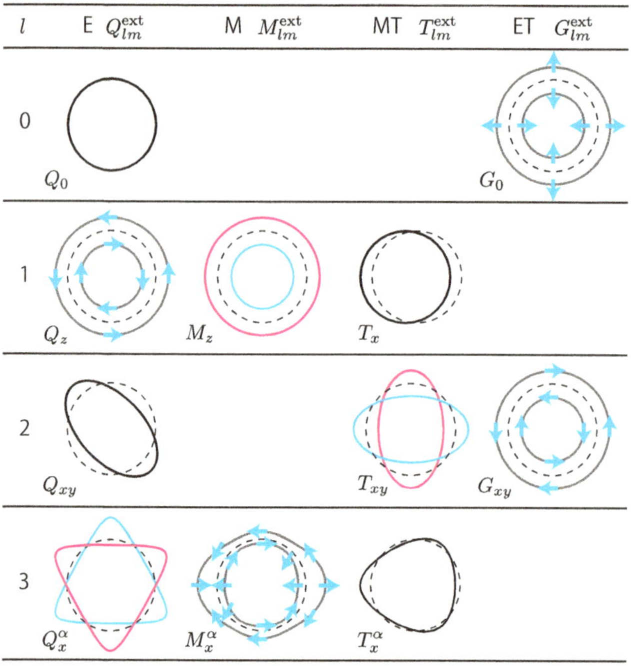

図 7.2　多極子 $X_{lm}^{\rm ext}$ $(X = Q, M, T, G)$ の存在によるスピン分裂・バンド変形の例．実線は k_x-k_y 面 $(k_z = 0)$ におけるバンド変形，赤 (青) は面直上向き (下向き) スピン，矢印は面内スピンの方向を表す．

極子は表 7.1 のように表される．これらの時間・空間反転に対する偶奇性を考えれば (7.2) は

$$
\xi_{nn}(\boldsymbol{k}) = \sum_{lm}^{\rm even} Q_{lm}(\boldsymbol{k}) Q_{lm}^{\rm ext*}, \quad \zeta_{nn}(\boldsymbol{k}) = \sum_{lm}^{\rm odd} T_{lm}(\boldsymbol{k}) T_{lm}^{\rm ext*}
$$
$$
\boldsymbol{h}_{nn}(\boldsymbol{k}) \cdot \boldsymbol{\sigma} = \sum_{lm}^{\rm odd} M_{lm}(\boldsymbol{k}) M_{lm}^{\rm ext*} + \sum_{lm}^{\rm even} T_{lm}(\boldsymbol{k}) T_{lm}^{\rm ext*}
$$
$$
\boldsymbol{g}_{nn}(\boldsymbol{k}) \cdot \boldsymbol{\sigma} = \sum_{lm}^{\rm odd} Q_{lm}(\boldsymbol{k}) Q_{lm}^{\rm ext*} + \sum_{lm}^{\rm even} G_{lm}(\boldsymbol{k}) G_{lm}^{\rm ext*} \tag{7.5}
$$

のように波数空間の多極子と関係づけられる．スピン分裂が生じるためには $I\theta$ の破れが必要であり，奇パリティの電気的な $Q_{lm}^{\rm ext}$ と $G_{lm}^{\rm ext}$ は反対称スピン分裂を，偶パリティの磁気的な $M_{lm}^{\rm ext}$ と $T_{lm}^{\rm ext}$ は対称スピン分裂を引き起こす．一方，スピン縮退を伴う反対称なバンド変形は $I\theta$ を保った I と θ の

表 7.2 反転対称性のない結晶点群 (三斜晶 (C_1, C_i) を除く) と恒等表現に属する多極子．P, C, G は極性点群，カイラル点群，ジャイロトロピック点群を表す．$l=3$ の多極子の表式については，S. Hayami, M. Yatsushiro, Y. Yanagi, and H. Kusunose, Phys. Rev. B **98**, 165110 (2018) を参照．

晶系	点群	P	C	G	$l=0$	$l=1$	$l=2$	$l=3$
立方	O		✓	✓	G_0			
	T_d							Q_{xyz}
	T		✓	✓	G_0			Q_{xyz}
正方	D_4		✓	✓	G_0		G_u	
	D_{2d}			✓			G_v	Q_{xyz}
	C_{4v}	✓		✓		Q_z		Q_z^α
	C_4	✓	✓	✓	G_0	Q_z	G_u	Q_z^α
	S_4			✓			G_v, G_{xy}	Q_{xyz}, Q_z^β
直方	D_2		✓	✓	G_0		G_u, G_v	Q_{xyz}
	C_{2v}	✓		✓		Q_z	G_{xy}	Q_z^α, Q_z^β
単斜	C_2	✓	✓	✓	G_0	Q_z	G_u, G_v, G_{xy}	Q_{xyz}, Q_z^α, Q_z^β
	C_s	✓		✓		Q_x, Q_y	G_{yz}, G_{zx}	Q_x^α, Q_y^α, Q_x^β, Q_y^β
六方	D_6		✓	✓	G_0		G_u	
	D_{3h}							Q_{3a}
	C_{6v}	✓		✓		Q_z		Q_z^α
	C_6	✓	✓	✓	G_0	Q_z	G_u	Q_z^α
	C_{3h}							Q_{3a}, Q_{3b}
三方	D_3		✓	✓	G_0		G_u	Q_{3a}
	C_{3v}	✓		✓		Q_z		Q_z^α, Q_{3a}
	C_3	✓	✓	✓	G_0	Q_z	G_u	Q_z^α, Q_{3a}, Q_{3b}

破れが必要であり，奇パリティの $T_{lm}^{\rm ext}$ によって引き起こされる *5．

例えば，$Q_{xyz}^{\rm ext}$ を含む項

$$Q_{xyz}^{\rm ext}[k_x(k_y^2-k_z^2)\sigma_x+k_y(k_z^2-k_x^2)\sigma_y+k_z(k_x^2-k_y^2)\sigma_z] \tag{7.6}$$

は，**Dresselhaus(反対称) スピン軌道相互作用**として知られている．$l=3$ までの多極子の存在によるスピン分裂・バンド変形の例を図 7.2 に示す．$Q_{lm}^{\rm ext}$，$M_{lm}^{\rm ext}$ 等が，上記の例の $\boldsymbol{Q}$, $\boldsymbol{M}$ 等の役割を果たす．

結晶中では，これらの多極子の線形結合から得られる結晶点群の既約表現を用いればよい．空間反転対称性のない結晶点群と恒等表現に属する多極子

*5 単バンドでは奇パリティの $M_{lm}(\boldsymbol{k})$ が存在しないが，多バンドでは奇パリティの $M_{lm}^{\rm ext}$ もスピン縮退を伴う反対称バンド変形を引き起こす．

を表 7.2 に示す．**極性点群**，**カイラル点群**，**ジャイロトロピック点群**は，それぞれ，$\boldsymbol{Q}$，G_0，$(G_0, \boldsymbol{Q}, G_{2m})$ の存在で特徴づけられる．ジャイロトロピック点群は**磁気光学効果**を示すが，そのうち $C_{4\mathrm{v}}, C_{6\mathrm{v}}, C_{3\mathrm{v}}$ は $\boldsymbol{Q}$ だけをもち，**自然旋光**を示さない弱いジャイロトロピック点群と呼ばれる [*6]．

例えば，正方晶の $D_{2\mathrm{d}}$ を考えてみよう．表 7.1 と表 7.2 より，電気トロイダル四極子 G_v^{ext} と結合する波数空間の多極子を用いて反対称スピン軌道相互作用は

$$H_{\text{A-SOC}} = G_v^{\mathrm{ext}}(k_x\sigma_x - k_y\sigma_y) \tag{7.7}$$

のように表される．電流密度は同じ対称性の $\boldsymbol{k}$ と結合することを考慮すると，**電流磁気効果** (Edelstein 効果) の物性テンソル $M_i = \sum_k \alpha_{ik}^{\mathrm{MJ}} j_k$ は，この $H_{\text{A-SOC}}$ より

$$\alpha^{\mathrm{MJ}} \propto \begin{pmatrix} G_v^{\mathrm{ext}} & 0 & 0 \\ 0 & -G_v^{\mathrm{ext}} & 0 \\ 0 & 0 & 0 \end{pmatrix} \tag{7.8}$$

となることが読み取れる．このように，反対称スピン軌道相互作用やそれによって生じるスピン分裂やバンドの変形，物性テンソルは多極子モーメントによって統一的に記述することができる．

7.2 反対称相互作用の微視的起源

7.2.1 外部電場下の 1 次元鎖の場合

前節で議論した反対称スピン軌道相互作用の起源を最も簡略化した模型を用いて導いてみよう．s-p 軌道からなる系を考え，まず，1 つのサイトに着目する．図 7.3(a) のように，スピンも含めて 6 重に縮退した p 軌道は適当な結晶場によって (p_x, p_y) 軌道と p_z 軌道に分裂し，p_z 軌道はフェルミ準位より十分深い位置にあるとする．そのため，p_z 軌道は完全に占有されていてその自由度は無視できるとして，(p_x, p_y) 軌道のみを考える．これらは軌道角運動量の z 成分と $|\pm 1\rangle = (|p_x\rangle \pm i\,|p_y\rangle)/\sqrt{2}$ の関係がある．

(p_x, p_y) に対してスピン軌道相互作用 $\lambda \boldsymbol{l} \cdot \boldsymbol{\sigma}$ を考えると，横成分は寄与

[*6] ランダウ・リフシッツ，電磁気学 2 (東京図書，1965)．

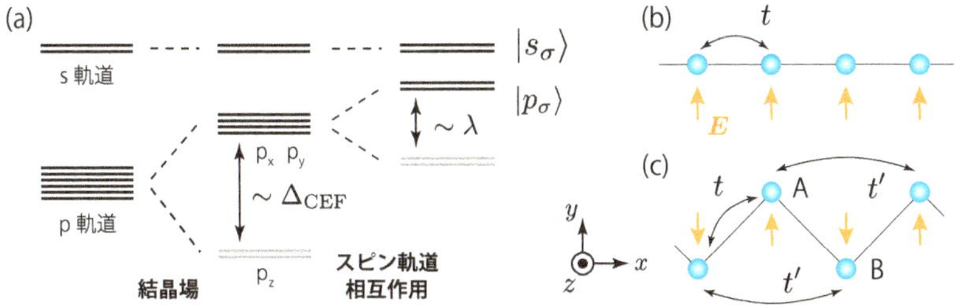

図 7.3　反対称スピン軌道相互作用の導出に用いる最小模型．(a) 結晶場とスピン軌道分裂によって制限された 1 サイト状態，(b) 外部電場におかれた最近接ホッピングの 1 次元鎖，(c) 最近接と次近接ホッピングのジグザグ鎖．

せず，縦成分 $\lambda l_z\sigma_z$ により $(|{+1},\uparrow\rangle\rangle, |{-1},\downarrow\rangle\rangle)$ と $(|{+1},\downarrow\rangle\rangle, |{-1},\uparrow\rangle\rangle)$ の 2 組に，間隔 2λ で分裂する．時間反転対称性により，これらの Kramers ペアはそれぞれ縮退している．以上のような手続きを経て分裂した軌道のうち $(|{+1},\uparrow\rangle\rangle, |{-1},\downarrow\rangle\rangle) \equiv (|p_+\rangle, |p_-\rangle)$ のみを残し，s 軌道 $(|s,\uparrow\rangle, |s,\downarrow\rangle \equiv (|s_+\rangle, |s_-\rangle)$ と合わせた 4 状態のみを考え，それぞれのエネルギー準位を $-\Delta$，$+\Delta$ とする．$|p_\sigma\rangle = (|p_x,\sigma\rangle + i\sigma\,|p_y,\sigma\rangle)/\sqrt{2}$ である．

この 4 状態が y 方向の外部電場中にあるとすると，座標 y に比例するポテンシャルにより s 軌道と p_y 軌道の間に混成が生じる．この静電ポテンシャルによる局所的な混成を $\langle s|V(y)|p_y\rangle \equiv \sqrt{2}\phi$ とおけば，$\langle s_\sigma|V|p_\sigma\rangle = i\sigma\,\langle s|V|p_y\rangle/\sqrt{2} = i\sigma\phi$ となり，スピン σ に依存した混成が生じる．

以上のようなサイトが図 7.3(b) のように格子間隔 a の 1 次元鎖上に並んでいるものとしよう．最近接サイト間のホッピングのみを考え

$$\langle s|h|s^\pm\rangle \equiv t_s,\ \ \langle p_x|h|p_x^\pm\rangle \equiv t_x,\ \ \langle p_y|h|p_y^\pm\rangle \equiv t_y,\ \ \langle s|h|p_x^\pm\rangle \equiv \pm\sqrt{2}t_{sx} \tag{7.9}$$

とおく．ここでケットの上付添字はブラのサイトの右側 (+) と左側 (−) のサイトを表す．制限された基底では

$$\langle p_\sigma|h|p_\sigma^\pm\rangle = \frac{1}{2}(t_x+t_y) \equiv \bar{t},\quad \langle s_\sigma|h|p_\sigma^\pm\rangle = \pm t_{sx} \tag{7.10}$$

である．以上より，(s_σ, p_σ) 空間でのタイトバインディング模型は

$$H = \sum_{k\sigma}(s_{k\sigma}^\dagger\ p_{k\sigma}^\dagger)\begin{pmatrix} \Delta+2t_sc_k & iv_{k\sigma} \\ -iv_{k\sigma} & -\Delta+2\bar{t}c_k \end{pmatrix}\begin{pmatrix} s_{k\sigma} \\ p_{k\sigma} \end{pmatrix} \tag{7.11}$$

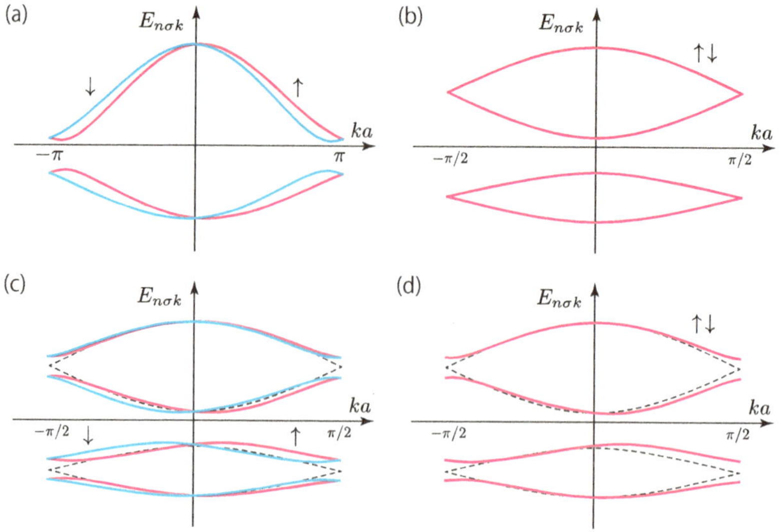

図 7.4　1 次元鎖模型 (a) とジグザグ鎖模型 (b)-(d) のスピン分裂とバンド変形. (a) 外部電場による反対称スピン分裂, (b) エネルギーバンド, (c) 交替電荷秩序 $\phi_{\mathrm{c}} = 0.5$ による反対称スピン分裂, (d) 交替磁気秩序 $\phi_{\mathrm{s}} = 0.5$ による反対称バンドシフト. 点線は (b) のエネルギーバンドを表す.

となる. ここで, $c_k = \cos(ka)$, $s_k = \sin(ka)$, $v_{k\sigma} = 2t_{sx}s_k + \sigma\phi$ とした. この行列の固有値からエネルギーバンドは

$$E_{\pm,\sigma k} = (t_s + \bar{t})c_k \pm \sqrt{[(t_s - \bar{t})c_k + \Delta]^2 + v_{k\sigma}^2} \tag{7.12}$$

であり, $\phi, t_{sx} \neq 0$ のときに反対称スピン分裂が生じる. $\Delta = 2$, $t_s = 1$, $\bar{t} = -0.5$, $t_{sx} = \phi = 0.5$ の場合のエネルギー分散を図 7.4(a) に示す.

(7.11) において, $v_{k\sigma}$ がなければ s_σ と p_σ が分離して反対称スピン分裂が生じない. そこで, s_σ と p_σ の準位差 $E_s - E_p \simeq 2\Delta$ が他のエネルギースケールに比べて十分に大きいとして, 有効ハミルトニアンを摂動的に求めてみよう. (7.11) に現れた 2×2 行列を

$$\mathcal{H} = \left(\begin{array}{c|c} H_s & H_1 \\ \hline H_1^\dagger & H_p \end{array}\right) \tag{7.13}$$

とすれば, s_σ および p_σ に対する有効ハミルトニアンは, それぞれ

$$H_s^{\mathrm{eff}} - H_s = H_1(E_s - H_p)^{-1}H_1^\dagger \simeq \frac{H_1H_1^\dagger}{2\Delta} = \frac{v_{k\sigma}^2}{2\Delta} = E_k^{\mathrm{even}} + g^z(k)\sigma$$

$$H_p^{\mathrm{eff}} - H_p = H_1^\dagger (E_p - H_s)^{-1} H_1 \simeq -\frac{v_{k\sigma}^2}{2\Delta} \tag{7.14}$$

となる．ここで，有効 s バンド ($+$ バンド) の g ベクトルの z 成分を

$$g^z(k) = \frac{2t_{sx}s_k\phi}{\Delta} \tag{7.15}$$

とした．$Q_y(k) \propto 2t_{sx}s_k\sigma$, $Q_y^{\mathrm{ext}} \propto \phi$ のように電気双極子を用いると，この結合は $Q_y(k)Q_y^{\mathrm{ext}}$ と表すことができる．外部電場がないとき zx 面の鏡映対称性が存在し，$Q_y^{\mathrm{ext}} = 0$ となるため反対称スピン軌道相互作用は消失する．同様に，t_{sx} ホッピングがないと波数空間の多極子 $Q_y(k)$ が消失する．

7.2.2 ジグザグ鎖の場合

もう 1 つの例として，外部電場中におかれた 1 次元鎖の代わりに，図 7.3(c) のような外部電場のないジグザグ鎖 (x 方向の AB の間隔 a) を考えてみよう．この系は全体として，AB ボンドの中点に関して空間反転対称性を有するが，A, B サイトは空間反転中心ではないため，y に比例する静電ポテンシャルが存在する．A サイトと B サイトの静電ポテンシャルは逆符号だから，$\langle s_{\sigma,A}|V|p_{\sigma,A}\rangle = -\langle s_{\sigma,B}|V|p_{\sigma,B}\rangle = i\sigma\phi$ となる．また，ジグザグ鎖の幾何学的配置から

$$\begin{aligned}
&\langle s_A|h|s_B^\pm\rangle \equiv t_s, \quad \langle p_{x,A}|h|p_{x,B}^\pm\rangle \equiv t_x, \quad \langle p_{y,A}|h|p_{y,B}^\pm\rangle \equiv t_y \\
&\langle s_A|h|p_{x,B}^\pm\rangle = -\langle p_{x,A}|h|s_B^\pm\rangle \equiv \pm\sqrt{2}t_{sx} \\
&\langle s_A|h|p_{y,B}^\pm\rangle = -\langle p_{y,A}|h|s_B^\pm\rangle \equiv \sqrt{2}t_{sy} \\
&\langle p_{x,A}|h|p_{y,B}^\pm\rangle = \langle p_{y,A}|h|p_{x,B}^\pm\rangle \equiv \pm t_{xy}
\end{aligned} \tag{7.16}$$

の最近接ホッピングがあり，制限された状態空間では

$$\begin{aligned}
&\langle s_{\sigma,A}|h|p_{\sigma,B}^\pm\rangle = \pm t_{sx} + i\sigma t_{sy}, \quad \langle p_{\sigma,A}|h|s_{\sigma,B}^\pm\rangle = \mp t_{sx} + i\sigma t_{sy}, \\
&\langle p_{\sigma,A}|h|p_{\sigma,B}^\pm\rangle = \bar{t}
\end{aligned} \tag{7.17}$$

である．さらに，反対称スピン軌道相互作用に関与する s-p_x 間の次近接ホッピング $\langle s_A|h|p_{x,A}^\pm\rangle = \langle s_B|h|p_{x,B}^\pm\rangle \equiv \pm\sqrt{2}t'_{sx}$ も導入しておく．

以上を用いると，ジグザグ鎖のタイトバインディング模型は，$A_{k\sigma}^\dagger = (s_{kA\sigma}^\dagger \ s_{kB\sigma}^\dagger : p_{kA\sigma}^\dagger \ p_{kB\sigma}^\dagger)$, $v_{k\sigma}^\pm = 2t_{sx}s_k \pm 2t_{sy}c_k\,\sigma$, $u_{k\sigma}^\pm = 2t'_{sx}s_{2k} \pm \phi\sigma$

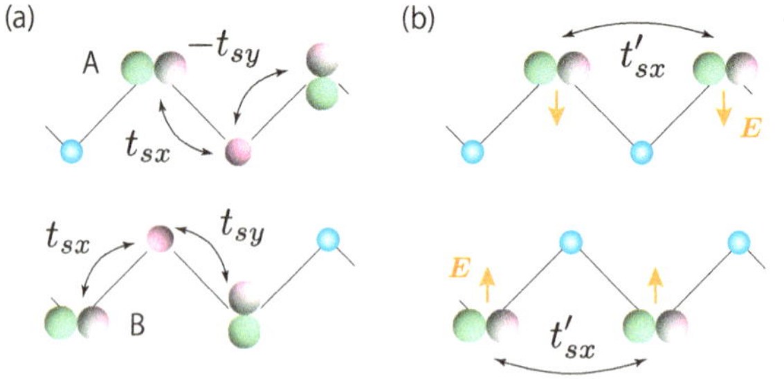

図 7.5　反対称スピン軌道相互作用が生じる 2 つの過程．(a) s 軌道を介した軌道混成，(b) 局所電場下での次近接ホッピング．

として

$$H=\sum_{k\sigma}A^{\dagger}_{k\sigma}\left(\begin{array}{cc|cc}\Delta & 2t_sc_k & iu^{+}_{k\sigma} & iv^{+}_{k\sigma}\\ 2t_sc_k & \Delta & iv^{-}_{k\sigma} & iu^{-}_{k\sigma}\\ \hline -iu^{+}_{k\sigma} & -iv^{-}_{k\sigma} & -\Delta & 2\bar{t}c_k\\ -iv^{+}_{k\sigma} & -iu^{-}_{k\sigma} & 2\bar{t}c_k & -\Delta\end{array}\right)A_{k\sigma} \tag{7.18}$$

である．$\Delta=2,\ t_s=1,\ \bar{t}=-0.5,\ t_{sx}=t_{sy}=0.5,\ \phi=t'_{sx}=0$ の場合のエネルギーバンドを図 7.4(b) に示す．この模型は全体として時間および空間反転対称性があるので，スピン分裂は生じない．

しかしながら，A, B サイトは反転中心でないことに由来して，空間反転対称性を破る種が潜んでいる．このことを見るために，前節と同様に $u^{\pm}_{k\sigma}, v^{\pm}_{k\sigma}$ を含むブロックを摂動として s_σ 軌道の有効相互作用を求めてみよう．k について奇関数の σ に依存する部分のみを残すと

$$\begin{aligned}H^{\rm eff}_s-H_s &\simeq \frac{H_1H_1^{\dagger}}{2\Delta}=\frac{1}{2\Delta}\begin{pmatrix}u^{+2}_{k\sigma}+v^{+2}_{k\sigma} & u^{+}_{k\sigma}v^{-}_{k\sigma}+u^{-}_{k\sigma}v^{+}_{k\sigma}\\ u^{+}_{k\sigma}v^{-}_{k\sigma}+u^{-}_{k\sigma}v^{+}_{k\sigma} & u^{-2}_{k\sigma}+v^{-2}_{k\sigma}\end{pmatrix}\\ &=\begin{pmatrix}\sigma\text{によらない}\\ k\text{ の偶関数}\end{pmatrix}+\frac{2(t_{sx}t_{sy}+t'_{sx}\phi)s_{2k}\sigma}{\Delta}\begin{pmatrix}1 & 0\\ 0 & -1\end{pmatrix}\end{aligned} \tag{7.19}$$

となる．これより，A, B サイトで逆符号の $g^z(k)$ が存在して，系全体として打ち消していることが分かる．また，その起源は図 7.5 に示したような s 軌

道を介した x 軌道と y 軌道の混成，または，交替的な局所電場と次近接ホッピングであることが見て取れる．これらの反対称スピン軌道相互作用の相殺を不完全なものにできれば系全体として反転対称性が破れるが，この点については次節で議論する．

7.2.3 空間反転対称性の自発的破れ

前節で議論した交替的な反対称スピン軌道相互作用の相殺を不完全なものにするには，A,B サイトに交替的な分子場が存在すればよい．すなわち，A, B サイトの交替的な電荷秩序や磁気秩序が生じれば相殺は不完全なものとなり，自発的に空間反転対称性が破れる．このことを見るために，(7.18) に交替的な分子場項

$$H_{\mathrm{AF}} = \sum_{k\sigma} A^\dagger_{k\sigma}\, \mathrm{diag}(\phi_\sigma,\, -\phi_\sigma,\, \phi_\sigma,\, -\phi_\sigma)\, A_{k\sigma} \tag{7.20}$$

を加えてみよう．ここで，diag$(\cdots)$ は $\cdots$ を対角要素とする行列を表す．また，$\phi_\sigma = \phi_{\mathrm{c}}$ は電荷秩序，$\phi_\sigma = \phi_{\mathrm{s}}\sigma$ は z 方向の磁気秩序を表す．図 7.4(c), (d) に示すように，電荷秩序 $\phi_{\mathrm{c}} = 0.5$ のとき反対称スピン分裂が，磁気秩序 $\phi_{\mathrm{s}} = 0.5$ のとき反対称バンドシフトが生じる．

自発的な反転対称性の破れを，有効ハミルトニアンを用いて議論してみよう．(7.19) の反対称スピン軌道相互作用のみを考慮すると，s_σ 軌道の有効ハミルトニアンは

$$H_s^{\mathrm{eff}} = \begin{pmatrix} \Delta + g_A^z(k)\sigma + \phi_\sigma & 2t_s c_k \\ 2t_s c_k & \Delta - g_A^z(k)\sigma - \phi_\sigma \end{pmatrix} \tag{7.21}$$

となる．ここで，$g_A^z(k) = 2(t_{sx}t_{sy} + t'_{sx}\phi)s_{2k}/\Delta$ とおいた．これより，エネルギーバンドは

$$\begin{aligned} E_{\pm,\sigma k} &= \Delta \pm \sqrt{4t_s^2 c_k^2 + [\phi_\sigma\sigma + g_A^z(k)]^2} \\ &\simeq \Delta \pm \sqrt{4t_s^2 c_k^2 + [g_A^z(k)]^2} \pm \frac{g_A^z(k)}{\sqrt{4t_s^2 c_k^2 + [g_A^z(k)]^2}}\phi_\sigma\sigma \end{aligned} \tag{7.22}$$

となる．電荷秩序の場合 $\phi_\sigma\sigma = \phi_{\mathrm{c}}\sigma$ となり，スピンに依存した反対称な分裂が生じる．一方，磁気秩序の場合 $\phi_\sigma\sigma = \phi_{\mathrm{s}}$ となって，スピンに依存しない反対称な変形が生じる．

反転対称性の自発的な破れを 6.4.3 節で議論したクラスター多極子の考え方を用いて議論してみよう．AB ボンドの中心を原点とする A, B サイトからなるクラスターを考える．このクラスターは，恒等操作 E と原点に関する反転対称操作 I からなる $C_{\rm i}$ 点群の対称性をもつ．AB クラスターの一様成分と交替成分を表す Pauli 行列を ρ_0, ρ_z とすれば，図 6.6(a) に示したように，奇パリティ A_u に属する電気と磁気の多極子は

$$Q_y(k) = g_A^z(k)\sigma\rho_0, \quad Q'_y(k) = \rho_z \tag{7.23}$$

$$T_x(k) = g_A^z(k)\rho_0 = Q_y(k)\sigma, \quad T'_x(k) = \sigma\rho_z \tag{7.24}$$

である．(7.21) の反対称スピン軌道相互作用の項は $Q_y(k)Q'_y(k)$ であり，$\mathrm{A}_u^+ \otimes \mathrm{A}_u^+ = \mathrm{A}_g^+$ のように電気的な全対称表現となっている．

一方，交替的な分子場は

$$Q_y^{\rm ext} = \phi_{\rm c}\rho_z, \quad T_x^{\rm ext} = \phi_{\rm s}\rho_z \tag{7.25}$$

のように A_u に属する多極子と見なせる．電荷秩序が発生すると $Q_y^{\rm ext}$ が有限となり，$Q_y(k)Q_y^{\rm ext}$ の結合を通じて反対称スピン分裂を引き起こす．同様に，磁気秩序が発生すると $T_x(k)T_x^{\rm ext}$ の結合を通じて反対称バンドシフトが生じる．

以上の結果は，次のように解釈することもできる．A, B サイトは反転中心ではないために，クラスター内に ρ_z という奇パリティ自由度が現れる．電荷や磁気双極子モーメント自体は偶パリティの自由度であるが，ρ_z との複合自由度 (クラスター多極子) を考えることで奇パリティ自由度が得られ，この奇パリティ自由度が強的に整列したことにより自発的に反転対称性が破れる．このような見方は，より複雑な系を考察するときに威力を発揮する．

7.3 非相反方向性スピン波

局在スピン系においても，空間反転対称性の破れた状況で反対称なスピン波分散が現れる．このことを前節と同様に 1 次元鎖およびジグザグ鎖の Heisenberg 模型で見てみよう．

まず，外部電場中におかれた 1 次元鎖 $S = 1/2$ Heisenberg 模型を考える．

$$H = -J\sum_j \left[S_j^z S_{j+1}^z + \alpha(S_j^x S_{j+1}^x + S_j^y S_{j+1}^y)\right]$$

$$+\sum_j \boldsymbol{D}\cdot(\boldsymbol{S}_j\times\boldsymbol{S}_{j+1}) \quad (7.26)$$

ここで，$J>0$ であり $\alpha\neq 1$ のとき異方的な交換相互作用となる．4.1.4 節で議論したように，DM ベクトル $\boldsymbol{D}$ と反転対称性の破れを特徴づける電気双極子モーメント $\boldsymbol{Q}$ は，ボンドが x 軸方向だから $\boldsymbol{D}\propto(\boldsymbol{Q}\times\boldsymbol{e}_x)$ の関係にある．z 方向にスピンが揃った強磁性状態に対してスピン波は xy 面内の変位であり，$\boldsymbol{S}_j\times\boldsymbol{S}_{j+1}\propto\boldsymbol{e}_z$ であるから，DM ベクトルを $\boldsymbol{D}=D\boldsymbol{e}_z$，外部電場を $\boldsymbol{E}=E\boldsymbol{e}_y$ $(D\equiv\gamma E)$ の向きに取ることにする．

4.3 節で議論した Holstein-Primakoff の方法に従い

$$S_j^z=S-a_j^\dagger a_j,\quad S_j^x=\sqrt{\frac{S}{2}}(a_j^\dagger+a_j),\quad S_j^y=\sqrt{\frac{S}{2}}i(a_j^\dagger-a_j) \quad (7.27)$$

のように Bose 粒子を導入して，線形スピン波近似を適用すると

$$\begin{aligned}H&=E_\mathrm{g}+SJ\sum_j[2a_j^\dagger a_j-\alpha(a_j^\dagger a_{j+1}+a_{j+1}^\dagger a_j)]\\&\qquad\qquad-iDS\sum_j(a_j^\dagger a_{j+1}-a_{j+1}^\dagger a_j)\\&=E_\mathrm{g}+\sum_q\epsilon_q a_q^\dagger a_q\\\epsilon_q&\equiv 2SJ[1-\alpha\cos(qa)]+2SD\sin(qa) \quad (7.28)\end{aligned}$$

となる．ここで，$E_\mathrm{g}=-NJS^2$ は基底状態のエネルギー．有限電場中では $D\neq 0$ となり，スピン波分散 ϵ_q が q に関して非対称になることが分かる．最低励起エネルギーの波数は $q_\mathrm{min}a=-\tan^{-1}(D/\alpha J)$ である．非対称マグノン分散を図 7.6(a) に示す．

次に，ジグザグ鎖の場合を考えよう．この場合，前節の議論と同様に A, B サイトで局所電場が y 軸方向に交替的に存在するため，DM ベクトルは z 軸方向に交替的に生じる．そこで，次のような Heisenberg 模型を考える．

$$\begin{aligned}H=-J\sum_j\left[S_j^zS_{j+1}^z+\alpha(S_j^xS_{j+1}^x+S_j^yS_{j+1}^y)\right]\\+\sum_j(-1)^j\boldsymbol{D}\cdot(\boldsymbol{S}_j\times\boldsymbol{S}_{j+2}) \quad (7.29)\end{aligned}$$

ここで，$j=$ 偶数 が A サイト，$j=$ 奇数 が B サイトを表す．$J<0$ は AB

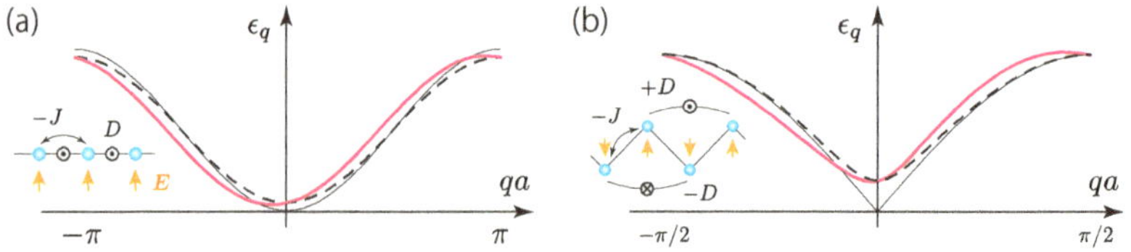

図 7.6　非対称スピン波分散 ($2S|J| = 1$) の例．細線は等方的 Heisenberg 模型 ($\alpha = 1, D = 0$)，点線は $D = 0$. (a) 外部電場下の強磁性 1 次元鎖 ($\alpha = 0.9, D = 0.2$)，(b) 交替 DM 相互作用のある反強磁性ジグザグ鎖 ($\alpha = 0.98, D = 0.1$).

間の最近接反強磁性相互作用，α は異方性の度合い，最近接 AB ボンドの中心には反転中心があるので DM 相互作用は存在せず，次近接 AA ボンドと BB ボンドで逆符号の DM 相互作用が働く．

z 方向の交替秩序状態に対して，スピン波近似を適用すると

$$S_j^z = (-1)^j(S - a_j^\dagger a_j)$$
$$S_j^x = \sqrt{\frac{S}{2}}(a_j^\dagger + a_j), \quad S_j^y = (-1)^j\sqrt{\frac{S}{2}}i(a_j^\dagger - a_j^j) \tag{7.30}$$

を用いて，古典的な基底状態エネルギー $E_\mathrm{c} = -N|J|S^2$ として

$$\begin{aligned} H &= E_\mathrm{c} - JS\sum_j\left[2a_j^\dagger a_j + \alpha(a_j^\dagger a_{j+1}^\dagger + a_{j+1}a_j)\right] \\ &\qquad\qquad - iDS\sum_j(a_j^\dagger a_{j+2} - a_{j+2}^\dagger a_j) \\ &= \frac{1}{2}\sum_q(a_q^\dagger \ a_{-q})\begin{pmatrix}\Omega_q + \Omega' & \Lambda_q \\ \Lambda_q & \Omega_q - \Omega_q'\end{pmatrix}\begin{pmatrix}a_q \\ a_{-q}^\dagger\end{pmatrix} + E_\mathrm{c} - \frac{1}{2}\sum_q\Omega_q \end{aligned} \tag{7.31}$$

となる．ここで

$$\Omega_q = 2S|J|, \quad \Omega_q' = 2SD\sin(2qa) \quad \Lambda_q = 2S\alpha|J|\cos(qa) \tag{7.32}$$

とおいた．Bogoliubov 変換 $a_q = \gamma_q\cosh\theta_q - \gamma_{-q}^\dagger\sinh\theta_q$ $[\tanh(2\theta_q) = \Lambda_q/\Omega_q]$ を用いれば

$$H = \sum_q\epsilon_q\left(\gamma_q^\dagger\gamma_q + \frac{1}{2}\right) - N|J|S(S+1), \quad \epsilon_q = \sqrt{\Omega_q^2 - \Lambda_q^2} + \Omega_q' \tag{7.33}$$

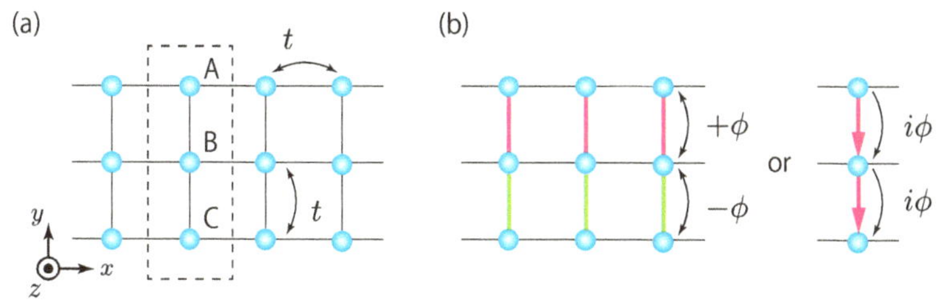

図 7.7　ボンド秩序と反転対称性の破れ．(a) 無秩序状態の 3 副格子 1 次元鎖 (点線は単位格子)，(b) 秩序状態のホッピング変調 (実数/虚数).

となる．非対称マグノン分散 ϵ_q を図 7.6(b) に示す．

7.4 ボンド秩序

7.2.3 節では，反転中心にないサイトにおける偶パリティ多極子の秩序によって自発的な反転対称性の破れが生じることを見た．本節では，ボンド中心が反転中心ではない系にボンド秩序が発生すると系全体に自発的な反転対称性の破れが生じることを見てみよう．

図 7.7(a) のような 3 つ副格子からなる 3 本の 1 次元鎖 (格子間隔 a) を考える．この模型は空間反転対称性があり，B サイト上や BB ボンド中心に反転中心があるが，AB や BC ボンドの中点には反転中心がないことに注意しよう．最近接ホッピングを t とすると，タイトバインディングハミルトニアンは，$c_k = \cos(ka)$ として

$$H = \sum_{\boldsymbol{k}\sigma} (a_{k\sigma}^\dagger \; b_{k\sigma}^\dagger \; c_{k\sigma}^\dagger) \begin{pmatrix} 2tc_k & t & 0 \\ t & 2tc_k & t \\ 0 & t & 2tc_k \end{pmatrix} \begin{pmatrix} a_{k\sigma} \\ b_{k\sigma} \\ c_{k\sigma} \end{pmatrix} \tag{7.34}$$

である．このエネルギーバンドは

$$E_{0,k} = 2tc_k, \quad E_{\pm,k} = 2tc_k \pm \sqrt{2}t \tag{7.35}$$

であり，波数に関して偶関数である．

電子間の Coulomb 相互作用や電子格子相互作用によってボンド秩序が発生し，その分子場によって y 方向のホッピングが図 7.7(b) のように $\pm\phi$ だ

け変化したとしよう．この系は空間反転対称性を失っている．このとき，ハミルトニアン行列とエネルギーバンドは

$$\mathcal{H}(\phi) = \begin{pmatrix} 2tc_k & t & 0 \\ t & 2tc_k & t \\ 0 & t & 2tc_k \end{pmatrix} + \mathcal{H}_{\mathrm{MF}}(\phi), \quad \mathcal{H}_{\mathrm{MF}} \equiv \phi \begin{pmatrix} 0 & 1 & 0 \\ 1 & 0 & -1 \\ 0 & -1 & 0 \end{pmatrix} \tag{7.36}$$

$$E_{0,k} = 2tc_k, \quad E_{\pm,k} = 2tc_k \pm \sqrt{2(t^2+\phi^2)} \tag{7.37}$$

となる．系の空間反転対称性は破れているが，エネルギー分散にはその効果は現れない．上記の模型はスピン軌道相互作用に由来するスピンと軌道運動 (ホッピング) を結合する項がなく，実質的にスピンレスの模型であるため，時間反転対称性により k と $-k$ のエネルギーが縮退するからである．

対称性の観点からは，実数のホッピングは反転中心ではないボンド中心におかれた (偶パリティの) 電荷と同じであり，AB ボンドと BC ボンドのホッピング変調の符号が逆であるため，y 方向の電気双極子モーメントが発生したと見ることができる．実際，(7.36) の右辺第 2 項の行列は，ボンド多極子として見れば電気双極子 Q_y である．この電気双極子が作る局所電場の下で 7.2.1 節と同様の議論を行えば，スピン軌道相互作用により x 方向のホッピングに対して，$\alpha t_{sx} \phi s_k \sigma$ (α は結合定数) のような項が生じるので

$$\begin{aligned} &E_{0,\sigma\boldsymbol{k}} = 2tc_k + E_{k\sigma}^{\mathrm{AS}}, \quad E_{\pm,\sigma\boldsymbol{k}} = 2tc_k + E_{k\sigma}^{\mathrm{AS}} \pm \sqrt{2(t^2+\phi^2)} \\ &E_{k\sigma}^{\mathrm{AS}} \equiv \alpha t_{sx} \phi s_k \end{aligned} \tag{7.38}$$

のようにエネルギー分散に反対称項 $E_{k\sigma}^{\mathrm{AS}}$ が現れる．

$\pm\phi$ のホッピング変調の代わりに，$+i\phi$ のような虚数のホッピング変調が生じた場合，ハミルトニアン行列 (7.36) に追加される分子場は

$$\mathcal{H}_{\mathrm{MF}}(\phi) = \phi \begin{pmatrix} 0 & i & 0 \\ -i & 0 & i \\ 0 & -i & 0 \end{pmatrix} \tag{7.39}$$

であり，ボンド多極子の見方 (図 7.7(b) 右) では磁気トロイダル双極子 T_y である．このときは，エネルギー分散に

$$E_k^{\mathrm{AS}} = \alpha t_{sx} \phi s_k \tag{7.40}$$

の項が加わり，反対称のバンドシフトが生じる．

任意の 2 体の相互作用を

$$H_{\mathrm{int}} = \frac{1}{2} \sum_{ijkl} V_{ij,kl} a_i^\dagger a_j^\dagger a_l a_k \tag{7.41}$$

とするとき，ボンド秩序を引き起こす平均場は

$$\begin{aligned} H_{\mathrm{MF}} &= \frac{1}{2} \sum_{ijkl} V_{ij,kl} \left(\langle a_i^\dagger a_k \rangle a_j^\dagger a_l - \langle a_i^\dagger a_l \rangle a_j^\dagger a_k \right) = \sum_{ij} \phi_{ij} a_i^\dagger a_j \\ \phi_{ij} &= \frac{1}{2} \sum_{kl} (V_{ik,jl} - V_{ik,lj}) \langle a_k^\dagger a_l \rangle \end{aligned} \tag{7.42}$$

の $i \neq j$ の項によって表される．

付録A 補足事項

A.1 Fourier 変換

ここでは，本書で現れる Fourier 変換を，実空間または波数空間で周期的な場合と連続極限の場合，および，時間と振動数の変換についてまとめておく [*1].

A.1.1 実空間の周期関数

基本並進ベクトルを $\boldsymbol{a}_i$ $(i = 1, 2, 3)$ とすると，結晶中の電子は $\boldsymbol{a}_i$ の周期性をもつポテンシャルを感じる．格子点は任意の整数の組 (n_1, n_2, n_3) を用いて，$\boldsymbol{j} = \sum_i n_i \boldsymbol{a}_i$ と表される．周期性は $f(\boldsymbol{r} + \boldsymbol{a}_i) = f(\boldsymbol{r})$ であり，$\boldsymbol{r}$ は単位格子内 ($\boldsymbol{r} \in \Omega_0$: $\Omega_0 = \boldsymbol{a}_1 \cdot (\boldsymbol{a}_2 \times \boldsymbol{a}_3)$ は単位格子の体積) だけ考えれば十分である．

逆格子基本ベクトルを $\boldsymbol{b}_1 = 2\pi(\boldsymbol{a}_2 \times \boldsymbol{a}_3)/\Omega_0$ (cyclic) とし，任意の整数の組 (g_1, g_2, g_3) を用いて表される逆格子点 $\boldsymbol{G} = \sum_i g_i \boldsymbol{b}_i$ を用いると，周期関数 $f(\boldsymbol{r})$ は次のように Fourier 展開でき，展開係数 $f_{\boldsymbol{G}}$ は逆変換で定められる．

$$f(\boldsymbol{r}) \equiv \sum_{\boldsymbol{G}} f_{\boldsymbol{G}} e^{i\boldsymbol{G}\cdot\boldsymbol{r}}, \quad f_{\boldsymbol{G}} = \int_{\Omega_0} \frac{d\boldsymbol{r}}{\Omega_0} f(\boldsymbol{r}) e^{-i\boldsymbol{G}\cdot\boldsymbol{r}} \tag{A.1}$$

この関係を繰り返し用いると

$$f_{\boldsymbol{G}} = \int_{\Omega_0} \frac{d\boldsymbol{r}}{\Omega_0} e^{-i\boldsymbol{G}\cdot\boldsymbol{r}} \sum_{\boldsymbol{G}'} f_{\boldsymbol{G}'} e^{i\boldsymbol{G}'\cdot\boldsymbol{r}} = \sum_{\boldsymbol{G}'} \int_{\Omega_0} \frac{d\boldsymbol{r}}{\Omega_0} e^{-i(\boldsymbol{G}-\boldsymbol{G}')\cdot\boldsymbol{r}} f_{\boldsymbol{G}'}$$

となるが，これが左辺に等しいためには

$$\int_{\Omega_0} \frac{d\boldsymbol{r}}{\Omega_0} e^{-i(\boldsymbol{G}-\boldsymbol{G}')\cdot\boldsymbol{r}} = \delta_{\boldsymbol{G}-\boldsymbol{G}',\boldsymbol{0}} \quad \to \quad \int_{\Omega_0} \frac{d\boldsymbol{r}}{\Omega_0} e^{i\boldsymbol{G}\cdot\boldsymbol{r}} = \delta_{\boldsymbol{G},\boldsymbol{0}} \tag{A.2}$$

[*1] 本節では $f(a)$ と書くとき a は連続変数，f_a と書くとき a は離散変数と使い分ける．

である [*2]．この議論から分かるように，(A.1) における定数因子 $1/\Omega_0$ は展開と逆変換の表式に現れる因子の積が $1/\Omega_0$ となる限り任意に選ぶことができ，本書では $f(\boldsymbol{r})$ と $f_{\boldsymbol{G}}$ の次元が一致するように定めた．同様の議論より

$$\sum_{\boldsymbol{G}} e^{i\boldsymbol{G}\cdot\boldsymbol{r}} = \Omega_0 \sum_{\boldsymbol{j}} \delta(\boldsymbol{r}-\boldsymbol{j}) \tag{A.3}$$

$\boldsymbol{r}$ として $\boldsymbol{j}=\boldsymbol{0}$ の単位格子内のみを考える場合は，$\sum_{\boldsymbol{j}}\delta(\boldsymbol{r}-\boldsymbol{j})\to\delta(\boldsymbol{r})$ とする．$f(\boldsymbol{r})$ が実数ならば $f_{\boldsymbol{G}}=f^*_{-\boldsymbol{G}}$，純虚数ならば $f_{\boldsymbol{G}}=-f^*_{-\boldsymbol{G}}$ が成り立つ．一方，$f_{\boldsymbol{G}}=\pm f_{-\boldsymbol{G}}$ ならば $f(\boldsymbol{r})=\pm f(-\boldsymbol{r})$ である．

A.1.2 波数空間の周期関数

周期ポテンシャル中を運動する電子の波動 (Bloch) 関数 $\psi_{\boldsymbol{k}}$ は，逆格子内の波数を $\boldsymbol{k}$ ($\boldsymbol{k}\in$ BZ) としてあらゆる $\boldsymbol{k}+\boldsymbol{G}$ の重ね合わせとなる．したがって，$\psi_{\boldsymbol{k}}$ と $\psi_{\boldsymbol{k}+\boldsymbol{b}_i}$ は位相因子を除いて本質的に同じ関数であり，本書ではこの位相因子を 1 に選ぶ (周期ゲージ条件)．エネルギー分散 $\epsilon_{\boldsymbol{k}}$ のような実関数も波数空間で $\boldsymbol{b}_i$ の周期性をもつ．一方，実空間では Bloch の定理 $\psi_{\boldsymbol{k}}(\boldsymbol{r}+\boldsymbol{a}_i)=e^{i\boldsymbol{k}\cdot\boldsymbol{a}_i}\psi_{\boldsymbol{k}}(\boldsymbol{r})$ から分かるように，$\psi_{\boldsymbol{k}}(\boldsymbol{r})$ は結晶の周期性をもたないことに注意しよう [*3]．

このような周期性 $f_{\boldsymbol{k}+\boldsymbol{b}_i}=f_{\boldsymbol{k}}$ をもつ関数は次のように Fourier 展開でき，展開係数 $f_{\boldsymbol{j}}$ は逆変換より定まる．

$$f_{\boldsymbol{k}} \equiv \sum_{\boldsymbol{j}} f_{\boldsymbol{j}} e^{-i\boldsymbol{k}\cdot\boldsymbol{j}}, \quad f_{\boldsymbol{j}} = \frac{1}{N_0}\sum_{\boldsymbol{k}}^{\mathrm{BZ}} f_{\boldsymbol{k}} e^{i\boldsymbol{k}\cdot\boldsymbol{j}} \tag{A.4}$$

$f_{\boldsymbol{j}}$ が $O(1)$ ($f_{\boldsymbol{j}=\boldsymbol{0}}$ が $\boldsymbol{k}$ 平均) のとき，$f_{\boldsymbol{k}}$ は $O(N_0)$ となるような定義を採用した [*4]．ここで，結晶の体積を $V=N_0\Omega_0$ として，N_0 は実格子および逆格子点の総数である．前節と同様に，この関係を繰り返し用いて次の関係を得る．

$$\frac{1}{N_0}\sum_{\boldsymbol{k}}^{\mathrm{BZ}} e^{i\boldsymbol{k}\cdot\boldsymbol{j}} = \delta_{\boldsymbol{j},\boldsymbol{0}}, \quad \sum_{\boldsymbol{j}} e^{i\boldsymbol{k}\cdot\boldsymbol{j}} = N_0\sum_{\boldsymbol{G}}\delta_{\boldsymbol{k},\boldsymbol{G}} \tag{A.5}$$

後者の関係式は「運動量」保存則を表している．この関係は通常の連続空間

---

*2 実際には，この関係が前提であり，それを満たすように (A.1) を定義している．

*3 確率密度 $\rho_{\boldsymbol{k}}(\boldsymbol{r})=|\psi_{\boldsymbol{k}}(\boldsymbol{r})|^2$ や格子周期波動関数 $u_{\boldsymbol{k}}(\boldsymbol{r})$ は結晶の周期性をもつ．

*4 波動関数や生成消滅演算子に関する Fourier 変換は，規格化の要請から (A.4) とは異なり，両方に $1/\sqrt{N_0}$ を付ける定義を用いる．

では $\boldsymbol{G}=\boldsymbol{0}$ でのみ成り立つが，結晶中では Bloch 状態を特徴づける $\boldsymbol{k}$ が逆格子ベクトル $\boldsymbol{G}$ の不定性をもつため，$\boldsymbol{G}$ のずれを伴ってこの関係が成り立つと解釈できる．このような，逆格子ベクトル分のずれを許す範囲で保存する運動量 $\hbar\boldsymbol{k}$ を結晶運動量という．$\boldsymbol{k}$ として $\boldsymbol{G}=\boldsymbol{0}$ の BZ 内のみを考える場合は，$\sum_{\boldsymbol{G}}\delta_{\boldsymbol{k},\boldsymbol{G}}\to\delta_{\boldsymbol{k},\boldsymbol{0}}$ とする．$f_{\boldsymbol{k}}$ が実数ならば $f_{\boldsymbol{j}}=f^*_{-\boldsymbol{j}}$，純虚数ならば $f_{\boldsymbol{j}}=-f^*_{-\boldsymbol{j}}$ が成り立つ．一方，$f_{\boldsymbol{j}}=\pm f_{-\boldsymbol{j}}$ ならば $f_{\boldsymbol{k}}=\pm f_{-\boldsymbol{k}}$ である．

同様に，2 つの格子点 $\boldsymbol{i}, \boldsymbol{j}$ や波数 $\boldsymbol{k}, \boldsymbol{p}$ が関与するときの Fourier 展開と逆変換は

$$g_{\boldsymbol{k},\boldsymbol{p}}\equiv\sum_{\boldsymbol{ij}}e^{-i(\boldsymbol{k}\cdot\boldsymbol{i}+\boldsymbol{p}\cdot\boldsymbol{j})}g_{\boldsymbol{i},\boldsymbol{j}}, \tag{A.6}$$

$$g_{\boldsymbol{i},\boldsymbol{j}}=\frac{1}{N_0^2}\sum_{\boldsymbol{kp}}e^{i(\boldsymbol{k}\cdot\boldsymbol{i}+\boldsymbol{p}\cdot\boldsymbol{j})}g_{\boldsymbol{k},\boldsymbol{p}} \tag{A.7}$$

特に，$g_{\boldsymbol{i},\boldsymbol{j}}=g_{\boldsymbol{R}}\ (\boldsymbol{R}=\boldsymbol{i}-\boldsymbol{j})$ のように格子点の差だけに依存し，$\boldsymbol{k}$ と $\boldsymbol{p}$ がともに $\boldsymbol{G}=\boldsymbol{0}$ の BZ 内にある場合

$$\begin{aligned}g_{\boldsymbol{k},\boldsymbol{p}}&=\sum_{\boldsymbol{jR}}e^{-i(\boldsymbol{k}\cdot(\boldsymbol{j}+\boldsymbol{R})+\boldsymbol{p}\cdot\boldsymbol{j})}g_{\boldsymbol{R}}=N_0\delta_{\boldsymbol{k},-\boldsymbol{p}}\sum_{\boldsymbol{R}}e^{-i\boldsymbol{k}\cdot\boldsymbol{R}}g_{\boldsymbol{R}}\\&=g_{\boldsymbol{k}}\,N_0\delta_{\boldsymbol{k},-\boldsymbol{p}}\end{aligned} \tag{A.8}$$

よく使う Fourier 変換を以下にまとめておく．

生成消滅演算子 (波動関数)

$$a_{\boldsymbol{j}}\equiv\frac{1}{\sqrt{N_0}}\sum_{\boldsymbol{k}}e^{i\boldsymbol{k}\cdot\boldsymbol{j}}a_{\boldsymbol{k}},\quad a^\dagger_{\boldsymbol{j}}=\frac{1}{\sqrt{N_0}}\sum_{\boldsymbol{k}}e^{-i\boldsymbol{k}\cdot\boldsymbol{j}}a^\dagger_{\boldsymbol{k}}$$

$$a_{\boldsymbol{k}}=\frac{1}{\sqrt{N_0}}\sum_{\boldsymbol{j}}e^{-i\boldsymbol{k}\cdot\boldsymbol{j}}a_{\boldsymbol{j}},\quad a^\dagger_{\boldsymbol{k}}=\frac{1}{\sqrt{N_0}}\sum_{\boldsymbol{j}}e^{i\boldsymbol{k}\cdot\boldsymbol{j}}a^\dagger_{\boldsymbol{j}}$$

密度型演算子

$$\rho_{\boldsymbol{j}}\equiv a^\dagger_{\boldsymbol{j}}a_{\boldsymbol{j}},\quad \rho_{\boldsymbol{q}}=\sum_{\boldsymbol{k}}a^\dagger_{\boldsymbol{k}-\boldsymbol{q}}a_{\boldsymbol{k}}=\sum_{\boldsymbol{k}}a^\dagger_{\boldsymbol{k}-\boldsymbol{q}/2}a_{\boldsymbol{k}+\boldsymbol{q}/2}$$

$$\psi_{\boldsymbol{j}}\equiv a_{\boldsymbol{j}}b_{\boldsymbol{j}},\quad \psi_{\boldsymbol{q}}=\sum_{\boldsymbol{k}}a_{\boldsymbol{q}-\boldsymbol{k}}b_{\boldsymbol{k}}=\sum_{\boldsymbol{k}}a_{\boldsymbol{q}/2-\boldsymbol{k}}b_{\boldsymbol{k}+\boldsymbol{q}/2}$$

ホッピング型 ($t_{i,j} = t_{i-j}$)

$$\sum_{ij} t_{i,j} a_i^\dagger a_j = \sum_{\boldsymbol{k}} t_{\boldsymbol{k}} a_{\boldsymbol{k}}^\dagger a_{\boldsymbol{k}}, \quad \sum_{ij} t_{i,j} a_i b_j = \sum_{\boldsymbol{k}} t_{\boldsymbol{k}} a_{-\boldsymbol{k}} b_{\boldsymbol{k}}$$

相互作用型 ($U_{i,j} = U_{i-j}$)

$$\sum_{ij} U_{i,j} \rho_i \rho'_j = \frac{1}{N_0} \sum_{\boldsymbol{q}} U_{\boldsymbol{q}} \rho_{-\boldsymbol{q}} \rho'_{\boldsymbol{q}}, \quad \sum_{ij} U_{i,j} \psi_i^\dagger \psi_j = \frac{1}{N_0} \sum_{\boldsymbol{q}} U_{\boldsymbol{q}} \psi_{\boldsymbol{q}}^\dagger \psi_{\boldsymbol{q}}$$

たたみ込み型

$$\rho_i = \sum_j \chi_{i-j} \phi_j, \quad \rho_{\boldsymbol{q}} = \chi_{\boldsymbol{q}} \phi_{\boldsymbol{q}}$$

以上の議論では，$\boldsymbol{k}$ が連続変数ではなく離散的な値を取るとしていた．これは，有限の体積 V を考え，任意の自然数を N_i (格子点の総数は $N_0 = N_1 N_2 N_3$) として，各方向に $f_{\boldsymbol{k}}(\boldsymbol{r} + N_i \boldsymbol{a}_i) = f_{\boldsymbol{k}}(\boldsymbol{r})$ の周期境界条件を仮定したためである．このとき，波数ベクトルの取り得る値は任意の整数の組 (s_1, s_2, s_3) を用いて，$\boldsymbol{k} = \sum_i (s_i/N_i)\boldsymbol{b}_i$ に制限される．さらに，$\boldsymbol{k}$ を1つの逆格子内 (例えば $\boldsymbol{G} = \boldsymbol{0}$) だけに限れば，整数の範囲は $s_i = 0, 1, \cdots, N_i - 1$ $(0 \leqq s_i/N_i < 1)$ となり，逆格子内の $\boldsymbol{k}$ 点の総数は $N_1 N_2 N_3 = N_0$ となる．よって，$\sum_{\boldsymbol{k}}^{\mathrm{BZ}}$ は s_i に関する N_0 個の和 $\sum_{s_1=0}^{N_1-1} \sum_{s_2=0}^{N_2-1} \sum_{s_3=0}^{N_3-1}$ と解釈すべきである．

例えば，一辺 a の単純立方格子を考えると，$\boldsymbol{a}_1 = (a, 0, 0)$, $\boldsymbol{b}_1 = \dfrac{2\pi}{a}(1, 0, 0)$ (cyclic) であり，$N_1 = N_2 = N_3$, $N_1 a = L$ とすれば，結晶の体積は $V = L^3$ であり，$\boldsymbol{k} = \dfrac{2\pi}{L}(s_1, s_2, s_3)$ となる．

$N_i \gg 1$ の十分大きな結晶では $\boldsymbol{k}$ は連続変数と見なしてよい．このとき，$d\boldsymbol{k} = \boldsymbol{b}_1 \cdot (\boldsymbol{b}_2 \times \boldsymbol{b}_3) d\boldsymbol{s}/N_1 N_2 N_3 = (2\pi)^3 d\boldsymbol{s}/V$ より，次のように和を積分に置き換えることができる．

$$\frac{1}{N_0} \sum_{\boldsymbol{k}}^{\mathrm{BZ}} \to \frac{\Omega_0}{(2\pi)^3} \int_{\mathrm{BZ}} d\boldsymbol{k} \tag{A.9}$$

A.1.3 連続極限

前節の波数空間の周期関数の場合に，$|\boldsymbol{a}_i| \to 0$ の連続極限を考えよう．このとき，格子点 $\boldsymbol{j}$ は連続変数と見なしてよい．ただし，$\Omega_0 \to 0$，$N_0 \to \infty$ となるため，$V = N_0\Omega_0$ は一定として極限を取る必要がある．この極限でも (A.9) の置き換えが可能であり，(A.4) と (A.5) は

$$\Omega_0 \sum_{\boldsymbol{j}} \leftrightarrow \int_V d\boldsymbol{r}, \quad \frac{1}{N_0}\sum_{\boldsymbol{k}}^{\mathrm{BZ}} \leftrightarrow \frac{\Omega_0}{(2\pi)^3}\int d\boldsymbol{k} \tag{A.10}$$

$$\frac{1}{\Omega_0}\delta_{\boldsymbol{j},\boldsymbol{0}} \leftrightarrow \delta(\boldsymbol{r}), \quad \frac{V}{(2\pi)^3}\delta_{\boldsymbol{k},\boldsymbol{0}} \leftrightarrow \delta(\boldsymbol{k}), \quad f_{\boldsymbol{j}} \leftrightarrow f(\boldsymbol{r}), \quad f_{\boldsymbol{k}} \leftrightarrow \frac{1}{\Omega_0} f(\boldsymbol{k}) \tag{A.11}$$

として

$$f(\boldsymbol{k}) = \int_V d\boldsymbol{r}\, f(\boldsymbol{r}) e^{-i\boldsymbol{k}\cdot\boldsymbol{r}}, \quad f(\boldsymbol{r}) = \int \frac{d\boldsymbol{k}}{(2\pi)^3} f(\boldsymbol{k}) e^{i\boldsymbol{k}\cdot\boldsymbol{r}} \tag{A.12}$$

$$\int \frac{d\boldsymbol{k}}{(2\pi)^3} e^{i\boldsymbol{k}\cdot\boldsymbol{r}} = \delta(\boldsymbol{r}), \quad \int_V d\boldsymbol{r}\, e^{i\boldsymbol{k}\cdot\boldsymbol{r}} = (2\pi)^3\delta(\boldsymbol{k}) \tag{A.13}$$

$f_{\boldsymbol{j}}$ と $f(\boldsymbol{r})$ は同じ次元，$f_{\boldsymbol{k}}$ と $f(\boldsymbol{k})$ は体積の次元だけ異なる点に注意しよう．

A.1.4 時間と振動数

実時間の関数 $f(t)$ と実振動数の関数 $f(\omega)$ の Fourier 変換は

$$f(\omega) \equiv \int_{-\infty}^{\infty} dt\, f(t) e^{i\omega t}, \quad f(t) = \int_{-\infty}^{\infty} \frac{d\omega}{2\pi} f(\omega) e^{-i\omega t} \tag{A.14}$$

虚時間 τ に対して，周期的な関数 $f(\tau + \beta\hbar) = f(\tau)$ ($\beta = 1/k_{\mathrm{B}}T$ は逆温度) の場合は Bose 粒子の松原振動数 $\omega_n = 2\pi n/\beta\hbar$ を用いて

$$f(\omega_n) \equiv \int_0^{\beta\hbar} d\tau\, f(\tau) e^{i\omega_n\tau}, \quad f(\tau) = \frac{1}{\beta\hbar}\sum_{n=-\infty}^{\infty} f(\omega_n) e^{-i\omega_n\tau} \tag{A.15}$$

反周期的な関数 $f(\tau + \beta\hbar) = -f(\tau)$ の場合は Fermi 粒子の松原振動数 $\omega_n = \pi(2n+1)/\beta\hbar$ を用いて

$$f(\omega_n) \equiv \int_0^{\beta\hbar} d\tau\, f(\tau) e^{i\omega_n\tau}, \quad f(\tau) = \frac{1}{\beta\hbar}\sum_{n=-\infty}^{\infty} f(\omega_n) e^{-i\omega_n\tau} \tag{A.16}$$

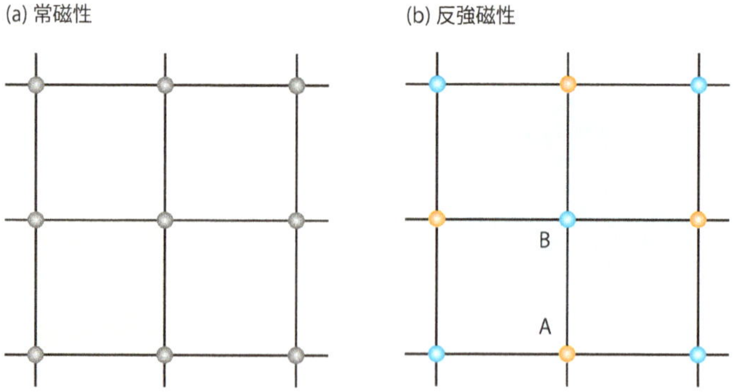

図 A.1　正方格子の (a) 常磁性状態，(b) 反強磁性状態．色つき部分はそれぞれの状態の単位格子を表す．

A.1.5　副格子表示と Fourier 変換

単純立方格子における反強磁性状態のように，常磁性状態の単位格子よりも長周期の構造が発生した場合の Fourier 変換について述べておく．以下では，1 辺 a の正方格子における反強磁性状態を例に取る．

反強磁性状態では，磁気状態まで考えると図 A.1(b) のように A サイトと B サイトは異なるサイトである．このとき，単位格子の面積は常磁性状態の 2 倍となり，逆格子の面積は図 4.4 に示したように 1/2 倍になる．

A サイトだけからなる格子と B サイトだけからなる格子を考えよう．このような格子を副格子とよぶ．副格子についての Fourier 変換は，格子点数が $N_0/2$ であることに注意して

$$A_{\boldsymbol{q}} \equiv \sum_{\boldsymbol{i}}^{\in A} e^{-i\boldsymbol{q}\cdot\boldsymbol{i}} a_{\boldsymbol{i}}, \quad B_{\boldsymbol{q}} \equiv \sum_{\boldsymbol{i}}^{\in B} e^{-i\boldsymbol{q}\cdot\boldsymbol{i}} a_{\boldsymbol{i}}$$
$$a_{\boldsymbol{i}\in A} = \frac{2}{N_0} \sum_{\boldsymbol{q}}^{\mathrm{MBZ}} e^{i\boldsymbol{q}\cdot\boldsymbol{i}} A_{\boldsymbol{q}}, \quad a_{\boldsymbol{i}\in B} = \frac{2}{N_0} \sum_{\boldsymbol{q}}^{\mathrm{MBZ}} e^{i\boldsymbol{q}\cdot\boldsymbol{i}} B_{\boldsymbol{q}} \qquad \text{(A.17)}$$

となる．$A_{\boldsymbol{q}}$，$B_{\boldsymbol{q}}$ は副格子表示の Fourier 変換である．

秩序ベクトル $\boldsymbol{Q} = (\pi, \pi)/a$ を用いると，A サイトまたは B サイトを取り出す因子は

$$p_{\boldsymbol{i},A} = \frac{1}{2}(1 + e^{i\boldsymbol{Q}\cdot\boldsymbol{i}}), \quad p_{\boldsymbol{i},B} = \frac{1}{2}(1 - e^{i\boldsymbol{Q}\cdot\boldsymbol{i}}) \qquad \text{(A.18)}$$

と表すことができるので，(A.17) は次のようにも表すことができる．

$$A_{\boldsymbol{q}} = \sum_{\boldsymbol{i}} p_{\boldsymbol{i},A} e^{-i\boldsymbol{q}\cdot\boldsymbol{i}} a_{\boldsymbol{i}}, \quad B_{\boldsymbol{q}} = \sum_{\boldsymbol{i}} p_{\boldsymbol{i},B} e^{-i\boldsymbol{q}\cdot\boldsymbol{i}} a_{\boldsymbol{i}}$$

これらを足し引きすれば

$$\begin{aligned} A_{\boldsymbol{q}} + B_{\boldsymbol{q}} &= \sum_{\boldsymbol{i}} e^{-i\boldsymbol{q}\cdot\boldsymbol{i}} a_{\boldsymbol{i}} = a_{\boldsymbol{q}}, \\ A_{\boldsymbol{q}} - B_{\boldsymbol{q}} &= \sum_{\boldsymbol{i}} e^{-i(\boldsymbol{q}+\boldsymbol{Q})\cdot\boldsymbol{i}} a_{\boldsymbol{i}} = a_{\boldsymbol{q}+\boldsymbol{Q}} \end{aligned} \tag{A.19}$$

となり，副格子表示を用いない元の格子の Fourier 変換 $a_{\boldsymbol{q}}$ との関係が得られる．これらを逆に解けば

$$A_{\boldsymbol{q}} = \frac{1}{2}(a_{\boldsymbol{q}} + a_{\boldsymbol{q}+\boldsymbol{Q}}), \quad B_{\boldsymbol{q}} = \frac{1}{2}(a_{\boldsymbol{q}} - a_{\boldsymbol{q}+\boldsymbol{Q}}) \tag{A.20}$$

である．特に $\boldsymbol{q} = \boldsymbol{0}$ とすれば

$$\begin{aligned} a_{\boldsymbol{0}} &= A_{\boldsymbol{0}} + B_{\boldsymbol{0}}, \quad a_{\boldsymbol{Q}} = A_{\boldsymbol{0}} - B_{\boldsymbol{0}} \\ A_{\boldsymbol{0}} &= \frac{1}{2}(a_{\boldsymbol{0}} + a_{\boldsymbol{Q}}), \quad B_{\boldsymbol{0}} = \frac{1}{2}(a_{\boldsymbol{0}} - a_{\boldsymbol{Q}}) \end{aligned} \tag{A.21}$$

元の格子における一様成分 $a_{\boldsymbol{0}}$，交替成分 $a_{\boldsymbol{Q}}$ と，副格子表示の一様成分 $A_{\boldsymbol{0}}$, $B_{\boldsymbol{0}}$ との関係が得られる．

A.2 d 次元単純格子

A.2.1 遍歴系

一辺 a の d 次元単純格子の最近接ホッピング $(-t)$ のエネルギー分散は

$$\epsilon_{\boldsymbol{k}} = -t \sum_{\boldsymbol{R}}^{\text{n.n.}} e^{-i\boldsymbol{k}\cdot\boldsymbol{R}} = -D_d \gamma_{\boldsymbol{k}}, \quad \gamma_{\boldsymbol{k}} \equiv \frac{1}{d}\sum_{i=1}^{d} \cos(k_i a) \tag{A.22}$$

であり，そのバンド幅は $2D_d$ $(D_d \equiv 2td)$．相互作用のない電子系の遅延 Green 関数は，化学ポテンシャルを μ として

$$G_0^{\mathrm{R}}(\boldsymbol{k},\omega) = \frac{1}{\hbar(\omega + i\delta) + \mu - \epsilon_{\boldsymbol{k}}}, \quad G_0^{\mathrm{R}}(\omega) \equiv \frac{1}{N_0}\sum_{\boldsymbol{k}} G_0^{\mathrm{R}}(\boldsymbol{k},\omega) \tag{A.23}$$

である．ここで，局所 Green 関数 $G_0^{\mathrm{R}}(\omega)$ を導入した．これより格子点あたりの状態密度は

$$\rho_\sigma(\epsilon+\mu) = -\frac{1}{\pi}\mathrm{Im}\, G_0^{\mathrm{R}}(\epsilon/\hbar), \qquad \int_{-\infty}^{\infty} d\epsilon\, \rho_\sigma(\epsilon) = 1 \tag{A.24}$$

$\boldsymbol{k}$ の和を実行しよう．無次元の変数 $z = \epsilon/D_d$, $x_i = k_i a$ を導入すると

$$\begin{aligned}
G_0^{\mathrm{R}}((\epsilon-\mu)/\hbar) &= \frac{1}{N_0}\frac{L^d}{(2\pi)^d}\int_{-\pi/a}^{\pi/a} dk_1\cdots dk_d\,\frac{1}{\epsilon+i0+2t\sum_i\cos(k_i a)} \\
&= \frac{1}{D_d}\int_0^\pi \frac{dx_1}{\pi}\cdots\frac{dx_d}{\pi}\,\frac{1}{z+i0+(1/d)\sum_i\cos x_i} \\
&= \frac{1}{D_d}\int_0^\pi \frac{dx_1}{\pi}\cdots\frac{dx_d}{\pi}\,\frac{1}{i}\int_0^\infty dt\, e^{it[z+i0+(1/d)\sum_i\cos x_i]} \\
&= \frac{1}{D_d}\frac{1}{i}\int_0^\infty dt\, e^{i(z+i0)t}\left(\int_0^\pi \frac{dx}{\pi}\, e^{i(t/d)\cos x}\right)^d \\
&= \frac{1}{D_d}\frac{1}{i}\int_0^\infty dt\, e^{i(z+i0)t}\{J_0(t/d)\}^d
\end{aligned}$$

となる．ここで，$J_0(x)$ は 0 次の Bessel 関数．$d = 1, 2, 3$ の場合に，この積分を実行すると

$$g_d(z) \equiv D_d G_0^{\mathrm{R}}((\epsilon-\mu)/\hbar) = \begin{cases} \dfrac{1}{i\sqrt{1-(z+i0)^2}} & (d=1) \\ \dfrac{2K((z+i0)^{-2})}{\pi(z+i0)} & (d=2) \\ \dfrac{2\sqrt{4-3z_1}}{\pi^2 w(1-z_1)}K(u_+)K(u_-) & (d=3) \end{cases}$$

$$\begin{aligned}
z_1 &\equiv \frac{1}{2} + \frac{(z+i0)^{-2}}{6} - \frac{1}{6}\sqrt{1-(z+i0)^{-2}}\sqrt{9-(z+i0)^{-2}} \\
z_2 &\equiv \frac{z_1}{z_1-1} \\
u_\pm &\equiv \frac{1}{2} - \frac{2-z_2}{4}\sqrt{1-z_2} \pm \frac{z_2}{4}\sqrt{4-z_2}
\end{aligned} \tag{A.25}$$

となる．ここで，$K(z)$ は第 1 種完全楕円積分．$g_2(z)$ の $|z| \ll 1$ および $|z| \simeq 1$ の表式は

$$g_2(z) \simeq \begin{cases} \mathrm{sgn}(z) + \dfrac{2i}{\pi}\ln(|z|/4) & (|z| \ll 1) \\ -\dfrac{\mathrm{sgn}(z)}{\pi}\ln\dfrac{|z-\mathrm{sgn}(z)|}{8} - i\,\theta(1-z^2) & (|z| \simeq 1) \end{cases} \tag{A.26}$$

である．図 A.2 に d 次元単純格子の局所 Green 関数 $g_d(z)$ と格子点あたりの状態密度 $\rho_\sigma(\epsilon+\mu)$ を示す．

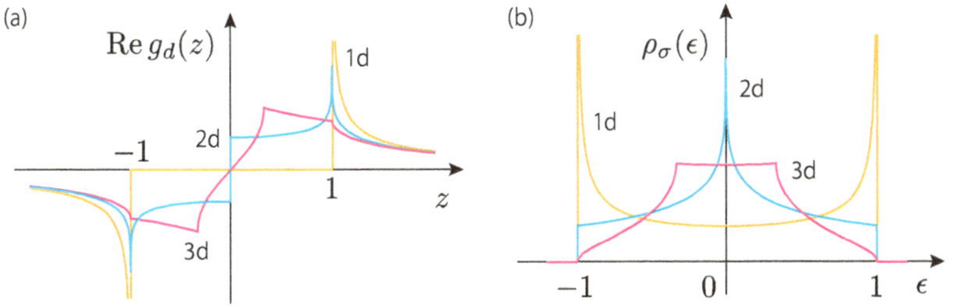

図 A.2 d 次元単純格子の (a) $g_d(z)$ の実部, (b) 格子点あたりの状態密度 $\rho_\sigma(\epsilon)$ ($\mu = 0$).

A.2.2 局在系

一辺 a の d 次元単純格子の最近接サイトのみに相互作用 J が働く場合, そのFourier 変換は

$$J_{\boldsymbol{q}} = J \sum_{\boldsymbol{R}}^{\text{n.n.}} e^{-i\boldsymbol{q}\cdot\boldsymbol{R}} = zJ\gamma_{\boldsymbol{q}} \tag{A.27}$$

$z = 2d$ は最近接サイト数. この関数は $J > 0$ (強磁性的) なら $\boldsymbol{q} = \boldsymbol{0}$ で, $J < 0$ (反強磁性的) なら $\boldsymbol{q} = \boldsymbol{Q} \equiv (\pi, \pi, \cdots, \pi)/a$ で最大値 $z|J|$ を取る. $|\boldsymbol{q}|a \ll 1$ で

$$J_{\boldsymbol{q}} \simeq zJ\left(1 - \frac{1}{z}(|\boldsymbol{q}|a)^2\right) + \cdots \tag{A.28}$$

A.2.3 低温の熱力学量

分散関係 $\epsilon_{\boldsymbol{q}}$ をもつ自由な Bose 粒子系 (粒子数は保存しない, すなわち, 化学ポテンシャル $\mu = 0$ とする)

$$H = \sum_{\boldsymbol{q}} \epsilon_{\boldsymbol{q}} a_{\boldsymbol{q}}^{\dagger} a_{\boldsymbol{q}} \tag{A.29}$$

を考えよう. 温度 T が系の特徴的なエネルギースケール (転移温度 T_{c} など) に比べて十分低温のとき, 分散関係 $\epsilon_{\boldsymbol{q}}$ のうち低エネルギーの励起のみが熱期待値に寄与する. 低エネルギーの分散関係が $\epsilon_{\boldsymbol{q}} \simeq A(|\boldsymbol{q}|a)^n$ のように近似できるものとしよう.

この近似の下で状態密度 $\rho(\epsilon)$ をまず求める. 半径 q の d 次元球の体積は $V = \pi^{d/2}q^d/\Gamma(d/2+1)$ で与えられるから ($\Gamma(x)$ はガンマ関数), $(L/a)^d = N_0$ に注意して

$$\sum_{\boldsymbol{q}} = \left(\frac{L}{2\pi}\right)^d \int dV = \left(\frac{L}{2\pi}\right)^d \int dq\, q^{d-1} \frac{\pi^{d/2} d}{\Gamma(d/2+1)}$$
$$= \frac{N_0 \pi^{d/2} d}{(2\pi)^d \Gamma(d/2+1)} \frac{A^{-d/n}}{n} \int d\epsilon\, \epsilon^{d/n-1} \equiv \int d\epsilon\, \rho(\epsilon) \qquad \text{(A.30)}$$

よって，d 次元の分散関係 $\epsilon_{\boldsymbol{q}} = A(|\boldsymbol{q}|a)^n$ に対する状態密度は

$$\rho(\epsilon) = \frac{N_0 \pi^{d/2} d}{(2\pi)^d n \Gamma(d/2+1) A^{d/n}} \epsilon^{d/n-1} \equiv D_d^n\, \epsilon^{d/n-1} \qquad \text{(A.31)}$$

$\langle a_{\boldsymbol{q}}^\dagger a_{\boldsymbol{q}} \rangle = n(\epsilon_{\boldsymbol{q}}) = 1/(e^{\beta\epsilon_{\boldsymbol{q}}} - 1)$ より

$$\langle \epsilon_{\boldsymbol{q}}^p \rangle \equiv \sum_{\boldsymbol{q}} \epsilon_{\boldsymbol{q}}^p n(\epsilon_{\boldsymbol{q}}) = D_d^n \int_0^\infty d\epsilon\, \rho(\epsilon) \epsilon^p n(\epsilon)$$
$$= D_d^n (k_{\mathrm{B}}T)^{d/n+p} \int_0^\infty dx\, \frac{x^{d/n+p-1}}{e^x - 1}$$
$$= D_d^n (k_{\mathrm{B}}T)^{d/n+p} \zeta(d/n+p) \Gamma(d/n+p) \qquad \text{(A.32)}$$

となる．ここで，$\zeta(x)$ はツェータ関数，$d/n + p > 1$ である．

同様に，分散関係 $\epsilon_{\boldsymbol{k}}$ をもつ自由な Fermi 粒子系

$$H = \sum_{\boldsymbol{k}} \xi_{\boldsymbol{k}} a_{\boldsymbol{k}}^\dagger a_{\boldsymbol{k}}, \quad \xi_{\boldsymbol{k}} \equiv \epsilon_{\boldsymbol{k}} - \mu \qquad \text{(A.33)}$$

を考える．Sommerfeld 展開より，1 サイトあたりの状態密度を $\rho(\epsilon)$，Fermi-Dirac 分布関数を $f(x) = 1/(e^{\beta x} + 1)$ として

$$I_p(\mu, T) \equiv \frac{1}{N_0} \sum_{\boldsymbol{k}} \epsilon_{\boldsymbol{k}}^p f(\xi_{\boldsymbol{k}}) = \int_0^\infty d\epsilon\, g_p(\epsilon) f(\epsilon - \mu)$$
$$= G_p(\mu) + \sum_{n=1}^\infty (k_{\mathrm{B}}T)^{2n} \frac{I_{2n}}{(2n)!} \frac{d^{2n-1}}{d\epsilon^{2n-1}} g_p(\epsilon) \bigg|_{\epsilon=\mu}$$
$$= G_p(\mu) + \frac{\pi^2}{6} g_p'(\mu)(k_{\mathrm{B}}T)^2 + \frac{7\pi^4}{360}(k_{\mathrm{B}}T)^4 g_p'''(\mu) + \cdots$$
$$g_p(\epsilon) \equiv \rho(\epsilon)\epsilon^p, \quad G_p(\mu) = \int_0^\mu d\epsilon\, g_p(\epsilon) \qquad \text{(A.34)}$$

ここで，$n = 0, 1, 2, \cdots$ に対して

$$I_{2n} \equiv \frac{1}{4} \int_{-\infty}^\infty dx\, x^{2n} \mathrm{sech}^2(x/2) = 2(2n)! \left(1 - \frac{1}{2^{2n-1}}\right) \zeta(2n)$$

$$I_0 = 1, \quad I_2 = \frac{\pi^2}{3}, \quad I_4 = \frac{7\pi^4}{15}, \quad I_6 = \frac{31\pi^6}{21}, \quad \cdots \tag{A.35}$$

この公式より，粒子数密度 $n_{\rm e} = N_{\rm e}/N_0$ は

$$n_{\rm e} = I_0(\mu, T) \simeq \int_0^{\mu} d\epsilon\, \rho(\epsilon) + \frac{\pi^2}{6}\rho'(\mu)(k_{\rm B}T)^2 \tag{A.36}$$

より決定される．粒子数密度は温度によらないから，$T = 0$ とした式との差を取ると，$\mu(T = 0) \equiv \epsilon_{\rm F}$ として

$$0 = \int_{\epsilon_{\rm F}}^{\mu} d\epsilon\, \rho(\epsilon) + \frac{\pi^2}{6}\rho'(\mu)(k_{\rm B}T)^2 \tag{A.37}$$

化学ポテンシャルが低温で $\mu(T) \simeq \epsilon_{\rm F} + \delta(T)$，状態密度が $\epsilon = \epsilon_{\rm F}$ 近傍で

$$\rho(\epsilon) \simeq \rho_{\rm F} + \rho'_{\rm F}(\epsilon - \epsilon_{\rm F}) \tag{A.38}$$

のように表されるとすると，(A.37) に代入して

$$0 = \rho_{\rm F}\delta + \frac{\pi^2}{6}(k_{\rm B}T)^2\rho'_{\rm F} \quad \to \quad \delta(T) = -\frac{\pi^2}{6}\frac{\rho'_{\rm F}}{\rho_{\rm F}}(k_{\rm B}T)^2 \tag{A.39}$$

以上より，粒子数密度を一定としたときの I_p の温度依存性は次のようになる．

$$I_p(\mu, T)\bigg|_{n_{\rm e}} \simeq G_p(\epsilon_{\rm F}) + \frac{p\epsilon_{\rm F} g_p(\epsilon_{\rm F})}{6}\left(\frac{\pi k_{\rm B}T}{\epsilon_{\rm F}}\right)^2 \tag{A.40}$$

A.3 ゲージ変換と Peierls 位相および電流密度演算子

A.3.1 ゲージ変換と Peierls 位相

位置 $\boldsymbol{i}$ 付近によく局在した完全正規直交基底関数 $\phi_i(\boldsymbol{r})$ を考える [*5]．例えば，Wannier 関数などを想定すればよい．対応するケットを $|i\rangle$，生成演算子を $a_i^\dagger$ とする．ハミルトニアンを $h(\boldsymbol{r}) = (-i\hbar\boldsymbol{\nabla})^2/2m + V(\boldsymbol{r})$，その行列要素を $t_{ij} = \langle i|h|j\rangle = t_{ji}^*$ とすれば，第 2 量子化表示のハミルトニアンは

$$H = \sum_{ij} t_{ij} a_i^\dagger a_j \tag{A.41}$$

次に，ベクトルポテンシャル $\boldsymbol{A}$ が存在する場合について考える．先ほどとは

[*5] ラベル i は位置座標 $\boldsymbol{i}$ だけでなく状態を表すあらゆる量子数をまとめて表す．ここでの $\boldsymbol{i}$ は格子点ではなく一般の位置である．

別の完全直交基底関数 $\phi_i^A(\boldsymbol{r})$ を導入し，対応するケットと生成演算子を $|i\rangle_A$, $c_i^\dagger$ とする．この場合のハミルトニアンは $h_A(\boldsymbol{r}) = (-i\hbar\boldsymbol{\nabla}+e\boldsymbol{A}/c)^2/2m+V(\boldsymbol{r})$ である．第 2 量子化表示では

$$H_A = \sum_{ij} t_{ij}^A c_i^\dagger c_j, \quad t_{ij}^A = \langle i|h_A|j\rangle_A \tag{A.42}$$

$\boldsymbol{A} \neq 0$ の状況を $\boldsymbol{A} = 0$ からのゲージ変換によって考えてみよう．(1.61) より，$\phi_i(\boldsymbol{r})$ と $\phi_i^A(\boldsymbol{r})$ は次のように関係づけられる[*6]．

$$\phi_i^A(\boldsymbol{r}) = s_i(\boldsymbol{r})\phi_i(\boldsymbol{r}), \quad s_i(\boldsymbol{r}) = \exp\left[-\frac{ie}{c\hbar}\int_{\boldsymbol{i}}^{\boldsymbol{r}} d\boldsymbol{r}'\cdot\boldsymbol{A}(\boldsymbol{r}')\right] \tag{A.43}$$

これに対応して，$c_i^\dagger = s_i(\boldsymbol{r})a_i^\dagger$ であるが，$\boldsymbol{r} = \boldsymbol{i}$ で位相因子を評価すれば，$c_i^\dagger \simeq a_i^\dagger$ であり，以後区別しない．

$$\left(-i\hbar\boldsymbol{\nabla} + \frac{e}{c}\boldsymbol{A}\right)s_j = 0, \quad \left(-i\hbar\boldsymbol{\nabla} + \frac{e}{c}\boldsymbol{A}\right)\phi_j^A = s_j(-i\hbar\boldsymbol{\nabla})\phi_j$$
$$\left(-i\hbar\boldsymbol{\nabla} + \frac{e}{c}\boldsymbol{A}\right)^2\phi_j^A = \left(-i\hbar\boldsymbol{\nabla} + \frac{e}{c}\boldsymbol{A}\right)\cdot[s_j(-i\hbar\boldsymbol{\nabla})\phi_j] = s_j(-i\hbar\boldsymbol{\nabla})^2\phi_j$$

の関係に注意すれば，$h_A\,|j\rangle_A = s_j h\,|j\rangle$ であり

$$\begin{aligned}
t_{ij}^A &= \langle i|h_A|j\rangle_A = \langle i|s_i^* s_j h|j\rangle \\
&= \int d\boldsymbol{r}\,\phi_{\boldsymbol{i}}^*(\boldsymbol{r})\exp\left[-\frac{ie}{c\hbar}\int_{\boldsymbol{j}\to\boldsymbol{r}\to\boldsymbol{i}} d\boldsymbol{r}'\cdot\boldsymbol{A}(\boldsymbol{r}')\right]h(\boldsymbol{r})\phi_{\boldsymbol{j}}(\boldsymbol{r}) \\
&\simeq \exp\left[-\frac{ie}{c\hbar}\int_{\boldsymbol{j}}^{\boldsymbol{i}} d\boldsymbol{r}'\cdot\boldsymbol{A}(\boldsymbol{r}')\right]\int d\boldsymbol{r}\,\phi_{\boldsymbol{i}}^*(\boldsymbol{r})h(\boldsymbol{r})\phi_{\boldsymbol{j}}(\boldsymbol{r}) \\
&= \exp\left[-\frac{ie}{c\hbar}\int_{\boldsymbol{j}}^{\boldsymbol{i}} d\boldsymbol{r}\cdot\boldsymbol{A}(\boldsymbol{r})\right]t_{ij}
\end{aligned} \tag{A.44}$$

ここで，磁場の空間変化が十分緩やかで $|\boldsymbol{i}-\boldsymbol{j}|$ 程度の長さスケールでは $\boldsymbol{A}$ はほとんど変化せず，積分路を $\boldsymbol{j}\to\boldsymbol{r}\to\boldsymbol{i}$ から $\boldsymbol{j}\to\boldsymbol{i}$ へ変形しても指数の積分値は変わらないとした[*7]．$t_{ij}^A = t_{ji}^{A*}$ である．この付加的な位相を **Peierls 位相**という．Peierls 位相を用いれば，$\boldsymbol{A} \neq 0$ の状況を $\boldsymbol{A} = 0$ の場合のホッ

[*6] Bloch 関数に適用すると $\psi_{n\boldsymbol{k}}^A(\boldsymbol{r}) \simeq e^{i(\boldsymbol{k}-e\boldsymbol{A}/c\hbar)\cdot\boldsymbol{r}}u_{n\boldsymbol{k}}(\boldsymbol{r})$ となるので，結晶運動量は近似的に $\boldsymbol{k}' \equiv \boldsymbol{k} - e\boldsymbol{A}/c\hbar$ である．エネルギーバンドは $\boldsymbol{k}'$ を用いて $\epsilon_{n\boldsymbol{k}} = \epsilon_{n\boldsymbol{k}'+e\boldsymbol{A}/c\hbar}$ のように表される．$\boldsymbol{k}'$ のプライムを省き，$\boldsymbol{k}\to\boldsymbol{k}+e\boldsymbol{A}/c\hbar$ と読み替える処方箋を **Peierls の置き換え**という．

[*7] この近似では $O(B^2)$ の量を無視しており，帯磁率のような磁場の 2 階微分に関する量の場合は注意が必要である．例えば，小形正男, 松浦弘泰, 固体物理 **52**, 521 (2017).

ピング t_{ij} で記述できるため，実用上大変有用である．

A.3.2 電流密度演算子

(A.44) の指数関数内の積分において $\boldsymbol{A}(\boldsymbol{r}) \simeq \boldsymbol{A}_{\boldsymbol{l}}$ のように一定値だとし，$\boldsymbol{l} \equiv (\boldsymbol{i}+\boldsymbol{j})/2$ のように (i,j) ボンドの中点に選ぶと [*8]

$$t_{ij}^{A} = t_{ij} \exp\left[-\frac{ie}{c\hbar}(\boldsymbol{i}-\boldsymbol{j})\cdot\boldsymbol{A}_{l}\right]\delta_{\boldsymbol{l},(\boldsymbol{i}+\boldsymbol{j})/2} \tag{A.45}$$

である．$\boldsymbol{A}_{\boldsymbol{l}} \to \boldsymbol{A}_{\boldsymbol{l}} + \delta\boldsymbol{A}_{\boldsymbol{l}}$ に対するハミルトニアン H_A の変化分を $\delta H_A = -(\Omega_0/c)\sum_{l} \boldsymbol{j}_{\boldsymbol{l}}\cdot\delta\boldsymbol{A}_{\boldsymbol{l}}$ のように表して，電流密度演算子の表式を求めると，常磁性項と反磁性項はそれぞれ

$$\boldsymbol{j}_{\boldsymbol{l}}^{\mathrm{p}} = \frac{ie}{\hbar\Omega_0}\sum_{ij}(\boldsymbol{i}-\boldsymbol{j})t_{ij}a_i^{\dagger}a_j\delta_{\boldsymbol{l},(\boldsymbol{i}+\boldsymbol{j})/2} \tag{A.46}$$

$$\boldsymbol{j}_{\boldsymbol{l}}^{\mathrm{d}} = \frac{e^2}{c\hbar^2\Omega_0}\sum_{ij}[(\boldsymbol{i}-\boldsymbol{j})\cdot\boldsymbol{A}_{\boldsymbol{l}}](\boldsymbol{i}-\boldsymbol{j})t_{ij}a_i^{\dagger}a_j\delta_{\boldsymbol{l},(\boldsymbol{i}+\boldsymbol{j})/2} + O(\boldsymbol{A}_{\boldsymbol{l}}^2) \tag{A.47}$$

Fourier 変換を行うにあたり，位置座標とそれ以外の量子数を分離しよう．本文に合わせて，$\boldsymbol{i}, \boldsymbol{j}$ を格子点の位置，$\boldsymbol{\alpha}, \boldsymbol{\beta}$ を単位格子内の原子位置とし，$i \to (\boldsymbol{i}+\boldsymbol{\alpha}, \alpha)$, $j \to (\boldsymbol{j}+\boldsymbol{\beta}, \beta)$ と置き換えると，$\boldsymbol{R} = \boldsymbol{i}-\boldsymbol{j}$, $\boldsymbol{\eta} = \boldsymbol{R}+\boldsymbol{\alpha}-\boldsymbol{\beta}$ として

$$\boldsymbol{j}_{\boldsymbol{l}}^{\mathrm{p}} = \frac{ie}{\hbar\Omega_0}\sum_{\boldsymbol{j}\boldsymbol{R}\alpha\beta}\boldsymbol{\eta}\, t_{\boldsymbol{R}}^{\alpha\beta}a_{\boldsymbol{j}+\boldsymbol{R}\alpha}^{\dagger}a_{\boldsymbol{j}\beta}\delta_{\boldsymbol{l},\boldsymbol{j}+\boldsymbol{R}/2} \tag{A.48}$$

$$\boldsymbol{j}_{\boldsymbol{l}}^{\mathrm{d}} = \frac{e^2}{c\hbar^2\Omega_0}\sum_{\boldsymbol{j}\boldsymbol{R}\alpha\beta}(\boldsymbol{\eta}\cdot\boldsymbol{A}_{\boldsymbol{l}})\boldsymbol{\eta}\, t_{\boldsymbol{R}}^{\alpha\beta}a_{\boldsymbol{j}+\boldsymbol{R}\alpha}^{\dagger}a_{\boldsymbol{j}\beta}\delta_{\boldsymbol{l},\boldsymbol{j}+\boldsymbol{R}/2} \tag{A.49}$$

ただし，$\boldsymbol{A}(\boldsymbol{r})$ を評価する位置 $\boldsymbol{l}$ は $(\boldsymbol{i}+\boldsymbol{\alpha}+\boldsymbol{j}+\boldsymbol{\beta})/2$ ではなく格子点を結ぶボンドの中点 $(\boldsymbol{i}+\boldsymbol{j})/2$ とした．

(A.48) の Fourier 変換は (3.22) と (3.23) を用いて

$$\begin{aligned}\boldsymbol{j}_{\boldsymbol{q}}^{\mathrm{p}} &= \sum_{\boldsymbol{l}}\boldsymbol{j}_{\boldsymbol{l}}^{\mathrm{p}}e^{-i\boldsymbol{q}\cdot\boldsymbol{l}}\\ &= \frac{ie}{\hbar\Omega_0 N_0}\sum_{nm\boldsymbol{k}}\sum_{\alpha\beta\boldsymbol{R}}\sum_{\boldsymbol{j}\boldsymbol{k}'}\boldsymbol{\eta}\, t_{\boldsymbol{R}}^{\alpha\beta}U_{\alpha n}^{(\boldsymbol{k})*}U_{\beta m}^{(\boldsymbol{k}')}a_{\boldsymbol{k}n}^{\dagger}a_{\boldsymbol{k}'m}\\ &\qquad\times e^{-i\boldsymbol{k}\cdot(\boldsymbol{j}+\boldsymbol{R}+\boldsymbol{\alpha})}e^{i\boldsymbol{k}'\cdot(\boldsymbol{j}+\boldsymbol{\beta})}e^{-i\boldsymbol{q}\cdot(\boldsymbol{j}+\boldsymbol{R}/2)}\end{aligned}$$

---

*8 このように取ると $t_{ij}^{A} = t_{ji}^{A*}$ が成立する．

$$
\begin{aligned}
&= \frac{ie}{\hbar\Omega_0}\sum_{nm\boldsymbol{k}}\sum_{\alpha\beta}\sum_{\boldsymbol{R}} \boldsymbol{\eta} e^{-i\boldsymbol{k}\cdot\boldsymbol{\eta}} t_{\boldsymbol{R}}^{\alpha\beta} U_{\alpha n}^{(\boldsymbol{k}_-)*} U_{\beta m}^{(\boldsymbol{k}_+)} a_{\boldsymbol{k}_- n}^{\dagger} a_{\boldsymbol{k}_+ m} e^{i\boldsymbol{q}\cdot(\boldsymbol{\alpha}+\boldsymbol{\beta})/2} \\
&= -\frac{e}{\Omega_0}\sum_{nm\boldsymbol{k}}\sum_{\alpha\beta} U_{\alpha n}^{(\boldsymbol{k}_-)*} \boldsymbol{v}_{\boldsymbol{k}}^{\alpha\beta} U_{\beta m}^{(\boldsymbol{k}_+)} e^{i\boldsymbol{q}\cdot(\boldsymbol{\alpha}+\boldsymbol{\beta})/2} a_{\boldsymbol{k}_- n}^{\dagger} a_{\boldsymbol{k}_+ m} \\
&= -\frac{e}{\Omega_0}\sum_{nm\boldsymbol{k}} \boldsymbol{v}_{nm}(\boldsymbol{k};\boldsymbol{q}) a_{\boldsymbol{k}_- n}^{\dagger} a_{\boldsymbol{k}_+ m} \qquad \text{(A.50)}
\end{aligned}
$$

ここで，速度演算子の行列要素を導入した．

$$
\begin{aligned}
&\boldsymbol{v}_{nm}(\boldsymbol{k};\boldsymbol{q}) \equiv \sum_{\alpha\beta} U_{\alpha n}^{(\boldsymbol{k}_-)*} \boldsymbol{v}_{\boldsymbol{k}}^{\alpha\beta} U_{\beta m}^{(\boldsymbol{k}_+)} e^{i\boldsymbol{q}\cdot(\boldsymbol{\alpha}+\boldsymbol{\beta})/2} \\
&\boldsymbol{v}_{\boldsymbol{k}}^{\alpha\beta} \equiv \frac{\partial h_{\boldsymbol{k}}^{\alpha\beta}}{\hbar\partial\boldsymbol{k}} = -\frac{i}{\hbar}\sum_{\boldsymbol{R}}(\boldsymbol{R}+\boldsymbol{\alpha}-\boldsymbol{\beta}) e^{-i\boldsymbol{k}\cdot(\boldsymbol{R}+\boldsymbol{\alpha}-\boldsymbol{\beta})} t_{\boldsymbol{R}}^{\alpha\beta} \qquad \text{(A.51)}
\end{aligned}
$$

同様にして，反磁性電流密度の Fourier 変換は，$\boldsymbol{p}_{\pm} = \boldsymbol{k} \pm \boldsymbol{q}'/2$ として

$$
\begin{aligned}
j_{\boldsymbol{q}}^{\mathrm{d},\mu} &= \frac{e^2}{c\hbar^2\Omega_0 N_0^2}\sum_{\nu nm\boldsymbol{k}\boldsymbol{q}'}\sum_{\alpha\beta\boldsymbol{R}}\sum_{\boldsymbol{j}\boldsymbol{k}'} \eta_\mu\eta_\nu t_{\boldsymbol{R}}^{\alpha\beta} U_{\alpha n}^{(\boldsymbol{k})*} U_{\beta m}^{(\boldsymbol{k}')} a_{\boldsymbol{k}n}^{\dagger} a_{\boldsymbol{k}'m} A_{\boldsymbol{q}'}^{\nu} \\
&\qquad \times e^{-i\boldsymbol{k}\cdot(\boldsymbol{j}+\boldsymbol{R}+\boldsymbol{\alpha})} e^{i\boldsymbol{k}'\cdot(\boldsymbol{j}+\boldsymbol{\beta})} e^{-i(\boldsymbol{q}-\boldsymbol{q}')\cdot(\boldsymbol{j}+\boldsymbol{R}/2)} \\
&= \frac{e^2}{c\hbar^2 V}\sum_{\nu nm\boldsymbol{k}\boldsymbol{q}'}\sum_{\alpha\beta\boldsymbol{R}} \eta_\mu\eta_\nu t_{\boldsymbol{R}}^{\alpha\beta} U_{\alpha n}^{(\boldsymbol{k})*} U_{\beta m}^{(\boldsymbol{k}+\boldsymbol{q}')} a_{\boldsymbol{k}n}^{\dagger} a_{\boldsymbol{k}+\boldsymbol{q}'m} A_{\boldsymbol{q}-\boldsymbol{q}'}^{\nu} \\
&\qquad \times e^{-i\boldsymbol{k}\cdot(\boldsymbol{R}+\boldsymbol{\alpha}-\boldsymbol{\beta})} e^{i\boldsymbol{q}'\cdot(\boldsymbol{\beta}-\boldsymbol{R}/2)} \\
&= \frac{e^2}{c\hbar^2 V}\sum_{\nu nm\boldsymbol{k}\boldsymbol{q}'}\sum_{\alpha\beta\boldsymbol{R}} \eta_\mu\eta_\nu t_{\boldsymbol{R}}^{\alpha\beta} U_{\alpha n}^{(\boldsymbol{p}_-)*} U_{\beta m}^{(\boldsymbol{p}_+)} a_{\boldsymbol{p}_- n}^{\dagger} a_{\boldsymbol{p}_+ m} A_{\boldsymbol{q}-\boldsymbol{q}'}^{\nu} \\
&\qquad \times e^{-i\boldsymbol{k}\cdot(\boldsymbol{R}+\boldsymbol{\alpha}-\boldsymbol{\beta})} e^{i\boldsymbol{q}'\cdot(\boldsymbol{\alpha}+\boldsymbol{\beta})/2} \\
&= \frac{-e^2}{cV}\sum_{\nu nm\boldsymbol{k}\boldsymbol{q}'\alpha\beta} U_{\alpha n}^{(\boldsymbol{p}_-)*} (m_{\boldsymbol{k}}^{-1})_{\mu\nu}^{\alpha\beta} U_{\beta m}^{(\boldsymbol{p}_+)} e^{i\boldsymbol{q}'\cdot(\boldsymbol{\alpha}+\boldsymbol{\beta})/2} a_{\boldsymbol{p}_- n}^{\dagger} a_{\boldsymbol{p}_+ m} A_{\boldsymbol{q}-\boldsymbol{q}'}^{\nu} \\
&= -\frac{e^2}{cV}\sum_{\nu nm\boldsymbol{k}\boldsymbol{q}'} (m_{\boldsymbol{k};\boldsymbol{q}'}^{-1})_{\mu\nu}^{nm} a_{\boldsymbol{p}_- n}^{\dagger} a_{\boldsymbol{p}_+ m} A_{\boldsymbol{q}-\boldsymbol{q}'}^{\nu}
\end{aligned}
$$

(A.52)

ここで，有効逆質量テンソルの行列要素を導入した．

$$
\begin{aligned}
&\left(m_{\boldsymbol{k};\boldsymbol{q}'}^{-1}\right)_{\mu\nu}^{nm} \equiv \sum_{\alpha\beta} U_{\alpha n}^{(\boldsymbol{p}_-)*} (m_{\boldsymbol{k}}^{-1})_{\mu\nu}^{\alpha\beta} U_{\beta m}^{(\boldsymbol{p}_+)} e^{i\boldsymbol{q}'\cdot(\boldsymbol{\alpha}+\boldsymbol{\beta})/2} \\
&(m_{\boldsymbol{k}}^{-1})_{\mu\nu}^{\alpha\beta} \equiv \frac{\partial^2 h_{\boldsymbol{k}}^{\alpha\beta}}{\hbar^2\partial k_\mu \partial k_\nu}
\end{aligned}
$$

$$= -\frac{1}{\hbar^2}\sum_{\boldsymbol{R}}(\boldsymbol{R}+\boldsymbol{\alpha}-\boldsymbol{\beta})_\mu(\boldsymbol{R}+\boldsymbol{\alpha}-\boldsymbol{\beta})_\nu e^{-i\boldsymbol{k}\cdot(\boldsymbol{R}+\boldsymbol{\alpha}-\boldsymbol{\beta})}t^{\alpha\beta}_{\boldsymbol{R}} \tag{A.53}$$

(A.52) の期待値を求めると，$\langle a^\dagger_{\boldsymbol{p}-n}a_{\boldsymbol{p}+m}\rangle = f_{n\boldsymbol{k}}\delta_{\boldsymbol{q}',0}\delta_{n,m}$ より $\boldsymbol{q}'=\boldsymbol{0}$，$n=m$ の項だけが寄与して

$$\langle j^{\mathrm{d},\mu}_{\boldsymbol{q}}\rangle = -\frac{1}{cV}\sum_\nu D_{\mu\nu}A^\nu_{\boldsymbol{q}}, \quad D_{\mu\nu}\equiv e^2\sum_{n\boldsymbol{k}}(m^{-1}_{\boldsymbol{k};\boldsymbol{0}})^{nn}_{\mu\nu}f_{n\boldsymbol{k}} \tag{A.54}$$

A.4 2基底の相互作用のない系の Green 関数

2 基底 $(i=1,2)$ の Green 関数を具体的に求めておく．$A^\dagger \equiv (a^\dagger_1\ a^\dagger_2)$ として次のハミルトニアンを考えよう．

$$H = A^\dagger \mathcal{H} A, \quad \mathcal{H}\equiv\begin{pmatrix}\xi_1 & \Delta^* \\ \Delta & \xi_2\end{pmatrix} \tag{A.55}$$

一般に 2×2 の Hermite 行列は，単位行列 σ_0 と Pauli 行列 $\boldsymbol{\sigma}$ を用いて展開できるので

$$\mathcal{H} = f_0\sigma_0 + \boldsymbol{f}\cdot\boldsymbol{\sigma} = \begin{pmatrix} f_0+f_z & f_x - if_y \\ f_x+if_y & f_0-f_z\end{pmatrix}$$
$$f_0 = \frac{\xi_1+\xi_2}{2},\ f_x = \mathrm{Re}\,\Delta,\ f_y = \mathrm{Im}\,\Delta,\ f_z = \frac{\xi_1-\xi_2}{2} \tag{A.56}$$

と分解できる．この行列の固有値 $\xi^\pm$ と固有ベクトル $\boldsymbol{x}^\pm$ は

$$\xi^\pm \equiv f_0 \pm |\boldsymbol{f}| = \frac{1}{2}\left(\xi_1+\xi_2\pm\sqrt{(\xi_1-\xi_2)^2+4|\Delta|^2}\right) \tag{A.57}$$

$$\boldsymbol{x}^+ = \begin{pmatrix} u \\ ve^{i\phi}\end{pmatrix}, \quad \boldsymbol{x}^- = \begin{pmatrix} -ve^{-i\phi} \\ u\end{pmatrix}$$
$$u\equiv\sqrt{\frac{1+f_z/|\boldsymbol{f}|}{2}}, \quad v\equiv\sqrt{\frac{1-f_z/|\boldsymbol{f}|}{2}}, \quad \tan\phi = \frac{f_y}{f_x} \tag{A.58}$$

ここで，規格化条件より $u^2+v^2=1$ である．したがって，$U\equiv(\boldsymbol{x}^+\ \boldsymbol{x}^-)$，

$A \equiv UB\ [B^\dagger \equiv (b_+^\dagger\ b_-^\dagger)]$ とすれば，$U^\dagger \mathcal{H} U = \mathrm{diag}(\xi^+,\ \xi^-)$ より

$$H = \xi^+ b_+^\dagger b_+ + \xi^- b_-^\dagger b_- \tag{A.59}$$

この基底での松原 Green 関数 $\tilde{G}_\pm^T(\tau) \equiv -\langle T_\tau b_\pm(\tau) b_\pm^\dagger \rangle / \hbar$ は対角的であり，その Fourier 変換は次のようになる．

$$\tilde{G}_\pm^T(\omega_n) = \frac{1}{i\hbar\omega_n - \xi^\pm} \tag{A.60}$$

元の基底での松原 Green 関数 $G_{ij}^T(\tau) \equiv -\langle T_\tau a_i(\tau) a_j^\dagger \rangle / \hbar$ は，行列式を $D(z) \equiv (z-\xi_1)(z-\xi_2) - |\Delta|^2\ (z = i\hbar\omega_n)$ として

$$\begin{aligned} G^T(\omega_n) &= \begin{pmatrix} z-\xi_1 & -\Delta^* \\ -\Delta & z-\xi_2 \end{pmatrix}^{-1} = \frac{1}{D(z)} \begin{pmatrix} z-\xi_2 & \Delta^* \\ \Delta & z-\xi_1 \end{pmatrix} \\ &= \tilde{G}_+^T(\omega_n) \begin{pmatrix} u^2 & uve^{-i\phi} \\ uve^{i\phi} & v^2 \end{pmatrix} + \tilde{G}_-^T(\omega_n) \begin{pmatrix} v^2 & -uve^{-i\phi} \\ -uve^{i\phi} & u^2 \end{pmatrix} \end{aligned} \tag{A.61}$$

最後の表式は $G^T = U\tilde{G}^T U^\dagger$ とも表現できる．$D(z) = 0$ の解は $z = \xi^\pm$ であり，Green 関数の極が系の固有エネルギー $\xi^\pm$ を与えることが分かる．

(A.61) の最後の表式を用いて，$i = 1, 2$ の状態密度を求めると

$$\rho_1(\epsilon + \mu) = -\frac{1}{\pi}\mathrm{Im}\, G_{11}^{\mathrm{R}}(\epsilon/\hbar) = u^2\delta(\epsilon - \xi^+) + v^2\delta(\epsilon - \xi^-) \tag{A.62}$$

$$\rho_2(\epsilon + \mu) = -\frac{1}{\pi}\mathrm{Im}\, G_{22}^{\mathrm{R}}(\epsilon/\hbar) = v^2\delta(\epsilon - \xi^+) + u^2\delta(\epsilon - \xi^-) \tag{A.63}$$

であり，u^2 と v^2 は ξ^+ と ξ^- のバンドに $i = 1$ 状態が含まれる割合を表している．$i = 2$ の場合は v^2 と u^2 がその割合である [*9]．

期待値 $n_{ij} \equiv \langle a_i^\dagger a_j \rangle$ は，$G^T(\omega_n)$ を用いて $n_{ij} = (\beta\hbar)^{-1} \sum_n G_{ji}^T(\omega_n) e^{i\omega_n 0_+}$ より求められる．公式 (3.58) を用いれば

$$\begin{pmatrix} n_{11} & n_{12} \\ n_{21} & n_{22} \end{pmatrix} = f(\xi^+) \begin{pmatrix} u^2 & uve^{i\phi} \\ uve^{-i\phi} & v^2 \end{pmatrix}$$

[*9] 数値計算では，正の無限小量 δ に適当な幅を付けて $-(1/\pi)\mathrm{Im}\, G_{ii}^{\mathrm{R}}(\omega)$ を計算すればよい．

$$+ f(\xi^-) \begin{pmatrix} v^2 & -uve^{i\phi} \\ -uve^{-i\phi} & u^2 \end{pmatrix} \tag{A.64}$$

全粒子数は $n_{11} + n_{22} = [f(\xi^+) + f(\xi^-)](u^2 + v^2) = f(\xi^+) + f(\xi^-)$ である．係数を具体的に表すと

$$u^2 = \frac{1}{2}\left[1 + \frac{\xi_1 - \xi_2}{\sqrt{(\xi_1 - \xi_2)^2 + 4|\Delta|^2}}\right] \tag{A.65}$$

$$v^2 = \frac{1}{2}\left[1 - \frac{\xi_1 - \xi_2}{\sqrt{(\xi_1 - \xi_2)^2 + 4|\Delta|^2}}\right] \tag{A.66}$$

$$uve^{i\phi} = \frac{\Delta}{\sqrt{(\xi_1 - \xi_2)^2 + 4|\Delta|^2}} \tag{A.67}$$

Bose 粒子系の場合も同様に求めることができる．

A.5 結晶中における電子の運動

結晶格子による周期ポテンシャル中を運動する電子に磁場や電場などの外場を加えると，電磁ポテンシャルを通じてその影響が現れる．弱い一様静磁場や静電場であっても，電磁ポテンシャルは座標 $\boldsymbol{r}$ に比例して大きくなり，また，結晶の周期性をもっていないために，その取り扱いが難しい．本節では，そのような状況を取り扱うための基礎について述べておく．軌道運動が議論の主題であるため，スピン自由度は無視する．

A.5.1 Bloch 状態に対する位置と速度の演算子

まず，Bloch 波動関数 $\psi_{n\boldsymbol{k}}(\boldsymbol{r}) = u_{n\boldsymbol{k}}(\boldsymbol{r})e^{i\boldsymbol{k}\cdot\boldsymbol{r}}$ に関する位置 $\boldsymbol{r}$ と速度 $\boldsymbol{v} = d\boldsymbol{r}/dt$ の行列要素を求めよう [*10]．座標表示の運動量演算子が $\boldsymbol{p} = -i\hbar\boldsymbol{\nabla}$ であるように，波数表示における位置演算子は波数ベクトルに関する偏微分に関係し，波数ベクトルに関して対角的である．任意の関数 $\psi(\boldsymbol{r})$ に対して $\boldsymbol{r}$ を作用すると，Bloch 関数 $\psi_{n\boldsymbol{k}}$ の完全系と波数ベクトルに関して対角的であることを用いて

$$\boldsymbol{r}\psi(\boldsymbol{r}) = \sum_{n\boldsymbol{k}} \boldsymbol{r}\psi_{n\boldsymbol{k}}(\boldsymbol{r}) \langle \psi_{n\boldsymbol{k}} | \psi \rangle = \sum_{n\boldsymbol{k}} \left[\frac{1}{i}\boldsymbol{\nabla}_{\boldsymbol{k}}\psi_{n\boldsymbol{k}} + ie^{i\boldsymbol{k}\cdot\boldsymbol{r}}\boldsymbol{\nabla}_{\boldsymbol{k}}u_{n\boldsymbol{k}}\right] \langle \psi_{n\boldsymbol{k}} | \psi \rangle$$

*10 E.I. Blount, Solid State Physics **13**, 305 (1962); Phys. Rev. **126**, 1636 (1962).

$$
\begin{aligned}
&= \sum_{n\boldsymbol{k}} \left[i\psi_{n\boldsymbol{k}} \boldsymbol{\nabla}_{\boldsymbol{k}} \langle \psi_{n\boldsymbol{k}} | \psi \rangle + i \sum_{m} \psi_{m\boldsymbol{k}}(\boldsymbol{r}) \langle u_{m\boldsymbol{k}} | \boldsymbol{\nabla}_{\boldsymbol{k}} u_{n\boldsymbol{k}} \rangle \langle \psi_{n\boldsymbol{k}} | \psi \rangle \right] \\
&= \sum_{nm\boldsymbol{k}} \psi_{m\boldsymbol{k}}(\boldsymbol{r}) \left(\delta_{m,n} i \boldsymbol{\nabla}_{\boldsymbol{k}} + \boldsymbol{a}_{\boldsymbol{k}}^{mn} \right) \langle \psi_{n\boldsymbol{k}} | \psi \rangle
\end{aligned}
$$

ここで，1 行最右辺の第 1 項に $\boldsymbol{k}$ についての部分積分を，第 2 項に完全系 $\sum_m |u_{m\boldsymbol{k}}\rangle \langle u_{m\boldsymbol{k}}| = 1$ を用いた．また

$$
\boldsymbol{a}_{\boldsymbol{k}}^{mn} \equiv i \langle u_{m\boldsymbol{k}} | \boldsymbol{\nabla}_{\boldsymbol{k}} u_{n\boldsymbol{k}} \rangle = -i \langle \boldsymbol{\nabla}_{\boldsymbol{k}} u_{m\boldsymbol{k}} | u_{n\boldsymbol{k}} \rangle \tag{A.68}
$$

を導入した [*11]．一方，完全系を用いて，$\boldsymbol{r}$ が $\boldsymbol{k}$ について対角的であることに注意すると

$$
\boldsymbol{r}\psi(\boldsymbol{r}) = \sum_{mn\boldsymbol{k}} \psi_{m\boldsymbol{k}}(\boldsymbol{r}) \langle \psi_{m\boldsymbol{k}} | \boldsymbol{r} | \psi_{n\boldsymbol{k}} \rangle \langle \psi_{n\boldsymbol{k}} | \psi \rangle
$$

となる．これらを見比べて

$$
\langle \psi_{m\boldsymbol{k}} | \boldsymbol{r} | \psi_{n\boldsymbol{k}'} \rangle = \delta_{\boldsymbol{k},\boldsymbol{k}'} \left(\delta_{m,n} i \boldsymbol{\nabla}_{\boldsymbol{k}} + \boldsymbol{a}_{\boldsymbol{k}}^{mn} \right) \tag{A.69}
$$

を得る．周期ポテンシャルのない自由粒子系では，$\boldsymbol{r}$ は第 1 項のみで表されるが，周期的な結晶中では $\boldsymbol{a}_{\boldsymbol{k}}^{mn}$ が加わることに注意しよう．

速度演算子の行列要素は，Heisenberg の運動方程式から

$$
\begin{aligned}
\langle \psi_{m\boldsymbol{k}} | \boldsymbol{v} | \psi_{n\boldsymbol{k}} \rangle &= \frac{i}{\hbar} \langle \psi_{m\boldsymbol{k}} | [H, \boldsymbol{r}] | \psi_{n\boldsymbol{k}} \rangle \\
&= \frac{i}{\hbar} \left(\epsilon_{m\boldsymbol{k}} \langle \psi_{m\boldsymbol{k}} | \boldsymbol{r} | \psi_{n\boldsymbol{k}} \rangle - \langle \psi_{m\boldsymbol{k}} | \boldsymbol{r} | \psi_{n\boldsymbol{k}} \rangle \epsilon_{n\boldsymbol{k}} \right) \\
&= \delta_{m,n} \frac{1}{\hbar} \boldsymbol{\nabla}_{\boldsymbol{k}} \epsilon_{n\boldsymbol{k}} + \frac{i}{\hbar} (\epsilon_{m\boldsymbol{k}} - \epsilon_{n\boldsymbol{k}}) \boldsymbol{a}_{\boldsymbol{k}}^{mn} \\
\Rightarrow \quad \langle \psi_{m\boldsymbol{k}} | \boldsymbol{v} | \psi_{n\boldsymbol{k}'} \rangle &= \delta_{\boldsymbol{k},\boldsymbol{k}'} \left(\delta_{m,n} \boldsymbol{v}_{n\boldsymbol{k}} + \frac{i}{\hbar} (\epsilon_{m\boldsymbol{k}} - \epsilon_{n\boldsymbol{k}}) \boldsymbol{a}_{\boldsymbol{k}}^{mn} \right)
\end{aligned} \tag{A.70}
$$

となる．対角要素は $\boldsymbol{v}_{n\boldsymbol{k}} \equiv \boldsymbol{\nabla}_{\boldsymbol{k}} \epsilon_{n\boldsymbol{k}} / \hbar$ の群速度であり，非対角要素 (バンド間遷移) は $\boldsymbol{a}_{\boldsymbol{k}}^{mn}$ の項のみが寄与することが分かる．

A.5.2 Berry 曲率

$\boldsymbol{a}_{\boldsymbol{k}}^{mn}$ は Bloch 関数の位相の取り方に依存するゲージ不変でない量である．

---

*11 いわゆる $\boldsymbol{k}$ 空間の **Berry 接続**とよばれる量で，$\boldsymbol{a}_{\boldsymbol{k}}^{nn}$ は実ベクトル場である．波数空間における「ベクトルポテンシャル」の役割を果たす．ゲージ不変ではない．

一方，**Berry 曲率** $\boldsymbol{\Omega}_{n\boldsymbol{k}} \equiv \boldsymbol{\nabla}_{\boldsymbol{k}} \times \boldsymbol{a}_{\boldsymbol{k}}^{nn}$ はゲージ不変な実ベクトル場で [*12]

$$
\begin{aligned}
\boldsymbol{\Omega}_{n\boldsymbol{k}} &= i\boldsymbol{e}_{\alpha}\epsilon_{\alpha\beta\gamma}\nabla_{\boldsymbol{k}\beta}\left\langle u_{n\boldsymbol{k}}\middle|\nabla_{\boldsymbol{k}\gamma}u_{n\boldsymbol{k}}\right\rangle \\
&= i\boldsymbol{e}_{\alpha}\epsilon_{\alpha\beta\gamma}\left\langle\nabla_{\boldsymbol{k}\beta}u_{n\boldsymbol{k}}\middle|\nabla_{\boldsymbol{k}\gamma}u_{n\boldsymbol{k}}\right\rangle = i\left\langle\boldsymbol{\nabla}_{\boldsymbol{k}}u_{n\boldsymbol{k}}\right| \times \left|\boldsymbol{\nabla}_{\boldsymbol{k}}u_{n\boldsymbol{k}}\right\rangle \\
&= i\boldsymbol{e}_{\alpha}\epsilon_{\alpha\beta\gamma}\sum_{m}\left\langle\nabla_{\boldsymbol{k}\beta}u_{n\boldsymbol{k}}\middle|u_{m\boldsymbol{k}}\right\rangle\left\langle u_{m\boldsymbol{k}}\middle|\nabla_{\boldsymbol{k}\gamma}u_{n\boldsymbol{k}}\right\rangle \\
&= -i\boldsymbol{e}_{\alpha}\epsilon_{\alpha\beta\gamma}\sum_{m}^{\neq n}\left\langle u_{n\boldsymbol{k}}\middle|\nabla_{\boldsymbol{k}\beta}u_{m\boldsymbol{k}}\right\rangle\left\langle u_{m\boldsymbol{k}}\middle|\nabla_{\boldsymbol{k}\gamma}u_{n\boldsymbol{k}}\right\rangle \\
&= i\sum_{m}^{\neq n}\boldsymbol{a}_{\boldsymbol{k}}^{nm} \times \boldsymbol{a}_{\boldsymbol{k}}^{mn}
\end{aligned}
\tag{A.71}
$$

のように表される．ここで，$\epsilon_{\alpha\beta\gamma}$ がかかる部分のうち $\beta \leftrightarrow \gamma$ に関して対称な項は消えることと (A.68) を用いた．また，(A.70) を用いて，速度ベクトルの行列要素で書き直せば，次のようになる．

$$
\begin{aligned}
\boldsymbol{\Omega}_{n\boldsymbol{k}} &= i\hbar^2\sum_{m}^{\neq n}\frac{\langle\psi_{n\boldsymbol{k}}|\boldsymbol{v}|\psi_{m\boldsymbol{k}}\rangle \times \langle\psi_{m\boldsymbol{k}}|\boldsymbol{v}|\psi_{n\boldsymbol{k}}\rangle}{(\epsilon_{n\boldsymbol{k}} - \epsilon_{m\boldsymbol{k}})^2} \\
&= -\hbar^2\sum_{m}^{\neq n}\frac{\mathrm{Im}\left[\langle\psi_{n\boldsymbol{k}}|\boldsymbol{v}|\psi_{m\boldsymbol{k}}\rangle \times \langle\psi_{m\boldsymbol{k}}|\boldsymbol{v}|\psi_{n\boldsymbol{k}}\rangle\right]}{(\epsilon_{n\boldsymbol{k}} - \epsilon_{m\boldsymbol{k}})^2} \\
&= \sum_{\alpha\beta\gamma}\epsilon_{\alpha\beta\gamma}\Omega_{n\boldsymbol{k}}^{\alpha\beta}[2]\boldsymbol{e}_{\gamma}
\end{aligned}
\tag{A.72}
$$

ここで

$$
\Omega_{n\boldsymbol{k}}^{\alpha\beta}[s] \equiv -\hbar^2\sum_{m}^{\neq n}\frac{\mathrm{Im}\left[\langle\psi_{n\boldsymbol{k}}|v_{\alpha}|\psi_{m\boldsymbol{k}}\rangle\langle\psi_{m\boldsymbol{k}}|v_{\beta}|\psi_{n\boldsymbol{k}}\rangle\right]}{(\epsilon_{n\boldsymbol{k}} - \epsilon_{m\boldsymbol{k}})^s}
\tag{A.73}
$$

$\boldsymbol{\Omega}_{n\boldsymbol{k}}$ は時間反転奇の軸性ベクトル場であり，磁場 $\boldsymbol{B}(\boldsymbol{r})$ と同じ時空反転の偶奇性をもつ．すなわち，時間反転 θ 対称性があれば $\boldsymbol{\Omega}_{n\boldsymbol{k}} = -\boldsymbol{\Omega}_{n-\boldsymbol{k}}$，空間反転 I 対称性があれば $\boldsymbol{\Omega}_{n\boldsymbol{k}} = \boldsymbol{\Omega}_{n-\boldsymbol{k}}$ が成り立ち，両方の対称性があれば $\boldsymbol{\Omega}_{n\boldsymbol{k}}$ は恒等的にゼロである [*13]．この対称性を反映して，自発磁化や帯磁率などの表式にしばしば登場する．

---

*12 平面上の閉曲線に沿って 1 周だけベクトルを平行移動しても向きは変わらないが，球面上で同様の平行移動を行うと向きが変わる場合がある．一般に，拘束された空間での運動にはこのような非自明な効果が伴い，その効果を表現したものが Berry 曲率である．自由電子の分散とは対照的に，周期ポテンシャル中を運動する電子は波数空間のエネルギーバンドに拘束されているため，Berry 曲率が生じる場合があるのである．

*13 正確には $I\theta$ の対称性だけがあればよい．また，磁気点群の対称性にも従う．スピン軌道相互作用があるときは，2 成分スピノールの内積と読み替える．

例えば，強磁性体など時間反転の破れた系では外部磁場ゼロで Hall 効果が生じる場合がある．このような Hall 効果を**異常 Hall 効果**という．$\boldsymbol{B} \to 0$ のときの異常 Hall 伝導度は (3.92) の直流伝導度の横成分 $\sigma_{\alpha\beta}(0)$ $(\alpha \neq \beta)$ で与えられる．この式を変形すれば

$$
\begin{aligned}
\sigma_{\alpha\beta}(0) &= \frac{e^2\hbar}{iV} \sum_{nm\boldsymbol{k}}^{n\neq m} \frac{(f_{n\boldsymbol{k}} - f_{m\boldsymbol{k}}) \langle \psi_{n\boldsymbol{k}} | v_\alpha | \psi_{m\boldsymbol{k}} \rangle \langle \psi_{m\boldsymbol{k}} | v_\beta | \psi_{n\boldsymbol{k}} \rangle}{(\epsilon_{n\boldsymbol{k}} - \epsilon_{m\boldsymbol{k}})^2} \\
&= \frac{2e^2\hbar}{V} \sum_{nm\boldsymbol{k}}^{n\neq m} f_{n\boldsymbol{k}} \frac{\mathrm{Im}[\langle \psi_{n\boldsymbol{k}} | v_\alpha | \psi_{m\boldsymbol{k}} \rangle \langle \psi_{m\boldsymbol{k}} | v_\beta | \psi_{n\boldsymbol{k}} \rangle]}{(\epsilon_{n\boldsymbol{k}} - \epsilon_{m\boldsymbol{k}})^2} \\
&= -\frac{e^2}{\hbar V} \sum_{n\boldsymbol{k}} f_{n\boldsymbol{k}} (\Omega_{n\boldsymbol{k}}^{\alpha\beta} - \Omega_{n\boldsymbol{k}}^{\beta\alpha}) \\
&= -\frac{e^2}{\hbar V} \sum_{\gamma} \epsilon_{\alpha\beta\gamma} \sum_{n\boldsymbol{k}} f_{n\boldsymbol{k}} \Omega_{n\boldsymbol{k}}^{\gamma}
\end{aligned}
\tag{A.74}
$$

もう 1 つの興味深い例はグラフェンの K 点付近のバンド構造 (3.34) である．$\boldsymbol{k} = k(\cos\phi, \sin\phi)$ とすれば，K 点付近の有効ハミルトニアンは (A,B) 副格子の表示で

$$
H_{\mathrm{K}} = \begin{pmatrix} \delta & ke^{-i\phi} \\ ke^{i\phi} & -\delta \end{pmatrix} \tag{A.75}
$$

であった．ここで，$\hbar v \equiv 1$ とし，バンドギャップがゼロとなる様子を見るために副格子で交替的な δ を導入した．この模型を質量 δ の 2 次元 Dirac 粒子模型という．この有効ハミルトニアンのエネルギー分散は $\epsilon_{\pm,\boldsymbol{k}} = \pm\sqrt{k^2 + \delta^2}$ であり，固有ベクトルは

$$
|+, \boldsymbol{k}\rangle = \begin{pmatrix} \cos\frac{\theta}{2} \\ \sin\frac{\theta}{2} e^{i\phi} \end{pmatrix}, \quad |-, \boldsymbol{k}\rangle = \begin{pmatrix} -\sin\frac{\theta}{2} e^{-i\phi} \\ \cos\frac{\theta}{2} \end{pmatrix} \tag{A.76}
$$

$$
\cos\frac{\theta}{2} = \sqrt{\frac{1}{2}\left(1 + \frac{\delta}{\sqrt{k^2 + \delta^2}}\right)}, \quad \sin\frac{\theta}{2} = \sqrt{\frac{1}{2}\left(1 - \frac{\delta}{\sqrt{k^2 + \delta^2}}\right)} \tag{A.77}
$$

となる．この固有ベクトルを用いて Berry 曲率を求めると

$$
\Omega_{\pm,\boldsymbol{k}}^{z} = \mp \frac{\delta}{2(k^2 + \delta^2)^{3/2}} \tag{A.78}
$$

$\Omega^z_{\pm,\boldsymbol{k}}$ は $(k,\delta)=(0,0)$ で特異的であり，極限の取り方に依存することに注意しよう．2 次元平面全域で $\Omega^z_{\pm,\boldsymbol{k}}$ を積分すると

$$\frac{1}{L^2}\sum_{\boldsymbol{k}}\Omega^z_{\pm,\boldsymbol{k}}=\mp\frac{\delta}{4\pi}\int_0^\infty dk\,\frac{k}{(k^2+\delta^2)^{3/2}}=\mp\frac{\mathrm{sgn}(\delta)}{4\pi} \tag{A.79}$$

となる．この積分値は δ の符号が変わらない限り一定であるが，δ の符号が変わると $\delta=0$ のギャップが閉じる点で符号が不連続に変わるというトポロジカルな性質をもっている．

次に，(A.75) を 3 次元に拡張した問題 (3 次元質量ゼロ Dirac 粒子模型)

$$H=k\begin{pmatrix}\cos\theta & \sin\theta e^{-i\phi}\\ \sin\theta e^{i\phi} & -\cos\theta\end{pmatrix}=\boldsymbol{k}\cdot\boldsymbol{\sigma} \tag{A.80}$$

を考えてみよう．ここで，$\boldsymbol{k}=k(\sin\theta\cos\phi,\sin\theta\sin\phi,\cos\theta)$，$\boldsymbol{\sigma}$ は Pauli 行列である．$\theta=\pi/2$ のとき，$\delta=0$ の (A.75) となる．

固有エネルギーは $\epsilon_{\pm,\boldsymbol{k}}=\pm|\boldsymbol{k}|$ の線形分散となり，固有ベクトルは (A.76) である．この固有ベクトルから Berry 接続および Berry 曲率を求めると

$$\boldsymbol{a}^{\pm\pm}_{\boldsymbol{k}}=\mp\frac{1-\cos\theta}{2k\sin\theta}\boldsymbol{e}_\phi,\quad \boldsymbol{\Omega}_{\pm,\boldsymbol{k}}=\mp\frac{\boldsymbol{k}}{2k^3} \tag{A.81}$$

となる．$\boldsymbol{a}^{\pm\pm}_{\boldsymbol{k}}$ は $\theta=\pi$ (z 軸の負側) で特異的である．固有ベクトルの位相の選び方を変えるゲージ変換を施すと特異性のある向きを変えることができるが，特異性そのものを消去することはできない．特異性を消すためには，変域を 2 つに分けてそれぞれの領域で特異性を含まない定義を採用するという方法しかない．Berry 曲率 $\boldsymbol{\Omega}_{\pm,\boldsymbol{k}}$ はゲージの選び方に依存しないが，$\boldsymbol{k}=0$ で発散するという特異性をもっており，このことが $\boldsymbol{a}^{\pm\pm}_{\boldsymbol{k}}$ の特異性と関係している．Berry 曲率の発散を求めると $\boldsymbol{\nabla}_{\boldsymbol{k}}\cdot\boldsymbol{\Omega}_{\pm,\boldsymbol{k}}=\mp2\pi\delta(\boldsymbol{k})$ となり，$\epsilon_{+,\boldsymbol{k}}$ バンドは $\boldsymbol{k}=0$ に吸い込み点を，$\epsilon_{-,\boldsymbol{k}}$ バンドは $\boldsymbol{k}=0$ に沸き出し点をもっていることが分かる．すなわち，$\boldsymbol{k}$ 空間の原点に「磁場」$\boldsymbol{\Omega}_{\pm,\boldsymbol{k}}$ を生み出す負の磁荷 (反モノポール) と正の磁荷 (**モノポール**) が存在する．このモノポール磁荷は必ず 2π の整数倍となることを示すことができる．

以上のように，Berry 曲率が特異性をもっているとき，トポロジカルな性質が生み出される [*14]．

---

*14 詳しくは，齊藤英治，村上修一，スピン流とトポロジカル絶縁体 (共立出版, 2014); 安藤陽一，トポロジカル絶縁体入門 (講談社, 2014); 野村健太郎，トポロジカル絶縁体・超伝導体 (丸善出版, 2016) 等を参照してほしい．

A.5.3 準古典運動方程式

電場 $\boldsymbol{E}$ や磁場 $\boldsymbol{B}$ および対応する電磁ポテンシャル $(\phi, \boldsymbol{A})$ の空間変調が十分緩やかであるとき，位置と運動量の不確定性関係に抵触しない範囲で，実空間 (中心 $\boldsymbol{r}_{\mathrm{c}}$) と波数空間 (中心 $\boldsymbol{k}_{\mathrm{c}}$) の両方で適度に局在した波束を Bloch 状態の重ね合わせによって作ることができる．波束

$$|\phi(t)\rangle \equiv \sum_{\boldsymbol{k}}^{\mathrm{BZ}} c_{\boldsymbol{k}}(t)\,|\psi_{n\boldsymbol{k}}\rangle, \quad \sum_{\boldsymbol{k}}^{\mathrm{BZ}} |c_{\boldsymbol{k}}(t)|^2 = 1 \tag{A.82}$$

に対する動的運動量と位置の期待値

$$\boldsymbol{k}_{\mathrm{c}}(t) \equiv \langle\phi(t)|\boldsymbol{k}|\phi(t)\rangle, \quad \boldsymbol{r}_{\mathrm{c}}(t) \equiv \langle\phi(t)|\boldsymbol{r}|\phi(t)\rangle \tag{A.83}$$

を導入し，これらの時間発展を記述する運動方程式を用いて古典的軌道を議論する．このような近似を**準古典近似**という．準古典近似では，1 つのバンド n が軌道運動に関与し，他のバンドはエネルギー的に十分離れているとして，バンド間遷移が起こらないと考える．(A.69) を用いれば，次の関係を示すことができる．

$$\boldsymbol{r}_{\mathrm{c}}(t) = \sum_{\boldsymbol{k}} |c_{\boldsymbol{k}}(t)|^2 \left[\boldsymbol{a}_{\boldsymbol{k}}^{nn} - \boldsymbol{\nabla}_{\boldsymbol{k}} \arg(c_{\boldsymbol{k}}(t))\right] \tag{A.84}$$

$\boldsymbol{k}_{\mathrm{c}}$ と $\boldsymbol{r}_{\mathrm{c}}$ の運動方程式は

$$\frac{d(\hbar\boldsymbol{k}_{\mathrm{c}})}{dt} = -e\left[\boldsymbol{E}_{\mathrm{c}} + \frac{1}{c}\left(\frac{d\boldsymbol{r}_{\mathrm{c}}}{dt} \times \boldsymbol{B}_{\mathrm{c}}\right)\right] \tag{A.85}$$

$$\frac{d\boldsymbol{r}_{\mathrm{c}}}{dt} = \boldsymbol{v}_{n\boldsymbol{k}_{\mathrm{c}}} - \frac{d\boldsymbol{k}_{\mathrm{c}}}{dt} \times \boldsymbol{\Omega}_{n\boldsymbol{k}_{\mathrm{c}}} - \frac{1}{\hbar}\boldsymbol{\nabla}_{\boldsymbol{k}_{\mathrm{c}}}(\boldsymbol{m}_{\mathrm{c}} \cdot \boldsymbol{B}_{\mathrm{c}}) \tag{A.86}$$

となることが示されている [*15]．ここで

$$\boldsymbol{m}_{\mathrm{c}}(t) \equiv -\frac{\mu_{\mathrm{B}} m}{\hbar}\langle\phi'(t)|(\boldsymbol{r} - \boldsymbol{r}_{\mathrm{c}}) \times \boldsymbol{v}|\phi'(t)\rangle, \quad |\phi'\rangle = e^{-ie\boldsymbol{A}_{\mathrm{c}}\cdot\boldsymbol{r}/c\hbar}|\phi\rangle \tag{A.87}$$

および $\boldsymbol{E}_{\mathrm{c}}$，$\boldsymbol{B}_{\mathrm{c}}$ $(\boldsymbol{A}_{\mathrm{c}})$ は，波束中心 $\boldsymbol{r}_{\mathrm{c}}$ で評価した磁気双極子モーメントおよび電場と磁場 (ベクトルポテンシャル) である．$\boldsymbol{m}_{\mathrm{c}}$ は以下で述べる (A.93) の $\boldsymbol{m}_{n\boldsymbol{k}}$ に対応した量である．(A.85) は Lorentz 力による運動量の変化を表す．(A.86) の第 2 項は，Berry 曲率によって電子の軌道が曲げられる効果

[*15] G. Sundaram and Q. Niu, Phys. Rev. B **59**, 14915 (1999).

を表し，**異常速度**と呼ばれる．Berry 曲率 $\boldsymbol{\Omega}_{n\boldsymbol{k}}$ がゼロのとき，磁気双極子の寄与を無視すれば

$$\frac{d(\hbar \boldsymbol{k}_\mathrm{c})}{dt} = -e\left[\boldsymbol{E}_\mathrm{c} + \frac{1}{c}\left(\boldsymbol{v}_{n\boldsymbol{k}_\mathrm{c}} \times \boldsymbol{B}_\mathrm{c}\right)\right], \quad \frac{d\boldsymbol{r}_\mathrm{c}}{dt} = \boldsymbol{v}_{n\boldsymbol{k}_\mathrm{c}} \tag{A.88}$$

のようによく知られた **Boltzmann の輸送方程式**に帰着する．

位置演算子 $\boldsymbol{r} = i\boldsymbol{\nabla}_{\boldsymbol{k}} + \boldsymbol{a}_{\boldsymbol{k}}^{nn}$ の交換関係を調べてみると

$$\begin{aligned}[r_\alpha, r_\beta] &= [i\nabla_{\boldsymbol{k}\alpha} + a_{\boldsymbol{k}\alpha}^{nn}, i\nabla_{\boldsymbol{k}\beta} + a_{\boldsymbol{k}\beta}^{nn}] \\ &= i([a_{\boldsymbol{k}\alpha}^{nn}, \nabla_{\boldsymbol{k}\beta}] - [a_{\boldsymbol{k}\beta}^{nn}, \nabla_{\boldsymbol{k}\alpha}]) = i\sum_\gamma \epsilon_{\alpha\beta\gamma}\Omega_{n\boldsymbol{k}\gamma}\end{aligned} \tag{A.89}$$

となり，Berry 曲率があると位置の各成分は非可換となることが分かる．この関係は，動的運動量 $\boldsymbol{\pi} = -i\hbar\boldsymbol{\nabla} + (e/c)\boldsymbol{A}(\boldsymbol{r})$ の交換関係が $[\pi_\alpha, \pi_\beta] = -(ie\hbar/c)\sum_\gamma \epsilon_{\alpha\beta\gamma}B_\gamma$ となることと双対な関係にある．(A.85) の Lorentz 力が $\boldsymbol{\pi}$ の成分の非可換性と関連づけられるように，(A.86) の右辺第 2 項は $\boldsymbol{r}$ の成分の非可換性と関係がある．

A.5.4 電気分極と軌道磁化の表式

前節の波束 $|\phi\rangle$ として, 3.1.3 節で議論した格子点 $\boldsymbol{j}$ 付近に局在した Wannier 関数を考えよう．簡単のため，(3.14) において $U_{\alpha n}^{(\boldsymbol{k})} = \delta_{\alpha,n}$ とした

$$|w_{n\boldsymbol{j}}\rangle = \frac{1}{\sqrt{N_0}}\sum_{\boldsymbol{k}} |\psi_{n\boldsymbol{k}}\rangle\, e^{-i\boldsymbol{k}\cdot\boldsymbol{j}} \tag{A.90}$$

の Wannier 関数を用いると，(A.84) より

$$\overline{\boldsymbol{r}}_{n\boldsymbol{j}} \equiv \langle w_{n\boldsymbol{j}}|\boldsymbol{r}|w_{n\boldsymbol{j}}\rangle = \frac{1}{N_0}\sum_{\boldsymbol{k}} \boldsymbol{a}_{\boldsymbol{k}}^{nn} + \boldsymbol{j} \tag{A.91}$$

が成り立つ．$\overline{\boldsymbol{r}}_{n\boldsymbol{j}}$ は格子点 $\boldsymbol{j}$ の不定性を除いてゲージ不変な量であり，**Wannier 中心**と呼ばれる．これを用いて，電気分極を表すと [*16]

$$\boldsymbol{P} = -e\sum_n^{\mathrm{occ.}} \overline{\boldsymbol{r}}_{n\boldsymbol{j}} = -\frac{e}{N_0}\sum_{n\boldsymbol{k}}^{\mathrm{occ.}} \boldsymbol{a}_{\boldsymbol{k}}^{nn} + \boldsymbol{P}_0, \quad \boldsymbol{P}_0 = -eN_\mathrm{b}\,\boldsymbol{j} \tag{A.92}$$

電気分極は絶縁体で生じるので，occ. はバンドギャップ以下の占有状態 N_b

---

*16 R.D. King-Smith and D. Vanderbilt, Phys. Rev. B **47**, 1651 (1993); D. Vanderbilt and R.D. King-Smith, Phys. Rev. B **48**, 4442 (1993); R. Resta, J. Phys.: Condens. Matter **22**, 123201 (2010); Rev. Mod. Phys. **66**, 899 (1994).

個に関して和を取ることを表す．また，$\boldsymbol{P}_0$ は格子点の不定性から生じる量であり，電気分極は $\boldsymbol{P}_0$ を法として一意に定まる．実際には，電場を正負に印加したときの電気分極の履歴の最大値と最小値の差 $\Delta\boldsymbol{P} = \boldsymbol{P}_+ - \boldsymbol{P}_-$ が観測量であり，$\boldsymbol{P}_0$ の存在は問題にならない [*17]．

時間反転が破れた状態で生じる軌道磁化は次のように求められている [*18]

$$
\begin{aligned}
\boldsymbol{M}_{\mathrm{orb}} &= \frac{1}{V}\sum_{n\boldsymbol{k}}\left[f_{n\boldsymbol{k}}\boldsymbol{m}_{n\boldsymbol{k}} + \frac{e}{c\hbar\beta}\ln(1+e^{-\beta(\epsilon_{n\boldsymbol{k}}-\mu)})\boldsymbol{\Omega}_{n\boldsymbol{k}}\right] \\
\boldsymbol{m}_{n\boldsymbol{k}} &= \frac{e}{2c\hbar}\mathrm{Im}\,\langle\boldsymbol{\nabla}_{\boldsymbol{k}}u_{n\boldsymbol{k}}|\times(H_{\boldsymbol{k}}-\epsilon_{n\boldsymbol{k}})|\boldsymbol{\nabla}_{\boldsymbol{k}}u_{n\boldsymbol{k}}\rangle
\end{aligned} \tag{A.93}
$$

ここで，$H_{\boldsymbol{k}} = e^{-i\boldsymbol{k}\cdot\boldsymbol{r}}He^{i\boldsymbol{k}\cdot\boldsymbol{r}}$，$f_{n\boldsymbol{k}}$ は $\epsilon_{n\boldsymbol{k}}$ での Fermi 分布関数，μ は化学ポテンシャルである．$\boldsymbol{m}_{n\boldsymbol{k}}$ は (A.73) を用いて

$$
\boldsymbol{m}_{n\boldsymbol{k}} = \frac{e}{2c\hbar}\sum_{\alpha\beta}\epsilon_{\alpha\beta\gamma}\Omega^{\alpha\beta}_{n\boldsymbol{k}}[1]\boldsymbol{e}_\gamma \tag{A.94}
$$

のように速度演算子の行列要素を用いて表すことができる．$T\to 0$ の極限で

$$
\begin{aligned}
\boldsymbol{M}_{\mathrm{orb}} &= \frac{e}{2c\hbar V}\mathrm{Im}\sum_{n\boldsymbol{k}}^{\epsilon_{n\boldsymbol{k}}\leqq\mu}\langle\boldsymbol{\nabla}_{\boldsymbol{k}}u_{n\boldsymbol{k}}|\times(H_{\boldsymbol{k}}+\epsilon_{n\boldsymbol{k}}-2\mu)|\boldsymbol{\nabla}_{\boldsymbol{k}}u_{n\boldsymbol{k}}\rangle \\
&= \boldsymbol{M}_{\mathrm{LC}} + \boldsymbol{M}_{\mathrm{IC}} + \boldsymbol{M}_{\mathrm{C}}
\end{aligned} \tag{A.95}
$$

となり，局所渦電流 $\boldsymbol{M}_{\mathrm{LC}}$，遍歴渦電流 $\boldsymbol{M}_{\mathrm{IC}}$ および $\boldsymbol{M}_{\mathrm{C}}$ の寄与に分けられる [*19]．以下で述べるように，$\boldsymbol{M}_{\mathrm{C}}$ は絶縁体の場合 Chern 数と関係した量である．この表式は，前節の準古典近似の結果に，Berry 曲率による位相空間の状態密度の補正を考慮しても得られる [*20]．各項の内訳は

$$
\boldsymbol{M}_{\mathrm{LC}} = \frac{e}{2c\hbar V}\mathrm{Im}\sum_{n\boldsymbol{k}}^{\epsilon_{n\boldsymbol{k}}\leqq\mu}\langle\boldsymbol{\nabla}_{\boldsymbol{k}}u_{n\boldsymbol{k}}|\times H_{\boldsymbol{k}}|\boldsymbol{\nabla}_{\boldsymbol{k}}u_{n\boldsymbol{k}}\rangle \tag{A.96}
$$

$$
\boldsymbol{M}_{\mathrm{IC}} = -\frac{e}{2c\hbar V}\sum_{n\boldsymbol{k}}^{\epsilon_{n\boldsymbol{k}}\leqq\mu}\epsilon_{n\boldsymbol{k}}\boldsymbol{\Omega}_{n\boldsymbol{k}} \tag{A.97}
$$

$$
\boldsymbol{M}_{\mathrm{C}} = \frac{e\mu}{c\hbar V}\sum_{n\boldsymbol{k}}^{\epsilon_{n\boldsymbol{k}}\leqq\mu}\boldsymbol{\Omega}_{n\boldsymbol{k}} \tag{A.98}
$$

---

*17 より正確には，D. Vanderbilt, Berry Phases in Electronic Structure Theory (Cambridge University Press, 2018).

*18 J. Shi, G. Vignale, D. Xiao, and Q. Niu, Phys. Rev. Lett. **99**, 197202 (2007).

*19 D. Ceresoli, T. Thonhauser, D. Vanderbilt, and R. Resta, Phys. Rev. B **74**, 024408 (2006).

*20 D. Xiao, J. Shi, and Q. Niu, Phys. Rev. Lett. **95**, 137204 (2005).

である．絶縁体の場合，占有状態の $\psi_{n\boldsymbol{k}}$ から構成した Wannier 関数を用いて

$$\boldsymbol{M}_{\mathrm{LC}} = -\frac{e}{2c\Omega_0}\sum_{n}^{\mathrm{occ.}} \langle w_{n\boldsymbol{0}}|\boldsymbol{r}\times\boldsymbol{v}|w_{n\boldsymbol{0}}\rangle \tag{A.99}$$

$$\boldsymbol{M}_{\mathrm{IC}} = -\frac{e}{2c\hbar\Omega_0}\mathrm{Im}\sum_{nm\boldsymbol{j}}^{\mathrm{occ.}} \langle w_{n\boldsymbol{j}}|\boldsymbol{j}\times\boldsymbol{r}|w_{m\boldsymbol{0}}\rangle\langle w_{m\boldsymbol{0}}|H|w_{n\boldsymbol{j}}\rangle \tag{A.100}$$

と表される．$\boldsymbol{M}_{\mathrm{LC}}$ は各格子点における局所渦電流の寄与を結晶全体で足し合わせた $O(1)$ のバルク量である．一方，$\boldsymbol{M}_{\mathrm{IC}}$ は結晶の表面付近を流れる渦電流からの寄与を表す．表面の寄与は結晶の 1 辺を L として L^2/V に比例するが，$\boldsymbol{j}$ が L 程度の大きさであるため，全体として $O(1)$ の量となる．$\boldsymbol{M}_{\mathrm{C}}$ はトポロジカル不変量であるベクトル Chern 不変量 $\boldsymbol{C}_n$ を用いて

$$\boldsymbol{M}_{\mathrm{C}} = \frac{e\mu}{c\hbar(2\pi)^2}\sum_{n}^{\mathrm{occ.}}\boldsymbol{C}_n \tag{A.101}$$

のように表される．ベクトル Chern 不変量

$$\boldsymbol{C}_n \equiv \frac{(2\pi)^2}{V}\sum_{\boldsymbol{k}}^{\mathrm{BZ}}\boldsymbol{\Omega}_{n\boldsymbol{k}} \tag{A.102}$$

は逆格子ベクトルの整数倍の値のみを取り，通常の絶縁体ではゼロだが，非自明な有限値を取る場合を **Chern 絶縁体**という．2 次元の場合は整数値を取る第 1 Chern 数 C_n を用いて

$$M_{\mathrm{C}}^z = \frac{e\mu}{2\pi\hbar c}\sum_{n}^{\mathrm{occ.}}C_n, \quad C_n = \frac{2\pi}{L^2}\sum_{\boldsymbol{k}}^{\mathrm{BZ}}\Omega_{n\boldsymbol{k}}^z \tag{A.103}$$

Chern 不変量に関係した軌道磁化は，Středa 公式 *21 によって量子 Hall 伝導率と次のように関係づけられる．

$$\sigma_{\alpha\beta} = -ec\sum_{\gamma}\epsilon_{\alpha\beta\gamma}\left(\frac{\partial n}{\partial B_\gamma}\right)_{\mu,T} = -ec\sum_{\gamma}\epsilon_{\alpha\beta\gamma}\left(\frac{\partial M_{\mathrm{orb}}^{\gamma}}{\partial\mu}\right)_{B,T} \tag{A.104}$$

第 2 の等号で $F = -MdB - nd\mu - SdT$ より得られる Maxwell の関係式 $(\partial n/\partial B)_{\mu,T} = (\partial M/\partial\mu)_{B,T}$ を用いた．絶縁体では (A.95) の μ 微分は $\boldsymbol{M}_{\mathrm{C}}$ だけが関与し，2 次元では

*21 P. Středa, J. Phys. C **15**, L717 (1982).

$$\sigma_{xy} = -\frac{e^2}{2\pi\hbar}\sum_n^{\text{occ.}} C_n \tag{A.105}$$

の整数量子 Hall 伝導率が得られる [*22].

以上の表式にはスピンの寄与が含まれていない．スピンの寄与も含めた一般的な表式については，文献を参照してほしい [*23].

A.6 Bogoliubov 変換

Bose 粒子または Fermi 粒子の生成消滅演算子を含む最も一般的な 2 次形式のハミルトニアンについて考えよう．

$$H = \sum_{ij}\left[\Omega_{ij} a_i^\dagger a_j + \frac{1}{2}\left(\Lambda_{ij} a_i^\dagger a_j^\dagger + \Lambda_{ij}^* a_j a_i\right)\right] \tag{A.106}$$

ここで，$i, j = 1, 2, \cdots M$ とする．Hermite 性と (反) 交換関係から

$$\Omega_{ji}^* = \Omega_{ij}, \quad \Lambda_{ji} = \phi\Lambda_{ij} \quad \leftrightarrow \quad \Omega^\dagger = \Omega, \quad \Lambda^T = \phi\Lambda \tag{A.107}$$

である．ここで，Bose 粒子なら $\phi = +1$，Fermi 粒子なら $\phi = -1$ とする．$a^\dagger = (a_1^\dagger\ a_2^\dagger\ \cdots\ a_M^\dagger)$, $a = (a_1\ a_2\ \cdots\ a_M)$ のようにまとめて表記し，さらに $A^\dagger = (a^\dagger\ \ a)$ と書けば，ハミルトニアンは，ハット記号で表した $2M \times 2M$ の行列 $\hat{K}$ を用いて

$$H = \frac{1}{2}A^\dagger \hat{K} A - \frac{\phi}{2}\mathrm{Tr}\,\Omega, \quad \hat{K} = \left(\begin{array}{c|c} \Omega & \Lambda \\ \hline \Lambda^\dagger & \phi\Omega^* \end{array}\right) \tag{A.108}$$

のように表すことができる．

行列 $\hat{K}$ を対角化するために，新しい生成消滅演算子 $\Gamma^\dagger = (\gamma^\dagger\ \ \gamma)$ を用いて，次の **Bogoliubov 変換** (正準変換) を導入しよう．

$$\begin{pmatrix} a \\ a^\dagger \end{pmatrix} = \left(\begin{array}{c|c} U & V \\ \hline V^* & U^* \end{array}\right)\begin{pmatrix} \gamma \\ \gamma^\dagger \end{pmatrix} \quad \leftrightarrow \quad A = \hat{T}\Gamma, \quad \hat{T} = \left(\begin{array}{c|c} U & V \\ \hline V^* & U^* \end{array}\right) \tag{A.109}$$

[*22] D.J. Thouless, M. Kohmoto, M.P. Nightingale, and M. den Nijs, Phys. Rev. Lett. **49**, 405 (1982); M. Kohmoto, Ann. Phys. **160**, 343 (1985).

[*23] M. Ogata, J. Phys. Soc. Jpn. **86**, 044713 (2017); 小形正男, 松浦弘泰, 固体物理 **52**, 521 (2017).

この変換は正準変換であり，新しい基底でも (反) 交換関係 $\gamma_i\gamma_j^\dagger - \phi\gamma_j^\dagger\gamma_i = \delta_{i,j}$ を満たすことから

$$\hat{T}^{-1} = \hat{\tau}\hat{T}^\dagger\hat{\tau}, \quad \hat{\tau} \equiv \left(\begin{array}{c|c} I & 0 \\ \hline 0 & -\phi I \end{array}\right) \tag{A.110}$$

が成り立つ．Bose 粒子の場合，$\hat{T}$ はユニタリー行列ではないことに注意しよう．I は $M \times M$ の単位行列である．成分で書くと

$$UU^\dagger - \phi VV^\dagger = I, \quad V^*U^\dagger - \phi U^*V^\dagger = 0 \tag{A.111}$$

$M \times M$ の対角行列を $E = \mathrm{diag}(\epsilon_1, \epsilon_2, \cdots, \epsilon_M)$ とし，Bogoliubov 変換によって，ハミルトニアンが対角行列

$$\hat{D} = \hat{T}^\dagger\hat{K}\hat{T} = \hat{\tau}\left(\begin{array}{c|c} E & 0 \\ \hline 0 & -E \end{array}\right) \tag{A.112}$$

になるように U と V を決めると

$$H = \frac{1}{2}\Gamma^\dagger\hat{D}\Gamma - \frac{\phi}{2}\mathrm{Tr}\,\Omega = \sum_{\alpha=1}^{M}\epsilon_\alpha\left(\gamma_\alpha^\dagger\gamma_\alpha + \frac{\phi}{2}\right) - \frac{\phi}{2}\sum_i \Omega_{ii} \tag{A.113}$$

(A.112) の両辺に左から $\hat{T}\hat{\tau}$ をかけ (A.110) を用いると $\hat{\tau}\hat{K}\hat{T} = \hat{T}\hat{\tau}\hat{D}$ となるが，これは $\hat{K}' \equiv \hat{\tau}\hat{K}$ に対する固有値行列 $\hat{\tau}\hat{D}$ の固有値方程式に他ならない．行列 $\hat{T}$ の α 列目 $(\alpha = 1, 2, \ldots, M)$ を $\boldsymbol{x}_\alpha$，$M + \alpha$ 列目を $\boldsymbol{y}_\alpha$ として，具体的に書くと

$$\hat{K}'\boldsymbol{x}_\alpha = \epsilon_\alpha\boldsymbol{x}_\alpha, \quad \hat{K}'\boldsymbol{y}_\alpha = -\epsilon_\alpha\boldsymbol{y}_\alpha, \quad \hat{K}' = \left(\begin{array}{c|c} \Omega & \Lambda \\ \hline -\phi\Lambda^\dagger & -\Omega^* \end{array}\right) \tag{A.114}$$

となり，行列 $\hat{K}'$ の固有値 ϵ_α に対する固有ベクトルが $\boldsymbol{x}_\alpha$, 固有値 $-\epsilon_\alpha$ に対する固有ベクトルが $\boldsymbol{y}_\alpha$ であることが分かる [*24]．M 組の正負固有値のペア

---

*24 $-E \to E'$ として一般的に議論すると，H の Hermite 性より ϵ_α, ϵ'_α は実数である．また，具体的に書き下した式を見比べると，$\epsilon'_\alpha = -\epsilon_\alpha$ $(E' = -E)$ の関係を示すことができる．

が現れるので，正の固有値をもつ固有ベクトルの集合 $\{\boldsymbol{x}_\alpha\}$ から U と V^* を求めることができる．

この系の各種物理量を求めるためには，次の Green 関数行列を用いると便利である．

$$\hat{G}^T(\omega_n) = -\frac{1}{\hbar}\int_0^{\beta\hbar} d\tau\, e^{i\omega_n\tau}\, \langle T_\tau A(\tau)A^\dagger\rangle \tag{A.115}$$

ここで，$\langle\cdots\rangle$ は (A.106) に関する大正準集合の統計平均であり，$A(\tau)$ が列ベクトル，$A^\dagger$ が行ベクトルであるから，G^T は $2M\times 2M$ の行列である．ω_n は Bose (Fermi) 粒子系では Bose (Fermi) 粒子の松原振動数である．この Green 関数を用いれば各種平均値は次のように表される．

$$\langle A_i^\dagger A_j\rangle = \frac{1}{\beta}\sum_{n=-\infty}^{\infty} G_{ji}^T(\omega_n)e^{i\omega_n 0_+} \tag{A.116}$$

$A^\dagger = (a^\dagger\ a)$ であるから，この表式より $\langle a^\dagger a\rangle$ の他に $\langle a^\dagger a^\dagger\rangle$，$\langle aa\rangle$，$\langle aa^\dagger\rangle$ の平均値を求めることができる．

(3.54) の導出と同様にすれば

$$[a_i, H] = \sum_k \left(\Omega_{ik}a_k + \Lambda_{ik}a_k^\dagger\right) \quad [H, a_i^\dagger] = \sum_k \left(\Omega_{ik}^* a_k^\dagger + \Lambda_{ik}^* a_k\right)$$

に注意して

$$\begin{aligned}[\hat{G}^T(\omega_n)]^{-1} &= \hat{\tau}\left(\begin{array}{c|c} i\hbar\omega_n I - \Omega & -\Lambda \\ \hline \Lambda^* & i\hbar\omega_n I + \Omega^* \end{array}\right) \\ &= \hat{\tau}\bigl(i\hbar\omega_n \hat{I} - \hat{\tau}\hat{K}\bigr) \end{aligned}\tag{A.117}$$

となる [*25]．Green 関数の極は，$\hat{K}'$ の固有値の位置 $i\hbar\omega_n = \pm\epsilon_\alpha$ に現れる．Green 関数の表式では Ω_{ii} や ϵ_α は化学ポテンシャル μ から測ったエネルギーである．Bogoliubov 変換を用いれば，$\hat{G}_{\mathrm{D}}^T(\tau) \equiv -\langle T_\tau\Gamma(\tau)\Gamma^\dagger\rangle/\hbar$ を介して

$$\hat{G}^T(\omega_n) = \hat{T}\hat{G}_{\mathrm{D}}^T(\omega_n)\hat{T}^\dagger = \hat{T}(i\hbar\omega_n\hat{I} - \hat{\tau}\hat{D})^{-1}\hat{\tau}\hat{T}^\dagger$$

*25 (A.108) のハミルトニアンには 1/2 の因子がついているが，Green 関数の表式には 1/2 を除いた K が現れることに注意しよう．前者の因子 1/2 は粒子描像とホール描像の 2 重数えを避けるために生じたものである．

$$
\Rightarrow \quad \begin{cases} G^T_{i,j}(\omega_n) = \sum_\alpha \left[\dfrac{U_{i\alpha}U^*_{j\alpha}}{i\hbar\omega_n - \epsilon_\alpha} - \phi \dfrac{V_{i\alpha}V^*_{j\alpha}}{i\hbar\omega_n + \epsilon_\alpha} \right] \\ G^T_{i,M+j}(\omega_n) = \sum_\alpha \left[\dfrac{U_{i\alpha}V_{j\alpha}}{i\hbar\omega_n - \epsilon_\alpha} - \phi \dfrac{V_{i\alpha}U_{j\alpha}}{i\hbar\omega_n + \epsilon_\alpha} \right] \\ G^T_{M+i,j}(\omega_n) = \sum_\alpha \left[\dfrac{V^*_{i\alpha}U^*_{j\alpha}}{i\hbar\omega_n - \epsilon_\alpha} - \phi \dfrac{U^*_{i\alpha}V^*_{j\alpha}}{i\hbar\omega_n + \epsilon_\alpha} \right] \\ G^T_{M+i,M+j}(\omega_n) = \sum_\alpha \left[\dfrac{V^*_{i\alpha}V_{j\alpha}}{i\hbar\omega_n - \epsilon_\alpha} - \phi \dfrac{U^*_{i\alpha}U_{j\alpha}}{i\hbar\omega_n + \epsilon_\alpha} \right] \end{cases} \tag{A.118}
$$

ここで，$i, j = 1, 2, \cdots, M$ である．$G^T_{M+i,M+j}(\omega_n) = \phi G^{T*}_{i,j}(\omega_n)$ および $G^T_{M+i,j}(\omega_n) = \phi G^{T*}_{i,M+j}(\omega_n)$ の関係がある．

A.7 コヒーレント状態

調和振動子のハミルトニアン

$$
H = \hbar\omega \left(a^\dagger a + \frac{1}{2} \right), \quad [a, a^\dagger] = 1 \tag{A.119}
$$

を考えよう．消滅演算子 a の固有値 α (複素数) の固有状態 $|\alpha\rangle$ を次のように定義する．

$$
a\,|\alpha\rangle = \alpha\,|\alpha\rangle, \quad \langle\alpha|\,a^\dagger = \langle\alpha|\,\alpha^*, \quad \langle\alpha|\alpha\rangle = 1 \tag{A.120}
$$

このような状態をコヒーレント状態または Glauber 状態という．この定義より，$\langle\alpha|a|\alpha\rangle = \alpha$, $\langle\alpha|a^\dagger|\alpha\rangle = \alpha^*$ である．

コヒーレント状態は，H の固有状態 $|n\rangle$ $(n = 0, 1, 2, \cdots)$ を用いて

$$
|\alpha\rangle = A_\alpha e^{\alpha a^\dagger}\,|0\rangle = A_\alpha \sum_{n=0}^{\infty} \frac{(\alpha a^\dagger)^n}{n!}\,|0\rangle = A_\alpha \sum_{n=0}^{\infty} \frac{\alpha^n}{\sqrt{n!}}\,|n\rangle \tag{A.121}
$$

と表される．ここで，$A_\alpha = e^{-|\alpha|^2/2}$ は規格化因子．実際 a を作用してみると

$$
a\,|\alpha\rangle = A_\alpha \sum_{n=0}^{\infty} \frac{\alpha^n}{\sqrt{n!}} a\,|n\rangle = \alpha A_\alpha \sum_{n=1}^{\infty} \frac{\alpha^{n-1}}{\sqrt{(n-1)!}}\,|n-1\rangle = \alpha\,|\alpha\rangle
$$

となり，固有状態であることが確かめられる．コヒーレント状態はすべての粒子数状態を重ね合わせた粒子数不確定の状態であることが分かる．

異なるコヒーレント状態の確率振幅 (内積) は

$$
\begin{aligned}
\langle\alpha|\beta\rangle &= A_\alpha A_\beta \sum_{nm} \frac{\alpha^{*n}\beta^m}{\sqrt{n!m!}} \langle n|m\rangle = A_\alpha A_\beta \sum_{n=0}^{\infty} \frac{(\alpha^*\beta)^n}{n!} \\
&= e^{\alpha^*\beta - (|\alpha|^2+|\beta|^2)/2} \neq 0
\end{aligned} \tag{A.122}
$$

のように直交しない．一方，次の完全性が成り立つ *26.

$$
\frac{1}{\pi}\int d\alpha\, |\alpha\rangle\langle\alpha| = \hat{1} \tag{A.123}
$$

このような完全非直交基底を過完備 (overcomplete) 基底という．

a と $a^\dagger$ の線形結合から正準座標と正準運動量に相当する Hermite 演算子を

$$
x = \frac{\xi}{\sqrt{2}}(a+a^\dagger), \quad p = \frac{\hbar}{\sqrt{2}\xi i}(a-a^\dagger), \quad \xi \equiv \sqrt{\frac{\hbar}{m\omega}} \tag{A.124}
$$

のように導入すると，$[x,p]=i\hbar$ であり，お馴染みのハミルトニアンが得られる．

$$
H = \frac{p^2}{2m} + \frac{1}{2}m\omega^2 x^2 \tag{A.125}
$$

この演算子のコヒーレント状態に対する不確定性を評価すると，$\langle A\rangle \equiv \langle\alpha|A|\alpha\rangle$, $(\Delta A)^2 \equiv \langle A^2\rangle - \langle A\rangle^2$ として

$$
\begin{aligned}
\langle x\rangle &= \sqrt{2}\xi\,\mathrm{Re}\,\alpha, \quad \langle x^2\rangle = \langle x\rangle^2 + \frac{\xi^2}{2}, \quad \Delta x = \frac{\xi}{\sqrt{2}} \\
\langle p\rangle &= \frac{\sqrt{2}\hbar}{\xi}\,\mathrm{Im}\,\alpha, \quad \langle p^2\rangle = \langle p\rangle^2 + \frac{\hbar^2}{2\xi^2}, \quad \Delta p = \frac{\hbar}{\sqrt{2}\xi}
\end{aligned} \tag{A.126}
$$

となるので，$\Delta x\Delta p = \hbar/2$ を得る．すなわち，コヒーレント状態は α によらず，最小不確定性の状態である．

(A.121) の時間依存性を考えよう．$|n\rangle$ は $e^{-i\omega(n+1/2)t}$ の時間変化を伴うので，時刻 t のコヒーレント状態は

$$
|\alpha(t)\rangle \equiv A_\alpha \sum_{n=0}^{\infty} \frac{\alpha^n}{\sqrt{n!}} e^{-i\omega(n+1/2)t} |n\rangle \tag{A.127}
$$

のように表される．この状態に対して，期待値を求めると

*26 $|\alpha\rangle\langle\alpha| = \sum_{nm} \frac{|n\rangle\langle m|}{\sqrt{n!m!}}(A_\alpha^2 \alpha^n \alpha^{m*})$ のように展開できる．$\alpha = re^{\phi}$ のように極表示で表して α 積分を実行すると，$\int d\alpha A_\alpha^2 \alpha^n\alpha^{m*} = \int_0^\infty dr\, r^{n+m+1}e^{-r^2}\int_0^{2\pi} d\phi\, e^{i\phi(n-m)} = \pi n!\,\delta_{n,m}$ となる．$\sum_n |n\rangle\langle n| = \hat{1}$ に注意すれば完全性が示される．

$$\langle a(t)\rangle = \alpha e^{-i\omega t}, \quad \langle a^\dagger(t)\rangle = \alpha^* e^{i\omega t} \tag{A.128}$$

となるので，x および p の期待値は，$\alpha = Ae^{i\phi}/\sqrt{2}\xi$ とおけば

$$\begin{aligned}\langle x(t)\rangle &= A\cos(\omega t - \phi)\\ \langle p(t)\rangle &= -Am\omega\sin(\omega t - \phi)\end{aligned} \tag{A.129}$$

となり，古典的な振動解が得られる．

A.8 多極子演算子の導出

本節では，4 種類の多極子演算子 ($\hat{Q}_{lm}$，$\hat{M}_{lm}$，$\hat{T}_{lm}$，$\hat{G}_{lm}$) の導出についてその概略を紹介する．

スカラーポテンシャル $\phi(\boldsymbol{r})$ およびベクトルポテンシャル $\boldsymbol{A}(\boldsymbol{r})$ に対する Poisson 方程式 (Coulomb ゲージ) の解は (1.28) および (1.29) である．これらを多極子展開すると [*27]

$$\phi(\boldsymbol{r}) = \sum_{lm} \frac{Q_{lm}}{r^{l+1}}\sqrt{\frac{4\pi}{2l+1}}Y_{lm}(\hat{\boldsymbol{r}}) \tag{A.130}$$

$$\begin{aligned}\boldsymbol{A}(\boldsymbol{r}) &= \sum_{lm} \frac{M_{lm}}{ir^{l+1}}\sqrt{\frac{l+1}{l}}\sqrt{\frac{4\pi}{2l+1}}\boldsymbol{Y}_{lm}^{(l)}\\ &\quad - \sum_{lm} \frac{T_{lm}}{r^{l+2}}\sqrt{(l+1)(2l+1)}\sqrt{\frac{4\pi}{2l+1}}\boldsymbol{Y}_{lm}^{(l+1)}\end{aligned} \tag{A.131}$$

ここで，電気・磁気・磁気トロイダルの多極子モーメントを次のように定義した．

$$Q_{lm} = \int d\boldsymbol{r}\, \rho(\boldsymbol{r}) O_{lm}(\boldsymbol{r}) \tag{A.132}$$

$$M_{lm} = \int d\boldsymbol{r}\, \frac{[\boldsymbol{r}\times\boldsymbol{j}(\boldsymbol{r})]\cdot[\boldsymbol{\nabla} O_{lm}(\boldsymbol{r})]}{c(l+1)} \tag{A.133}$$

$$T_{lm} = \int d\boldsymbol{r}\, \frac{[\boldsymbol{r}\cdot\boldsymbol{j}(\boldsymbol{r})] O_{lm}(\boldsymbol{r})}{c(l+1)} \tag{A.134}$$

Q_{lm} および T_{lm} は空間反転操作に対して $(-1)^l$ の偶奇性をもつ極性テン

[*27] 導出は省略するが，Helmholtz 方程式の解である Hansen 型 (ベクトル) 関数を用いて示すことができる．詳しくは古典電磁気学の多極子展開の項目 [例えば，J.D. Jackson, "Classical Electrodynamics", (Wiley, 1962)] を参照してほしい．

ソル，M_{lm} は $(-1)^{l+1}$ の偶奇性をもつ軸性テンソルである．$\boldsymbol{\nabla}\cdot\boldsymbol{Y}_{lm}^{(l)} = \boldsymbol{\nabla}\cdot\boldsymbol{Y}_{lm}^{(l+1)} = 0$，$\boldsymbol{\nabla}\cdot\boldsymbol{Y}_{lm}^{(l-1)} \neq 0$ であることに注意すると，Coulomb ゲージの要請から $\boldsymbol{Y}_{lm}^{(l-1)}$ を含む項は展開式に現れない．また

$$\boldsymbol{\nabla}\left(\frac{Y_{lm}}{r^{l+1}}\right) = i\sqrt{\frac{l+1}{l}}\,\boldsymbol{\nabla}\times\left(\frac{\boldsymbol{Y}_{lm}^{(l)}}{r^{l+1}}\right) = \sqrt{(l+1)(2l+1)}\,\frac{\boldsymbol{Y}_{lm}^{(l+1)}}{r^{l+2}}$$

と $\boldsymbol{\nabla}\times(\boldsymbol{Y}_{lm}^{(l+1)}/r^{l+2}) = 0$ を用いれば，電場 $\boldsymbol{E}(\boldsymbol{r})$ と磁場 $\boldsymbol{B}(\boldsymbol{r})$ の表式が (6.7) のように得られる．T_{lm} は磁場の表式には現れないことに注意しよう．

これらを各電子からの寄与として表してみよう．電荷分布は

$$\rho(\boldsymbol{r}) = -e\sum_j \delta(\boldsymbol{r}-\boldsymbol{r}_j) \tag{A.135}$$

である．電流密度については，$\boldsymbol{j} \equiv \boldsymbol{j}_{\mathrm{o}} + \boldsymbol{j}_{\mathrm{s}}$ のように軌道運動とスピンからの寄与を分離して議論する．軌道部分は無次元の軌道角運動量 $\boldsymbol{l}$ と次のように関係づけられる．

$$\frac{1}{2c}(\boldsymbol{r}\times\boldsymbol{j}_{\mathrm{o}}) = -\mu_{\mathrm{B}}\sum_j \delta(\boldsymbol{r}-\boldsymbol{r}_j)\boldsymbol{l}_j \tag{A.136}$$

スピンからの寄与は磁化密度 $\boldsymbol{M}_{\mathrm{s}}$ を介して

$$\boldsymbol{j}_{\mathrm{s}} = c\,(\boldsymbol{\nabla}\times\boldsymbol{M}_{\mathrm{s}}), \quad \boldsymbol{M}_{\mathrm{s}}(\boldsymbol{r}) = -\mu_{\mathrm{B}}\sum_j \delta(\boldsymbol{r}-\boldsymbol{r}_j)\boldsymbol{\sigma}_j \tag{A.137}$$

である．

まず，電気多極子の演算子は定義に (A.135) を代入して

$$\hat{Q}_{lm} = -e\sum_j O_{lm}(\boldsymbol{r}_j) \tag{A.138}$$

次に，磁気多極子の演算子について考える．軌道部分は，(A.136) より直ちに

$$\hat{M}_{lm}^{\mathrm{orbital}} = -\mu_{\mathrm{B}}\sum_j [\boldsymbol{\nabla}O_{lm}(\boldsymbol{r}_j)]\cdot\frac{2\boldsymbol{l}_j}{l+1} \tag{A.139}$$

一方，スピン部分は，M_{lm} の定義に (A.137) を代入して，任意のベクトル場 $\boldsymbol{A}(\boldsymbol{r})$ に対して成り立つ恒等式

$$\int d\boldsymbol{r}\, \frac{[\boldsymbol{r}\times(\boldsymbol{\nabla}\times\boldsymbol{A})]\cdot(\boldsymbol{\nabla}O_{lm})}{l+1} = \int d\boldsymbol{r}\,(\boldsymbol{\nabla}O_{lm})\cdot\boldsymbol{A} \tag{A.140}$$

を用いれば

$$\hat{M}_{lm}^{\mathrm{spin}} = -\mu_{\mathrm{B}}\sum_j [\boldsymbol{\nabla}O_{lm}(\boldsymbol{r}_j)]\cdot\boldsymbol{\sigma}_j \tag{A.141}$$

以上の寄与を合わせると

$$\hat{M}_{lm} = -\mu_{\mathrm{B}}\sum_j [\boldsymbol{\nabla}O_{lm}(\boldsymbol{r}_j)]\cdot\hat{\boldsymbol{m}}_l(\boldsymbol{r}_j), \quad \hat{\boldsymbol{m}}_l(\boldsymbol{r}_j) = \frac{2\boldsymbol{l}_j}{l+1}+\boldsymbol{\sigma}_j \tag{A.142}$$

磁気トロイダル多極子の演算子については，磁気多極子の場合と同様に，軌道部分とスピン部分に分けて議論する．まず，スピン部分については $\boldsymbol{j}_{\mathrm{s}} = c(\boldsymbol{\nabla}\times\boldsymbol{M}_{\mathrm{s}})$ を定義に代入して，恒等式 $\boldsymbol{r}\cdot(\boldsymbol{\nabla}\times\boldsymbol{M}_{\mathrm{s}}) = -\boldsymbol{\nabla}\cdot(\boldsymbol{r}\times\boldsymbol{M}_{\mathrm{s}})$ と部分積分を用いて

$$\hat{T}_{lm}^{\mathrm{spin}} = \int d\boldsymbol{r}\,\frac{[\boldsymbol{r}\cdot(\boldsymbol{\nabla}\times\boldsymbol{M}_{\mathrm{s}})]O_{lm}}{l+1} = \int d\boldsymbol{r}\,\frac{(\boldsymbol{r}\times\boldsymbol{M}_{\mathrm{s}})\cdot(\boldsymbol{\nabla}O_{lm})}{l+1} \tag{A.143}$$

この表式に $\boldsymbol{M}_{\mathrm{s}}$ の微視的な表現 (A.137) を代入して

$$\hat{T}_{lm}^{\mathrm{spin}} = -\mu_{\mathrm{B}}\sum_j \frac{(\boldsymbol{r}_j\times\boldsymbol{\sigma}_j)\cdot[\boldsymbol{\nabla}O_{lm}(\boldsymbol{r}_j)]}{l+1} \tag{A.144}$$

一方，軌道部分は，電流密度 $\boldsymbol{j}_{\mathrm{o}}(\boldsymbol{r})$ $(\boldsymbol{\nabla}\cdot\boldsymbol{j}_{\mathrm{o}}=0)$ に対して成り立つ恒等式

$$\int d\boldsymbol{r}\,(\boldsymbol{r}\cdot\boldsymbol{j}_{\mathrm{o}})O_{lm} = \int d\boldsymbol{r}\,\frac{[\boldsymbol{r}\times(\boldsymbol{r}\times\boldsymbol{j}_{\mathrm{o}})]\cdot(\boldsymbol{\nabla}O_{lm})}{l+1}$$

と (A.136) を用いて

$$\begin{aligned}\hat{T}_{lm}^{\mathrm{orbital}} &= \int d\boldsymbol{r}\,\frac{[\boldsymbol{r}\times(\boldsymbol{r}\times\boldsymbol{j}_{\mathrm{o}})]\cdot(\boldsymbol{\nabla}O_{lm})}{c(l+1)(l+2)} \\ &= -\mu_{\mathrm{B}}\sum_j \frac{2(\boldsymbol{r}_j\times\boldsymbol{l}_j)\cdot[\boldsymbol{\nabla}O_{lm}(\boldsymbol{r}_j)]}{(l+1)(l+2)}\end{aligned} \tag{A.145}$$

両方の寄与を合わせて

$$\hat{T}_{lm} = -\mu_{\mathrm{B}}\sum_j [\boldsymbol{\nabla}O_{lm}(\boldsymbol{r}_j)]\cdot\hat{\boldsymbol{t}}_l(\boldsymbol{r}_j), \quad \hat{\boldsymbol{t}}_l(\boldsymbol{r}_j) = \frac{\boldsymbol{r}_j}{l+1}\times\left(\frac{2\boldsymbol{l}_j}{l+2}+\boldsymbol{\sigma}_j\right) \tag{A.146}$$

最後に，電気トロイダル多極子の演算子について考える．$\phi(\boldsymbol{r})$ や $\boldsymbol{A}(\boldsymbol{r})$ の多極子展開には現れないが，電気と磁気の双対関係から電気的な軸性テンソル G_{lm} を考えることは自然である．電気分極密度 $\boldsymbol{P}(\boldsymbol{r})$ を用いて磁気流 $\boldsymbol{j}_{\mathrm{m}}(\boldsymbol{r}) = c(\boldsymbol{\nabla} \times \boldsymbol{P})$ を考え，(A.134) との類推から電気トロイダル多極子モーメントを

$$G_{lm} = \int d\boldsymbol{r}\, \frac{[\boldsymbol{r} \cdot \boldsymbol{j}_{\mathrm{m}}(\boldsymbol{r})] O_{lm}(\boldsymbol{r})}{c(l+1)} = \int d\boldsymbol{r}\, \frac{(\boldsymbol{r} \times \boldsymbol{P}) \cdot (\boldsymbol{\nabla} O_{lm})}{l+1} \qquad \text{(A.147)}$$

のように導入する．ここで，2 番目の等号で (A.143) と同様の変形を行った．対応する多極子演算子を得るには，M_{lm} と G_{lm} は同じ軸性テンソルで時間反転に対する偶奇性のみが異なることに着目する．ランクを変えず時間反転の性質のみを反転させる操作 $R_T \equiv \hat{\boldsymbol{t}}_l \cdot \boldsymbol{\nabla}$ を $O_{lm}(\boldsymbol{r})$ に作用すると，多項式内の $\boldsymbol{r}$ のどれか 1 つが $\hat{\boldsymbol{t}}_l$ に置き換わるので，時間反転の性質を反転させる働きをすることが分かる．実際，(A.138) と (A.146) を見比べると，$(\mu_{\mathrm{B}}/e)R_T$ を作用することで，$\hat{Q}_{lm}$ が $\hat{T}_{lm}$ になったと見ることもできる．同様にして，$(e/\mu_{\mathrm{B}})R_T$ を $\hat{M}_{lm}$ に作用すると，電気トロイダル多極子演算子の表式が得られる．

$$\hat{G}_{lm} = -e \sum_j \sum_{\alpha\beta} [\nabla_\alpha \nabla_\beta O_{lm}(\boldsymbol{r}_j)]\, \hat{t}_l^{\alpha}(\boldsymbol{r}_j) \hat{m}_l^{\beta}(\boldsymbol{r}_j) \qquad \text{(A.148)}$$

A.9 群論における表現論

既約表現を具体的に求める際に必要となる最低限の知識をまとめておく．証明等は本格的な群論の教科書を参照してほしい [*28]．

A.9.1 表現ベクトル・表現行列と基底変換

回転，鏡映，反転などの対称操作を $\mathcal{O}$ と表し，$\mathcal{O}$ が作用する完全正規直交基底を $\{\,|\phi_i\rangle\,\}$ とすると

$$\mathcal{O}\,|\phi_j\rangle = \sum_i |\phi_i\rangle \langle\phi_i|\mathcal{O}|\phi_j\rangle \equiv \sum_i |\phi_i\rangle\, O_{ij} \qquad \text{(A.149)}$$

が成り立つ．O_{ij} を基底 $\{\,|\,\phi_i\rangle\,\}$ による $\mathcal{O}$ の**表現行列**という．任意の状態 $|\psi\rangle$ は，この基底を用いて

[*28] 例えば，犬井鉄郎，田辺行人，小野寺嘉孝，応用群論 (裳華房, 1980).

$$|\psi\rangle = \sum_j |\phi_j\rangle \langle\phi_j|\psi\rangle \equiv \sum_j |\phi_j\rangle \psi_j \tag{A.150}$$

と表される．ψ_j を成分とする列ベクトル $\boldsymbol{\psi} = (\psi_1\ \psi_2\ \cdots)^T$ を基底 $\{\,|\phi_i\rangle\}$ による $|\psi\rangle$ の表現ベクトルとよぶ．対称操作 $\mathcal{O}$ によって，状態 $|\psi\rangle$ が $|\psi'\rangle = \mathcal{O}\,|\psi\rangle$ に変換されたとすると

$$|\psi'\rangle = \sum_i |\phi_i\rangle \psi'_i = \mathcal{O}\,|\psi\rangle = \sum_j \mathcal{O}\,|\phi_j\rangle \psi_j = \sum_i |\phi_i\rangle \sum_j \langle\phi_i|\mathcal{O}|\phi_j\rangle \psi_j \tag{A.151}$$

より $\psi'_i = \sum_j O_{ij}\psi_j$ のような表現ベクトルの変換規則が得られる．

$\{\,|\phi_i\rangle\}$ とは別の完全正規直交基底 $\{\,|f_\alpha\rangle\}$ を導入すれば，同様にして

$$\mathcal{O}\,|f_\beta\rangle = \sum_\alpha |f_\alpha\rangle \langle f_\alpha|\mathcal{O}|f_\beta\rangle \equiv \sum_\alpha |f_\alpha\rangle O_{\alpha\beta} \tag{A.152}$$

のように表すことができる．2つの基底間の変換を

$$|f_\alpha\rangle = \sum_i |\phi_i\rangle \langle\phi_i|f_\alpha\rangle \equiv \sum_i |\phi_i\rangle U_{i\alpha} \tag{A.153}$$

と表そう．2つの基底は正規直交系であるので，U は $U^{-1} = U^\dagger$ を満たすユニタリー行列である．この変換により，2つの基底に対する行列要素は

$$\begin{aligned} O_{\alpha\beta} &= \sum_{ij} U^*_{i\alpha} O_{ij} U_{j\beta} \quad \Leftrightarrow \quad O_f = U^\dagger O_\phi U \\ O_{ij} &= \sum_{\alpha\beta} U_{i\alpha} O_{\alpha\beta} U^*_{j\beta} \quad \Leftrightarrow \quad O_\phi = U O_f U^\dagger \end{aligned} \tag{A.154}$$

のように互いに変換される．ここで，$\mathcal{O}$ の表現行列の基底を明示するために ϕ または f の添字を付けた．

A.9.2 既約表現

g 個の対称操作 $\mathcal{O}^{(1)}, \mathcal{O}^{(2)}, \cdots, \mathcal{O}^{(g)}$ を考えるとき，通常，これらの表現行列は同時に対角化できない．そこで，ゼロでない要素をもつブロックができる限り小さくなるような基底を探すことを考える．例えば，$*$ をゼロでない行列要素として，対称操作がそれぞれ

$$O_\phi^{(1)} = \begin{pmatrix} * & * & 0 & * \\ * & * & 0 & * \\ * & 0 & * & * \\ * & * & * & * \end{pmatrix} \quad \Rightarrow \quad O_f^{(1)} = \left(\begin{array}{c:cc:c} * & 0 & 0 & 0 \\ \hdashline 0 & * & * & 0 \\ 0 & * & * & 0 \\ \hdashline 0 & 0 & 0 & * \end{array}\right) \begin{array}{l} \Gamma_a \\ \\ \Gamma_b \\ \Gamma_c \end{array}$$

$$O_\phi^{(2)} = \begin{pmatrix} 0 & * & * & * \\ * & * & * & 0 \\ * & * & 0 & * \\ * & * & * & 0 \end{pmatrix} \quad \Rightarrow \quad O_f^{(2)} = \left(\begin{array}{c:cc:c} * & 0 & 0 & 0 \\ \hdashline 0 & * & * & 0 \\ 0 & * & * & 0 \\ \hdashline 0 & 0 & 0 & * \end{array}\right) \begin{array}{l} \Gamma_a \\ \\ \Gamma_b \\ \Gamma_c \end{array}$$

$\cdots$

になるような基底を探す．この新しい基底 $\{\ |\ f_\alpha\rangle\}$ の各ブロック $\{\ |\ f_\alpha^{(\Gamma)}\rangle\}$ を既約表現 Γ の基底，各ブロックの行列 $O_{f^{(\Gamma)}}^{(G)}$ を既約表現 Γ に対する $\mathcal{O}^{(G)}$ の表現行列という．元の基底の表現行列 O_ϕ を可約，新しい基底の表現行列 O_f を既約であるといい，このような変換を**既約分解**とよぶ．

A.9.3 既約表現の指標と射影演算子

既約表現における表現行列の各ブロックの対角和

$$\chi_\Gamma^{(G)} = \sum_{\alpha=1}^{d_\Gamma} \langle f_\alpha^{(\Gamma)} | \mathcal{O}^{(G)} | f_\alpha^{(\Gamma)} \rangle \tag{A.155}$$

を既約表現 Γ の**指標**という．d_Γ は既約表現 Γ の次元 (恒等変換 E の既約表現 Γ の指標に等しい) で，G は対称操作を指定するラベルである．

同じ既約表現が複数回現れることもあるので，その個数を n_Γ とすれば既約分解は

$$\Gamma_\phi = n_1\Gamma_1 \oplus n_2\Gamma_2 \oplus \cdots \tag{A.156}$$

のように表される．左辺の Γ_ϕ を**全体表現**とよぶ．行列の対角和は基底の選び方によらないので，可約な基底と既約な基底の表現行列の対角和を取れば，指標の間に

$$\mathrm{Tr}(\mathcal{O}^{(G)}) = \sum_\Gamma n_\Gamma \chi_\Gamma^{(G)} \tag{A.157}$$

の関係が成り立つ．既約表現の間に成立する**大直交定理**

$$\sum_{G=1}^{g} \langle f_\alpha^{(\Gamma)}|O^{(G)}|f_\beta^{(\Gamma)}\rangle^* \langle f_\gamma^{(\Gamma')}|O^{(G)}|f_\delta^{(\Gamma')}\rangle = \frac{g}{d_\Gamma}\delta_{\Gamma\Gamma'}\delta_{\alpha\gamma}\delta_{\beta\delta} \tag{A.158}$$

を用いると，次の関係を示すことができる．

$$n_\Gamma = \frac{1}{g}\sum_G \chi_\Gamma^{(G)*}\,\mathrm{Tr}(\mathcal{O}^{(G)}) \tag{A.159}$$

既約表現の指標 $\chi_\Gamma^{(G)}$ が予め分かっていれば，この表式から n_Γ を求めることができる．n_Γ が分かれば既約分解が得られることから，**マジック公式**と呼ばれる．

既約表現の基底を求めるためには次の**射影演算子**を用いる．

$$\mathcal{P}_\Gamma = \frac{d_\Gamma}{g}\sum_G \chi_\Gamma^{(G)*}\,\mathcal{O}^{(G)} \tag{A.160}$$

大直交定理 (A.158) を用いると，この演算子を任意の状態 $|\psi\rangle$ に作用したとき $|\psi\rangle$ のうち既約表現部分 $|f_\alpha^{(\Gamma)}\rangle$ が取り出されることを示すことができる．任意の基底 $\{\,|\,\phi_i\rangle\}$ に対して

$$\sum_j \langle\phi_i|\mathcal{P}_\Gamma|\phi_j\rangle\langle\phi_j|f_\alpha^{(\Gamma)}\rangle = \langle\phi_i|f_\alpha^{(\Gamma)}\rangle \tag{A.161}$$

が成り立つが，これは $\mathcal{P}_\Gamma$ の固有値 1 の固有値方程式である．固有値が 1 となる固有ベクトルは $n_\Gamma d_\Gamma$ 個あり，α 番目の固有ベクトルの i 成分を $x_i^{(\alpha)} = \langle\phi_i|f_\alpha^{(\Gamma)}\rangle$ $(\alpha = 1, 2, \cdots, n_\Gamma d_\Gamma)$ とすれば，既約表現 Γ の基底は

$$|f_\alpha^{(\Gamma)}\rangle = \sum_i |\phi_i\rangle\, x_i^{(\alpha)} \quad (\alpha = 1, 2, \cdots, n_\Gamma d_\Gamma) \tag{A.162}$$

のように表される．座標 $\boldsymbol{r}$ 表示を用いれば既約表現 Γ の基底関数は

$$f_\alpha^{(\Gamma)}(\boldsymbol{r}) = \sum_i \phi_i(\boldsymbol{r})x_i^{(\alpha)} \quad (\alpha = 1, 2, \cdots, n_\Gamma d_\Gamma) \tag{A.163}$$

となる．

A.9.4 積表現の既約分解

既約表現の積を簡約するには既約表現の指標を知るだけで十分である．2

つの既約表現を Γ, Γ' とすれば，積の指標 $\chi^{(G)}_{\Gamma\times\Gamma'}$ は

$$\chi^{(G)}_{\Gamma\times\Gamma'} = \begin{cases} \chi^{(G)}_{\Gamma}\chi^{(G)}_{\Gamma'} & (\Gamma \neq \Gamma') \\ \chi^{(G)}_{[\Gamma\times\Gamma]} = \dfrac{1}{2}\left[\left(\chi^{(G)}_{\Gamma}\right)^2 + \chi^{(G^2)}_{\Gamma}\right] & (\Gamma = \Gamma'\text{：対称積}) \\ \chi^{(G)}_{\{\Gamma\times\Gamma\}} = \dfrac{1}{2}\left[\left(\chi^{(G)}_{\Gamma}\right)^2 - \chi^{(G^2)}_{\Gamma}\right] & (\Gamma = \Gamma'\text{：反対称積}) \end{cases} \tag{A.164}$$

で与えられる．$\mathcal{O}^{(G^2)}$ は対称操作 $\mathcal{O}^{(G)}$ のどれかになる．積表現の指標が分かれば，マジック公式で $\mathrm{Tr}(\mathcal{O}^{(G)}) \to \chi^{(G)}_{\Gamma\times\Gamma'}$ と置き換えて用いれば，既約分解を行うことができる．

例えば，多極子演算子の既約表現を求めるためには，ブラ・ベクトルとケット・ベクトルの基底の直積を既約分解すればよく，$\Gamma \neq \Gamma'$ の場合は，既約分解の結果を複製して対称積と反対称積に 1 つずつ割り当てる．整数角運動量基底の場合，対称積が電気的自由度に，反対称積が磁気的自由度に対応する．半整数角運動量基底の場合は，対応関係が逆になる．

索引

【あ】

【か】

【な】

【は】

【ま】

【や】

【ら】

著者紹介

くすのせ　ひろあき
楠瀬　博明

1970年生まれ.
大阪大学基礎工学部物性物理工学科卒業.
同大学院博士後期課程修了．博士（理学).
現在，明治大学理工学部物理学科教授.

NDC428　270p　21cm

きどう　でんしろん
スピンと軌道の電子論

2019年8月29日　第1刷発行
2021年4月10日　第3刷発行

著者　　くすのせ　ひろあき
　　　　楠瀬　博明
発行者　髙橋　明男
発行所　株式会社 講談社
　　　　〒112-8001　東京都文京区音羽2-12-21
　　　　　販売　(03)5395-4415
　　　　　業務　(03)5395-3615
編集　　株式会社 講談社サイエンティフィク
　　　　代表　堀越　俊一
　　　　〒162-0825　東京都新宿区神楽坂2-14　ノービィビル
　　　　　編集　(03)3235-3701
本文データ制作　藤原印刷 株式会社
カバー・表紙印刷　豊国印刷 株式会社
本文印刷・製本　株式会社 講談社

Printed in Japan

ISBN978-4-06-516997-1